新工科人才培养·电气信息类应用型系列规划教材

模拟电子技术与仿真

张振华　李洪芹◎主编
邹　睿　刘海珊　田　瑾◎参编

中国铁道出版社有限公司
CHINA RAILWAY PUBLISHING HOUSE CO., LTD.

内 容 简 介

本书主要包括半导体二极管与直流稳压电源、晶体管与放大电路、集成运算放大电路及其应用、放大电路中的反馈、波形的发生和信号的转换、功率放大电路、模拟电子技术应用实例、模拟电子电路及系统设计等内容。每章配有习题,以指导读者深入学习。

本书以知识点的形式组织章节,内容丰富且难易层次分明,既着眼基础,又突出重点,并适当拓展电子系统设计相关内容,辅以实验仿真验证,可以使学生对整个模拟电子技术的知识体系有整体认识和掌握,真正做到理论联系实际,达到融会贯通的效果。

本书适合作为高等院校自动化、电气工程及其自动化、电子信息工程、轨道交通信号与控制、材料工程专业以及非电类专业的学生学习模拟电子技术的教材,亦可供其他工科专业选用,还可供相关领域工程技术人员参考。

图书在版编目(CIP)数据

模拟电子技术与仿真/张振华,李洪芹主编.—北京:中国铁道出版社有限公司,2021.7(2022.8 重印)
新工科人才培养·电气信息类应用型系列规划教材
ISBN 978-7-113-27899-1

Ⅰ.①模… Ⅱ.①张… ②李… Ⅲ.①模拟电路-电子技术-高等学校-教材 Ⅳ.①TN710

中国版本图书馆 CIP 数据核字(2021)第 068259 号

书　　名:模拟电子技术与仿真
作　　者:张振华　李洪芹

策　　划:曹莉群　　**编辑部电话:**(010)63549508
责任编辑:陆慧萍　绳　超
封面设计:刘　莎
责任校对:孙　玫
责任印制:樊启鹏

出版发行:中国铁道出版社有限公司(100054,北京市西城区右安门西街 8 号)
网　　址:http://www.tdpress.com/51eds/
印　　刷:三河市宏盛印务有限公司
版　　次:2021 年 7 月第 1 版　2022 年 8 月第 2 次印刷
开　　本:787 mm×1 092 mm 1/16　**印张:**17　**字数:**432 千
书　　号:ISBN 978-7-113-27899-1
定　　价:45.00 元

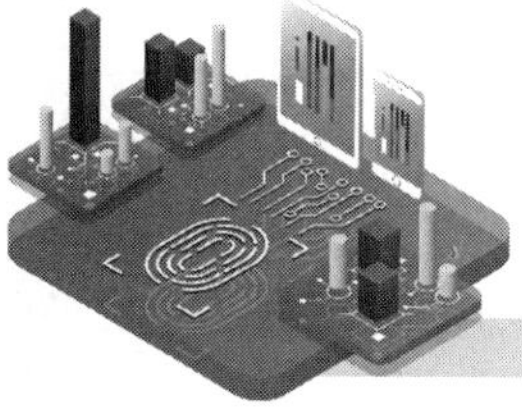

前　言

为了积极推进新工科建设下的基础教学改革，按照教育部《普通高等学校本科专业类教学质量国家标准》对模拟电子技术理论教学的基本要求，结合自动化、电气工程及其自动化、电子信息工程、轨道交通信号与控制、材料工程专业对"模拟电子技术"的课程要求，联合业内具有丰富模拟电子技术教学经验和实践应用能力的教师，专门编写了本书。

本书详细介绍了模拟电子技术的基础理论、电子系统设计以及虚拟仿真，使学生在仿真的同时，加深对模拟电子技术基本理论的理解和验证。虚拟仿真也更直观地显示出模拟电路的特性，加强了对学生分析问题和解决问题能力的培养以及实践能力的提高。主要内容包括：半导体二极管与直流稳压电源、晶体管与放大电路、集成运算放大电路及其应用、放大电路中的反馈、波形的发生和信号的转换、功率放大电路、模拟电子技术应用实例、模拟电子电路及系统设计等内容。书中的基础理论部分每章附有小结和习题，涉及的仿真实验在 Proteus 环境下运行。每个实验给出一个完整的实验要求和设计过程，学生可以按照书中所讲述的内容操作，以便顺利完成仿真任务，加深对理论知识的掌握和应用。

本书主要特色如下：

1. 系统性

全书各章按照知识点编排，既相互独立，又互相联系，有利于模拟电子技术理论教学的组织和学生后期工程实践能力的训练。本书具有较强的系统性，其内容除了必须掌握的基础理论之外，还包括常用的模拟电子电路应用与分析、模拟电子系统设计以及基于 Proteus 的模拟电子技术仿真实验。由理论到仿真、由仿真到实践，实践内容由浅入深，使学生循序渐进地掌握本课程理论知识和实践的全过程。

2. 软硬结合，注重能力培养

利用 Proteus 仿真软件，通过对模拟电子技术主要电路的仿真分析实例，让学生学会仿真软件的使用，可以加深对模拟电子技术原理、信号传输、元器件参数对电子电路性能影响的了解。可以使学生较快地通过仿真实验理解电路理论，节省时间，不受实验设备、场地的限制。在利用软件对电路进行辅助设计时，进一步通过实验操作和硬件安装、调试，让学生感受工程应用的特点，积累实践经验，提高实验能力。

3. 实用性

注重理论与实际的结合，增加工程实际应用，培养学生分析问题、解决问题的能力。本书具有较强的实用性，在内容选取上充分考虑到学生的实际水平和教学需要。系统设计中，既有方法的指导，又有详尽的设计、调试和参数测定过程，对学生具有较强的指导作用。

"模拟电子技术"课程的特点如下：

"模拟电子技术"是入门性的技术基础课。学习的目的是初步掌握模拟电子电路的基本理论、基本知识和基本技能。本课程与物理、数学等有明显的差别，主要表现在它的工程性和实践性上。

1. 工程性

(1)实际工程需要证明其可行性。模拟电子电路的定性分析就是对电路是否满足功能和性能要求的可行性分析。

(2)实际工程在满足基本性能的要求下允许存在一定的误差。在模拟电子电路的定量分析中允许存在一定的误差。

(3)近似分析要合理，估算就是近似分析。

(4)估算不同的参数需要采用不同的模型。

2. 实践性

实用的模拟电子电路都要通过调试才能达到预期的指标。电子仪器的使用方法、模拟电路的测试方法、故障的判断和排除方法、元器件参数对电路性能的影响、对所要测试电路原理的理解、电路的仿真方法等都是要认真学习的知识。

"模拟电子技术"的学习要点如下：

(1)电路分析与计算是模拟电子电路分析的基础。模拟电子电路的分析与计算大部分情况下是线性电路的分析与计算，因此线性电路的分析方法完全适合于模拟电子电路的分析。在模拟电子电路的分析中，例如静态工作点的计算、动态技术指标(放大倍数、输入电阻、输出电阻等)的计算，都建立在电路的基本定律的基础之上。

(2)重点掌握基本概念、基本电路、基本分析方法。模拟电子电路是电类专业的专业基础课，为后续的数字电路、电力电子技术、单片机原理及接口技术、PLD及EDA技术等课程提供学习平台，具有较强的理论性和实践性，要求以工程实践的观点处理模拟电子电路中的一些问题。

(3)学会全面、辩证地分析模拟电子电路中的问题。

(4)注重实践。做好模拟电子电路的每个实验，结合基本理论，进一步加深理解，培养模拟电子电路实际操作能力；多做练习题，提高对基本电路、基本分析方法、基本理论的理解；有条件的学生可以在课余时间学习制作一些实用的电子电路或者参与大学生电子竞赛项目，学习使用示波器观察电路的有关波形、听听声音的变化，测试电路的电压、电流等，这样可以提高自己对电子电路的学习兴趣，也可以提高自己的实际操作水平。

本书由上海工程技术大学电子电气工程学院张振华、李洪芹主编。参与本书编写、仿真调试工作的还有邹睿、刘海珊、田瑾。本书的顺利出版，要感谢学校各位领导和老师的大力支持和帮助，同时也要感谢同行、专家的帮助和指正。

由于编者能力和水平有限，书中难免存在疏漏之处，恳请广大读者批评指正，以便本书不断完善。

编　者

2020年10月

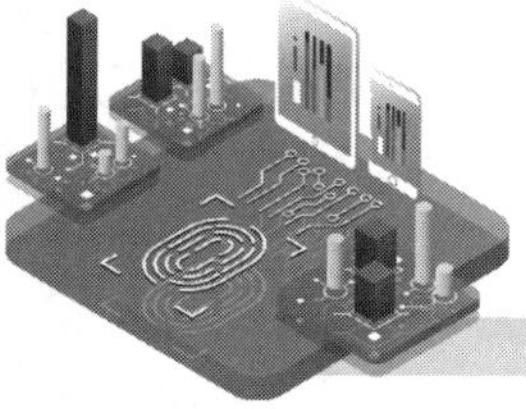

目 录

第1章 半导体二极管与直流稳压电源

引　言

半导体器件是构成电子电路的基本器件。它们所用材料是经过特殊加工且能控制的半导体材料。本章首先介绍半导体基础知识，然后介绍半导体二极管和稳压二极管。在电子电路及设备中，一般都需要稳定的直流电源供电，所以最后介绍由半导体二极管及稳压二极管组成的直流稳压电源，并分析电路的工作原理与设计方法。

内容结构

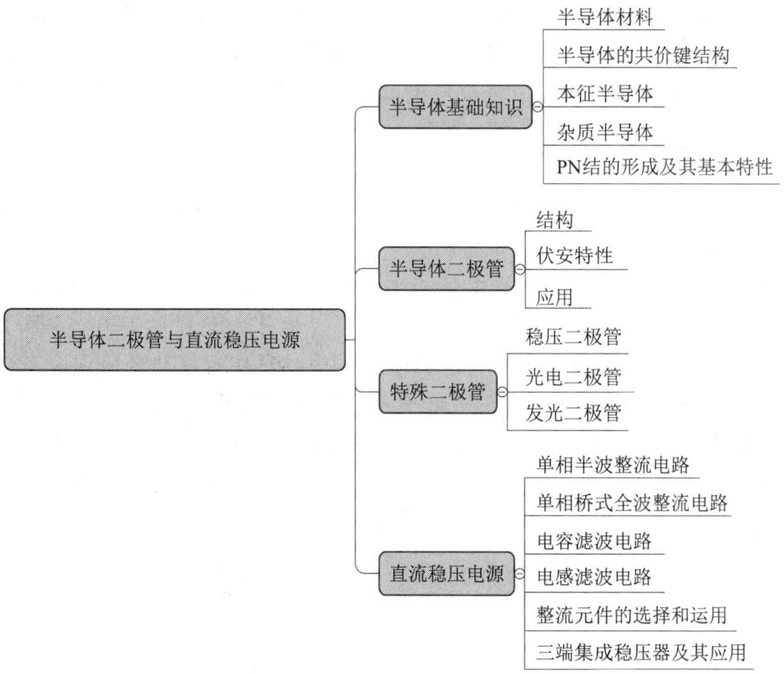

学习目标

①了解半导体的基本特性和种类。

②掌握半导体二极管和稳压二极管的特性。

③分析半导体二极管和稳压二极管构成的电路。

④根据直流稳压电源指标要求设计直流稳压电路。

1.1 半导体基础知识

1.1.1 半导体材料

根据物体导电能力(电阻率)的不同,物质可分为导体、绝缘体和半导体。导电性能介于导体与绝缘体之间的材料,称为半导体。在电子器件中,常用的半导体材料有:元素半导体,如硅(Si)、锗(Ge)等;化合物半导体,如砷化镓(GaAs)等;以及掺杂或制成其他化合物半导体材料,如硼(B)、磷(P)、铟(In)和锑(Sb)等。其中,硅和锗是最常用的半导体材料。

半导体材料具有以下特点:

①半导体的导电能力介于导体与绝缘体之间。

②半导体受外界光和热的刺激时,其导电能力将会有显著变化。

③在纯净半导体中,加入微量的杂质,其导电能力会急剧增强。

1.1.2 半导体的共价键结构

在电子器件中,用得最多的半导体材料是硅和锗。硅和锗都是四价元素,在其最外层原子轨道上具有四个电子,称为价电子。由于原子呈电中性,故在图 1-1 中原子核用带圆圈的 +4 符号表示。半导体与金属和许多绝缘体一样,均具有晶体结构,它们的原子形成有序的排列,相邻原子之间由共价键联结。图 1-1 表示的是半导体晶体的二维结构,实际上半导体晶体结构是三维的。

1.1.3 本征半导体

纯净的具有晶体结构的半导体称为本征半导体。半导体材料硅和锗,其原子就是按一定的规则整齐地排成晶体结构。

在本征半导体晶体结构中,物质的导电性能决定于原子结构。每个原子外层的一个价电子与相邻原子的一个价电子组成共价键结构,如图 1-1 所示。由于共价键的存在,使原子最外层电子为 8 个,具有较稳定的状态。在常温下,本征半导体导电性能很差,且与环境温度密切相关。只有在获得足够能量后,当温度上升时,共价键中电子才可能挣脱原子核的束缚成为自由电子,即带负电的载流子。而在共价键中就留下一个空位,这个空位称为“空穴”,如图 1-2 所示。而相邻原子中的价电子就会来填补这个空穴,这时在该原子中又出现一个空穴。这种价电子不断出现填补空穴的运动,就好像空穴带正电,并且向相反方向运动。

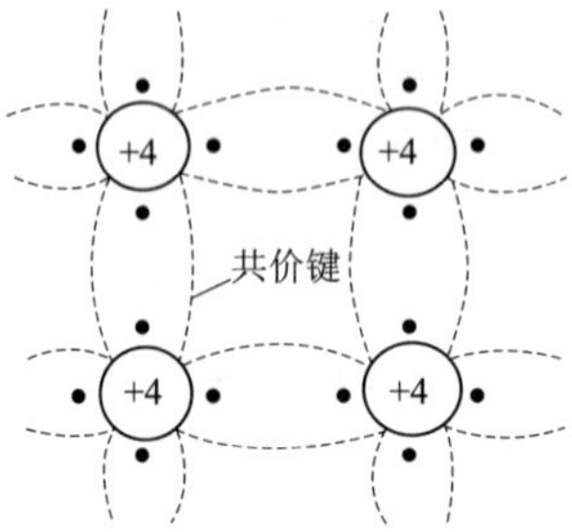

图 1-1　本征半导体结构示意图

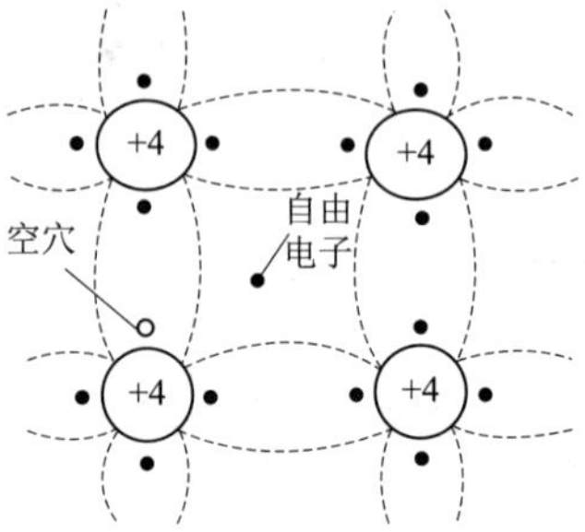

图 1-2　本征半导体的自由电子和空穴

自由电子和空穴总是成对出现的。所以,本征半导体中的自由电子数量和空穴数量总是相等的。

在室温下,本征半导体共价键中的价电子获得足够的能量,挣脱共价键的束缚进入导带,成为自由电子,在晶体中由于热激发产生电子-空穴对的现象称为本征激发。

若在本征半导体两端外加一电场,则一方面自由电子将产生定向移动,形成电子电流;另一方面由于空穴存在,价电子按一定方向依次填补空穴而形成空穴电流。由于它们所带电的极性不同,所以运动方向相反,本征半导体中的电流是这两个电流之和。

导体导电只有一种载流子,而在半导体里却同时存在自由电子和空穴两种载流子,这是半导体导电方式的主要特点和特殊性质。

1.1.4 杂质半导体

掺有其他元素的半导体,称为杂质半导体,又称掺杂半导体。掺杂后半导体的导电性能大大提高。

由于本征半导体中载流子浓度很小,且受温度影响很大,因此,它们的用途就很有限。要构成二极管、三极管等电子器件,不仅依赖于可得到两种载流子,而且还取决于能否精确地控制自由电子和空穴的相对浓度,使一种载流子的浓度远大于另一种载流子的浓度。用掺杂的方法,即在本征半导体中掺入微量的其他元素,就可达到这样的目的。

掺入的杂质主要是三价或五价元素。根据掺入的杂质不同,可形成 N 型半导体和 P 型半导体。

1. N 型半导体

若在纯净的硅晶体中掺入五价元素(如磷 P),使之取代晶体中硅原子的位置,可形成 N 型半导体。五价元素的最外层为五个价电子,其中四个价电子与相邻的硅原子形成共价键,而多出一个电子处于共价键之外,它不受共价键束缚,只需获得很少能量就能成为自由电子。这时,杂质原子变成了不能移动的正离子。在 N 型半导体中,自由电子的浓度远大于空穴的浓度,所以称自由电子为多数载流子(简称多子);空穴为少数载流子(简称少子)。掺入的杂质越多,多子浓度就越高,导电性能就越强。N 型半导体结构示意图如图 1-3 所示。

2. P 型半导体

若在纯净的硅晶体中掺入三价元素(如硼 B),使之取代晶体中硅原子的位置,可形成 P 型半导体。三价元素三个价电子和相邻的硅原子组成共价键时,就形成了一个空穴。硅中掺硼后,晶体中就出现大量空穴。当硅原子外层电子填补此空位时,杂质原子变成了不能移动的负离子。在 P 型半导体中,空穴是多子,自由电子是少子,导电主要靠空穴。P 型半导体结构示意图如图 1-4 所示。

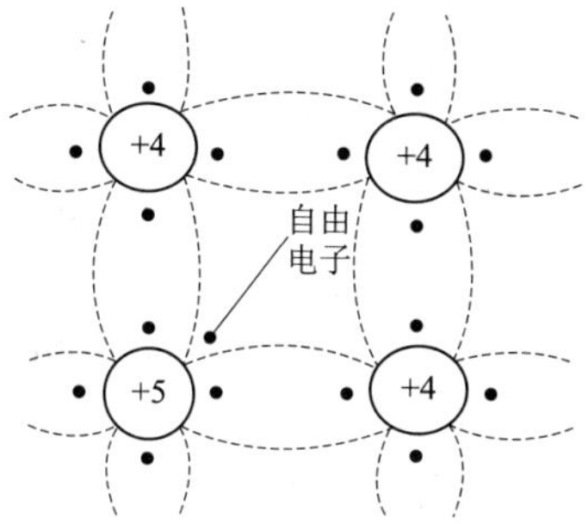

图 1-3 N 型半导体结构示意图

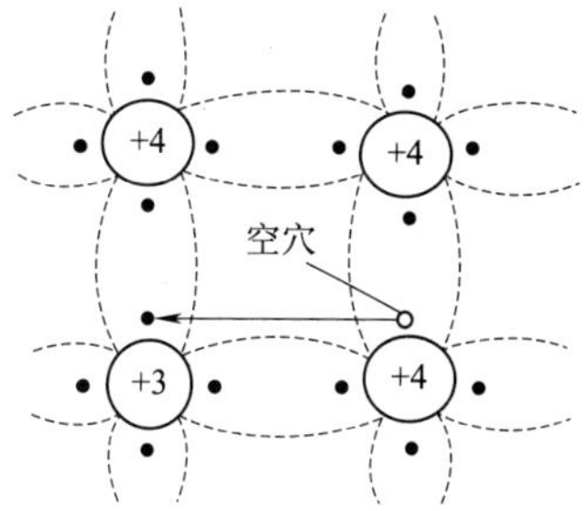

图 1-4 P 型半导体结构示意图

由上述分析可知,根据所掺杂质的不同,杂质半导体可分为 N 型和 P 型两大类。在 N 型半导体中,除含有多数载流子电子及与其数目相等的掺杂的杂质离子(不能移动的正离子)外,还有本征激发产生的少数电子-空穴对。在 P 型半导体中,除含有多数载流子空穴及与其数目相等的掺杂的杂质离子(不能移动的负离子)外,还有本征激发产生的少数电子-空穴对。

N 型和 P 型半导体的导电性能随掺杂浓度而变,但整体仍呈电中性。

3. 杂质对半导体导电性的影响

掺入杂质对本征半导体的导电性有很大的影响,一些典型的数据如下:$T = 300$ K(常温下)

本征硅的电子和空穴浓度:$n = p = 1.4 \times 10^{10}/\text{cm}^3$。

掺杂后 N 型半导体中的自由电子浓度:$n = 5 \times 10^{16}/\text{cm}^3$。

本征硅的原子浓度:$4.96 \times 10^{22}/\text{cm}^3$。

1.1.5 PN 结的形成及其基本特性

1. PN 结的形成

在一块本征半导体中,掺以不同的杂质,使其一边成为 P 型,另一边成为 N 型,在 P 区和 N 区的交界面处就形成了一个 PN 结。

在 P 型半导体和 N 型半导体结合后,由于 N 区内自由电子很多而空穴很少,而 P 区内空穴很多而自由电子很少,在它们的交界处就出现了自由电子和空穴的浓度差。这样,自由电子和空穴都要从浓度高的地方向浓度低的地方扩散。于是,有一些自由电子要从 N 区向 P 区扩散,也有一些空穴要从 P 区向 N 区扩散。它们扩散的结果就使 P 区一边失去空穴,留下了带负电的杂质离子,N 区一边失去自由电子,留下了带正电的杂质离子。半导体中的离子不能任意移动,因此不参与导电。这些不能移动的带电离子在 P 区和 N 区交界面附近,形成了一个很薄的空间电荷区,空间电荷区又称耗尽区或势垒区,这就形成了所谓的 PN 结,如图 1-5 所示。扩散越强,空间电荷区越宽。

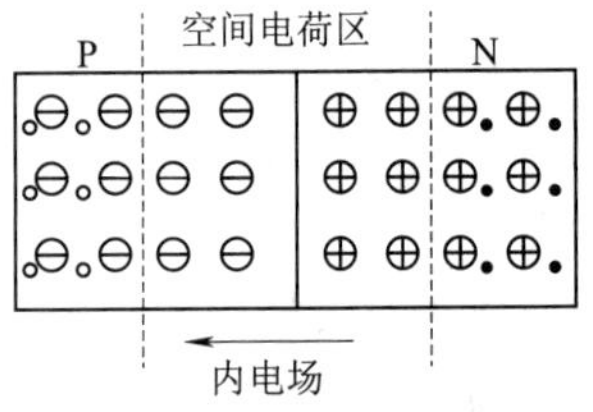

图 1-5 PN 结形成

在空间电荷区,由于缺少多子,所以又称耗尽层。在出现了空间电荷区以后,由于正负电荷之间的相互作用,在空间电荷区就形成了一个内电场,其方向是从带正电的 N 区指向带负电的 P 区。显然,这个电场的方向与载流子扩散运动的方向相反,它是阻止扩散运动的。

另一方面,这个电场将使 N 区的少数载流子空穴向 P 区漂移,使 P 区的少数载流子电子向 N 区漂移,漂移运动的方向正好与扩散运动的方向相反。从 N 区漂移到 P 区的空穴补充了原来交界面上 P 区所失去的空穴,从 P 区漂移到 N 区的电子补充了原来交界面上 N 区所失去的电子,这就使空间电荷减少,因此,漂移运动的结果是使空间电荷区变窄。内电场促使少子漂移加速,阻碍多子扩散运动。最后当少子的漂移电流等于多子的扩散电流时,空间电荷区宽度基本保持不变,此时多子的扩散运动和少子的漂移运动达到动态平衡,形成相对稳定状态的 PN 结。PN 结的宽度一般为 0.5 μm。

2. PN 结的单向导电性

如果在 PN 结的两端外加电压,就会破坏原来的动态平衡。此时,PN 结中将有电流流过。当外加电压极性不同时,PN 结表现出截然不同的导电性能。

当外加电压使 PN 结中 P 区的电位高于 N 区的电位时,称为正向偏置,简称正偏;反之称为反向偏置,简称反偏。

(1)PN结正向偏置时,PN结处于导通状态

如图1-6所示,P型半导体接外加电源正极,N型半导体接外加电源负极,则PN结为正向偏置。在正向电压的作用下,PN结的平衡状态被打破,P区中的多数载流子空穴和N区中的多数载流子自由电子都要向PN结移动,当P区空穴进入PN结后,就要和原来的一部分负离子中和,使P区的空间电荷量减少。同样,当N区自由电子进入PN结时,中和了部分正离子,使N区的空间电荷量减少,结果使PN结变窄,即耗尽层变薄,电阻减小。势垒降低使P区和N区中能越过这个势垒的多数载流子大大增加,形成正向扩散电流。在这种情况下,由少数载流子形成漂移电流,其方向与扩散电流相反,和正向扩散电流比较,反向漂移电流数值很小,可忽略不计。这时PN结内的电流由起支配地位的扩散电流所决定。在外电路上形成一个流入P区的电流,称为正向电流。当外加电压稍有变化(如0.1 V)时,便能引起电流的显著变化,因此电流是随外加电压急速上升的。这时,正向的PN结表现为一个很小的电阻。

(2)PN结反向偏置时,PN结处于截止状态

如图1-7所示,N型半导体接外加电源正极,P型半导体接外加电源负极,则PN结为反向偏置。在反向电压的作用下,P区中的空穴和N区中的电子都将进一步离开PN结,使耗尽层加宽,PN结的内电场加强。这一结果,一方面使P区和N区中的多数载流子很难越过势垒,扩散电流趋近于零;另一方面,由于内电场的加强,使得N区和P区中的少数载流子更容易产生漂移运动。这样,此时流过PN结的电流由起支配地位的少子漂移电流所决定。漂移电流表现在外电路上是有一个流入N区的反向电流。由于少数载流子是由本征激发产生的,其浓度很小,所以反向电流是很微弱的,一般为微安数量级。反向电流的数值决定于温度,而几乎与外加反向电压无关。在一定的温度条件下,由本征激发产生的少子浓度是一定的,故少子形成的漂移电流是恒定的,这种电流又称反向饱和电流。反向电流受温度的影响较大,在某些实际应用中,还必须予以考虑。PN结在反向偏置时,反向电流很小,PN结呈现一个很大的电阻,可认为它基本是不导电的。

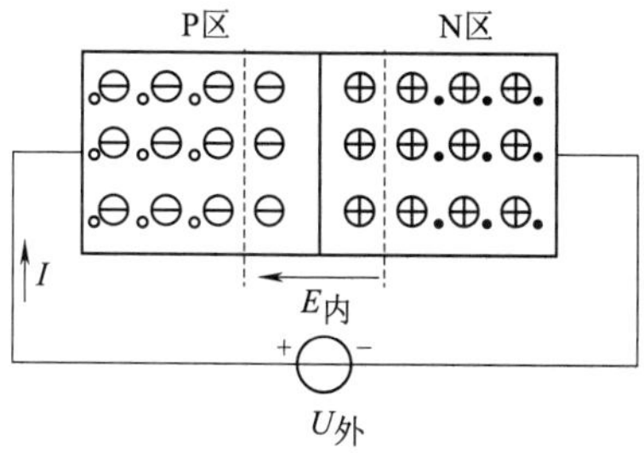

图1-6　PN结正向偏置

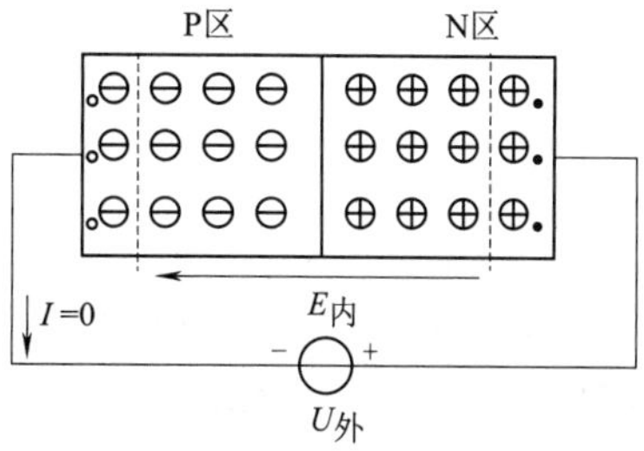

图1-7　PN结反向偏置

PN结加正向电压时,呈现低电阻,具有较大的正向扩散电流;

PN结加反向电压时,呈现高电阻,具有较小的反向漂移电流。

由此可以得出结论:PN结具有单向导电性。

(3)PN结的伏安特性表达式

$$i = I_S(e^{\frac{u}{U_T}} - 1)$$

式中,I_S表示反向饱和电流;U_T表示温度的电压当量。

在常温下($T = 300$ K)

$$U_T = \frac{kT}{q} = 26\ \text{mV}$$

式中,k 是玻耳兹曼常量;q 是电子电荷;T 是热力学温度。

3. PN 结的反向击穿

当 PN 结的反向电压增加到一定数值时,反向电流突然快速增加,此现象称为 PN 结的反向击穿。反向击穿分为电击穿和热击穿。电击穿包括雪崩击穿和齐纳击穿。电击穿可被利用(如稳压管),而热击穿须尽量避免。PN 结热击穿后电流很大,电压又很高,消耗在 PN 结上的功率很大,容易使 PN 结发热,把 PN 结烧毁。热击穿不可逆;电击穿可逆。

当 PN 结反向电压增加时,空间电荷区中的电场随之增强。这样,通过空间电荷区的电子和空穴,就会在外电场作用下获得较大的能量。在晶体中运动的电子和空穴将不断地与晶体原子发生碰撞,当电子和空穴的能量足够大时,通过这样的碰撞可使共价键中的电子激发形成自由电子-空穴对。新产生的电子和空穴也向相反的方向运动,重新获得能量,又可通过碰撞,再产生自由电子-空穴对,这就是载流子的倍增效应。当反向电压增大到某一数值后,载流子的倍增情况就像在陡峻的积雪山坡上发生雪崩一样,载流子增加得多而快,这样,反向电流剧增,PN 结就发生雪崩击穿。

在加有较高的反向电压下,PN 结空间电荷区中存一个强电场,它能够破坏共价键,将束缚电子分离出来形成电子-空穴对,形成较大的反向电流。发生齐纳击穿需要的电场强度约为 2×10^5 V/cm,这只有在杂质浓度特别大的 PN 结中才能达到。因为杂质浓度大,空间电荷区内电荷密度(即杂质离子)也大,因而空间电荷区很窄,电场强度可能很高。

4. PN 结的电容效应

(1)势垒电容

PN 结交界处形成的空间电荷区又称势垒区,是积累空间电荷的区域,当 PN 结两端电压改变时,就会引起积累在 PN 结的空间电荷的改变,从而显示出 PN 结的电容效应。一般用势垒电容来描述势垒区的空间电荷随电压变化而产生的电容效应。PN 结的空间电荷随外加电压的变化而变化,当外加正向电压升高时,N 区的自由电子和 P 区的空穴进入势垒区,相当于自由电子和空穴分别向势垒电容"充电";当外加电压降低时,又有电子和空穴离开势垒区,好像自由电子和空穴从势垒电容"放电"。

势垒电容是非线性电容,等效电路里势垒电容与结电阻并联,在 PN 结反偏时其作用不能忽视,但是在高频时,对电路的影响较大。

(2)扩散电容

PN 结正向偏置时,多子扩散到对方区域后,在 PN 结边界上积累,并有一定的浓度分布。积累的电量随外加电压的变化而变化,当 PN 结正向电压增大时,正向电流随着增大,这就要有更多的载流子积累起来以满足电流增大的要求;而当正向电压减小时,正向电流减小,积累在 P 区的自由电子或 N 区的空穴就要相对减小,这样,就相应地要有载流子的"充入"和"放出"。因此,积累在 P 区的自由电子或 N 区的空穴随外加电压的变化可以用 PN 结的扩散电容来描述。

扩散电容反映了在外加电压作用下载流子在扩散过程中积累的情况。

1.2 半导体二极管

1.2.1 结构

在 PN 结的两端引出两个电极并将其封装在金属或塑料管壳内,就构成了二极管。二极管通常由管芯、管壳和电极三部分组成,管壳起保护管芯的作用。其图形符号如图1-8(a)所示,由P区引出的电极为阳极;由N区引出的电极为阴极。二极管一般用字母D表示。

二极管按制造材料不同,分为硅二极管和锗二极管;按结构不同分为点接触型和面接触型。常见结构如图1-8(b)、(c)所示。

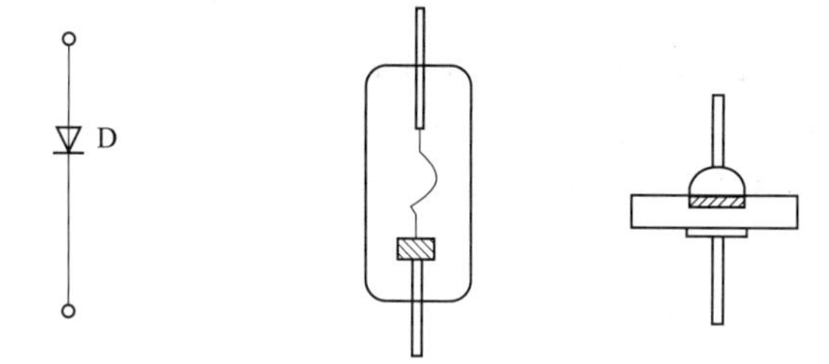

(a) 图形符号　(b) 点接触型　(c) 面接触型

图1-8　半导体二极管的图形符号及常见结构

点接触型二极管特点:结面积小,因而结电容小,适用于高频(几百兆赫)电路。但它不能通过很大的电流,也不能承受高的反向电压。主要用于小电流整流和高频检波,也适用于开关电路。

面接触型二极管特点:PN结面积大,能通过较大的电流,结电容也大,适用于整流电路,但工作频率较低。

1.2.2　伏安特性

二极管的伏安特性是指二极管两端外加电压和流过二极管的电流之间的关系。和PN结一样,二极管具有单向导电性,但二极管存在半导体电阻和引线电阻,当外加正向电压时,在电流相同的情况下,其端电压大于PN结上的压降。

1. 正向特性

二极管两端不加电压时,其电流为零,所以特性曲线从坐标原点开始,如图1-9所示。当外加正向电压时,二极管内有正向电流通过。正向电压较小,且小于U_{on}时,外加电场不足以克服内电场,故多数载流子的扩散运动受到较大的阻碍,二极管的正向电流很小。当所加的正向电压超过U_{on}后,内建电场被削弱,电流将随着正向电压的增加而按指数规律增大,此时,二极管呈现较小的电阻。

使二极管开始导通的临界电压U_{on}称为开启电压或二极管的死区电压。一般硅管开启电压约为0.5 V,锗管开启电压约为0.2 V。

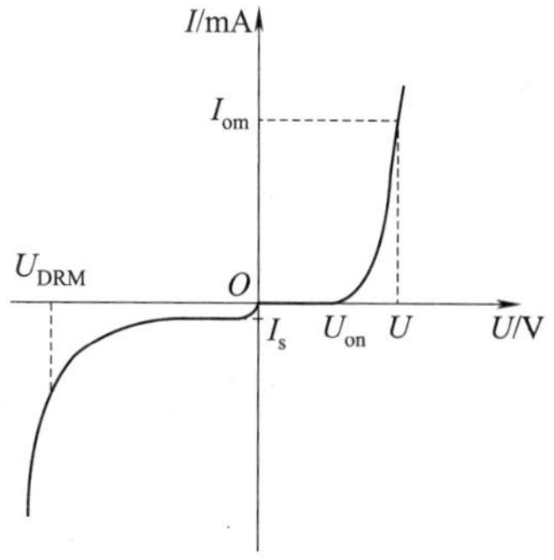

图1-9　二极管的伏安特性

2. 反向特性

当外加反向电压时,外建电场和内建电场方向相同,阻碍多子的扩散运动,有利于少子的漂移运动。二极管中由少子形成反向电流。当反向电压增加时,反向电流随之增加,但是当反向电压增加到一定数值时,反向电流基本不变,即达到饱和,此时的反向电流称为反向饱和电流,用I_S表示。反向饱和电流越小,二极管的单向导电性越好。

3. 反向击穿特性

当反向电压增大到图1-9中的U_{DRM}时,少子的数目会急剧增加,使得反向电流急剧增大,这种现象称为反向击穿,此时对应的电压称为反向击穿电压。不同型号二极管的击穿电压大小不同,通常为几十到几百伏，最高可达 300 V，甚至更高。PN 结被击穿后，会造成二极管永久性损坏，从而失去单向导电性。

从二极管的伏安特性曲线可以看出，二极管的电压与电流变化是非线性关系，其内阻不是常数，所以二极管属于非线性器件。

前面介绍过，半导体中少子的浓度受温度影响，因此二极管的伏安特性对温度敏感。实验证明，当温度升高时，正向特性曲线向左移，反向特性曲线向下移。

特别指出，有时为了分析方便，将二极管理想化，忽略其正向导通电压和反向饱和电流，认为理想二极管正向导通时相当于开关闭合，电阻为零；反向偏置时相当于开关断开，电阻为无穷大。

例 1-1 电路如图 1-10 所示，已知 $u_i = 10\sin \omega t$ V，试画出 u_i 与 u_o 的波形图。设二极管正向导通电压可忽略不计。

解 波形图如图 1-11 所示。

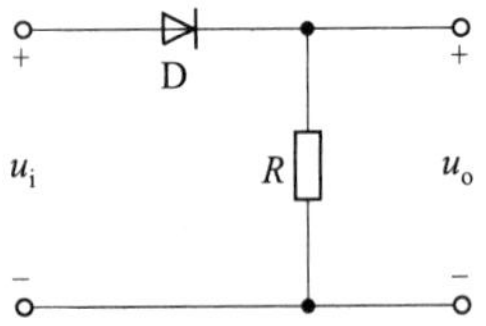

图 1-10 例 1-1 图

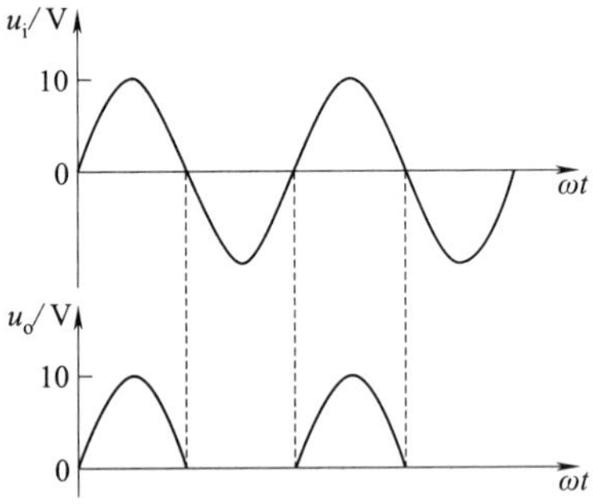

图 1-11 例 1-1 解

1.2.3 应用

二极管用途比较广泛，可应用于整流、开关元件、钳位、限幅等方面。

二极管作为整流二极管：是利用二极管单向导电性，可以把方向交替变化的交流电变换成单一方向的脉动直流电。

二极管作为开关元件：二极管在正向电压作用下电阻很小，处于导通状态，相当于一只闭合的开关；在反向电压作用下，电阻很大，处于截止状态，如同一只断开的开关。利用二极管的开关特性，可以组成各种逻辑电路。

下面主要介绍二极管的钳位与限幅作用。

1. 钳位作用

二极管的钳位作用是由于 PN 结具有单向导电性。为了分析简便，将二极管均视为理想二极管，即二极管的管压降近似为零。

在图 1-12 中，U_{i1}、U_{i2} 分别为二极管 D_1、D_2 的输入信号。当输入端有一个输入信号为零，例如 $U_{i1} = 0$ V，$U_{i2} = 3$ V 时，D_1 的输入信号电位低，在电源电压作用下二极管 D_1 优先导通，立即将输出端电位 U_o 钳制在 0 V，且同时使 D_2 处于反向偏置而截止。输出与输入电压的关系如表 1-1 所示。利用二极管钳位作用可以构成数字电路中各种门电路。

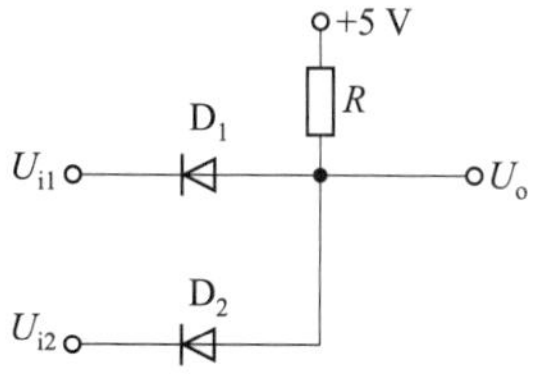

图1-12　二极管的钳位作用

表1-1　输出与输入电压的关系

U_{i1}/V	U_{i2}/V	U_o/V
0	0	0
0	3	0
3	0	0
3	3	3

2. 限幅作用

用含二极管的电路可对电路中的输出信号进行限幅，构成限幅电路，下面举例说明。

例1-2　在图1-13中，已知输入信号 $u_i = 12\sin\omega t$ V，直流电源电压 $E=6$ V。试画出对应输入电压的输出电压 u_o 的波形。

解　解题关键是看二极管两端所加的电压是正偏还是反偏。由图1-13分析可知：$u_D = u_i - E = (12\sin\omega t - 6)$ V。当输入信号 u_i 大于直流电源电压 E 时，二极管D导通，$u_o = E$；当输入信号 u_i 小于直流电源电压 E 时，二极管D截止。$u_o = u_i$，两者波形相同。

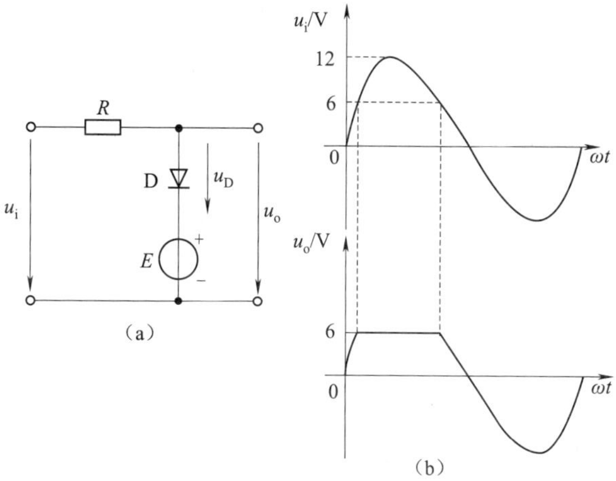

图1-13　例1-2图

1.3　特殊二极管

除前面所讨论的普通二极管外，还有若干种特殊二极管，如稳压二极管、变容二极管、光电子器件（包括光电二极管、发光二极管和激光二极管）等。

1.3.1　稳压二极管

稳压二极管是一种由硅材料制成的面接触型晶体二极管，简称稳压管，又称齐纳二极管。稳压管的PN结在反向击穿时，在一定的电流范围内其端电压几乎不变，显示出稳压特性，被广泛用于稳压电源与限幅电路之中。

1. 稳压管的伏安特性

稳压管图形符号如图1-14(a)所示，文字符号为 D_Z。伏安特性如图1-14(b)所示。

由图1-14(b)可知，稳压管正向特性与二极管正向特性相同。当外加反向电压的数值大到一定程度时稳压管击穿。击穿区的曲线很陡，几乎平行于纵轴，表现出很好的稳压特性。对应于电流变化很大的电压值称为稳定电压 U_Z。只要控制反向电流不超过一定值，稳压管就不会因过热而损坏。

注意：

若稳压管工作在反向击穿状态，在电路中，需要反向偏置，即稳压管的阴极接外电压的正极，稳压管的阳极接外电压的负极。若稳压管正向偏置时，稳压管的性能则如同普通二极管的正向特性。

2. 稳压管的主要参数

①稳定电压 U_Z：指稳压管反向电流为规定值时，稳压管两端的反向击穿电压。由于半导体器件参数的分散性，同一型号的稳压管，U_Z的值也不完全相同，它一般是给出一个范围。但就某一只稳压管而言，U_Z应为确定值。

②稳定电流 I_Z：指维持稳定电压的工作电流。当电流小于此值时，稳压二极管截止，故也常将 I_Z记作 I_{Zmin}。

③动态电阻 r_Z：它定义为 $r_Z = \dfrac{\Delta U_Z}{\Delta I_Z}$。对同一稳压管而言，$r_Z$值越小，特性曲线就越陡，稳压性能就越好。

④最大耗散功率 P_{ZM}：指稳压二极管所消耗的最大功率，计算公式为 $P_{ZM} = U_Z I_{Zmax}$。其中，I_{Zmax}为稳压管所允许的最大稳定电流，否则电流过大稳压管就会烧毁。

流过稳压二极管的电流必须保证在 I_{Zmin}和 I_{Zmax}之间，稳压管才能正常稳压。这是判断稳压管是否能够正常稳压的必要条件。

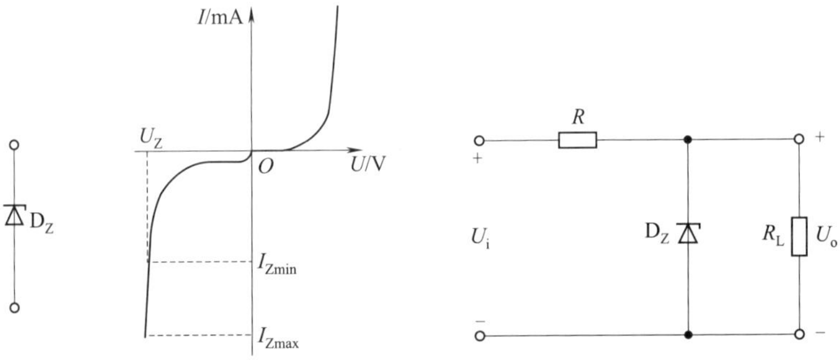

（a）图形符号　（b）伏安特性　（c）稳压电路

图 1-14　稳压管图形符号、伏安特性与稳压电路

3. 稳压管的稳压原理

图 1-14(c)所示为由稳压管构成的稳压电路，其工作原理如下：

当负载电阻不变，输入电压 U_i 增大（或者输入电压不变，负载电阻 R_L增加）时，输出电压 U_o 将上升，使稳压管 D_Z的反向电压会略有增加，随之流过稳压管 D_Z的电流增加，于是流过限流电阻 R 的电流将增加，限流电阻 R 上的压降也将变大，使得 U_i 增量的大部分压降在 R 上被消耗，从而使输出电压 U_o 基本维持不变。

反之，当负载电阻不变，输入电压 U_i 下降（或者输入电压不变，负载电阻 R_L减小）时，输出电压 U_o 将下降，使稳压管 D_Z的反向电压也随之下降，流过稳压管 D_Z的反向电流也略微下降，于是，流过限流电阻 R 的电流将减少，限流电阻 R 上的压降也将变小，这样 U_o 的电压又会上升，最终使得电压 U_o 基本维持不变。

总结：不管是输入信号的变化量增加还是减少，都会造成限流电阻 R 压降的变化，从而维持输出电压的基本稳定。

可见，除稳压管外，限流电阻 R 的选取也是这个电路的关键点。在稳压管稳压电路中限流电阻的作用是使稳压管电流工作在 I_{Zmax}和 I_{Zmin}的稳压范围内。另外，在应用中还要采取适当的措施限制通过稳压管的电流，以保证稳压管不会因过热而烧坏。

下面是限流电阻 R 的取值范围计算方法。假设负载电阻 R_L 可调，最大值等于 R_{Lmax}，最小值等于 R_{Lmin}。一般电网电压都会有波动，所以假设输入电压在 U_{Imin} 和 U_{Imax} 之间变化。

①当输入电压最小，负载电流最大时，流过稳压管的电流最小。此时稳压管中电流 I_Z 应大于 I_{Zmin}，由此可计算出限流电阻的最大值，实际选用的限流电阻应小于最大值，即

$$I_Z = \frac{U_{Imin} - U_Z}{R_{max}} - I_{Lmax} \geqslant I_{Zmin}$$

$$R_{max} = \frac{U_{Imin} - U_Z}{I_{Zmin} + I_{Lmax}}$$

式中，$I_{Lmax} = \frac{U_Z}{R_{Lmin}}$。

②当输入电压最大，负载电流最小时，流过稳压管的电流最大。此时稳压管中电流 I_Z 应小于 I_{Zmax}，由此可计算出限流电阻的最小值，即

$$I_Z = \frac{U_{Imax} - U_Z}{R_{min}} - I_{Lmin} \leqslant I_{Zmax}$$

$$R_{min} = \frac{U_{Imax} - U_Z}{I_{Zmax} + I_{Lmin}}$$

式中，$I_{Lmin} = \frac{U_Z}{R_{Lmax}}$。

所以，限流电阻 R 的取值范围为

$$R_{min} < R < R_{max}$$

在稳压电路中，如果限流电阻 R 一定，负载电阻 R_L 的取值范围计算方法如下：

①限流电阻值一定，当输入电压最小，流过稳压二极管的电流最小时，负载电流最大。由此可计算出负载电阻的最小值，即

$$I_{Lmax} = \frac{U_{Imin} - U_Z}{R} - I_{Zmin}$$

$$R_{Lmin} = \frac{U_Z}{I_{Lmax}}$$

②当输入电压最大，流过稳压二极管的电流最大时，负载电流最小。由此可计算出负载电阻的最大值，即

$$I_{Lmin} = \frac{U_{Imax} - U_Z}{R} - I_{Zmax}$$

$$R_{Lmax} = \frac{U_Z}{I_{Lmin}}$$

所以，负载电阻 R_L 的取值范围为

$$R_{Lmin} < R_L < R_{Lmax}$$

稳压管的选取原则：

(1)稳压管能够稳压的最大电流 I_{Zmax} 应大于负载电流最大值 I_{Lmax} 的 1.5 ~3 倍。

(2)稳压电路的输入电压 U_i 大于 U_o，一般选取 2 ~3 倍的 U_o。输入电压不能太大，否则容易烧毁限流电阻和稳压管。

1.3.2　光电二极管

光电二极管是将光信号变成电信号的半导体器件。它的核心部分也是一个 PN 结。和普通二

极管相比,在结构上不同的是,为了便于接收入射光线,PN 结面积尽量做得大一些,电极面积尽量小一些,而且 PN 结的结深很浅,一般小于 1 μm。

光电二极管是在反向电压作用下工作的。没有光照时,反向电流很小(一般小于 0.1 μA),称为暗电流。当有光照时,携带能量的光子进入 PN 结后,把能量传给共价键上的束缚电子,使部分电子挣脱共价键,从而产生电子-空穴对,称为光生载流子。它们在反向电压作用下参加漂移运动,使反向电流明显变大,光照强度越大,反向电流也越大,这种特性称为"光电导"。光电二极管在一般强度的光线照射下,所产生的电流称为光电流。如果在外电路上接上负载,负载上就获得了电信号,而且这个电信号随着光的变化而相应变化。

1.3.3 发光二极管

发光二极管(LED)是用半导体材料制作的正向偏置的 PN 结二极管。其发光机理是当在 PN 结两端注入正向电流时,注入的非平衡载流子(电子-空穴对)在扩散过程中复合发光,这种发射过程主要对应光的自发发射过程。根据光输出的位置不同,发光二极管可分为面发光型和边发光型。最常用的 LED 是 InGaAsP/InP 双异质结边发光型二极管。

发光二极管具有可靠性较高、室温下连续工作时间长、光功率-电流曲线线性度好等显著优点,而且由于此项技术已经发展得比较成熟,所以其价格非常便宜。因此,在一些简易的光纤传感器的设计中,如果 LED 能够胜任,选用它作为光源即可大大降低整个传感器的成本。然而 LED 的发光机理决定了它存在着很多不足,如输出功率小、发射角大、谱线宽、响应速度低等。因此,在一些需要功率高、调制速率快、单色性好的光源传感器设计中,就不得不以提高成本为代价,选用其他更高性能的光源。

1.4 直流稳压电源

电力网供给用户的是交流电,而各种无线电装置需要用直流电。整流就是把交流电变为直流电的过程。利用具有单向导电特性的二极管,可以把方向和大小交变的电信号变换为直流电信号。下面介绍利用二极管组成的各种整流电路。

本节介绍的直流电源为单相小功率电源,输入的是频率为 50 Hz、有效值为 220 V 的单相交流电压(即市电)。图 1-15 所示的是单相交流电经过电源变压器、整流电路、滤波电路和稳压电路转换成稳定的直流电压的框图及波形。在小功率直流电源中,经常采用单相半波、单相全波、单相桥式整流电路。

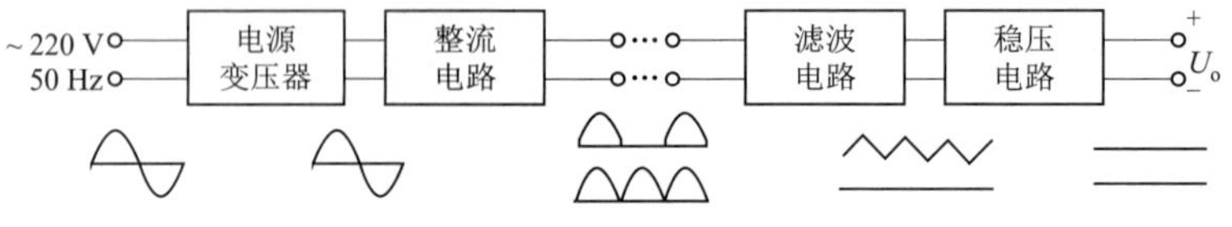

图 1-15 直流稳压电源的框图

首先电源变压器对 220 V 的电网电压降压,以获得接近所需直流电压的数值。变压器二次电压经过整流电路后转换为含有较大交流分量的单一方向的脉动直流电压。为减小电压脉动,再通过滤波电路，便得到平滑的输出电压。最后通过稳压电路，获得足够稳定的直流电压。

1.4.1　单相半波整流电路

为突出重点，在分析整流电路时，一般均假定负载呈电阻性；整流二极管为理想二极管，变压器无损耗且内部压降为零。

图 1-16 是一种最简单的单相半波整流电路。它由电源变压器 T、整流二极管 D 和负载电阻 R_L，组成。变压器把市电电压 u_1（约为 220 V）变换为所需要的交变电压 u_2，D 再把交流电变换为脉动直流电。

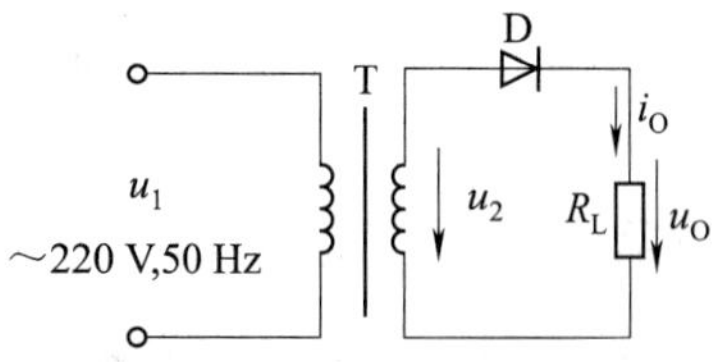

图 1-16　单相半波整流电路

1. 原理分析

变压器二次电压 u_2是一个大小和方向都随时间变化的正弦波电压，波形如图 1-17 所示。在 0 ~ π 时间内，u_2为正半周，即变压器极性上端为正、下端为负。此时二极管承受正向电压而导通，u_2通过二极管加在负载电阻 R_L上，在 π ~ 2π 时间内，u_2为负半周，变压器二次电压极性下端为正、上端为负。这时二极管承受反向电压，不导通，R_L上无电压。在 2π ~ 3π 时间内，重复 0 ~ π 时间的过程，而在 3π ~ 4π 时间内，又重复 π ~ 2π 时间的过程……这样反复下去，交流电的负半周就被“削”掉了，只有正半周通过 R_L，在 R_L上获得了一个单一方向（上正下负）的电压，达到了整流的目的。但是，负载电压 u_O以及负载电流的大小还随时间而变化，因此，通常称它为脉动直流电。

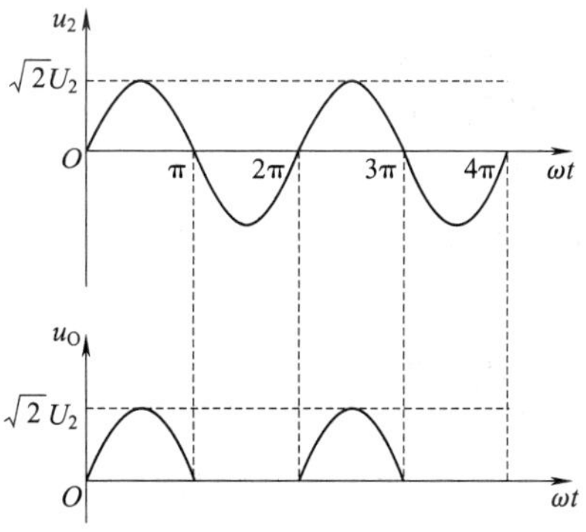

图 1-17　单相半波整流电路波形图

这种除去半周（图 1-17 下半周）的整流方法，称为半波整流。不难看出，半波整流是以“牺牲”一半交流为代价而换取整流效果的，电能利用率很低（计算表明，整流得出的半波电压在整个周期内的平均值，即负载上的直流电压 $u_O = 0.45u_2$）。因此，常用在高电压、小电流的场合，而在一般无线电装置中很少采用。

2. 电量的计算

设变压器二次电压为 $u_2 = \sqrt{2}U_2\sin\omega t$，负载上单相脉动输出电压的平均值为

$$U_O = \frac{1}{2\pi}\int_0^{\pi}\sqrt{2}U_2\sin\omega t\mathrm{d}(\omega t) \approx 0.45U_2 \tag{1-1}$$

负载中输出电流的平均值为

$$I_O = \frac{U_O}{R_L} \approx 0.45\frac{U_2}{R_L} \tag{1-2}$$

式中，U_2 为变压器二次电压有效值。

3. 元件的选择

在单相半波整流电路中，主要选择二极管的工作参数。

①二极管的最大整流电流 I_{OM}：

$$I_{OM} \geqslant I_O \tag{1-3}$$

②二极管的最高反向电压 U_{DRM}：

$$U_{DRM} \geqslant \sqrt{2}U_2 \tag{1-4}$$

单相半波整流电路是最简单的整流电路，利用了交流电压的半个周期，所以输出电压低、脉动大、效率低。因此，只适用于对电压脉动要求不高的场合。

例 1-3 在图 1-16 所示电路中，已知变压器二次电压 $u_2 = 50\sqrt{2}\sin\omega t$ V，负载电阻 $R_L = 1$ kΩ。试求负载上的 U_O、I_O，并计算二极管最大整流电流和最高反向电压。

解 $U_O \approx 0.45U_2 = 0.45 \times 50\ \text{V} = 22.5\ \text{V}$，$I_O = \dfrac{U_O}{R_L} = \dfrac{22.5}{1\ 000}\ \text{A} = 0.022\ 5\ \text{A} = 22.5\ \text{mA}$

则 $I_{OM} \geqslant I_O \geqslant 22.5$ mA，$U_{DRM} \geqslant \sqrt{2}U_2 = \sqrt{2} \times 50\ \text{V} = 70.5\ \text{V}$

1.4.2 单相桥式全波整流电路

如果把整流电路的结构做一些调整，可以得到一种能充分利用电能的全波整流电路。图 1-18 是单相桥式全波整流电路原理图。

单相桥式全波整流电路是由变压器、四个整流二极管接成电桥形式的整流桥组成。其中要注意四个整流二极管的连接顺序，其中的一对角接负载 R_L，另一对角接变压器二次绕组，构成原则就是为了在变压器二次电压 u_2 的整个周期内，负载上得到的电压和电流方向始终不变。

1. 原理分析

单相桥式全波整流电路的工作原理，可用图 1-19 所示的波形图说明。

全波整流电路的工作原理如下：u_2 为正半周时，对 D_1、D_3 加正向电压，D_1、D_3 导通；对 D_2、D_4 加反向电压，D_2、D_4 截止。电路中构成 u_2、D_1、R_L、D_3 通电回路，在 R_L 上形成上正下负的半波整流电压。u_2 为负半周时，对 D_2、D_4 加正向电压，D_2、D_4 导通；对 D_1、D_3 加反向电压，D_1、D_3 截止。电路中构成 u_2、D_2、R_L、D_4 通电回路，同样在 R_L 上形成上正下负的另外半波的整流电压。

可见，由于 D_1、D_3 和 D_2、D_4 两对二极管在一个周期内交替导通，使 R_L 上电压 u_O、电流 i_O 方向始终不变，输出电压波形如图 1-19 所示。

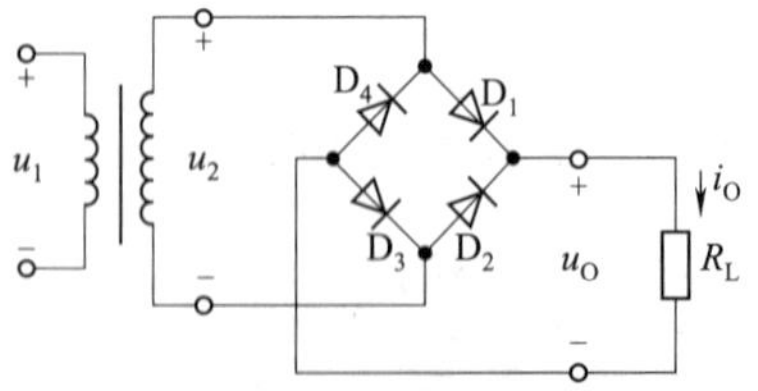

图 1-18 单相桥式全波整流电路原理图

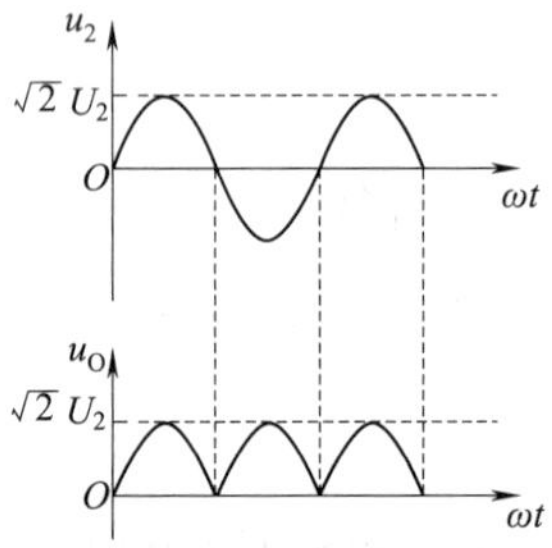

图 1-19 单相桥式全波整流电路波形图

2. 电量的计算

设变压器二次电压 $u_2 = \sqrt{2}U_2\sin\omega t$，负载上电压的平均值为

$$U_O = \frac{1}{\pi}\int_0^{\pi} \sqrt{2}U_2\sin\omega t\mathrm{d}(\omega t)$$

解得

$$U_O = \frac{2\sqrt{2}}{\pi}U_2 \approx 0.9U_2 \tag{1-5}$$

输出电流平均值为

$$I_O \approx 0.9\frac{U_2}{R_L} \tag{1-6}$$

3. 元件的选择

在单相桥式全波整流电路中，因为每只二极管仅在变压器的二次电压的半个周期通过电流，所以流过每只二极管的电流只有$\frac{1}{2}I_O$。二极管的最大整流电流 I_{OM} 为

$$I_{OM} \geqslant \frac{1}{2}I_O \tag{1-7}$$

二极管的最高反向电压为

$$U_{DRM} \geqslant \sqrt{2}U_2 \tag{1-8}$$

例 1-4　图 1-18 所示电路中，要求输出直流电压 U_O 为 12 V，电流 I_O 为 10 mA，试选择二极管。

解　二极管最大整流电流为

$$I_{OM} \geqslant \frac{1}{2}I_O = \frac{1}{2} \times 10\ \text{mA} = 5\ \text{mA}$$

二极管承受最高反向电压为

$$U_{DRM} \geqslant \sqrt{2}U_2 = \sqrt{2} \times \frac{U_O}{0.9} = \sqrt{2} \times \frac{12\ \text{V}}{0.9} = 18.9\ \text{V}$$

查二极管手册，可选择二极管 2CP11。

1.4.3　电容滤波电路

交流电经过二极管整流之后，方向单一了，但是大小（电流强度）还是处在不断变化之中。这种脉动直流一般是不能直接用来给无线电装置供电的。要把脉动直流信号变成波形平滑的直流信号，还需要再做一番“填平取齐”的工作，这便是滤波。换句话说，滤波的任务，就是把整流器输出电压中的波动成分尽可能减小，改造成接近恒稳的直流电压。

滤波器一般由电感或电容以及电阻等元件组成。直流电源中滤波电路的显著特点是：均采用无源滤波电路；能够输出较大电流。最常用的滤波电路是电容滤波电路。

电容器是一个储存电能的仓库。在电路中，当有电压加到电容器两端的时候，便对电容器充电，把电能储存在电容器中；当外加电压失去（或降低）之后，电容器将把储存的电能再释放出来。充电的时候，电容器两端的电压逐渐升高，直到接近充电最大电压；放电的时候，电容器两端的电压逐渐降低，直到完全消失。电容器的容量越大，负载电阻值越大，充电和放电所需要的时间越长。这种电容器两端电压不能突变的特性，正好可以用来承担滤波的任务。

单相桥式整流电容滤波电路如图 1-20 所示，电容器与负载并联。由于滤波电容容量较大，一般均采用电解电容，所以在接线时应注意其正、负极性。电容滤波电路利用电容的充放电作用，使输出电压趋于平滑。

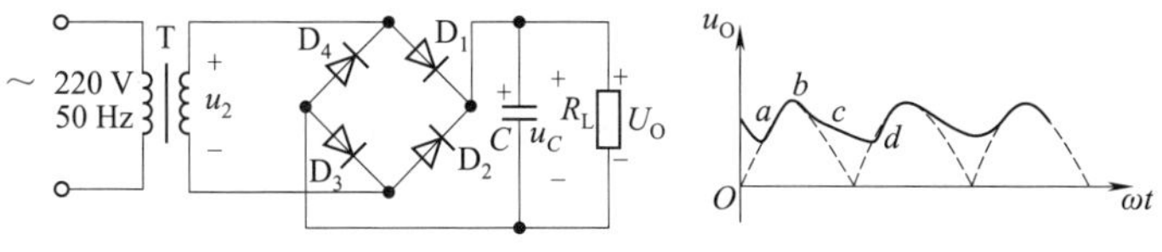

（a）　　　　（b）

图 1-20　单相桥式整流电容滤波电路

1. 原理分析

按图 1-20(b)所示的波形分析。

在 u_2的正半周且数值大于电容两端电压大于 u_C时，二极管 D_1、D_3因正偏导通，D_2、D_4因反偏截止。这时候电流一路流过 R_L，另一路对 C 充电，则 $u_C = u_2$，如图 1-20(b)中的 ab 段。当 u_2上升到峰值后开始下降，电容 C 通过 R_L放电，u_C开始下降，趋势与 u_2 基本相同，如图 1-20(b)中的 bc 段。但是由于电容按指数规律放电，所以当 u_2 下降到一定数值后，u_C 的下降速度小于 u_2 的下降速度，使 u_C 大于 u_2，从而导致 D_1、D_3 反向偏置而变为截止。此后电容 C 继续通过 R_L 放电，u_C 按指数规律缓慢下降，如图 1-20(b)中的 cd 段。

在 u_2的负半周，u_2幅值变化大于 u_C时，D_2、D_4因正偏导通，u_2再次对 C 充电，u_C上升到 u_2峰值后又开始下降；u_2下降到一定数值时，D_2、D_4截止，C 对 R_L放电，u_C按指数规律下降；u_C放电到一定值后，D_1、D_3导通，重复上述过程。

可见，经滤波后输出电压不仅变得平滑，而且平均值也得到了提高。

显然，电容量越大，负载电阻越大，滤波效果越好，输出波形越趋于平滑，输出电压也越高。但是，电容量达到一定值以后，再加大电容量对提高滤波效果已无明显作用。通常应根据负载电阻和输出电流的大小选择最佳电容量。

2. 电量的计算

设变压器二次电压 $u_2 = \sqrt{2}U_2\sin\omega t$，可根据图 1-20(b)计算负载上输出电压的平均值为

$$U_O = \sqrt{2}U_2\left(1 - \frac{T}{4R_L C}\right) \tag{1-9}$$

上式表明：

当 $R_L C = (3 \sim 5)T/2$ 时，负载输出电压平均值为

$$U_O \approx 1.2U_2 \tag{1-10}$$

当 $R_L = \infty$ 时，负载输出电压平均值为

$$U_O = \sqrt{2}U_2 \tag{1-11}$$

若图 1-16 半波整流后增加电容滤波，则负载输出电压平均值为

$$U_O = 1.0U_2 \tag{1-12}$$

3. 元件的选择

(1)选择二极管的工作参数

单相桥式整流滤波电路中二极管的最大整流电流 $I_{OM} \geqslant \frac{1}{2}I_O$，二极管的最高反向电压 $U_{DRM} \geqslant \sqrt{2}U_2$。若半波整流后再电容滤波则 $U_{DRM} \geqslant 2\sqrt{2}U_2$。

(2)选择电容的工作参数

电容值按式(1-13)计算。

$$C \geqslant (3 \sim 5)\frac{T}{2R_L} \tag{1-13}$$

式中，T 为电网电压的周期。

电容的耐压值为

$$U_{CM} \geqslant \sqrt{2}U_2$$

注意：

当电路接入电源瞬间，若 $u_2(t)$不为零，因负载电阻较小而会产生较大充电电流即冲击电流，称为浪涌电流，此时有可能烧毁整流二极管。

例 1-5　在图 1-20(a)所示的单相桥式整流电容滤波电路中,已知负载电阻 $R_L = 100\ \Omega$,要求输出电压平均值 $U_O = 12$ V,电网电压的频率为 50 Hz。试查手册选用二极管及滤波电容。

解　负载电流平均值 $I_O = U_O/R_L = 120$ mA,变压器二次电压 $U_2 = U_O/1.2 = 10$ V。

二极管的最大整流电流 $I_{OM} \geqslant \frac{1}{2}I_O \geqslant 60$ mA,二极管的最高反向电压 $U_{DRM} \geqslant \sqrt{2}U_2 \geqslant 14.14$ V。查手册选用二极管 2CP10。

滤波电容 C 的大小取值应满足 $C \geqslant (3\sim5)\frac{T}{2R_L}$ 的条件。电网电压的周期 $T = \frac{1}{f} = \frac{1}{50}$ s $= 0.02$ s,则 $C = 5\times0.02\div(2\times100)$ F $\approx 500\ \mu$F,电容的耐压 $U_{CM} \geqslant \sqrt{2}U_2 \geqslant 14.14$ V。

所以可选用电容量为 500 μF,耐压为 25 V 的电解电容。

结合上述桥式整流电路、电容滤波电路以及稳压电路,构成的直流稳压电路如图 1-21 所示。

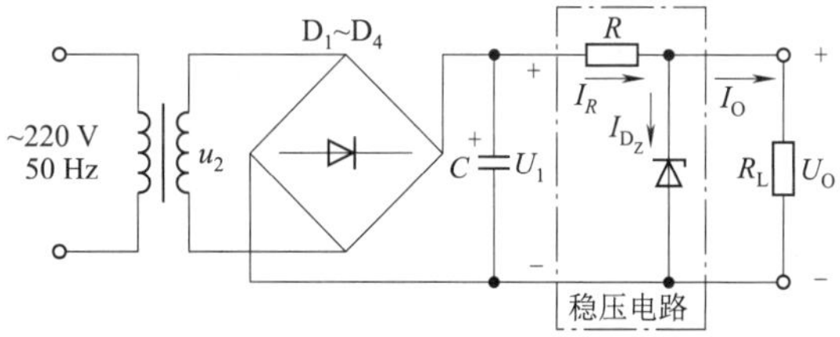

图 1-21　直流稳压电路

1.4.4　电感滤波电路

利用电感对交流阻抗大而对直流阻抗小的特点,可以用带铁芯的线圈做成滤波器。电感滤波输出电压较低,且输出电压波动小,随负载变化也很小,适用于负载电流较大的场合。电感滤波电路克服了电容滤波存在的冲击电流和带负载能力差的缺点。

图 1-22(a)所示为电感滤波电路,此时电感器应与负载串联。由于电感线圈的电量要足够大,一般采用有铁芯的线圈。此外,利用电容、电感对交、直流量呈现不同电抗的特点,组成了各种复式滤波电路,如图 1-22(b)、(c)所示。

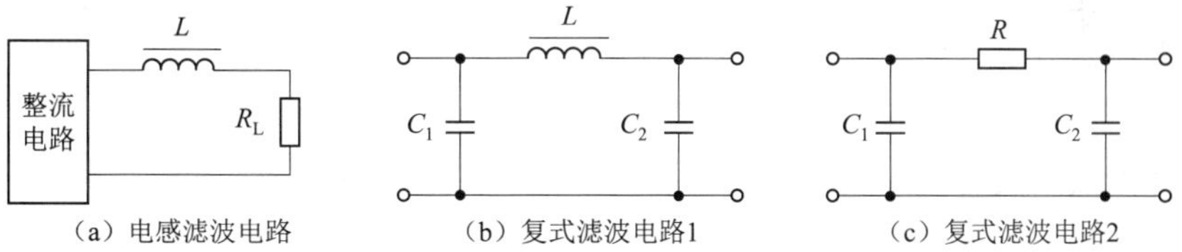

图 1-22　电感滤波电路及复式滤波电路

1.4.5　整流元件的选择和运用

需要特别指出的是,二极管作为整流元件,要根据不同的整流方式和负载大小加以选择。如选择不当,则或者不能安全工作,甚至烧毁二极管;或者大材小用,造成浪费。

另外,在高电压或大电流的情况下,如果没有承受高电压的整流元件,可以把二极管串联或并联起来使用。

图 1-23 所示为二极管并联的情况:两只二极管并联,每只分担电路总电流的一半;三只二极

管并联，每只分担电路总电流的三分之一。总之，有几只二极管并联，流经每只二极管的电流就等于总电流的几分之一。但是，在实际并联运用时，由于各二极管特性不完全一致，不能均分所通过的电流，会使有的二极管负担过重而烧毁。因此需在每只二极管上串联一只阻值相同的小电阻，使各并联二极管流过的电流接近一致。这种均流电阻 R 一般选用零点几欧至几十欧的电阻。电流越大，R 应越小。

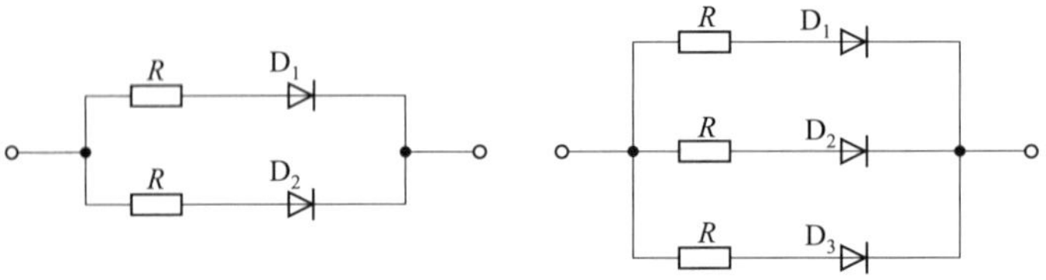

图 1-23　二极管并联

图 1-24 所示为二极管串联的情况。显然在理想条件下，有几只二极管串联，每只二极管承受的反向电压就应等于总电压的几分之一。但因为每只二极管的反向电阻不尽相同，会造成电压分配不均：内阻大的二极管有可能由于电压过高而被击穿，并由此引起连锁反应，逐个把二极管击穿。在二极管上并联的电阻 R，可以使电压分配均匀。均压电阻要选取阻值比二极管反向电阻值小的电阻器，各个电阻器的阻值要相等。

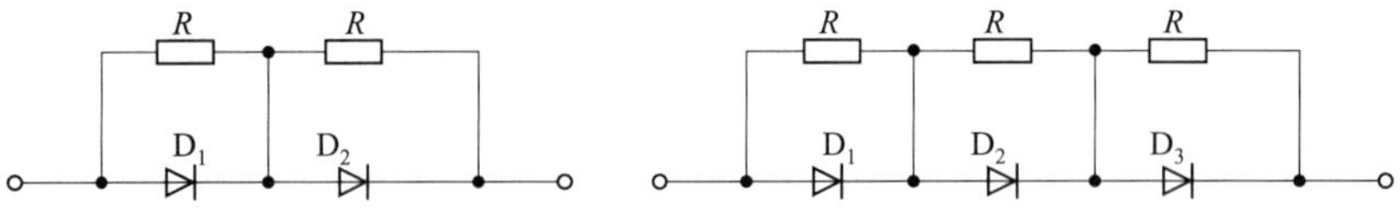

图 1-24　二极管串联

1.4.6　三端集成稳压器及其应用

集成稳压器又称集成稳压电源，是将不稳定的直流电压转换成稳定的直流电压的集成电路。用分立元件组成的稳压电源，具有输出功率大，适应性较广的优点，但因体积大、焊点多、可靠性差而使其应用范围受到限制。近年来，集成稳压电源已得到广泛应用，其中小功率的稳压电源以三端式串联型稳压器应用最为普遍。

1. 分类

集成稳压器按出线端子多少和使用情况大致可分为三端固定式、三端可调式、多端可调式及单片开关式等几种。

①三端固定式集成稳压器是将采样电阻、补偿电容、保护电路、大功率调整管等都集成在同一芯片上，使整个集成电路块只有输入、输出和公共 3 个引出端，使用非常方便，因此获得了广泛应用。它的缺点是输出电压固定，所以必须生产各种输出电压、电流规格的系列产品。CW7800 系列集成稳压器是常用的固定正输出电压的集成稳压器，CW7900 系列集成稳压器是常用的固定负输出电压的集成稳压器。

②三端可调式集成稳压器只需外接两只电阻即可获得各种输出电压。如 CW117 为常用的三端可调、正输出集成稳压器，CW137 为常用的三端可调、负输出集成稳压器。

③多端可调式集成稳压器是早期集成稳压器产品，其输出功率小，引出端多，使用不太方便，

但精度高，价格便宜，如 CW3085、CW1511；保持正、负输出电压完全对称，如 CW1468。

④单片开关式集成稳压器是最近几年发展的一种稳压电源，其效率特别高。它的工作原理与上面三种类型集成稳压器不同，是由直流变交流（高频）再变直流的变换器。通常有脉冲宽度调制和脉冲频率调制两种，输出电压是可调的。以 an5900、tlj494、ha17524 等为代表，目前广泛应用在微机、电视机和测量仪器等设备之中。

2. CW7800 系列和 CW7900 系列稳压器的应用

三端集成稳压器的通用产品有 CW7800 系列（正电源）和 CW7900 系列（负电源），输出电压由具体型号中的后面两个数字代表，有 5 V、6 V、8 V、9 V、12 V、15 V、18 V、24 V 等。输出电流以 78（或 79）后面加字母来区分，L 表示 0.1 A、AM 表示 0.5 A、无字母表示 1.5 A，如 78L05 表示 5 V，0.1 A。CW7800 系列内部结构、外观和图形符号如图 1-25 所示。

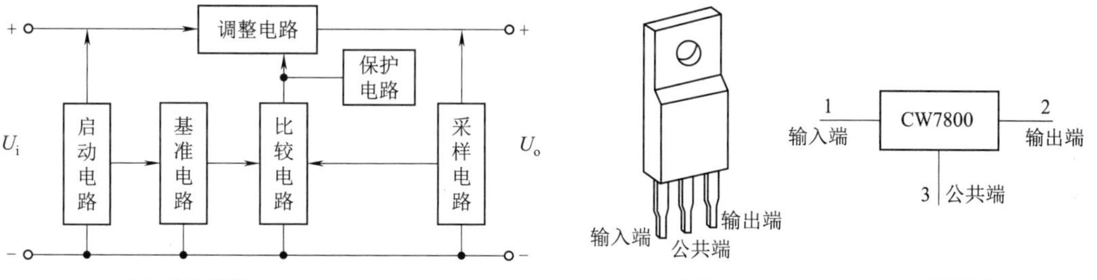

图 1-25　CW7800 系列内部结构、外观和图形符号

CW7800 系列三端集成稳压器构成的单电源稳压电路接线图如图 1-26 所示，如果考虑二极管保护，其电路图如图 1-27 所示。

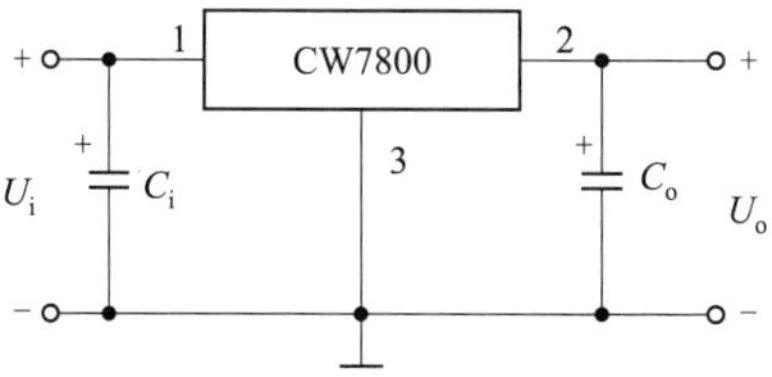

图 1-26　基本应用电路

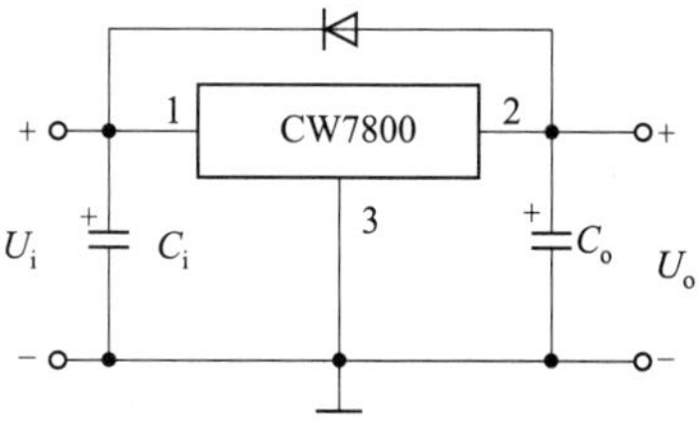

图 1-27　带有二极管保护的基本应用电路

输出正负电压的双电源稳压电路如图 1-28 所示。图中使用 CW7815 和 CW7915，则输出电压为 ±15 V。

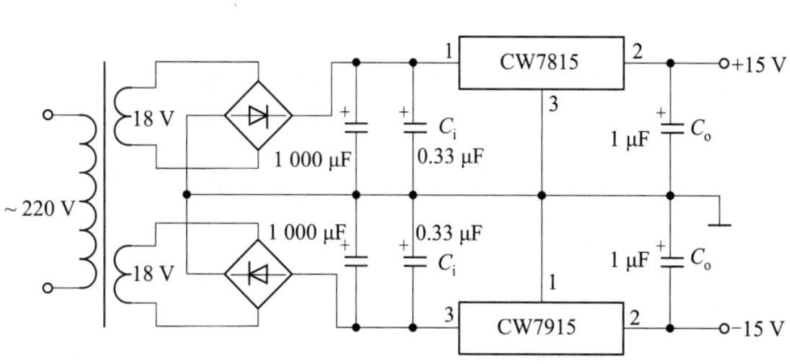

图 1-28　输出正负电压的双电源稳压电路

输出电压可调的稳压电路如图1-29所示，$U_o = U_{xx} + U_2$，而U_{xx}为CW78XX固定输出电压，调节电位器R_1即可改变U_2，便实现了输出电压可调。

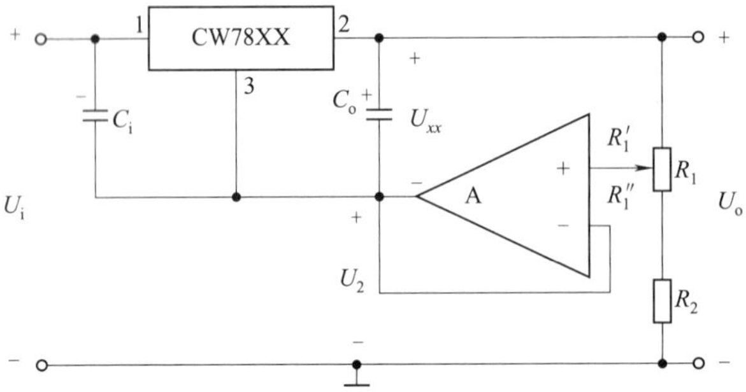

图1-29　输出电压可调的稳压电路

3. 三端集成稳压器使用时要注意的问题

①为了防止自激振荡，在输入端一般要接一个0.1～0.33 μF的电容C_i。

②为了消除高频噪声和改善输出的瞬态特性，即在负载电流变化时不致引起U_o有较大波动，输出端要接一个1 μF以上的电容C_o。

③为了保证输出电压的稳定，输入、输出间的电压差应大于2 V。但也不应太大，太大会引起三端集成稳压器功耗增大而发热，一般取3～5 V。

④除CW7824(CW7924)的最大输入电压为40 V外，其他稳压器的最大输入电压为35 V。

⑤尽管三端集成稳压器有过载保护，但为了增大其输出电流，外部要加散热片。

小　　结

1. 半导体基础

半导体具有以下特点：

①半导体的导电能力介于导体与绝缘体之间。

②半导体受外界光和热的刺激时，其导电能力将会有显著变化。

③在本征半导体中，加入微量的杂质，其导电能力会急剧增强。

半导体中有两种载流子：自由电子和空穴。载流子有两种运动方式：扩散运动和漂移运动。本征激发使半导体中产生电子-空穴对，但它们的数目很少，并与温度有密切关系。在本征半导体中掺入不同的有用杂质，可分别形成P型和N型两种杂质半导体。它们是各种半导体器件的基本材料。

2. 半导体二极管及基本应用

半导体二极管是具有一个PN结的半导体器件，具有单向导电性，其特性可用伏安特性曲线描述。二极管的伏安特性是非线性的，所以它是非线性器件。为分析计算电路方便，在特定条件下，常把二极管的非线性伏安特性进行分段线性化处理，从而得到几种简化的模型，如理想模型、恒压降模型、折线模型和小信号模型。在实际应用中，应根据工作条件选择适当的模型。

对二极管伏安特性曲线中不同区段的利用，可以构成各种不同的应用电路。组成各种应用电路时，关键是外电路(包括外电源、电阻等元件)必须为元件的应用提供必要的工作条件和安全保证。

二极管的整流、钳位和限幅作用是二极管的基本应用，应掌握其工作原理和波形分析。

3. 直流稳压电源

整流电路是利用二极管的单向导电性，将交流电变成脉动直流电的电路。

（1）单相半波整流（设变压器二次电压 $u_2=\sqrt{2}U_2\sin\omega t$）

输出电压、电流的平均值及二极管的工作参数（最大整流电流、最高反向电压）分别为

$$U_O=\frac{\sqrt{2}}{\pi}U_2\approx0.45U_2, I_O=0.45U_2/R_L, I_{OM}\geqslant I_O, U_{DRM}\geqslant\sqrt{2}U_2$$

（2）单相桥式全波整流

输出电压、电流的平均值及二极管的工作参数（最大整流电流、最高反向电压）分别为

$$U_O=\frac{2\sqrt{2}}{\pi}U_2\approx0.9U_2, I_O=0.9U_2/R_L, I_{OM}\geqslant\frac{1}{2}I_O, U_{DRM}\geqslant\sqrt{2}U_2$$

4. 电容滤波电路

电容滤波是利用电容的充放电作用，使输出电压趋于平滑。

电容滤波电路中输出电压、电流的平均值为：

若全波整流后电容滤波，则 $U_O=1.2U_2$；若半波整流后电容滤波，则 $U_O=1.0U_2$，$I_O=U_O/R_L$。

二极管的工作参数为：最大整流电流 $I_{OM}\geqslant\frac{1}{2}I_O$，最高反向电压 $U_{DRM}\geqslant\sqrt{2}U_2$。

电容的工作参数为：电容量满足 $C\geqslant(3\sim5)\frac{T}{2R_L}$ 的条件，耐压 $U_{CM}\geqslant\sqrt{2}U_2$。

5. 三端集成稳压电路

在集成稳压器和实用的分立元件稳压电路中，还常包含过电流、过电压、调整管安全区和芯片过热等保护电路。集成稳压器仅有输入端、输出端和公共端（或调整端）三个引出端（故称为三端集成稳压器），使用方便，稳压性能好。常用的三端稳压器 CW7800（CW7900）系列为固定式稳压器。

习　　题

1. 选择合适的答案填入括号内。

（1）在本征半导体中，电子浓度（　　）空穴浓度。

A. 大于　　B. 等于　　C. 小于　　D. 与温度有关

（2）本征半导体温度升高以后（　　）。

A. 自由电子数增多，空穴数基本不变

B. 空穴数增多，自由电子数基本不变

C. 自由电子数和空穴数都增多，且数目相同

D. 自由电子数和空穴数都不变

（3）在 N 型半导体中，电子浓度（　　）空穴浓度。

A. 大于　　B. 等于　　C. 小于　　D. 与温度有关

（4）P 型半导体（　　）。

A. 带正电　　B. 带负电　　C. 呈电中性　　D. 不确定

(5)空间电荷区是由(　　)构成的。

A. 电子　B. 空穴　C. 离子　D. 质子

(6)PN 结加正向电压时,空间电荷区将(　　)。

A. 变窄　B. 基本不变

C. 变宽　D. 与温度有关

(7)当温度升高时,二极管的反向饱和电流将(　　)。

A. 增大　B. 不变　C. 减小　D. 不确定

(8)温度升高,二极管的导通压降将(　　)。

A. 增大　B. 减小　C. 不变　D. 不确定

(9)二极管两端加正向电压时,它的动态电阻随正向电流增加而(　　)。

A. 增大　B. 减小　C. 不变　D. 不确定

(10)某稳压二极管,已知 $I_{Zmin}=10$ mA,$I_{Zmax}=40$ mA,当工作电流为 10 mA 时,其两端的电压为5 V,若工作电流增加为 20 mA,则其两端的电压约为(　　)。

A. 2.5 V　B. 5 V　C. 10 V　D. 20 V

(11)稳压管的稳压区是指工作在(　　)区。

A. 正向导通　B. 反向截止

C. 反向击穿　D. 反向截止或击穿

(12)整流的目的是(　　)。

A. 将交流变为直流　B. 将高频变为低频

C. 将正弦波变为方波　D. 将直流变为交流

(13)在单相桥式整流电路中,若有一只整流管接反,则(　　)。

A. 输出电压约为 $2U_D$　B. 变为半波整流

C. 整流管将因电流过大而烧坏　D. 输出电压不变

(14)桥式整流电路输出的直流电压为变压器二次电压有效值的(　　)倍。

A. 0.45　B. 0.707　C. 1.414　D. 0.9

(15)在桥式整流电路中,整流二极管承受的最高反向电压是(　　)。

A. $2U_L$　B. $1.414U_2$　C. $0.9U_2$　D. $2.828U_2$

2. 写出图 1-30 所示各电路的输出电压值,设二极管导通电压 $U_D=0.7$ V。

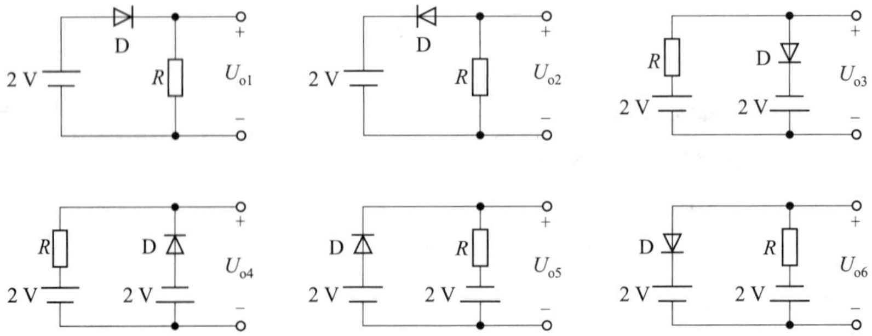

图 1-30　题 2 图

3. 电路如图 1-31 所示,已知 $u_i=10\sin\omega t$ V,试画出 u_i 与 u_o 的波形。设二极管正向导通电压可忽略不计。

4. 二极管双向限幅电路如图1-32所示，设 $u_i=10\sin\omega t$ V，二极管为理想器件，试画出 u_i 和 u_o 的波形。

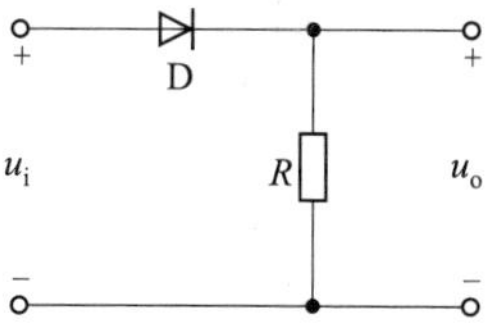

图1-31　题3图

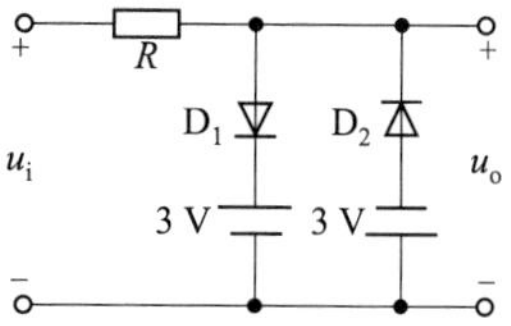

图1-32　题4图

5. 二极管电路如图1-33所示，判断图中二极管是导通还是截止，并确定各电路的输出电压 U_o。设二极管的导通压降为0.7 V。

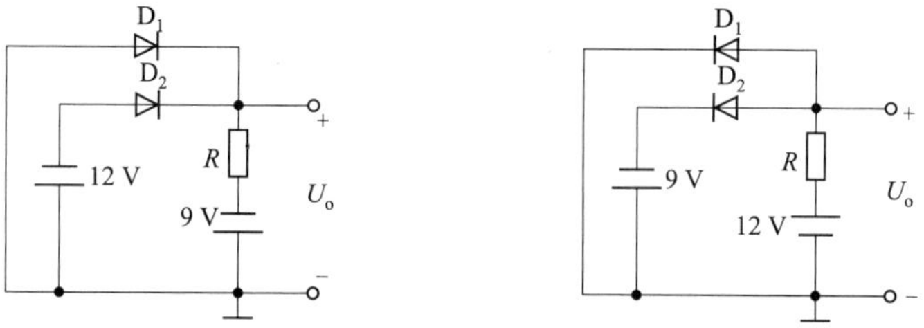

(a)　(b)

图1-33　题5图

6. 电路如图1-34(a)所示，其输入电压 u_{i1} 和 u_{i2} 的波形如图1-34(b)所示，设二极管导通电压可忽略。试画出输出电压 u_o 的波形，并标出幅值。

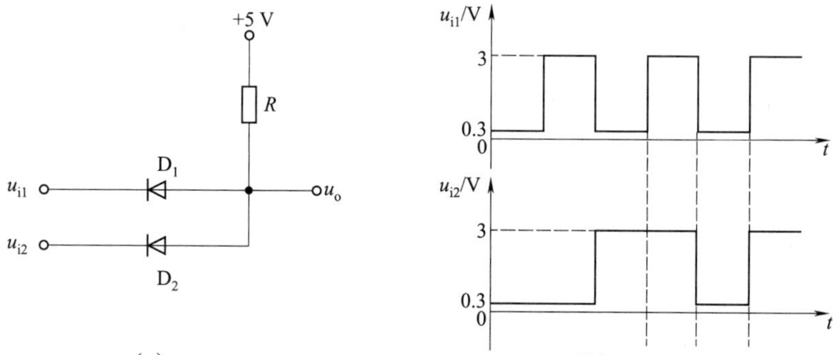

(a)　(b)

图1-34　题6图

7. 电路如图1-35所示，试估算流过二极管的电流和A点的电位。设二极管的正向压降为0.7 V。

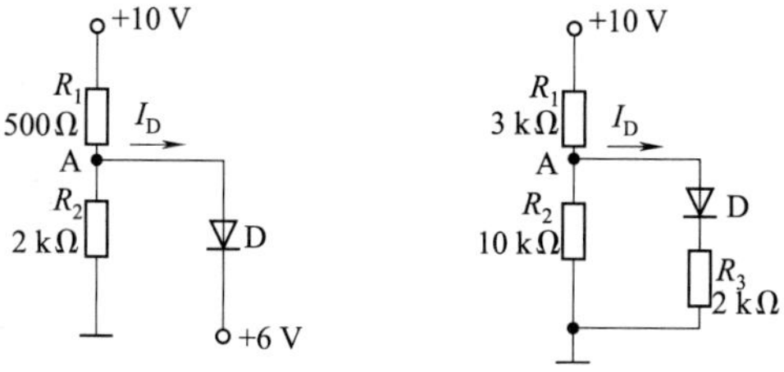

(a)　(b)

图1-35　题7图

8. 已知稳压管的稳压值 $U_Z=6$ V，稳定电流的最小值 $I_{Zmin}=5$ mA。求图1-36所示电路中 U_{O1} 和 U_{O2} 各为多少伏？

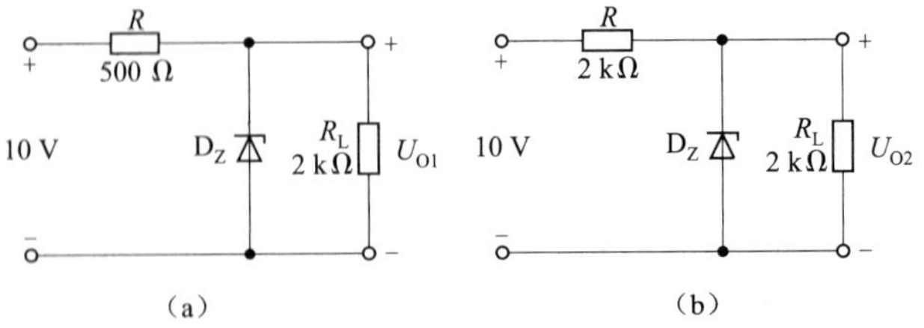

图1-36　题8图

9. 已知稳压管的稳定电压 $U_Z=6$ V，稳定电流的最小值 $I_{Zmin}=5$ mA，最大功耗 $P_{ZM}=150$ mW。试求图1-37所示电路中电阻 R 的取值范围。

10. 已知图1-38所示电路中稳压管的稳定电压 $U_Z=6$ V，最小稳定电流 $I_{Zmin}=5$ mA，最大稳定电流 $I_{Zmax}=25$ mA。

(1) 分别计算 U_I 为10 V、15 V、35 V三种情况下输出电压 U_O 的值；

(2) 若 $U_I=35$ V时负载开路，则会出现什么现象？为什么？

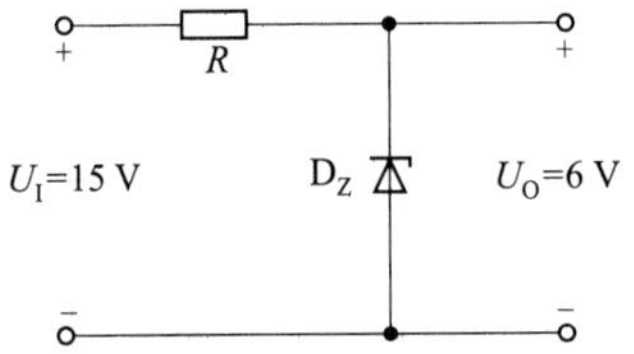

图1-37　题9图

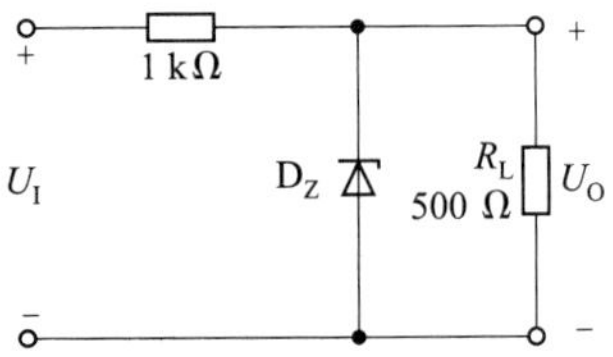

图1-38　题10图

11. 在图1-39所示稳压电路中，已知稳压管的稳定电压 $U_Z=6$ V，最小稳定电流 $I_{Zmin}=5$ mA，最大稳定电流 $I_{Zmax}=40$ mA；输入电压 U_I 为15 V，波动范围为±10%；限流电阻 R 为200 Ω。

(1) 电路是否能空载？为什么？

(2) 作为稳压电路的指标，负载电流 I_L 的范围为多少？

12. 图1-40所示电路中变压器二次电压有效值为 $2U_2$。

(1) 画出 u_2、u_{D1} 和 u_O 的波形；

(2) 求出输出电压平均值 $U_{O(AV)}$ 和输出电流平均值 $I_{L(AV)}$ 的表达式；

(3) 二极管的平均电流 $I_{D(AV)}$ 和所承受的最大反向电压 U_{DRM} 的表达式。

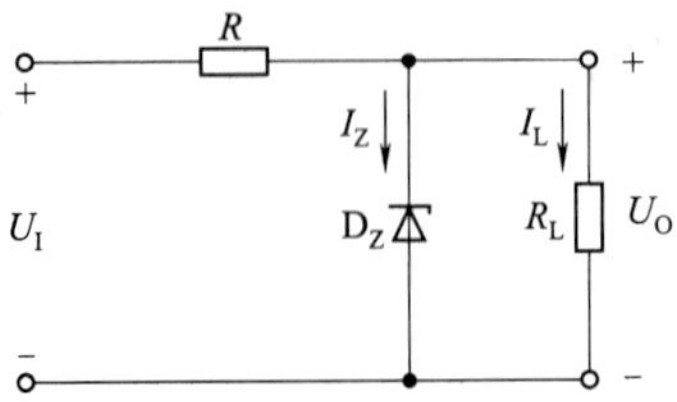

图1-39　题11图

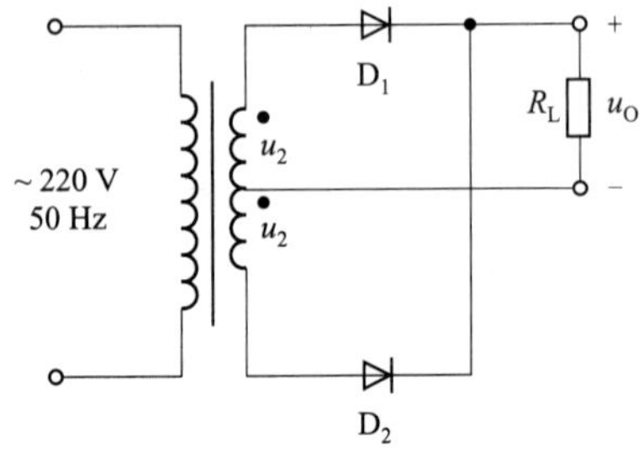

图1-40　题12图

13. 电路如图 1-41 所示。合理连线，构成 5 V 的直流电源。

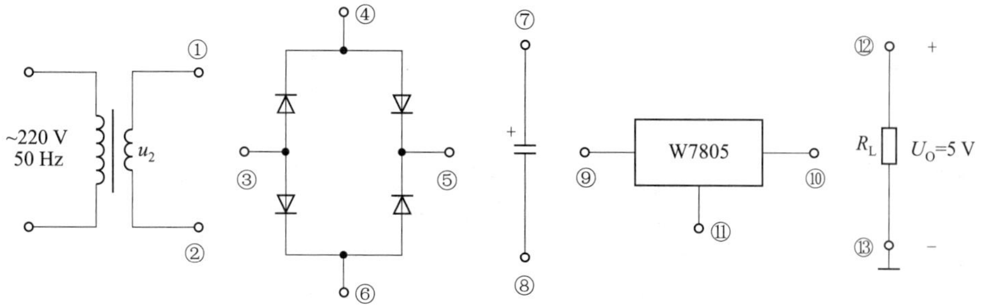

图 1-41　题 13 图

14. 图 1-42 所示的桥式整流电容滤波电路中，$R_L = 100\ \Omega$，输入 U_1 为 220 V、50 Hz 的交流电，用交流电压表测得 $U_2 = 10$ V。

(1) 计算滤波电容值的容量 C 和耐压值；

(2) 若负载 R_L 断开，计算输出电压平均值 U_O；

(3) 若电容 C 断开，计算输出电压平均值 U_O。

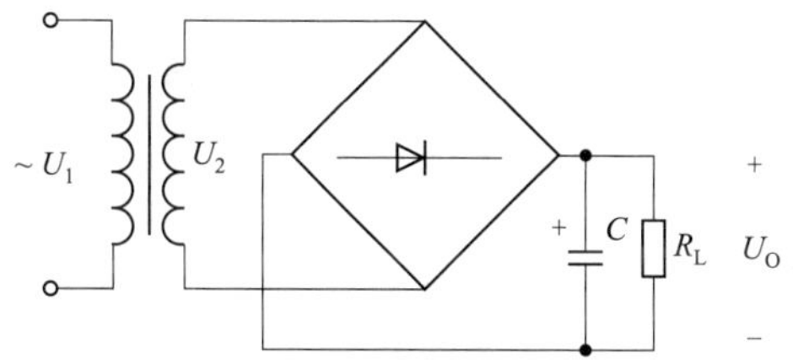

图 1-42　题 14 图

第 2 章 晶体管与放大电路

引　言

本章是模拟电子技术中的重要技术理论内容。首先介绍模拟电子电路的核心部分——三极管，使读者了解三极管的结构、放大原理、特性曲线和主要参数。其次从介绍三极管的微变等效电路入手，研究由三极管组成的共射极放大电路和静态工作点稳定电路的静态分析和动态分析。然后介绍场效应管的基础知识。最后简单介绍多级放大电路的构成与分析方法。

内容结构

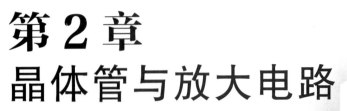

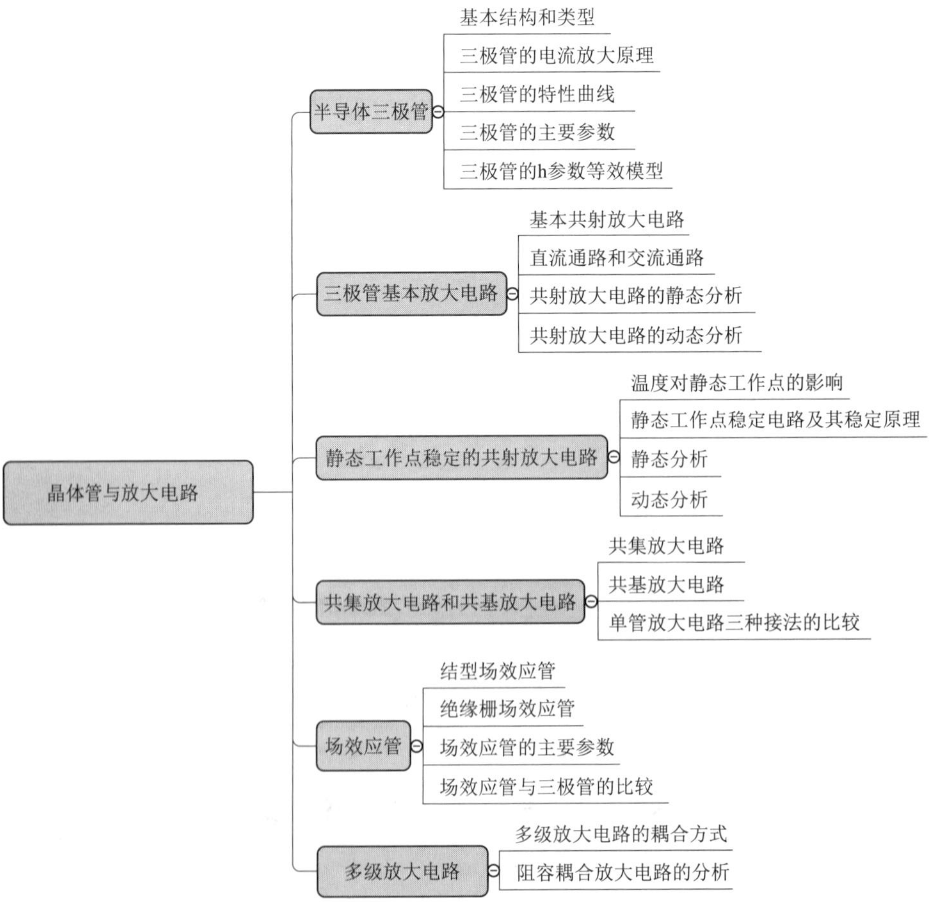

学习目标

①了解三极管结构与电流放大原理；了解温度对三极管特性的影响。
②掌握三极管构成的放大电路的静态分析和动态分析。
③掌握三种放大电路的基本接法及其特点。
④分析放大电路的功能，并根据指标要求设计放大电路。
⑤了解场效应管工作原理，比较场效应管与三极管的区别。

2.1　半导体三极管

2.1.1　基本结构和类型

半导体三极管中有两种带有不同极性电荷的载流子参与导电，故称之为双极型三极管，简称三极管，是半导体基本元器件之一，具有电流放大作用，是放大电路的核心器件。

根据不同的掺杂方式在一块半导体基片上制作出三个掺杂区域，并形成两个相距很近的 PN 结，就构成了三极管。两个 PN 结把整块半导体分成三部分，中间是基区，两侧是发射区和集电区。基区很薄且杂质浓度很低；而发射区较厚且杂质浓度大；集电区面积很大；三极管的外特性与三个区域的上述特点密切相关。从三个区引出相应的电极，分别为基极（b 极）、发射极（e 极）和集电极（c 极）。

图 2-1(a)所示为 NPN 型三极管的结构示意图。发射区和基区之间的 PN 结称为发射结，集电区和基区之间的 PN 结称为集电结。图 2-1(b)所示为 NPN 型三极管和 PNP 型三极管的图形符号。注意二者符号的区别。发射极箭头指向表示发射结在正向电压下的电流方向。NPN 型三极管发射区“发射”的是自由电子，其移动方向与电流方向相反，故发射极箭头向外；PNP 型三极管发射区“发射”的是空穴，其移动方向与电流方向一致，故发射极箭头向里。硅三极管和锗三极管都有 PNP 型和 NPN 型两种类型。

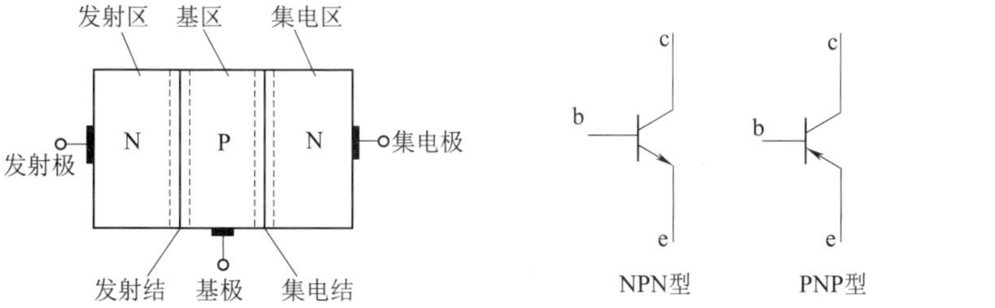

（a）NPN型三极管的结构示意图　　（b）NPN型三极管和PNP型三极管的图形符号

图 2-1　三极管结构和图形符号

由图 2-1(b)可见，两种类型三极管符号的差别仅在发射极箭头的方向上，应该注意的是，箭头的指向代表发射结处在正向偏置时电流的流向，同时还可根据箭头的指向来判别三极管的类型。例如，当看到“”符号时，因为该符号的箭头是由基极指向发射极的，说明当发射结处在正向偏置时,电流由基极流向发射极。根据前面所讨论的内容可知,当 PN 结处在正向偏置时,电流由 P 型半导体流向 N 型半导体,由此可得,该三极管的基区是 P 型半导体,其他两个区都是 N 型半导体,所以该三极管为 NPN 型三极管。

三极管除了 PNP 和 NPN 两种结构的区分外,还有很多种分类方法。例如,根据三极管工作频率的不同,可将三极管分为低频管和高频管;根据三极管消耗功率的不同,可将三极管分为小功率管、中功率管和大功率管等。

目前,国内各种类型的三极管有许多种,引脚的排列不尽相同,在使用中不确定引脚排列的三极管,必须进行测量,确定各引脚正确的位置,或查找三极管使用手册,明确三极管的特性及相应的技术参数和资料。

2.1.2 三极管的电流放大原理

放大是对模拟信号最基本的处理。在生产实际和科学实验中,从传感器获得的电信号都很微弱,只有经过放大后才能做进一步处理。三极管是放大电路的核心器件,它能够控制能量的转换,将输入的任何微小信号不失真地进行放大输出。

三极管按材料分有两种:锗管和硅管。而每一种又有 NPN 和 PNP 两种结构形式,但使用最多的是硅 NPN 和 PNP 两种三极管,两者除了正常工作时所加电源极性不同外,其工作原理是相同的。下面仅介绍 NPN 硅管的电流放大原理。

通过改变加在三极管三个电极上的电位可以改变其 PN 结的偏置,从而使三极管具有三种工作状态:(1)当发射结和集电结均反偏时,三极管处于截止状态;(2)当发射结正偏、集电结反偏时,三极管处于放大状态;(3)当发射结和集电结均正偏时,三极管处于饱和状态。

图 2-2 所示是 NPN 型三极管中载流子的运动。集电极 c 通过集电极电阻 R_c 接直流电源 V_{CC}正极,基极 b 经基极电阻 R_b 接直流电源 V_{BB}的正极。发射极 e 把 V_{CC}和 V_{BB}的负极相连后接地,成为电路的公共端。此连接形式称为共发射极接法。

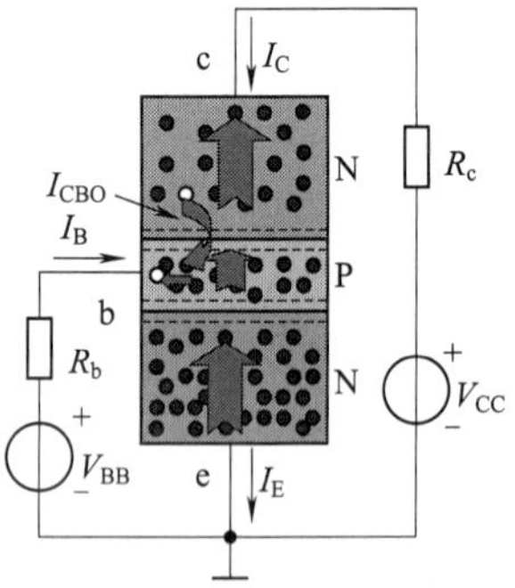

图 2-2 NPN 型三极管中载流子的运动

1. 三极管内部载流子的运动

使三极管工作在放大状态的外部条件是发射结正偏而集电结反偏。因而需要在输入回路加基极电源 V_{BB},当 b 点电位高于 e 点电位时,发射结处于正向偏置,而在输出回路加集电极电源 V_{CC},c 点电位高于 b 点电位时,集电结处于反向偏置,同时要求集电极电源 V_{CC}要高于基极电源 V_{BB}。此时,三极管具有放大作用,三极管的放大作用表现为通过小的基极电流可以控制大的集电极电流。这种放大作用是通过载流子的运动体现出来的,其内部载流子的运动包含下面三个过程:

(1)发射区向基区注入电子

制造三极管时,有意识地使发射区的多数载流子浓度大于基区的载流子浓度,同时基区做得很薄,而且要严格控制杂质含量,这样,一旦接通电源后,由于发射结正偏,发射区的多数载流子(电子)会越过发射结向基区扩散,基区的多数载流子(空穴)也会越过发射结向发射区扩散,但因发射区的载流子浓度远大于基区载流子浓度,所以通过发射结的电流主要以发射区的电子扩散电流为主,这股扩散电流称为发射极电流 I_E。

（2）电子在基区的扩散和复合

由于基区很薄且掺杂浓度低，加上集电结的反偏，由发射区注入基区的自由电子大部分越过集电结进入集电区而形成集电极电流 I_C，只剩下很少（1% ~10%）的自由电子与基区的空穴进行复合，被复合掉的基区空穴由基极电源 V_{BB}重新补给，从而形成基极电流 I_B。

（3）集电区收集自由电子

由于集电结的结面积较大且加反向电压 V_{CC}，基区少子（自由电子）会越过集电结到达集电区而形成漂移电流，即集电极电流 I_C。

由以上分析可知，三极管内部有两种载流子参与导电，故称为双极型晶体管。

2. 三极管的电流分配关系和电流放大系数

发射极电流 I_E是发射结加正向电压而产生的多子扩散运动形成的，基极电流 I_B是扩散到基区的自由电子与空穴复合运动形成的，集电极电流 I_C 是集电结加反向电压使基区中的少子继续做漂移运动形成的。

根据电流连续性原理可得

$$I_E = I_B + I_C \tag{2-1}$$

这就是说，在基极产生一个很小的基极电流 I_B，就可以在集电极上得到一个较大的电流 I_C，这就是所谓的电流放大作用。I_C与 I_B具有一定的比例关系，即

$$\bar{\beta} = I_C / I_B \tag{2-2}$$

式中，$\bar{\beta}$为直流电流放大系数。

三极管是一种电流放大器件，但在实际使用中常常利用三极管的电流放大作用，通过电阻转变为电压放大作用。

2.1.3　三极管的特性曲线

三极管的特性曲线是描述三极管各个电极之间电压与电流关系的曲线，包括输入特性曲线和输出特性曲线。它们是三极管内部载流子运动规律在三极管外部的表现，反映了三极管的技术性能，是分析放大电路技术指标的重要依据。三极管的特性曲线可在晶体管图示仪上直观地显示出来，也可从手册上查到某一型号三极管的典型曲线。下面以 NPN 型三极管为例，讨论三极管共射放大电路的特性曲线。

图2-3 所示是基本共射放大电路。输入信号与基极电阻 R_b、基极电源 V_{BB}以及基极-发射极构成输入回路，集电极电阻 R_c、集电极电源 V_{CC}以及集电极-发射极构成输出回路。发射极是输入回路与输出回路的公共端，所以该电路构成共射放大电路。三极管工作在放大状态的外部条件是发射结正偏而集电结反偏。为了对三极管性能、参数和电路进行分析和估算，必须掌握由三极管输入、输出特性曲线所描述的各极电压、电流之间的关系。

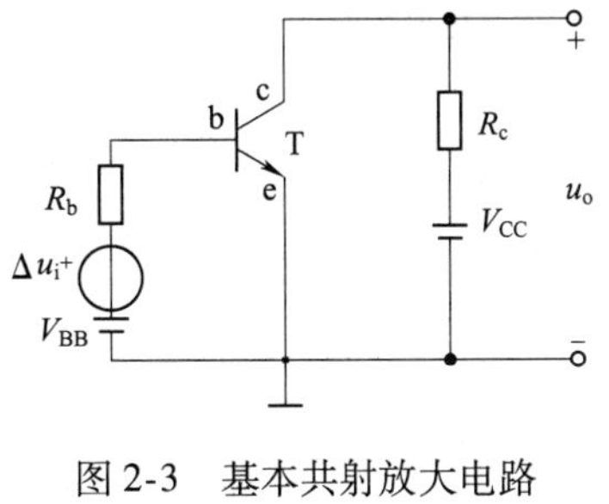

图2-3　基本共射放大电路（$V_{CC} > V_{BB}$）

1. 输入特性曲线

三极管输入特性曲线描述了在输出管压降 U_{CE}一定时，输入回路中基极电流 i_B与发射结压降

u_{BE}之间的函数关系，即

$$i_B = f(u_{BE})\big|_{U_{CE}=常数}$$

三极管输入特性曲线如图2-4(a)所示。由图可见，NPN型三极管共射极输入特性曲线的特点是：

(1)在输入特性曲线上有一个开启电压。在开启电压内，u_{BE}虽已大于零，但i_B几乎仍为零，只有当u_{BE}的值大于开启电压后，i_B的值随u_{BE}的增加按指数规律增大。硅三极管的开启电压约为0.5 V，发射结导通电压为0.6～0.8 V；锗三极管的开启电压约为0.2 V，发射结导通电压为0.3～0.5 V。

(2)三条曲线分别为$U_{CE}=0$ V，$U_{CE}=0.5$ V和$U_{CE}\geqslant 1$ V的情况。当$U_{CE}=0$ V时，相当于集电极和发射极短路，即集电结和发射结并联，输入特性曲线和PN结的正向特性曲线相类似。当$U_{CE}=1$ V时，集电结已处在反向偏置，三极管工作在放大区，集电极收集基区扩散过来的电子，使在相同u_{BE}值的情况下，流向基极的电流i_B减小，输入特性曲线随着U_{CE}的增大而右移。当$U_{CE}>$ 1 V以后，输入特性曲线几乎与$U_{CE}=1$ V时的特性曲线重合，这是因为$U_{CE}>1$ V后，集电极已将发射区发射过来的电子几乎全部收集走，对基区电子与空穴的复合影响不大，i_B的改变也不明显。因三极管工作在放大状态时，集电结要反偏，U_{CE}必须大于1 V，所以，只要给出$U_{CE}=1$ V时的输入特性曲线即可。

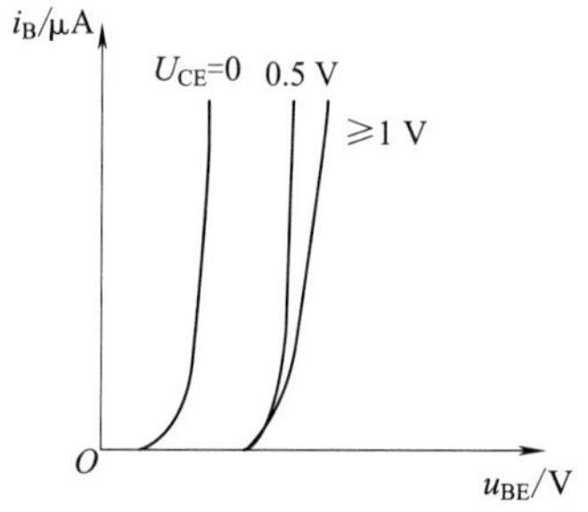

(a) 输入特性曲线

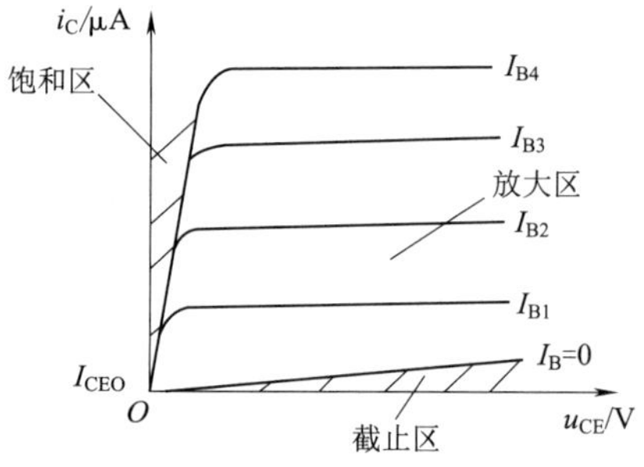

(b) 输出特性曲线

图2-4 三极管输入、输出特性曲线

2. 输出特性曲线

三极管输出特性曲线描述了当输入回路中基极电流I_B一定时，集电极电流i_C与输出管压降u_{CE}之间的函数关系，即

$$i_C = f(u_{CE})\big|_{I_B=常数}$$

三极管的输出特性曲线如图2-4(b)所示。由图可见，当I_B改变时，i_C和u_{CE}的关系是一组平行的曲线族，并有截止、饱和、放大三个工作区。

(1)截止区

$I_B=0$特性曲线以下的区域称为截止区。此时三极管的集电结处于反偏，发射结电压$u_{BE}<0$，也是处于反偏的状态。由于$I_B=0$，在反向饱和电流可忽略的前提下，集电极电流也近似等于0，三极管无电流放大作用。处在截止状态下的三极管，发射结和集电结都是反偏，在电路中犹如一个断开的开关。实际的情况是：处在截止状态下的三极管，集电极有很小的电流I_{CEO}，该电流称为三极管的穿透电流，它是在基极开路时测得的集电极-发射极间的电流，不受i_B的控制，但受温度的影响。

(2)饱和区

在图2-3所示放大电路中,集电极接有电阻 R_c,如果电源电压 V_{CC}一定,当集电极电流 i_C增大时,$u_{CE}=V_{CC}-i_CR_c$将下降。对于硅管,当 u_{CE}降低到小于0.7 V时,集电结也进入正向偏置的状态,集电极吸引电子的能力将下降,此时 i_B再增大,i_C几乎就不再增大了,三极管失去了电流放大作用,处于这种状态下工作的三极管称为饱和状态。规定 $U_{CE}=U_{BE}$时的状态为临界饱和状态,在临界饱和状态下工作的三极管集电极电流和基极电流的关系为

$$I_{CS}=\frac{V_{CC}-U_{CES}}{R_c}=\bar{\beta}I_{BS}$$

式中,I_{CS},I_{BS},U_{CES}分别为三极管处在临界饱和态下的集电极电流、基极电流和三极管两端的电压(即饱和管压降)。

当三极管两端的电压 $U_{CE}<U_{CES}$时,三极管将进入深度饱和状态。在深度饱和状态下,$i_C=\beta i_B$的关系不成立。此时三极管在电路中犹如一个闭合的开关。

三极管截止和饱和的状态与开关断、通的特性很相似,数字电路中的各种开关电路就是利用三极管的这种特性来制作的。

(3)放大区

三极管输出特性曲线饱和区和截止区之间的部分就是放大区。工作在放大区的三极管才具有电流放大作用。此时三极管的发射结正偏,集电结反偏。由放大区的特性曲线可见,特性曲线非常平坦,当 i_B等量变化时,i_C几乎也按一定比例等距离平行变化。由于 i_C只受 i_B控制,几乎与 u_{CE}的大小无关,说明处在放大状态下的三极管相当于一个输出电流受 i_B控制的受控电流源。因此,放大区又称线性区。

上述讨论的是NPN型三极管的特性曲线,PNP型三极管的特性曲线是一组与NPN型三极管特性曲线关于原点对称的图像。

2.1.4 三极管的主要参数

三极管的参数是反映三极管各种性能的指标,是分析三极管电路和选用三极管的依据。由于三极管的结构和特性各不相同,可以有几十个参数来全面描述它。这里只介绍可以在半导体器件手册中查到的、能在近似分析中应用的最重要的参数。

1. 电流放大系数

(1)共发射极电流放大系数

前文通过载流子的运动已经介绍过直流电流放大系数,此外还有交流电流放大系数。

①共发射极直流电流放大系数$\bar{\beta}$。它表示三极管在共射连接时,某工作点处直流电流 I_C 与 I_B的比值,当忽略 I_{CBO}时,有

$$\bar{\beta}=\frac{I_C}{I_B}$$

②共发射极交流电流放大系数 β。它表示三极管共射连接且 U_{CE}恒定时,集电极电流变化量 ΔI_C 与基极电流变化量 ΔI_B 之比,即

$$\beta=\left.\frac{\Delta I_C}{\Delta I_B}\right|_{U_{CE}=常数}$$

由于低频时 $\bar{\beta}$ 和 β 的数值相差不大,所以有时为了方便,对两者不作严格区分,认为二者近似相等。

三极管的β值较小时，放大作用差；β值较大时，工作性能不稳定。因此，一般选用β为30～80的三极管。

（2）共基极电流放大系数

①共基极直流电流放大系数$\bar{\alpha}$。它表示三极管共基连接时，某工作点处I_C与I_E的比值。当忽略I_{CBO}时，有

$$\bar{\alpha}=\frac{\bar{\beta}}{1+\bar{\beta}}$$

②共基极交流电流放大系数α。它表示三极管共基连接时，在U_{CB}恒定的情况下，I_C和I_E的变化量之比，即

$$\alpha=\left.\frac{\Delta I_C}{\Delta I_E}\right|_{U_{CB}=\text{常数}}$$

通常在I_{CBO}很小时，$\bar{\alpha}$与α相差很小，因此，实际使用中经常混用而不加区别。

2. 极间反向电流

（1）集电极-基极反向饱和电流I_{CBO}

I_{CBO}是指发射极开路，在集电极与基极之间加上一定的反向电压时所对应的反向电流。它是少子的漂移电流。在一定温度下，I_{CBO}是一个常量。随着温度的升高，I_{CBO}将增大，它是三极管工作不稳定的主要因素。在相同环境温度下，硅管的I_{CBO}比锗管的I_{CBO}小得多。

（2）穿透电流I_{CEO}

I_{CEO}是指基极开路，集电极与发射极之间加一定反向电压（集电结反偏）时的集电极电流。I_{CEO}与I_{CBO}的关系为

$$I_{CEO}=I_{CBO}+\beta I_{CBO}=(1+\beta)I_{CBO}$$

该电流好像从集电极直通发射极一样，故称为穿透电流。I_{CEO}和I_{CBO}一样，也是衡量三极管热稳定性的重要参数。

3. 频率参数

频率参数是反映三极管电流放大能力与工作频率关系的参数，表征三极管的频率适用范围。

当三极管的β值下降到$\beta=1$时所对应的频率，称为特征频率f_T。在$f_\beta \sim f_T$的范围内，β值与f几乎成线性关系，f越高，β越小；当工作频率$f>f_T$时，三极管便失去了放大能力。

4. 极限参数

（1）最大集电极耗散功率P_{CM}

P_{CM}是指三极管集电结受热而引起三极管参数的变化不超过所规定的允许值时，集电极耗散的最大功率。当实际功耗P_C大于P_{CM}时，不仅使三极管的参数发生变化，甚至还会烧坏三极管。

（2）最大集电极电流I_{CM}

当i_C很大时，β值逐渐下降。一般规定，在β值下降到额定值的2/3（或1/2）时所对应的集电极电流为I_{CM}。实际上，当$i_C>I_{CM}$时，三极管不一定损坏，但β值明显下降。

5. 极间反向击穿电压

三极管的某一电极开路时，另外两个电极间所允许加的最高反向电压称为极间反向击穿电压，超过此值时三极管会发生击穿现象。三极管的任意两极之间都有反向击穿电压，下面是三种反向击穿电压的定义：

$U_{(BR)CBO}$是发射极开路时集电极-基极间的反向击穿电压，这是集电结所允许加的最高反向电压。三极管的反向工作电压应小于击穿电压的(1/2～1/3)，以保证三极管安全可靠地工作。

$U_{(BR)CEO}$是基极开路时集电极-发射极间的反向击穿电压，此时集电结承受反向电压。

$U_{(BR)EBO}$是集电极开路时发射极-基极间的反向击穿电压，这是发射结所允许加的最高反向电压。

在组成三极管放大电路时，应根据需求选择三极管的型号。例如用于组成音频放大电路，则应选低频管；用于组成宽频带放大电路，则应选择高频管或超高频管；用于组成数字电路，则应选开关管；若三极管温升较高或反向电流要求小，则应选用硅管；若要求 b-e 间导通电压低，则应选用锗管。而且为防止三极管在使用中损坏，必须使之工作在放大区，同时 b-e 间的反向电压要小于反向饱和电压 $U_{(BR)EBO}$；对于功率管，还必须满足散热条件。

2.1.5　三极管的 h 参数等效模型

三极管放大电路的复杂性在于三极管特性的非线性。若能在一定的条件下把三极管线性化，就能用线性电路来描述非线性特性并建立线性模型，即可应用线性电路的分析方法来分析三极管放大电路。

微变等效电路分析法是一种线性化的分析方法，它的基本思想是：把三极管用一个与之等效的线性电路来代替，从而把非线性电路转化为线性电路，再利用线性电路的分析方法进行分析。当然，这种转化是有条件的，这个条件就是“微变”，即输入信号变化范围很小，小到三极管的特性曲线在 Q 点附近可以用直线代替。这里的“等效”是指对三极管的外电路而言，用线性电路代替三极管之后，端口电压、电流的关系并不改变。由于这种方法要求变化范围很小，因此，输入信号只能是小信号，一般要求 u_{be}(即 u_i)$\leqslant$10 mV。这种分析方法，只适用于小信号电路的分析，且只能分析放大电路的动态参数。

由三极管共射输入、输出特性曲线可知，当输入交流信号的幅度较大时，输出信号会由于工作在器件的非线性区而引起失真。当输入交流信号的幅度很小时，即此信号只是“微变”时，则可认为此微小信号是工作在特性曲线的直线部分，即三极管的电压、电流关系成线性。用一个线性电路模型来等效替代在输入微变信号范围下的三极管，把该线性电路模型称为三极管的 h 参数等效模型，如图 2-5 所示。

三极管输入回路可以用图 2-5 中等效电阻 r_{be}来表示，其近似表达式为

$$r_{be}=r_{bb'}+(1+\beta)\frac{26(\mathrm{mV})}{I_{EQ}} \tag{2-3}$$

式中，r_{be}是三极管的交流等效输入电阻，I_{EQ}是静态工作点时对应的射极直流电流。此式反映出静态值对动态电阻的影响，$r_{bb'}$主要由三极管的基区体电阻构成，对于一般低频、小功率管通常取 300 Ω。

三极管输出回路可以用受电流 i_B控制的受控电流源 βi_B来等效，受控关系是 $i_C=\beta i_B$。

三极管的 h 参数等效模型用于研究动态参数，它的参数都是在 Q 点处求偏导得到的。因此只有在信号比较小时，且工作在线性度比较好的区域，分析计算的结果误差才较小，而且由于 h 参数等效模型没有考虑结电容的作用，只适用低频信号的情况，故也称之为三极管的低频小信号模型。

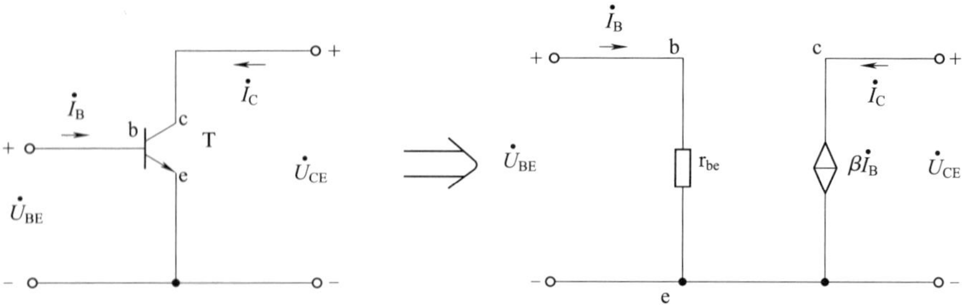

图 2-5　三极管与简化的 h 参数等效模型

2.2　三极管基本放大电路

放大现象在各种场合都存在,我们要研究的是电子学中的放大现象。在输入信号的作用下,通过各类放大电路将直流电源的能量转换成负载所获得的能量,使负载从电源所获得的能量大于从信号源所获得的能量。可见,在基本放大电路中,必须存在如三极管、场效应管等能够控制能量的有源器件。

放大电路主要是利用三极管的电流控制作用把微弱的电信号增强到所要求的数值。例如,扩音机就是把传声器(俗称"话筒")送来的微弱电信号,经过放大电路,把电源供给的能量转换为较强的电信号,推动扬声器还原成较大的声音。

本节介绍由分立元件组成的各种基本的、常用的三极管放大电路,主要讨论电路的结构特点、工作原理、分析方法与简单应用。任何稳态信号都可以分解为若干频率正弦信号的叠加,所以以下的放大电路是以正弦波为测试信号的。

2.2.1　基本共射放大电路

图 2-6 所示为基本共射放大电路。由于电路的输入回路与输出回路以发射极为公共端,故称为共发射极放大电路(简称"共射放大电路"),公共端接"地"。

该电路由 NPN 型三极管及直流电源、若干电阻组成。三极管是起放大作用的核心器件,利用它的电流放大作用,能在集电极获得放大了的且受输入基极电流控制的电流。

输入信号 u_i为正弦信号。当 $u_i=0$ 时,称电路处于静态。在输入回路中,基极电源 V_{BB}使三极管 b-e 间电压 U_{BE}大于开启电压 U_{on},且由于发射结处于正偏,则提供了适当的基极电流 I_B,使放大电路有合适的静态工作点。在输出回路中,集电极电源 V_{CC}足够大,使得三极管的集电结反偏,保证三极管能工作在放大状态,使集电极电流 $I_C=\beta I_B$;集电极电阻 R_c上电压为 I_CR_c。这样,c-e 间直流电压 $U_{CE}=V_{CC}-I_CR_c$。

当 u_i不为 0 时,在输入回路中,在静态值的基础上产生一个动态的基极电流 i_b;在输出回路中就能得到动态集电极电流 i_C;集电极电阻 R_c上电压为 $i_C(R_c/\!/R_L)$,而管压降的变化量 u_{CE}就是输出动态电压 u_o。由此可见,输入一个微小变量 u_i,在适当的偏置情况下,得到放大的电压 u_o。

图 2-6 所示的基本共射放大电路作为实际应用有两个缺点:一是需要两路直流电源,不方便也不经济;二是输入电压与输出电压不共地,实际应用时不可取。因此,针对这两点对该电路进行改进。

在改进的共射放大电路结构中,只有一组直流电源,且输入、输出交流信号通过耦合电容来传送,如图 2-7 所示。耦合电容 C_1和 C_2有隔直流、通交流的作用。输入电容 C_1接到三极管的基极,在一定的信号频率时，输入信号中的交流成分能够无衰减地通过电容到达基极，但其中的直流成分不能通过，或者说其作用是隔断信号源与放大电路间的直流通路；同样，集电极通过电容 C_2 接到输出端，使放大后的交流成分得以输出，而直流成分被隔断，或者说其作用是隔断放大电路与负载间的直流通路。这样，电路的这三部分之间因无直流联系而互不影响。同时，C_1、C_2 又保证了交流信号在这三部分之间畅通无阻，实现交流信号的不失真放大。值得注意的是，这里的电容 C_1、C_2 是电解电容，有极性之分，其正极要接高电位。

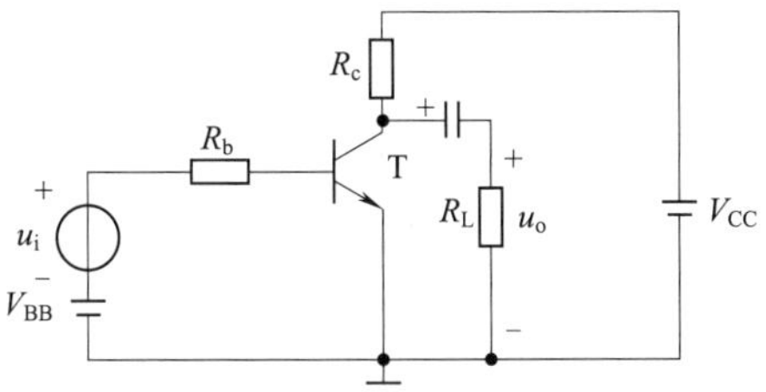

图 2-6　基本共射放大电路

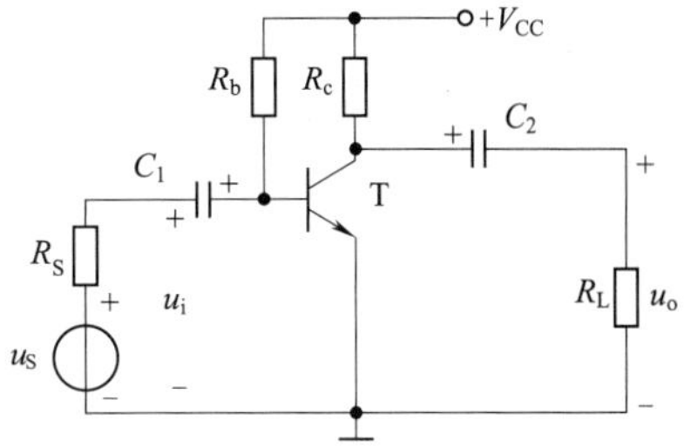

图 2-7　改进的基本共射放大电路

2.2.2　直流通路和交流通路

从基本共射放大电路工作原理的分析可知，直流量和交流量共存于放大电路中，前者是直流电源 V_{CC} 作用的结果，后者是输入交流信号作用的结果；而且由于电容元件的存在，使得直流量和交流量所流经的通路有所不同。将放大电路分为直流通路和交流通路来讨论。直流通路是直流电源作用所形成的通路；交流通路是交流信号作用所形成的通路。为了研究方便，把直流电源对电路的作用和交流信号对电路的作用区分开来，分别画出放大电路的直流通路和交流通路。

分析放大电路就是求解电路的静态工作点和主要的动态参数。静态是指没有输入信号时，放大电路的直流工作状态。动态是指有输入信号时，放大电路的工作状态。

下面根据电子电路中有直流、交流量共同作用的特点及存在非线性器件的特点，从直流通路和交流通路两方面对电路进行静态分析和动态分析。

静态分析是以直流通路为基础，确定直流参数 I_B、I_C、U_{BE} 和 U_{CE}；动态分析是以交流通路为基础，确定放大电路的交流参数，即电压放大倍数 A_u、输入电阻 R_i 和输出电阻 R_o。对于直流通路，电容视为开路；电感线圈视为短路；信号源保留其内阻后视为短路。对于交流通路，大容量电容（如耦合电容）视为短路；无内阻的直流电源视为对“地”短路，即电源 $+V_{CC}$ 的负端接地。

根据画交、直流通路的原则，图 2-7 所示放大电路对应的直流通路和交流通路如图 2-8 所示。

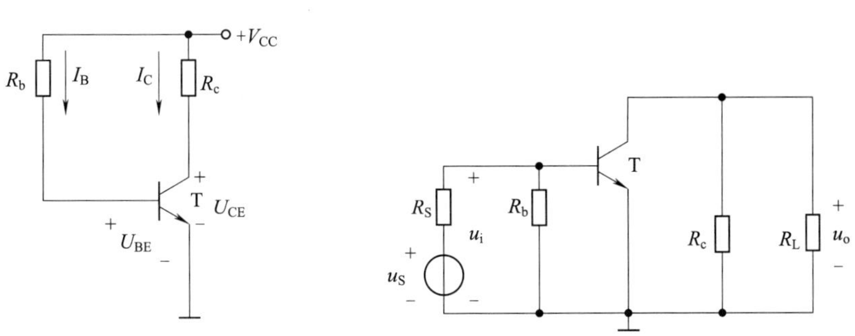

（a）直流通路　　（b）交流通路

图 2-8　共射放大电路的直流通路和交流通路

2.2.3 共射放大电路的静态分析

静态分析主要是确定静态工作点 I_{BQ}、I_{CQ}、U_{CEQ} 和 U_{BEQ}。通常 U_{BEQ} 作为已知量，因此只要求出前面三个直流量即可。静态分析时，有时采用一些简单的近似估算法，在工程上也是允许的。下面采用近似估算法和图解法分析共射放大电路的静态工作点。

1. 静态工作点的近似估算法

由图 2-8(a)所示的直流通路，求得静态基极电流

$$I_{BQ}=\frac{V_{CC}-U_{BEQ}}{R_b} \tag{2-4}$$

如果是硅三极管，$U_{BEQ}=0.7\ V$；如果是锗三极管，$U_{BEQ}=0.3\ V$。

由三极管内部载流子的运动分析可知，三极管基极电流和集电极电流之间的关系是 $I_C\approx\bar{\beta}I_B$，且 $\beta\approx\bar{\beta}$，所以静态集电极电流为

$$I_{CQ}\approx\beta I_{BQ} \tag{2-5}$$

根据直流通路，可直接求得

$$U_{CEQ}=V_{CC}-R_cI_{CQ} \tag{2-6}$$

对放大电路最基本的要求：一是不失真，二是能够放大。因此，设置合适的静态工作点是非常重要的，静态工作点不仅关系到电路是否会失真，而且影响放大电路的动态参数。

例 2-1 在图 2-7 中，已知 $V_{CC}=10\ V$，$R_c=3\ k\Omega$，$R_b=400\ k\Omega$，$\beta=100$，求静态工作点，并分析三极管是否工作在放大区？

解 由式(2-4)~式(2-6)可得(假设为硅管)

$$I_{BQ}=\frac{V_{CC}-U_{BEQ}}{R_b}=\frac{10-0.7}{400\times10^3}A=0.023\times10^{-3}\ A=0.023\ mA$$

$$I_{CQ}\approx\beta I_{BQ}=100\times0.023\ mA=2.3\ mA$$

$$U_{CEQ}=V_{CC}-R_cI_{CQ}=(10-3\times2.3)V=3.1\ V$$

由于 U_{CEQ} 比三极管的临界饱和压降($U_{CES}=U_{BEQ}=0.7\ V$)大，又比电源电压小，因此可以判断发射结正偏、集电结反偏，三极管静态时处于放大区。

2. 图解法分析静态工作点

在已知放大管的输入特性、输出特性及其他元件参数的情况下，利用作图的方法对放大电路进行分析，称为图解法。用图解法可以直观、形象地分析静态工作点的变化对放大电路工作的影响。在实际应用中，图解法多用于分析静态工作点的位置、最大不失真输出电压及输出失真情况。

用图解法确定静态工作点的步骤：

(1)把电路分成非线性和线性两个部分；

(2)作出非线性部分的伏安特性曲线——输出特性曲线；

(3)作出线性部分的伏安特性曲线——直流负载线。直流负载线是由集电极电阻 R_c 决定的一条直线，可根据输出回路的伏安关系得到。

由图 2-8(a)所示的直流通路可知，对于 R_c、V_{CC} 支路有

$$U_{CE}=V_{CC}-R_cI_C$$

或变换成

$$I_C=-\frac{1}{R_c}U_{CE}+\frac{V_{CC}}{R_c} \tag{2-7}$$

这是斜率为 $\tan\alpha=-\frac{1}{R_c}$ 的直线方程，在输出特性曲线横轴上截距为 V_{CC}；在纵轴上截距为 $\frac{V_{CC}}{R_c}$。

在图 2-4(b)所示的三极管输出特性曲线上作出该直线，如图 2-9 所示。因为它既可以从直流通路求出，又与集电极电阻 R_c 有关，故称之为直流负载线。

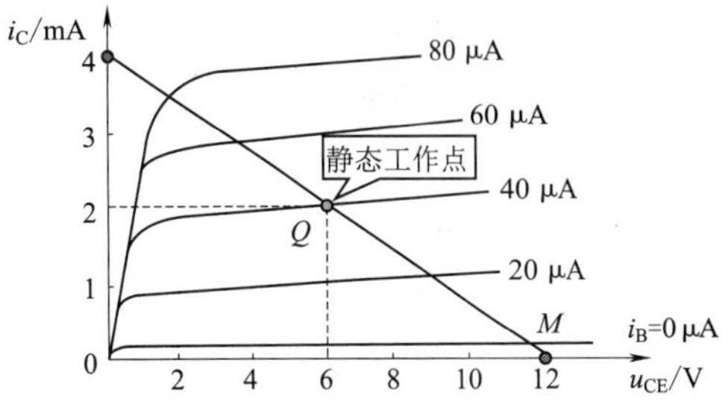

图 2-9　共射放大电路的直流负载线

当电路中静态值 I_B 确定后，对应的输出特性曲线与直流负载线的交点 Q 就是所求的放大电路的静态工作点，由它确定电压 U_{CEQ} 和电流 I_{CQ} 的值。

可见，要用图解法求静态工作点，首先要给出三极管的输出特性曲线；其次，根据放大电路给出的参数计算出 I_{BQ}，并在输出特性曲线上作出直流负载线；最后由输出特性曲线和直流负载线的交点 Q 作图找出静态值 I_{CQ} 和 U_{CEQ}。

直流负载线的具体画法如下：

针对 $U_{CE}=V_{CC}-R_cI_C$，选取两个特殊的点。当 $U_{CE}=0$ 时，得 $I_C=\frac{V_{CC}}{R_c}$，在输出特性曲线纵坐标轴上得到一点 $\left(0,\frac{V_{CC}}{R_c}\right)$；当 $I_C=0$ 时，得 $U_{CE}=V_{CC}$，在其横坐标轴上又得到一点$(V_{CC},0)$，两点相连所得直线就是所画直流负载线。该直线斜率为 $\left(-\frac{1}{R_c}\right)$。$R_c$ 取值改变，其斜率也随之改变。

例 2-2　如图 2-9 所示三极管放大电路输出特性曲线和直流负载线，试问集电极电源 V_{CC} 的值为多少伏？集电极电阻 R_c 为多少千欧？当饱和压降 $U_{CES}=0.7$ V 时，求最大不失真输出电压 U_{om} 值？

解　由图 2-9 可知：$V_{CC}=12$ V，又因为 $\frac{V_{CC}}{R_c}=I_C$，$I_C=4$ mA。

则集电极电阻为

$$R_c=V_{CC}/4=(12/4)\,\text{k}\Omega=3\ \text{k}\Omega$$

由于 $U_{CEQ}=6$ V，正居负载线中点，所以最大不失真电压有效值为

$$U_{om}=\frac{U_{CEQ}-U_{CES}}{\sqrt{2}}\approx 3.75\ \text{V}$$

3. 电路参数对静态工作点的影响

静态工作点的位置在实际应用中很重要，它与电路参数有关。下面分析电路参数 R_b、R_c、V_{CC}、β 对静态工作点的影响。当讨论某个参数对静态工作点的影响时，其他参数假设是某一固定值。Q_1 为所有参数未变化时的静态工作点，Q_2、Q_3 为某一参数变化时对应的静态工作点。静态工作点如何变化可以根据直流负载线方程分析：

$$I_{BQ}=\frac{V_{CC}-U_{BEQ}}{R_b}\approx\frac{V_{CC}}{R_b}$$

$$U_{CE}=V_{CC}-I_CR_c$$

(1) R_b 的影响

R_b 增大，I_{BQ} 减小，静态工作点下移；R_b 减小，I_{BQ} 增加，静态工作点上移，如图 2-10(a)所示。

(2) R_c 的影响

增大 R_c，直流负载线斜率改变，则 Q_1 点向饱和区移近，如图 2-10(b)所示。

(3) V_{CC} 的影响

升高 V_{CC}，直流负载线平行右移，动态工作范围增大，但三极管的动态功耗也增大，如图 2-10(c)所示。

(4) β 的影响

增大 β，I_{CQ} 增大，U_{CEQ} 减小，则 Q_1 点移近饱和区，如图 2-10(d)所示。

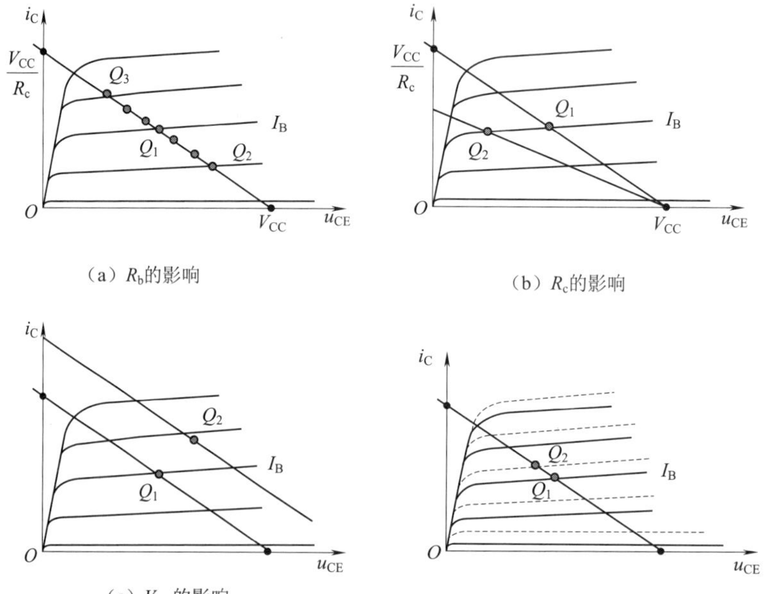

(a) R_b 的影响　(b) R_c 的影响　(c) V_{CC} 的影响　(d) β 的影响

图 2-10　电路参数对静态工作点的影响

2.2.4　共射放大电路的动态分析

1. 微变等效电路法进行动态分析

在分析放大电路时，一般应遵循"先静态、后动态"的原则。前面已经建立了三极管的 h 参数等效电路的模型(见图 2-5)，又画出了放大电路的交流通路[见图 2-8(b)]。当把交流通路中的三极管用 h 参数等效模型来代替时，就得到了放大电路的交流微变等效电路，如图 2-11 所示。下面用它来求解各个动态参数。值得注意的是，在画微变等效电路图时，要标注各个电量的符号及参考方向。

首先说明电压放大倍数 A_u 的含义。电压放大倍数反映放大电路对电信号的放大能力。规定输出电压与输入电压之比为电压放大倍数，即 $A_u=\dfrac{\dot{U}_o}{\dot{U}_i}$。

需要强调的是，必须保证在放大电路能够不失真地放大信号的前提下计算动态参数。

下面用举例的方法来说明如何求解各个动态参数。

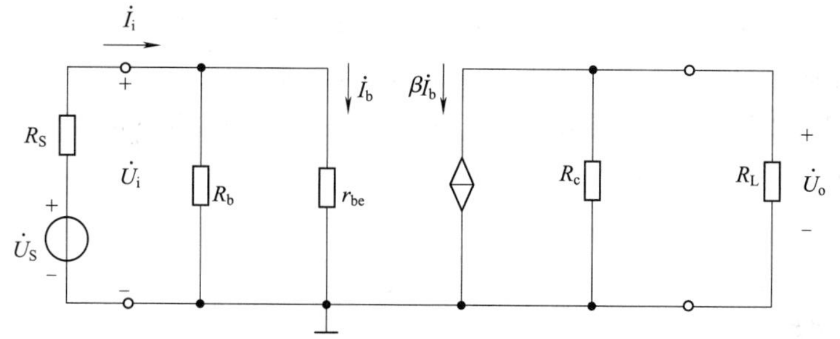

图 2-11　共射放大电路的交流微变等效电路

例 2-3　在图 2-7 所示电路中，已知 $V_{CC}=12\ V$，$R_b=510\ k\Omega$，$R_c=3\ k\Omega$；三极管的 $r_{bb'}=150\ \Omega$，$\beta=80$。导通时，$U_{BEQ}=0.7\ V$；$R_L=3\ k\Omega$。求电路动态参数 $\dot{A}_u$、R_i 和 R_o。

解　(1)按照“先静态、后动态”的原则，先求出静态工作点和 r_{be}。

基极电流

$$I_{BEQ}=\frac{V_{CC}-U_{BEQ}}{R_b}=\frac{12-0.7}{510}\text{mA}\approx 0.022\ 2\ \text{mA}=22.2\ \mu\text{A}$$

集电极电流

$$I_{CQ}=\beta I_{BQ}=(80\times 0.022\ 2)\text{mA}\approx 1.776\ \text{mA}$$

三极管输出压降

$$U_{CEQ}=V_{CC}-I_{CQ}R_C=(12-1.776\times 3)\text{V}=6.672\ \text{V}$$

因为 U_{CEQ}大于 U_{BEQ}，说明 Q 点处在三极管的放大区。三极管的输入电阻

$$r_{be}=r_{bb'}+\beta\frac{26}{I_{CQ}}\approx\left(150+80\times\frac{26}{1.776}\right)\ \Omega\approx 1\ 321\ \Omega=1.321\ k\Omega$$

下面先画出图 2-11 所示微变等效电路再求解动态参数。

(2)求电压放大倍数 $\dot{A}_u$。放大倍数是衡量放大电路放大能力的重要指标，而电压放大倍数$\dot{A}_u$是输出电压$\dot{U}_o$与输入电压$\dot{U}_i$ 之比。因此

$$\dot{U}_o=-\dot{I}_C(R_c/\!/R_L)=-\beta\dot{I}_b(R_c/\!/R_L)$$

$$\dot{U}_i=\dot{I}_b r_{be}$$

由 $\dot{A}_u$ 定义可得

$$\dot{A}_u=\frac{\dot{U}_o}{\dot{U}_i}=-\frac{\beta R'_L}{r_{be}}\qquad (R'_L=R_c/\!/R_L)\tag{2-8}$$

代入数据

$$\dot{A}_u\approx -80\times\frac{\left(\frac{3\times 3}{3+3}\right)}{1.321}\approx -90.84$$

式中的负号说明输出电压 $\dot{U}_o$ 与输入电压 $\dot{U}_i$ 的相位相反。这也说明共射放大电路具有反相的作用。

(3)求输入电阻 R_i。输入电阻是表明放大电路从信号源吸取电流大小的参数，输入电阻越大，放大电路从信号源吸取的电流越小，反之则越大。输入电阻 R_i是从放大电路输入端看进去的等效电阻。因端口输入电流为 $\dot{I}_i$，输入电压为 $\dot{U}_i=\dot{I}_i(R_b/\!/r_{be})$，故输入电阻

$$R_i=\frac{\dot{U}_i}{\dot{I}_i}=R_b/\!/r_{be}\tag{2-9}$$

通常情况下，$R_b \gg r_{be}$，代入数据，即 $R_i \approx r_{be} \approx 1.321\ k\Omega$。它是对交流信号而言的一个动态电阻。

(4)求输出电阻 R_o。输出电阻是表明放大电路带负载的能力，输出电阻越大，表明放大电路带负载的能力越差，反之则越强。输出电阻 R_o 是断开负载 R_L 后使输出端开路，并且除源(信号源 $u_s=0$)后，从放大电路输出端口看进去的等效电阻，即

$$R_o = \left.\frac{\dot{U}_o}{\dot{I}_o}\right|_{R_L=\infty,\,u_S=0} = R_c \tag{2-10}$$

代入数据，$R_o = 3\ k\Omega$。

应当注意，放大电路的输入电阻与信号源内阻无关，输出电阻与负载无关。

2. 图解法进行动态分析

除了用微变等效电路法来求放大电路的交流参数外，还可以利用三极管的特性曲线，在静态分析的基础上，用作图的方法来分析各个交流电压和电流之间的相互关系。

(1)交流负载线

交流负载线反映动态时电流 i_C 和电压 u_{CE} 的变化关系。输出耦合电容 C_2 对交流信号视作短路，使得负载电阻 R_L 与 R_c 并联，故动态管压降 u_{CE} 决定于 i_C 与 $R_L /\!/ R_c$ 的乘积，即 $u_{CE} = u_o = -i_c(R_c /\!/ R_L)$。

所以，交流负载线斜率为 $-\dfrac{1}{R_c /\!/ R_L}$。由于 $(R_c /\!/ R_L) < R_c$，可见交流负载线比直流负载线更陡一些。又因为 $u_s=0$ 时放大电路工作在静态，即交流负载线必过静态工作点。因此，在已求得的直流负载线(见图 2-9)基础上，过静态工作点画交流负载线，如图 2-12 所示。

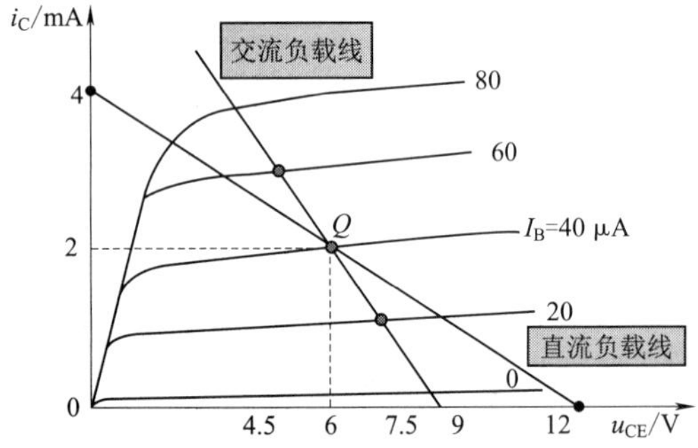

图 2-12　直流负载线和交流负载线

(2)图解法分析动态

首先根据输入电压的变化范围确定输入电流的变化范围，如图 2-13(a)所示。然后根据输入电流的变化范围确定集电极电流和输出电压的变化范围以及相应的输出波形，如图 2-13(b)所示。

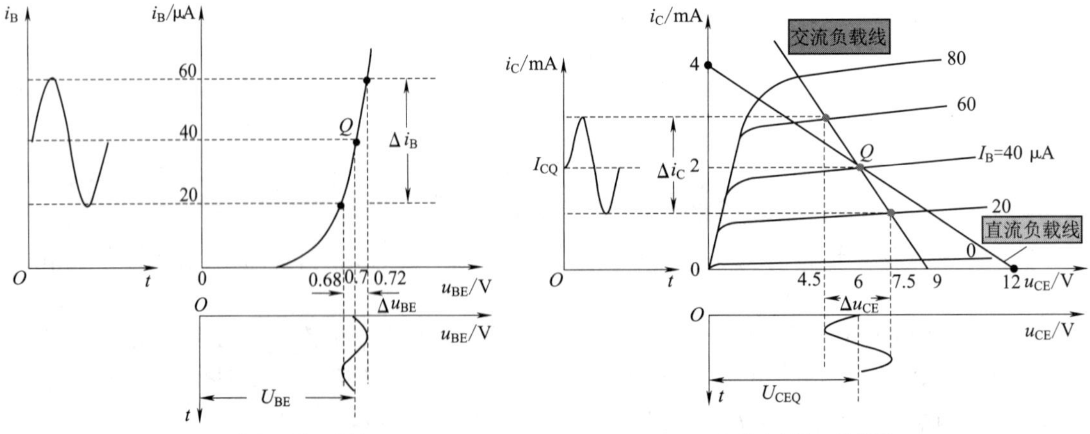

(a) 输入回路工作情况　　(b) 输出回路工作情况

图 2-13　交流放大电路有输入信号时的动态图解分析

由图 2-13 所示的图解分析可以看出：

①在放大电路中同时存在着交、直流两种分量，总电量是它们两者的叠加，如图 2-14 所示，即

$u_{BE}=U_{BE}+u_{be}$，

$i_B=I_B+i_b$，

$i_c=I_c+i_c$，

$u_{CE}=U_{CE}+u_{ce}$。

②交流信号的传输过程是：u_i（即 u_{be}）→i_B→i_C→u_o（即 u_{ce}）。

由于电容的“通交流、隔直流”作用，三极管输出管压降 u_{CE} 中的直流分量 U_{CE} 被 C_2 阻断，只有交流分量 u_{ce} 能通过 C_2 加到负载 R_L 上而成为输出电压 u_o。

③输出电压和输入电压相位相反。若设共发射端电位为零，当放大电路中 NPN 型三极管的基极瞬时电位为正时，则对应的集电极电位为负，射极电位为正。

④由图 2-13 也可以近似计算电压放大倍数，它等于输出电压幅值与输入电压幅值之比。若交流负载线越陡，则电压放大倍数下降得越多。用图解法求解 A_u 的目的是为了更直观地体现 Q 点对 A_u 的影响。

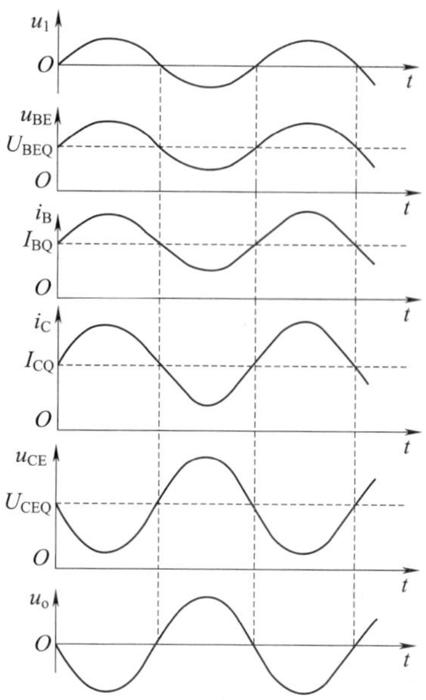

图 2-14　单管共射放大电路的电压、电流波形

（3）波形非线性失真的分析

从上面分析可以看出，三极管的输入特性曲线和输出特性曲线在放大区内近似线性，输入电压为正弦波时，输出电压也是正弦波，这是不失真的放大。当输入电压过大，或者静态工作点设置不合适，使工作点进入三极管的“非线性”区域时，输出电压和输入电压波形不完全相似，产生的这种失真称为“非线性失真”。只有在不失真的情况下放大才有意义。非线性失真包括截止失真和饱和失真。

静态工作点设置偏低，靠近截止区时，易产生截止失真；对于 NPN 型三极管，输出电压波形表现为顶部失真。

静态工作点设置偏高，靠近饱和区时，易产生饱和失真；对于 NPN 型三极管，输出电压表现为底部失真。

对于 PNP 型三极管，由于是负电源供电，失真的表现形式与 NPN 型三极管正好相反。

放大电路要想获得较大的不失真输出信号，静态工作点应尽可能设置在交流负载线的中点。当输入电压信号足够大时，会同时出现饱和失真和截止失真。一般处理方法是调节基极偏置电阻 R_b 来改变静态工作点。下面用图解法分析失真过程。

当输入信号 u_i 为正弦波时，若静态工作点适合且输入信号幅值较小，则三极管动态电压 u_{be} 为正弦波，基极动态电流 i_b 也是正弦波，如图 2-13(a) 所示。在放大区内 $i_c=\beta i_b$。可得到动态管压降 u_{ce}，且 u_{ce} 与 u_i 反相。

在图 2-15 中，当静态工作点设置得过低时，输入电压 u_i 负半周近峰值的某段时间内 u_{BE} 小于三极管开启电压，三极管截止，基极电流 i_b 将产生底部失真，这样，集电极电流 i_c 和集电极电阻 R_c 上电压也随之产生同样的失真。由于输出电压 u_o 与 R_c 上电压变化相位相反，所以 u_o 波形产生顶部失真。把这种因三极管截止而产生的失真称为截止失真。

当静态工作点过高时，输入电压正半周近峰值的某段时间内三极管进入饱和区，集电极动态电流 i_c 产生顶部失真，集电极电阻 R_c 上电压波形也随之产生同样的失真。由于输出电压 u_o 与 R_c 上电压变化相位相反，所以 u_o 波形产生底部失真。把这种因三极管饱和而产生的失真称为饱和失真。饱和失真的波形读者可以仿照截止失真的波形自行画出。

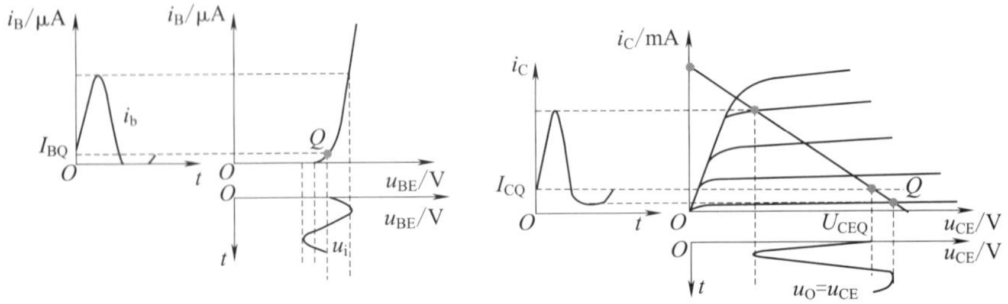

图 2-15 工作点过低引起输出电压波形失真——截止失真

由上分析，要使放大电路能够不失真地放大信号，电路必须要设置合适的静态工作点，应使 Q 点大致选在交流负载线的中点。另外，输入信号 u_i 幅度不能太大，否则会同时出现饱和失真和截止失真。应当指出，截止失真和饱和失真都是比较极端的情况，即使输入信号在整个周期内都工作在三极管的放大区域，也会因三极管特性曲线的非线性而使输出波形产生失真，只不过因为输入信号幅值较小而对这种极小的失真忽略不计而已。

2.3 静态工作点稳定的共射放大电路

从图解法的失真分析得知，对放大电路来说，如果静态工作点设置不合适，可能会引起非线性失真，影响放大效果。

放大电路静态工作点设置的不合适，是引起非线性失真的主要原因之一。实践证明，放大电路即使有了合适的静态工作点，在外部因素的影响下，例如温度变化、电源电压的波动等，将引起静态工作点的偏移，因此同样会产生非线性失真，严重时放大电路不能正常工作。在外部因素中，对静态工作点影响最大的是温度变化。如何克服温度变化的影响，稳定静态工作点则是本节所要讨论的问题。

2.3.1 温度对静态工作点的影响

三极管是一种对温度十分敏感的元件。当温度变化时，其特性参数(β、I_{CBO}、U_{BE})的变化比较显著。温度变化对三极管参数的影响主要表现有：

(1)U_{BE}改变。U_{BE}的温度系数约为 −2 mV/℃，即温度每升高 1 ℃，U_{BE}约下降 2 mV。

(2)β 改变。温度每升高 1 ℃，β 值增加 0.5%~1%，β 温度系数分散性较大。

(3)I_{CBO}改变。温度每升高 10 ℃，I_{CBO}大致将增加一倍，说明 I_{CBO}将随温度按指数规律上升。

三极管参数随温度的变化，必然导致放大电路静态工作点发生漂移，这种漂移称为温度漂移，简称温漂。

值得注意的是：β、I_{CBO}、U_{BE}对硅管和锗管的影响完全不同。硅管的 I_{CBO}小，工作点不稳定的主要内因是 β、U_{BE}随温度的变化；而锗管的 I_{CBO}大，工作点的不稳定的主要内因是 I_{CBO}随温度变化。

因此对于同类电路，硅管的静态工作点比锗管稳定。

综上所述，温度升高对三极管的影响最终导致集电极电流 I_{CQ} 增大，静态工作点向饱和区偏移，使输出波形产生严重失真。

静态工作点的移动，将影响放大电路的放大性能，为此，必须设法稳定静态工作点。稳定静态工作点的方法经常采用分压式偏置电路。

2.3.2　静态工作点稳定电路及其稳定原理

从上面分析可知，三极管参数随温度的变化对工作点的影响，最终都表现在使静态电流 I_{CQ} 增加。如果想办法使得 I_{CQ} 近似维持稳定，问题就得以解决。因此采取以下两种措施：

①针对 β、I_{CBO} 的影响，可设法使基极电流 I_B 随温度升高而自动减小。

②针对 U_{BE} 的影响，设法使发射结的外加电压随温度升高而自动减小。

图 2-16 所示的分压式射极偏置电路便是实现上述两种措施的电路。该电路的直流通路如图 2-17 所示。下面根据直流通路分析静态工作点的稳定原理。

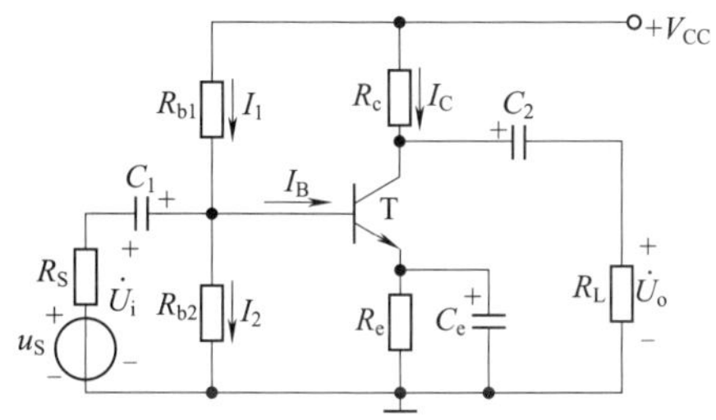

图 2-16　分压式射极偏置电路

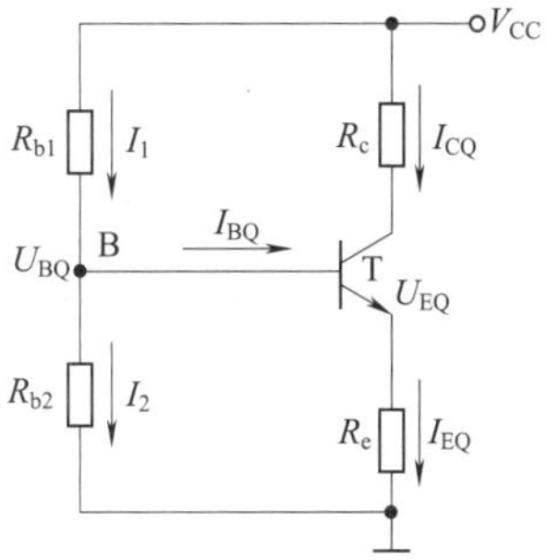

图 2-17　分压式射极偏置电路的直流通路

由于三极管的基极电位 U_{BQ} 是由 V_{CC} 分压后得到的，所以可以认为它不受温度变化的影响，基本是恒定的。当集电极电流 I_{CQ} 随着温度的升高而增大时，发射极电流 I_{EQ} 也相应增大，此电流流过 R_e 时，使发射极电位 U_{EQ} 升高，则三极管的发射结电压 $U_{BEQ}=U_{BQ}-U_{EQ}$ 将降低，从而使静态基极电流 I_{BQ} 减小，于是 I_{CQ} 也随之减小，从而达到稳定 I_C 的目的。上述过程可作如下描述：

$$T\uparrow\rightarrow I_{CQ}\uparrow\rightarrow I_{EQ}\uparrow\rightarrow U_{EQ}\uparrow\rightarrow U_{BEQ}(=U_{BQ}-U_{EQ})\downarrow\rightarrow I_{BQ}\downarrow\rightarrow I_{CQ}\downarrow$$

显然，R_e 越大，I_{CQ} 的变化引起 U_{EQ} 的变化也越大，稳定静态工作点的效果就越好。但是，R_e 也不能取得过大，因为电源电压 V_{CC} 选定以后，R_e 越大，U_{CEQ} 会越小，限制了三极管的动态工作范围。一般选取 $U_{EQ}=(5\sim10)U_{BEQ}$，具体为

$$\begin{cases}U_{EQ}=3\sim5\ \text{V}(\text{硅三极管})\\U_{EQ}=1\sim3\ \text{V}(\text{锗三极管})\end{cases}$$

2.3.3　静态分析

静态工作点计算如下：

R_{b1} 和 R_{b2} 构成偏置电路，且 B 点电流方程为

$$I_1=I_2+I_{BQ}\tag{2-11}$$

由于基极电流很小，一般为微安数量级，所以可以忽略，则 $I_1\approx I_2$。所以 B 点电位完全由串联电阻的分压决定

$$U_{BQ}\approx\frac{R_{b2}}{R_{b1}+R_{b2}}\cdot V_{CC}\tag{2-12}$$

集电极电流近似等于发射极电流

$$I_{CQ} \approx I_{EQ} = \frac{U_{EQ}}{R_e} = \frac{U_{BQ} - U_{BEQ}}{R_e} \tag{2-13}$$

管压降为

$$\begin{aligned} U_{CEQ} &= V_{CC} - I_{CQ}R_c - I_{EQ}R_e \\ &\approx V_{CC} - I_{CQ}(R_c + R_e) \end{aligned} \tag{2-14}$$

基极电流为

$$I_{BQ} \approx \frac{I_{CQ}}{\beta} \tag{2-15}$$

2.3.4 动态分析

由于旁路电容 C_e 足够大，使发射极对地交流短路，通过微变等效电路法，画出图 2-16 所示电路的交流微变等效电路如图 2-18(a)所示。由此图可分析动态参数。

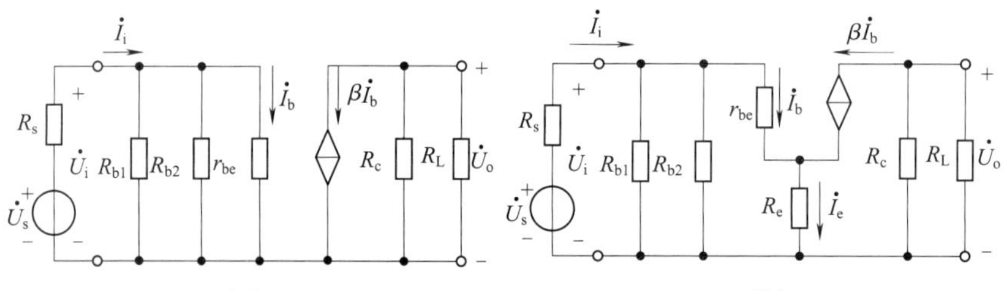

图 2-18　分压式射极偏置电路的交流微变等效电路

电压放大倍数

$$\dot{A}_u = \frac{\dot{U}_o}{\dot{U}_i} = -\frac{\beta R'_L}{r_{be}} \quad （式中，R'_L = R_c /\!/ R_L） \tag{2-16}$$

放大电路的输入电阻

$$R_i = \frac{\dot{U}_i}{\dot{I}_i} = R_{b1} /\!/ R_{b2} /\!/ r_{be} \tag{2-17}$$

放大电路的输出电阻

$$R_o = R_c \tag{2-18}$$

若射极未接旁路电容 C_e，则得到图 2-18(b)所示交流微变等效电路。由图可知

$$\begin{cases} \dot{U}_i = \dot{I}_b r_{be} + \dot{I}_e R_e = \dot{I}_b r_{be} + \dot{I}_b(1+\beta)R_e \\ \dot{U}_o = -\dot{I}_C R'_L = -\beta \dot{I}_b R'_L \end{cases} \tag{2-19}$$

电压放大倍数

$$\dot{A}_u = \frac{\dot{U}_o}{\dot{U}_i} = -\beta \frac{R'_L}{r_{be} + (1+\beta)R_e} \quad （式中，R'_L = R_c /\!/ R_L） \tag{2-20}$$

放大电路的输入电阻

$$R_i = \frac{\dot{U}_i}{\dot{I}_i} = R_{b1} /\!/ R_{b2} /\!/ [r_{be} + (1+\beta)R_e] \tag{2-21}$$

放大电路的输出电阻

$$R_o = R_c \tag{2-22}$$

例2-4　在图2-16中,已知 $V_{CC}=12\ V$,$R_{b1}=15\ k\Omega$,$R_{b2}=5\ k\Omega$,$R_e=2.3\ k\Omega$,$R_c=5.1\ k\Omega$,$R_L=5.1\ k\Omega$;三极管 $\beta=100$,$r_{be}=1.5\ k\Omega$。(1)计算静态工作点;(2)分别求出有、无 C_e 两种情况下的动态参数 $\dot{A}_u$ 和 R_i、R_o。

解　(1)静态工作点:

$$U_{BQ}\approx\frac{R_{b2}}{R_{b1}+R_{b2}}\cdot V_{CC}=\frac{5}{15+5}\times12\ V=3\ V$$

$$I_{CQ}\approx I_{EQ}=\frac{U_{EQ}}{R_e}=\frac{U_{BQ}-U_{BEQ}}{R_e}=\frac{3-0.7}{2.3}\ mA=1\ mA$$

$$U_{CEQ}\approx V_{CC}-I_{CQ}(R_c+R_e)=[12-1\times(5.1+2.3)]V=4.6\ V$$

$$I_{BQ}\approx\frac{I_{CQ}}{\beta}=\frac{1}{100}mA=0.01\ mA=10\ \mu A$$

(2)当有 C_e 时:

$$\dot{A}_u=-\frac{\beta R_L'}{r_{be}}=-\frac{100\times\frac{5.1\times5.1}{5.1+5.1}}{1.5}=-170$$

$$R_i=R_{b1}/\!/R_{b2}/\!/r_{be}\approx1.07\ k\Omega$$

$$R_o=R_c=5.1\ k\Omega$$

无 C_e 时,因为 $(1+\beta)R_e \gg r_{be}$,且 $\beta\gg1$,所以

$$\dot{A}_u=-\frac{\beta R_L'}{r_{be}+(1+\beta)R_e}\approx-\frac{R_L'}{R_e}=-1.11$$

$$R_i=R_{b1}/\!/R_{b2}/\!/[r_{be}+(1+\beta)R_e]\approx2.32\ k\Omega$$

$$R_o=R_c=5.1\ k\Omega$$

可见,当无旁路电容时,电路的输入电阻增大、电压放大倍数降低,在实用电路中平衡考虑设计指标要求常将 R_e 分为两部分,只将其中一部分电阻接旁路电容。

2.4　共集放大电路和共基放大电路

三极管组成的基本放大电路有共射、共集、共基三种基本接法,即除了前面所述的共射放大电路外,还有以集电极为公共端的共集电极放大电路(简称"共集放大电路")和以基极为公共端的共基极放大电路(简称"共基放大电路")。它们的组成原则和分析方法完全相同,但动态参数具有不同的特点,使用时要根据需求合理选用。

本节介绍的共集放大电路是基极作为输入端,发射极作为输出端,集电极作为输入回路与输出回路的公共端。

2.4.1　共集放大电路

1. 电路的组成

根据放大电路的组成原则,三极管工作在放大区,应满足 $u_{BE}>U_{on}$,$u_{CE}\geq u_{BE}$,所以在图2-19

所示电路中，三极管的输入回路加直流电源 V_{CC}，它与 R_b、R_e 共同确定合适的基极静态电流；三极管的输出回路加直流电源 V_{CC}，它提供集电极电流和输出电流。

交流输入信号作用时，电容短路，产生动态的基极电流 i_b，叠加在静态电流 I_{BQ}之上，通过三极管得到放大了的发射极电流 i_E，其交流分量通过电容在负载电阻 R_L上产生的交流电压即为输出电压 u_o。由于输出电压由发射极获得，故共集放大电路又称射极输出器。

2. 静态分析

图 2-19 所示电路的直流通路如图 2-20 所示。根据直流通路列出输入回路的电压方程

$$V_{CC}=I_{BQ}R_b+U_{BEQ}+I_{EQ}R_e=I_{BQ}R_b+U_{BEQ}+(1+\beta)I_{BQ}R_e$$

便得到基极静态电流 I_{BQ}、发射极静态电流 I_{EQ}和管压降 U_{CEQ}

$$\begin{cases}I_{BQ}=\dfrac{V_{CC}-U_{BEQ}}{R_b+(1+\beta)R_e}\\ I_{EQ}=(1+\beta)I_{BQ}\\ U_{CEQ}=V_{CC}-I_{EQ}R_e\end{cases} \tag{2-23}$$

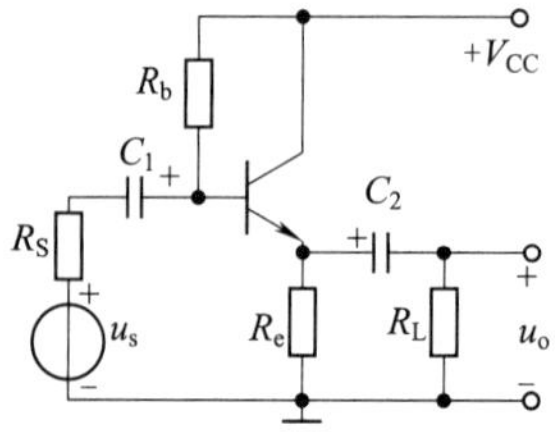

图 2-19 共集放大电路

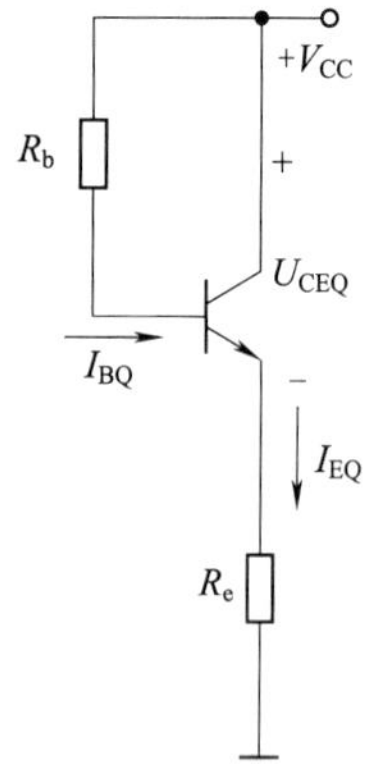

图 2-20 直流通路

3. 动态分析

画出图 2-19 所示电路的交流通路与对应的微变等效电路如图 2-21 所示。集电极是输入回路和输出回路的公共端。

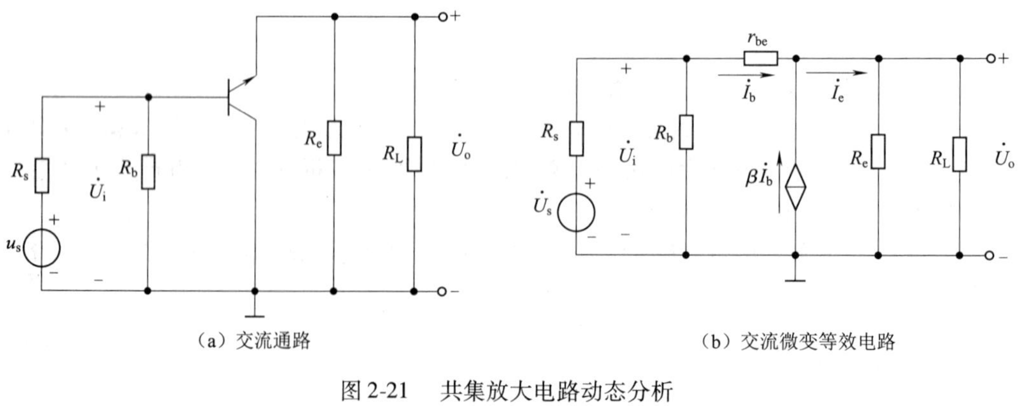

图 2-21 共集放大电路动态分析

根据电压放大倍数的定义，利用 3 个电极电流的关系，得到 $\dot{A}_u$ 的表达式为

$$\dot{A}_u=\frac{\dot{U}_o}{\dot{U}_i}=\frac{\dot{I}_e(R_e /\!/ R_L)}{\dot{I}_b r_{be}+\dot{I}_e(R_e /\!/ R_L)}$$

$$\dot{A}_u=\frac{(1+\beta)(R_e /\!/ R_L)}{r_{be}+(1+\beta)(R_e /\!/ R_L)} \tag{2-24}$$

通常$(1+\beta)(R_e /\!/ R_L) \gg r_{be}$，故$\dot{A}_u \approx 1$，这表明射极输出器的输出电压总是跟随输入电压，所以射极输出器又称射极跟随器。虽然$|\dot{A}_u|<1$，电路没有电压放大作用，但输出电流远大于输入电流，所以电路仍然有功率放大作用。

根据输入电阻R_i的物理意义得到输入电阻的表达式为

$$R_i=\frac{\dot{U}_i}{\dot{I}_i}=R_b /\!/ \frac{\dot{I}_b r_{be}+\dot{I}_e(R_e /\!/ R_L)}{\dot{I}_b}$$

$$R_i=R_b /\!/ [r_{be}+(1+\beta)(R_e /\!/ R_L)] \tag{2-25}$$

根据输出电阻R_o的物理意义，令输入信号$u_s=0$，输出负载开路，计算输出电阻，如图2-22所示。

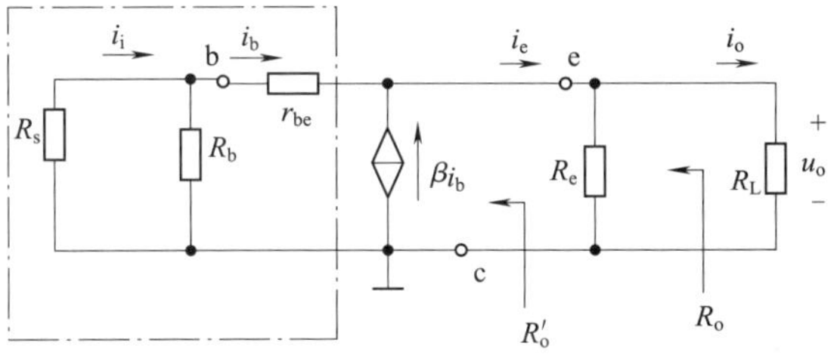

图2-22 输出电阻的计算

由图2-22分析可知

$$R_o=R_e /\!/ R_o'$$

$$R_o'=-\frac{u_o}{i_e}=-\frac{u_o}{(1+\beta)i_b}$$

$$u_o=-i_b(r_{be}+R_s /\!/ R_b)$$

所以推导出

$$R_o=R_e /\!/ \frac{r_{be}+R_s /\!/ R_b}{1+\beta} \tag{2-26}$$

由于通常情况下，R_e取值较小，r_{be}也多在几百欧到几千欧，而β至少为几十倍，所以R_o可小到几十欧。

由于共集放大电路输入电阻大、输出电阻小，因而从信号源索取的电流小而且带负载能力强，所以常用于多级放大电路的输入级和输出级；也可用它连接两电路，以减少电路间直接相连所带来的影响，起到缓冲作用。

2.4.2 共基放大电路

图2-23所示为共基放大电路，输入信号加载在三极管的发射极与基极两端，输出信号由三极管的集电极与基极两端获得。因为基极是公共接地端，所以称为共基放大电路。

在共基放大电路中，信号由发射极(e)输入，经三极管放大后由集电极(c)输出，输出信号与输入信号同相。它的最大特点是频带宽,常用作三极管宽频带电压放大器。

在该电路中,直流电源通过集电极电阻 R_c 为集电极提供偏置电压。同时,偏置电阻 R_{b2} 和 R_{b1} 构成分压电路为三极管基极提供偏置电压。信号从输入端输入电路后,经耦合电容 C_1 输入三极管的发射极,由三极管放大后,在集电极经耦合电容 C_2 输出同相放大的信号,其原理与共射放大电路类似,负载电阻 R_L 两端电压随输入信号变化而变化,而输出端信号取自集电极和基极之间,对于交流信号直流电源相当于短路,因此输出信号相当于取自负载电阻 R_L 两端,因而输出信号和输入信号相位同相。

共基放大电路的直流分析与共射放大电路的分压式偏置电路完全一致。动态分析可以参考图 2-24 所示的微变等效电路,具体分析过程与共集放大电路动态分析方法一致。

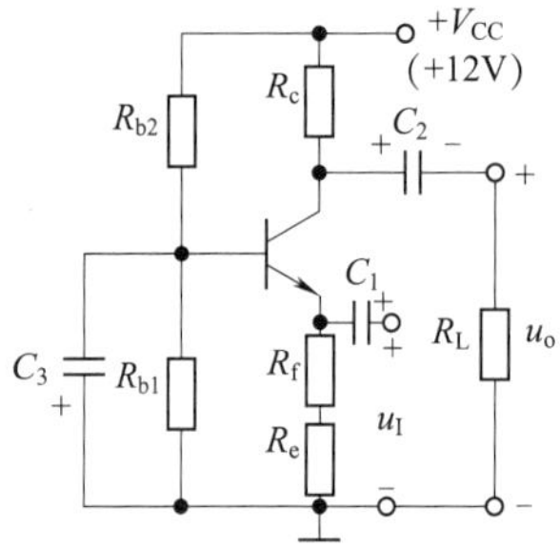

图 2-23 共基放大电路

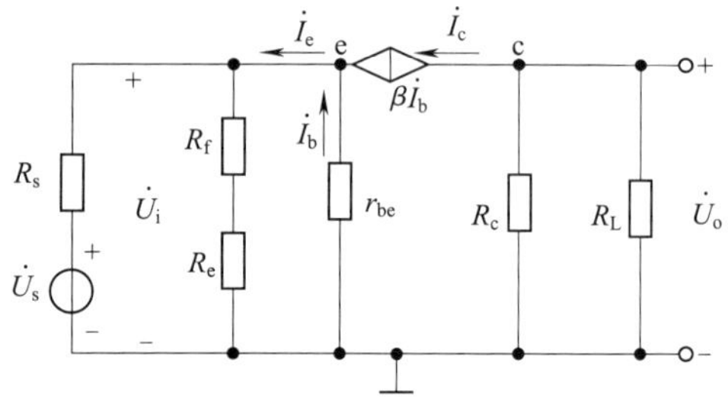

图 2-24 共基放大电路微变等效电路

共基放大电路具有如下特性:

①输入信号与输出信号同相。

②电压增益高。

③电流增益低($\leqslant 1$)。

④功率增益高。

⑤适用于高频电路。

共基放大电路的输入阻抗很小,会使输入信号严重衰减,不适合作为电压放大电路。但它的频宽很大,因此通常用来做宽频或高频放大电路。在某些场合,共基放大电路也可以作为“电流缓冲器”使用。

2.4.3 单管放大电路三种接法的比较

综上所述,单管放大电路的三种基本接法的特点归纳如下:

①共射放大电路既能放大电流又能放大电压。输入电阻居三种接法之中,输出电阻较大,频带较窄。常作为低频电压放大电路的单元电路。

②共集放大电路只能放大电流不能放大电压,是三种接法中输入电阻最大、输出电阻最小的电路,并具有电压跟随的特点。常用于电压放大电路的输入级和输出级,在功率放大电路中也常采用射极输出的形式。

③共基放大电路只能放大电压,不能放大电流,输入电阻小,电压放大倍数、输出电阻与共射放大电路相当,是三种接法中高频特性最好的电路。常作为宽频带放大电路。

例 2-5 设图 2-25(a)电路所加输入电压为正弦波。试估算:

①$\dot{A}_{u1}=\dot{U}_{o1}/\dot{U}_i\approx ?$,$\dot{A}_{u2}=\dot{U}_{o2}/\dot{U}_i\approx ?$

②画出输入电压 u_i 和输出电压 u_i、u_{o1}、u_{o2} 的波形。

解　①当输出 u_{o1} 时，电路是共射接法；当输出 u_{o2} 时，电路是共集接法。因为通常 $\beta \gg 1$，所以电压放大倍数分别为

$$\dot{A}_{u1} = -\frac{\beta R_c}{r_{be} + (1+\beta)R_e} \approx -\frac{R_c}{R_e} = -1$$

$$\dot{A}_{u2} = \frac{(1+\beta)R_e}{r_{be} + (1+\beta)R_e} \approx +1$$

②两个电压放大倍数说明，$u_{o1} \approx -u_i$，$u_{o2} \approx u_i$。波形如图 2-25(b)所示。

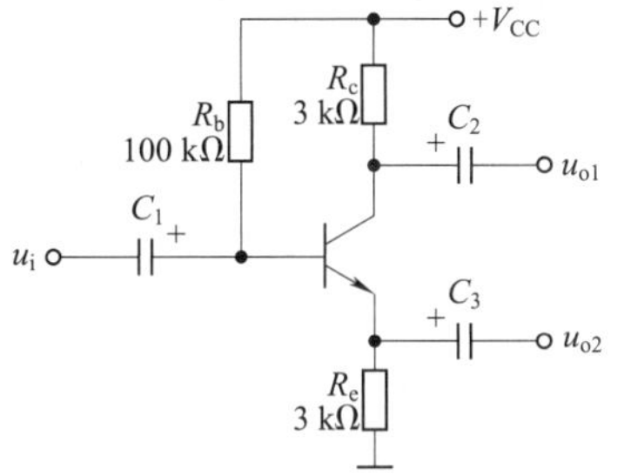

(a) 电路图

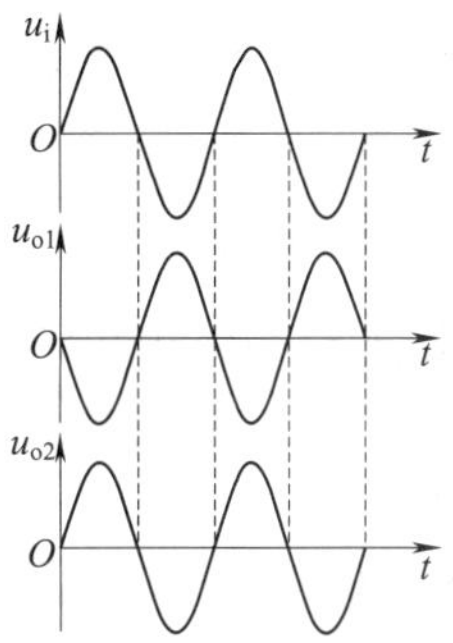

(b) 波形图

图 2-25　例 2-5 图

2.5　场效应管

前面介绍的半导体三极管为双极型晶体管，其内部有两种载流子（多子和少子）参与导电，是电流控制型器件；场效应晶体管（简称“场效应管”）又称单极型晶体管，是利用电场效应来控制半导体中多数载流子运动的半导体器件，其内部只有一种载流子（多子）参与导电，场效应管是电压控制型器件。场效应管不仅具有体积小、质量小、耗电省、寿命长等优点，而且控制端基本不需要电流，受温度、辐射等外界条件影响小，便于集成，在电子技术中得到广泛应用。

场效应管分为结型（JFET）和绝缘栅场效应管（MOSFET）两类。

2.5.1　结型场效应管

图 2-26 所示为 N 沟道结型场效应管结构示意图及其图形符号。它是在一块 N 型半导体左右两侧制作两个高掺杂的 P^+ 区，以形成两个 PN 结。用导线将两个 P^+ 区连接在一起作为栅极（g），N 型半导体的上下两端分别引出一个电极作为源极（s）和漏极（d）。中间的 N 型区是载流子通过源漏两极的路径，称为导电沟道。

按制造材料不同，结型场效应管又有 N 沟道和 P 沟道两种类型。P 沟道结型场效应管结构示意图及其图形符号如图 2-27 所示。N 沟道和 P 沟道结型场效应管的工作原理相同。下面以 N 沟道结型场效应管为例介绍结型场效应管的工作原理和特性。

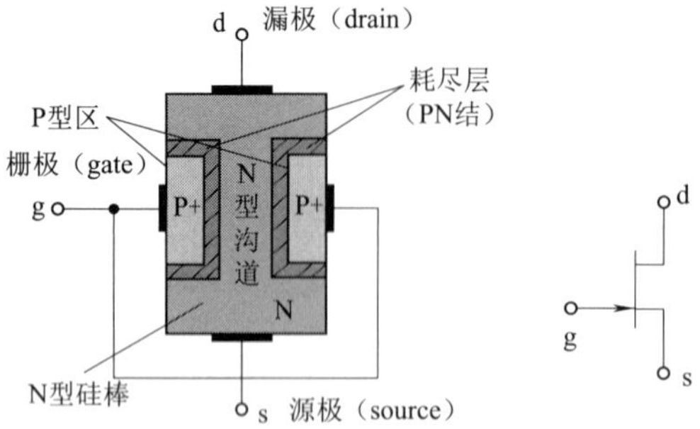

图 2-26 N 沟道结型场效应管结构示意图及其图形符号

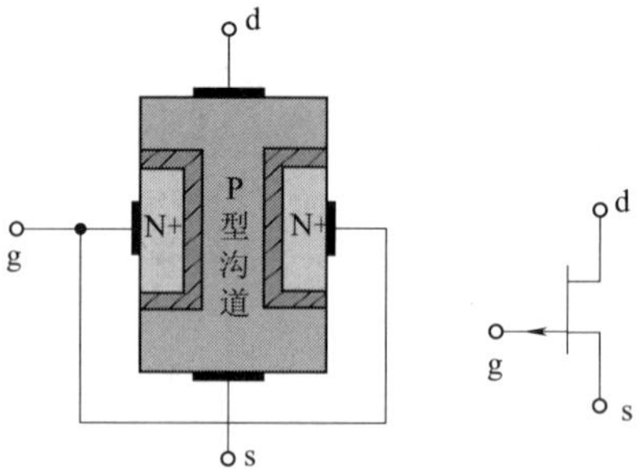

图 2-27 P 沟道结型场效应管结构示意图及其图形符号

1. 工作原理

N 沟道结型场效应管在放大状态工作时，d、s 间加正向电压 V_{DD}，g、s 间加反向电压 V_{GG}，如图 2-28所示。因此，栅极相对于源漏两极处于低电位，使 N 沟道结型场效应管中两侧 PN 结承受反向偏置电压。可见改变 PN 结两端的反向偏置电压，就可以改变耗尽层的宽度，也就改变了中间导电沟道的宽度，这样就可以利用电压所建立的电场来控制导电沟道中多数载流子的运动。

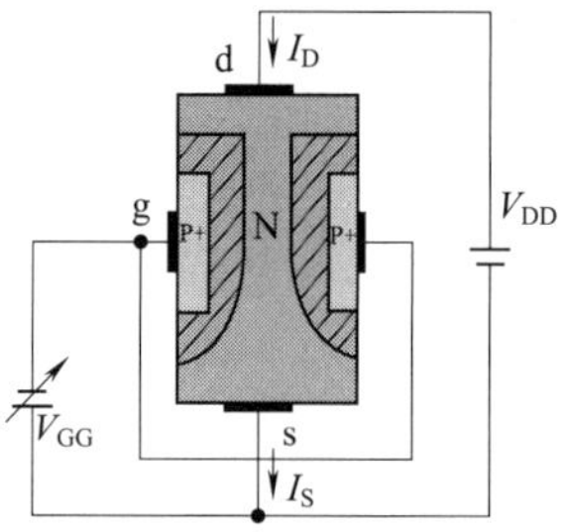

图 2-28 N 沟道结型管工作原理

这里主要讨论栅源电压外加 V_{GG} 对漏极电流 I_D 的控制作用。下面分两种情况讨论结型场效应管中 PN 结耗尽层的变化。N 沟道结型场效应管在未加 V_{GG} 和 V_{DD} 时，由于沟道中 N 区的掺杂浓度比 P^+ 区低很多，所以耗尽层主要集中在沟道区内，如图 2-29(a)所示。其中，栅源两极间的电压为 U_{GS}。

情况一：漏源间短路，改变栅源所加电压 V_{GG}。

在图 2-29(b)中，调节 V_{GG}，使负向电压 U_{GS} 值逐渐增大，即 PN 结反向偏置电压增大，两个耗尽层加宽，并向沟道中央开展，使 N 沟道逐渐变窄，沟道电阻随之增加。当 U_{GS} 负向增大到一定数值时，两侧的耗尽层向中央展宽直到相遇，于是整个沟道被全部"夹断"，如图 2-29(c)所示。此时源漏两极间电阻，即沟道电阻趋于无穷大，通过栅极的电流近似为零，相应这时的 U_{GS} 称为夹断电压，用 $U_{GS(off)}$ 或 U_P 表示，其值为负。

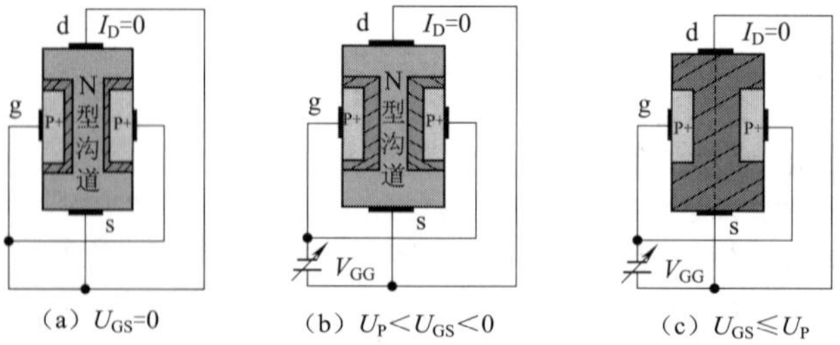

图 2-29 $V_{DD}=0$ 时，改变 V_{GG}，导电沟道的变化

情况二：漏源间加正向电压 V_{DD}，栅源间加负向电压 V_{GG}。

由图 2-30(a)可以看出，$U_{GD}=U_{GS}-U_{DS}$，且 U_{GD} 为负值，它使两侧的 PN 结处于反向偏置。当栅源电压 U_{GS} 小于夹断电压 U_P 时，在 U_{DS} 正向电压作用下，沟道中将有电流 I_D 通过。电流 I_D 沿沟道产生电压降、沟道各点出现不同的电位分布。由于漏极与栅极之间的反向电压最高，沿沟道向下逐渐降低，至源极最低，所以两个 PN 结靠近漏极的耗尽层最宽，靠近源极的耗尽层最窄，从漏极至源极耗尽层呈现楔形。

结型场效应管工作时，U_{DS}被固定在某一数值，通过改变 U_{GS}来调节加在 PN 结上的负向电压 U_{GD}，从而改变耗尽层的宽度，即改变导电沟道的电阻，这样就实现了 U_{GS}对漏极电流的控制。

在图 2-30(a)中，调节 V_{GG}使 $U_{GS}=0$，U_{GD}的绝对值小于夹断电压的绝对值时，耗尽层比较窄，只占沟道很少一部分，即沟道处于开启状态，此时漏极电流 I_D最大，为漏极饱和电流。

通过调节 V_{GC}，使得 U_{GS}负向增加，并且 U_{GD}的绝对值等于夹断电压的绝对值时，在漏极两侧的耗尽层加宽并逐渐开始靠拢，如图 2-30(b)所示，称为预夹断。这时沟道电流 I_D随耗尽层加宽、沟道变窄、沟道电阻增大而减小。

再继续增加 U_{GS}，并且 U_{GD}的绝对值大于夹断电压的绝对值时，两侧的耗尽层区沿沟道加长它们的接触部分(称为夹断区)，如图 2-30(c)所示，这时沟道被夹断，I_D近似等于零。实际上，夹断区并不是完全将沟道夹断，而是允许电子在它的窄缝中，以较高的速度流过，但在源极一侧的速度较低，保证了沟道内电流的连续性。

在 N 沟道结型场效应管中，只有沟道中的多数载流子——电子参与导电，而 P 沟道结型场效应管中，只有沟道中的多数载流子——空穴参与导电，因此又称场效应管为单极型晶体管。根据场效应管的工作原理，可知它是一种电压控制器件。结型场效应管栅源之间加反向偏置电压，使 PN 结反偏，栅极基本不取电流，因此，场效应管输入电阻很高。

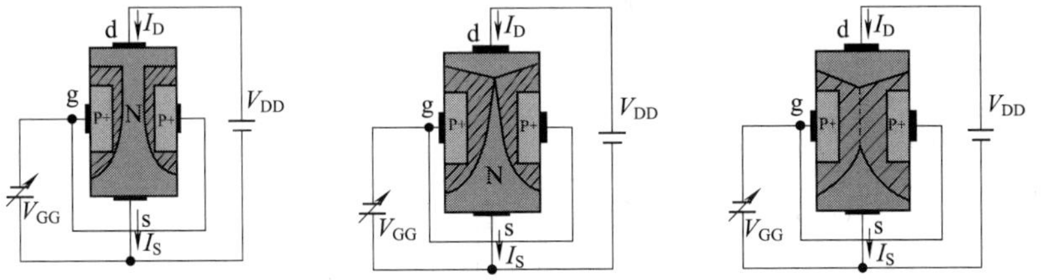

$U_{GS}<0$，$U_{GD}>U_P$，I_D更小　　$U_{GS}<0$, $U_{GD}=U_P$, 预夹断　　$U_{GS}<0$, $U_{GD}<U_P$, 夹断, I_D基本不变

(a)　　(b)　　(c)

图 2-30　改变 V_{GG}对导电沟道的影响

2. 特性曲线

场效应管的特性曲线有两种：一种是与三极管的输入特性曲线对应的，称为转移特性曲线；另一种是与三极管的输出特性曲线对应的，称为漏极特性曲线，有时也称为输出特性曲线。图 2-31 所示为 N 沟道结型场效应管的特性曲线。

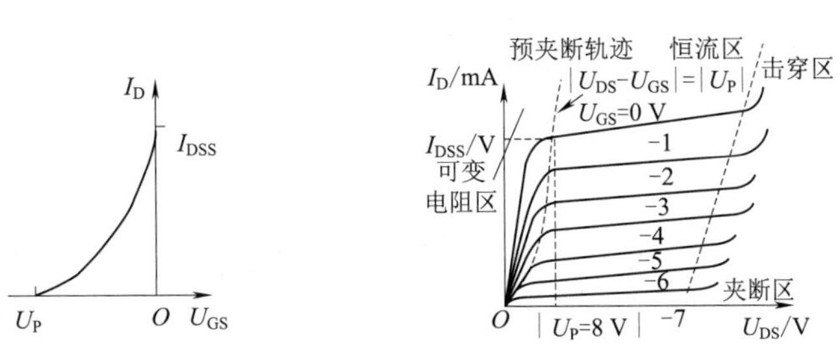

(a) 转移特性曲线　　(b) 漏极特性曲线

图 2-31　N 沟道结型场效应管的特性曲线

(1)转移特性曲线

转移特性是指当 U_{DS}恒定时,I_D与 U_{GS}之间的关系,即

$$I_D = f(U_{GS})\big|_{U_{DS}=常数} \tag{2-27}$$

它反映了栅源电压 U_{GS}对漏极电流的控制作用,表示了结型场效应管是一种电压控制电流的器件。N 沟道结型场效应管的转移特性曲线如图 2-31(a)所示。

(2)漏极特性曲线

漏极特性是指当 U_{GS}恒定时,I_D与 U_{DS}之间的关系,即

$$I_D = f(U_{DS})\big|_{U_{GS}=常数} \tag{2-28}$$

图 2-31(b)为 N 沟道结型场效应管的漏极特性。改变 U_{GS}的值得到一组漏极特性曲线,它有 4 个工作区:

①可变电阻区:预夹断轨迹左边的区域。其特点是:I_D随着 U_{DS}的增大而线性增加,曲线的斜率表现为漏源间的等效电阻。对应于不同的 U_{GS},曲线斜率不同,或说此区域内场效应管是受 U_{GS}控制的可变电阻。

②恒流区:预夹断轨迹右边的区域。其特点是:I_D 几乎不随 U_{DS}而改变,表现出恒流特性,因而称为恒流区。场效应管用于放大时,工作在该区域,此时 I_D仅取决于 U_{GS}。

③夹断区:图中靠近横轴的部分称为夹断区,此时 U_{GS}小于夹断电压 U_P,导电沟道被夹断,I_D接近于零,此时结型场效应管的三个电极均相当于开路。

④击穿区:如果 I_D突然增大,易造成结型场效应管损坏。应防止出现这种情况。

结型场效应管栅极基本不取电流,其输入电阻很高,可达 $10^7\ \Omega$ 以上。如希望得到更高的输入电阻,可采用绝缘栅场效应管。

2.5.2 绝缘栅场效应管

目前用得最多的绝缘栅场效应管是 MOSFET。它由金属、氧化物和半导体制成,称为金属-氧化物-半导体场效应管,简称 MOS 场效应管(MOSFET)。

绝缘栅场效应管按工作状态可分为增强型和耗尽型,每类又有 N 沟道和 P 沟道之分。

1. N 沟道增强型 MOS 场效应管

图 2-32 为 N 沟道增强型 MOS 场效应管结构示意图及图形符号。它是在一块低掺杂的 P 型硅衬底上制作两个高掺杂 N^+区,并用金属铝引出两个电极,分别为源极 s 和漏极 d;然后在半导体表面覆盖一层很薄的二氧化硅(SiO_2)绝缘层,在漏源极间的绝缘层上再装上一个铝电极,作为栅极 g。另外,在衬底上也引出一个电极 B,这就构成了一个 N 沟道增强型 MOS 场效应管。半导体上的一层 SiO_2绝缘层使栅极 g 与 s、d 绝缘,所以称为绝缘栅场效应管。其工作原理如下:

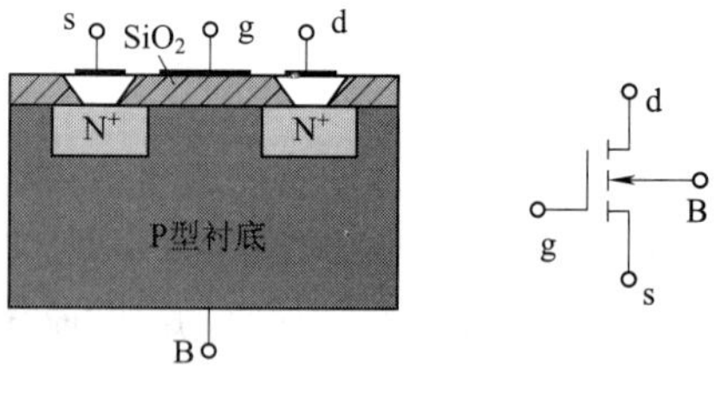

图 2-32 N 沟道增强型 MOS 场效应管结构示意图及图形符号

从图 2-32 中可以看出,N^+型漏区和 N^+型源区之间被 P 型衬底隔开,漏极和源极之间是两个背靠背的 PN 结,当栅源电压 $U_{GS}=0$ 时,不管漏极和源极之间所加电压的极性如何,其中总有一个 PN 结是反向偏置的,漏极电流 I_D近似为零。

在栅极和源极之间加入较小的正向电压 U_{GS},由于 SiO_2绝缘层的存在,故无电流。但在 SiO_2绝

缘层中，会产生一个垂直于衬底表面的电场，其方向由栅极指向衬底。由于 SiO_2 绝缘层很薄，即使 U_{GS}很小（如只有几伏），也能产生很强的电场强度。该电场排斥衬底中的空穴而吸引电子到衬底与 SiO_2交界的表面，形成耗尽层。耗尽层的宽度将随 U_{GS}电压的增大而加宽。当 U_{GS}大于一定值时，衬底中的电子被栅极上的正电荷吸引到表面，在耗尽层和 SiO_2绝缘层之间形成一个 N 型薄层。由于它是在 P 型材料中形成的 N 型层，称为反型层，如图 2-33 所示。反型层构成了漏极和源极之间的导电沟道。U_{GS}正值越高，导电沟道越宽，导电沟道电阻越小。在漏极电源 E_D的作用下，产生漏极电流 I_D，场效应管导通，如图 2-34 所示。

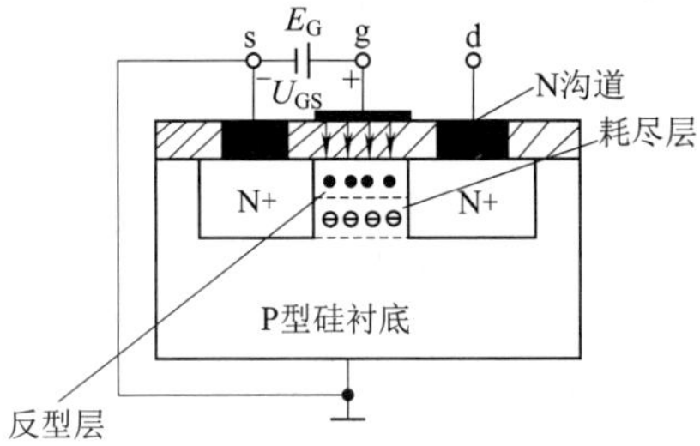

图 2-33　N 沟道增强型 MOS 场效应管导电沟道的形成

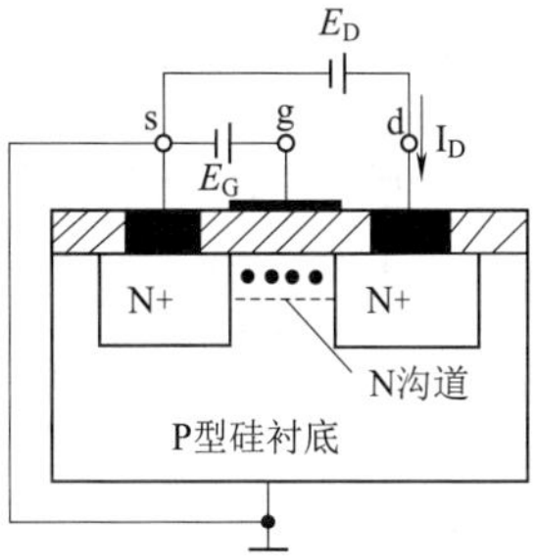

图 2-34　N 沟道增强型 MOS 场效应管的导通

在 U_{DS}一定的条件下，使场效应管导通的临界栅源电压称为开启电压，用 $U_{GS(th)}$或 U_T表示。可见，在 $0 < U_{GS} < U_T$的范围内，漏源极间沟道尚未连通，$I_D \approx 0$。只有当 $U_{GS} > U_T$时，随栅极电位的变化，I_D亦随之变化，这就是 N 沟道增强型 MOS 场效应管的栅极控制作用。图 2-35（a）所示为转移特性曲线，图 2-35（b）所示为 N 沟通增强型 MOS 场效应管漏极特性曲线。

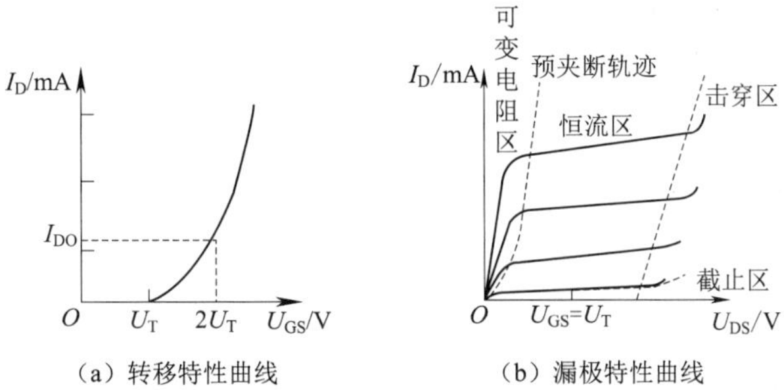

图 2-35　N 沟道增强型 MOS 场效应管特性曲线

与结型场效应管一样，其漏极特性曲线也可分为可变电阻区、恒流区（或称为饱和区）、截止区和击穿区几部分。在转移特性曲线中，由于场效应管作放大器件使用时是工作在恒流区，此时 I_D几乎不随 U_{DS}而变化，即不同的 U_{DS}所对应的转移特性曲线几乎是重合的，所以可用 U_{DS}大于某一数值（$U_{DS} > U_{GS} - U_T$）后的一条转移特性曲线代替饱和区的所有转移特性曲线，与结型场效应管相类似。在饱和区内，I_D与 U_{GS}的近似关系式为

$$I_D = I_{DO}\left(\frac{U_{GS}}{U_T}\right)^2 \tag{2-29}$$

式中，I_{DO}是 $U_{GS} = 2U_T$时的漏极电流。

P 沟道增强型 MOS 场效应管的基本结构是以低掺杂浓度的 N 型硅为衬底，两个高掺杂浓度

的为 P^+ 区。它的开启电压 $U_T<0$，当 $U_{GS}<U_T$时场效应管才导通，漏源之间应加负电源电压。其图形符号和特性曲线如图 2-36 所示。

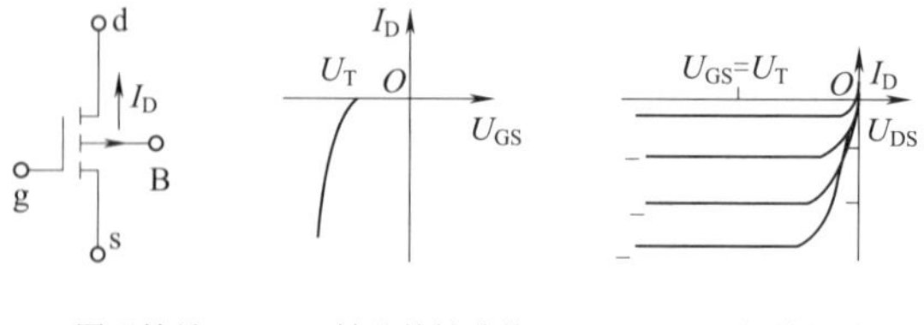

（a）图形符号　（b）转移特性曲线　（c）漏极特性曲线

图 2-36　P 沟道增强型 MOS 场效应管特性曲线

2. N 沟道耗尽型 MOS 场效应管

N 沟道耗尽型 MOS 场效应管如图 2-37 所示。

从结构上看，N 沟道耗尽型 MOS 场效应管与 N 沟道增强型 MOS 场效应管基本相似，其区别仅在于栅源电压 $U_{GS}=0$ 时，耗尽型 MOS 场效应管中的漏源极间已有导电沟道产生，而增强型 MOS 管要在 $U_{GS}\geqslant U_T$时才出现导电沟道。原因是制造 N 沟道耗尽型 MOS 管时，在 SiO_2绝缘层中掺入了大量的碱金属正离子 Na^+或 K^+（制造 P 沟道耗尽型 MOS 管时掺入负离子）。因此，即使 $U_{GS}=0$ 时，在这些正离子产生的电场作用下，漏源极间的 P 型衬底表面也能感应生成 N 沟道（称为初始沟道），只要加上正向电压 U_{DS}，就有电流 I_D。如果加上正的 U_{GS}，栅极与 N 沟道间的电场将在沟道中吸引来更多的电子，沟道加宽，沟道电阻变小，I_D增大；反之，U_{GS}为负时，沟道中感应的电子减少，沟道变窄，沟道电阻变大，I_D减小。当 U_{GS}负向增加到某一数值时，导电沟道消失，I_D趋于零，场效应管截止，故称为耗尽型 MOS 场效应管。导电沟道消失时的栅源电压称为夹断电压，仍用 U_P或 $U_{GS(off)}$表示。与 N 沟道结型场效应管相同，N 沟道耗尽型 MOS 场效应管的夹断电压 U_P也为负值，但是，前者只能在 $U_{GS}<0$ 的情况下工作。而后者在 $U_{GS}=0$，$U_{GS}>0$，$U_P<U_{GS}<0$ 的情况下均能实现对 I_D的控制，而且仍能保持栅源极间有很大的绝缘电阻，使栅极电流为零。这是耗尽型 MOS 场效应管的一个重要特点。

图 2-38 为 N 沟道耗尽型 MOS 场效应管的转移特性曲线和漏极特性曲线。

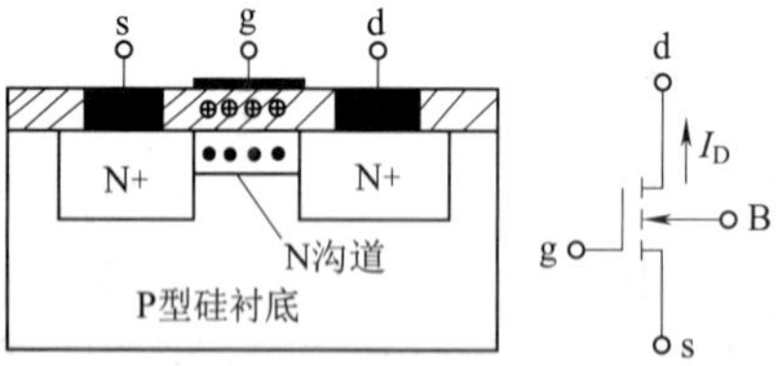

图 2-37　N 沟道耗尽型 MOS 场效应管的结构和图形符号

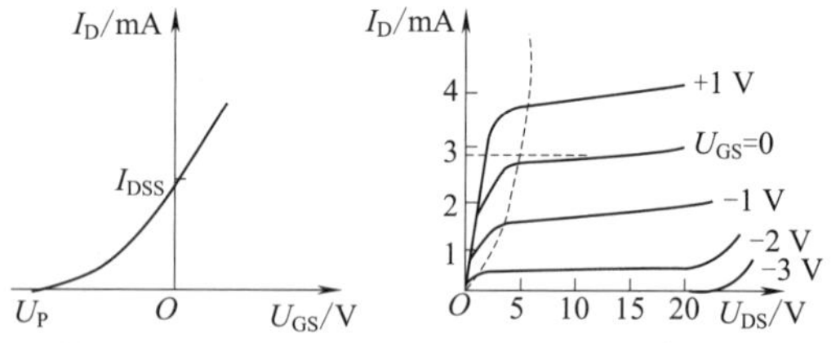

（a）转移特性曲线　（b）漏极特性曲线

图 2-38　N 沟道耗尽型 MOS 场效应管特性曲线

在饱和区内，耗尽型 MOS 场效应管的电流方程与结型场效应管的电流方程相同，即

$$I_D=I_{DSS}\left(1-\frac{U_{GS}}{U_P}\right)^2 \tag{2-30}$$

P 沟道耗尽型 MOS 场效应管的基本结构是以 N 型硅为衬底，制造过程中在 SiO_2 绝缘层中掺入大量的负离子。其夹断电压 $U_P>0$，U_{GS}可在正、负值的一定范围内实现对 I_D的控制，漏源之间

加负电压。其图形符号和特性曲线如图 2-39 所示。

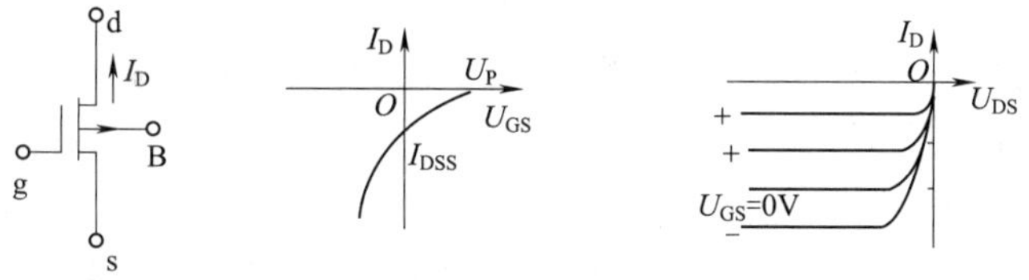

（a）图形符号　（b）转移特性曲线　（c）漏极特性曲线

图 2-39　P 沟道耗尽型 MOS 场效应管特性曲线

2.5.3　场效应管的主要参数

场效应管的主要参数是反映场效应管性能的指标，也是选用场效应管的依据。

1. 直流参数

开启电压 $U_{GS(th)}$。$U_{GS(th)}$是在 U_{DS}为一固定值时，使 I_D大于零所需的最小 $|U_{GS}|$值。$U_{GS(th)}$是增强型 MOS 场效应管的参数。

夹断电压 $U_{GS(off)}$。$U_{GS(th)}$是在 U_{DS}为一固定值时，使 I_D等于规定微小电流时的 U_{GS}，它是结型场效应管和耗尽型 MOS 场效应管的参数。

饱和漏极电流 I_{DSS}。对于耗尽型管，在 $U_{GS}=0$ 的情况下产生预夹断时的漏极电流定义为 I_{DSS}。

直流输入电阻 $R_{GS(DC)}$。$R_{GS(DC)}$等于栅源电压与栅极电流之比。结型场效应管 U_{GS}反偏，$R_{GS(DC)}$大于 10^9 Ω。

2. 交流参数

低频跨导 g_m。g_m 数值的大小表示 u_{GS}对 i_D 的控制能力。其定义为：在 U_{DS}一定时，I_D的微小变化量和引起它变化的 U_{GS}微小变化量的比值，即

$$g_m=\left.\frac{\Delta i_D}{\Delta u_{GS}}\right|_{U_{DS}=\text{常数}}$$

式中，g_m 单位是西门子(S)，简称西。在转移特性曲线上低频跨导 g_m 表现为曲线上某点的切线斜率。

极间电容。场效应管存在栅源电容 C_{GS}、栅漏电容 C_{GD}、漏源电容 C_{DS}，其值一般为 0.1 ~ 1 pF。场效应管的最高工作频率 f_M反映了上述电容的影响。在高频电路中应考虑极间电容的影响。

3. 极限参数

最大漏极电流 I_{DM}。I_{DM}是场效应管正常工作时漏极电流的上限值。

击穿电压。场效应管进入恒流区后，使 I_D骤然增大的 U_{DS}称为漏源击穿电压 $U_{(BR)DS}$，U_{DS}超过此值会使场效应管烧坏。

最大栅源电压 $U_{(BR)GS}$。表示栅源间开始击穿的电压值。这种击穿与电容击穿的情况类似，属于破坏性击穿。

最大漏极耗散功率 P_{DM}。由场效应管允许的温升决定。漏极耗散功率转化为热能使场效应管的温度升高。

2.5.4　场效应管与三极管的比较

①场效应管的源极、栅极、漏极分别对应于三极管的发射极、基极、集电极，它们的作用相似。

②场效应管是电压控制电流器件，由 U_{GS} 控制 I_D，其放大系数 g_m 一般较小，因此场效应管的放大能力较差；三极管是电流控制电流器件，由 I_B（或 I_E）控制 I_C。

③场效应管栅极几乎不取电流；而三极管工作时基极总要吸取一定的电流。因此场效应管的输入电阻比三极管的输入电阻高。

④场效应管只有多子参与导电；三极管有多子和少子两种载流子参与导电，因少子浓度受温度、辐射等因素影响较大，所以场效应管比三极管的温度稳定性好、抗辐射能力强。在环境条件（温度等）变化很大的情况下应选用场效应管。

⑤场效应管在源极未与衬底连在一起时，源极和漏极可以互换使用，且特性变化不大；而三极管的集电极与发射极互换使用时，其特性差异很大，β 值将减小很多。

⑥场效应管的噪声系数很小，在低噪声放大电路的输入级及要求信噪比较高的电路中要选用场效应管。

⑦场效应管和三极管均可组成各种放大电路和开关电路，但由于前者制造工艺简单，且具有耗电少、热稳定性好、工作电源电压范围宽等优点，因而被广泛用于大规模和超大规模集成电路中。

2.6 多级放大电路

前面介绍的单级放大电路，其电压放大倍数一般在几十至几百倍，对于实际需要来说，为了获得更大的电压放大倍数，需要把几个单级放大电路串联起来组成多级放大电路。

2.6.1 多级放大电路的耦合方式

为了保证每级放大电路均能正常工作，使信号不失真地逐级传送并放大，级与级之间要采用合适的连接方式，即“耦合”。在分立元件组成的放大电路中常见的有直接耦合、阻容耦合和变压器耦合。直流放大电路中常用直接耦合方式；功率输出级多采用变压器耦合方式；而前置放大级常用阻容耦合方式。值得注意的是，在集成电路中难以制造大容量电容，故集成电路大部分采用直接耦合方式。

1. 直接耦合方式

直接耦合方式是指前后两级放大电路间直接相连，因此各级的静态工作点相互影响；不仅能放大交流信号，还能放大直流和缓慢变化的信号；便于集成。缺点是：基极和集电极电位会随着级数增加而上升；具有零点漂移现象。

零点漂移是指直接耦合时，输入电压为零，但输出电压离开零点（即不等于零），并缓慢地发生不规则变化的现象。这是由于放大器件的参数受温度影响而使静态工作点不稳定造成的。放大电路级数越多，放大倍数越高，零点漂移问题越严重。

2. 阻容耦合

阻容耦合方式是指前后两级放大电路通过电容耦合。其优点是：前、后级直流电路互不相通，静态工作点相互独立；选择足够大电容，可以做到前一级输出信号几乎不衰减地加到后一级输入端，使信号得到充分利用。缺点是：不适合传送缓慢变化的信号；无法实现线性集成电路。

3. 变压器耦合方式

前后级放大电路间采用变压器耦合,因此各级的静态工作点彼此独立计算,互不影响;改变匝数比,可进行最佳阻抗匹配,得到最大输出功率。缺点是:变压器笨重;无法集成化;直流和缓慢变化信号不能通过变压器。

2.6.2　阻容耦合放大电路的分析

把放大电路的前级输出端通过电容接到后级输入端,称为阻容耦合方式。图 2-40 为两级阻容耦合放大电路,第一级为共射放大电路,第二级为共集放大电路。由于电容对直流量的电抗为无穷大,所以有隔直流作用,使得各级的静态工作点相互独立,计算静态值时可按单级来单独考虑,比较简单。另外,大容量的耦合电容对输入信号频率较高的交流信号,可以近乎无衰减地传递到后级,并可以忽略交流信号的分压作用。所以,对多级放大电路进行动态分析时,需要画出整个电路的微变等效电路,对动态参数的分析略显复杂。

多级放大电路的总电压放大倍数等于各级电压放大倍数的乘积,即

$$\dot{A}_u = \dot{A}_{u1} \cdot \dot{A}_{u2} \cdot \cdots \cdot \dot{A}_{un}$$

式中,n 为多级放大电路的级数。

多级放大电路的输入电阻就是输入级的输入电阻;输出电阻就是输出级的输出电阻。具体计算时,有时它们不仅仅决定于本级参数,也与后级或前级的参数有关。

下面针对图 2-40 所示的两级阻容耦合放大电路进行静态分析和动态分析。

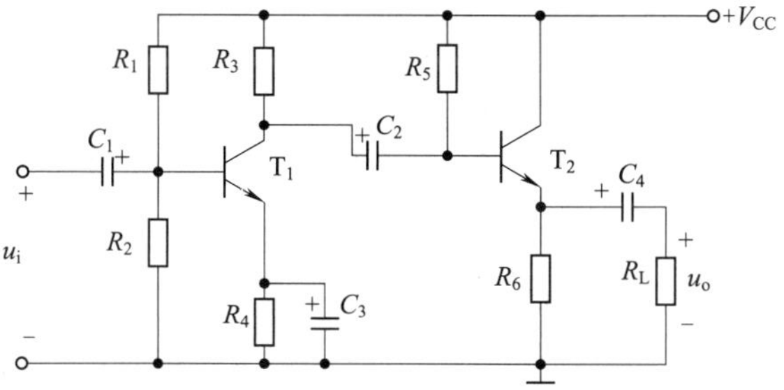

图 2-40　两级阻容耦合放大电路

1. 静态分析

由于是阻容耦合,所以分别求出各自独立的两级的静态工作点。

前级放大电路静态工作点 $Q_1(I_{BQ1}、I_{CQ1}、U_{CEQ1})$:

$$U_{BQ1} = \frac{R_2}{R_1 + R_2} V_{CC}$$

$$I_{EQ1} = \frac{U_{BQ1} - U_{BE1}}{R_4}$$

$$I_{BQ1} = \frac{I_{EQ1}}{\beta_1}$$

$$U_{CEQ1} = V_{CC} = I_{CQ1}(R_3 + R_4)$$

后级放大电路静态工作点 $Q_2(I_{BQ2}、I_{CQ2}、U_{CEQ2})$:

$$I_{BQ2} = \frac{V_{CC} - U_{BE2}}{R_5 + (1 + \beta_2) R_6}$$

$$I_{CQ2}=\beta_2 I_{BQ2}$$

$$U_{CEQ2}=V_{CC}-I_{EQ2}R_6$$

2. 动态分析

将 C_1、C_2、C_3、C_4视作短路，除去 V_{CC}，然后该端对地短接，画出三极管 h 参数等效电路，可得放大电路的交流微变等效电路，如图 2-41 所示。

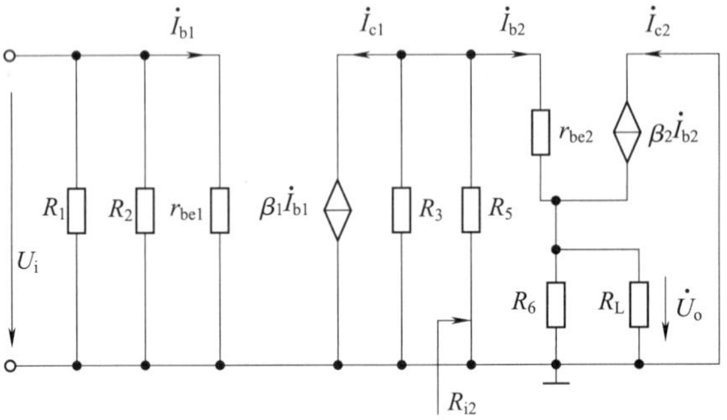

图 2-41　两级阻容耦合放大电路的交流微变等效电路

(1) 电压放大倍数 $\dot{A}_u$

为了求出第一级电压放大倍数 $\dot{A}_{u1}$，先求第二级输入电阻（即第一级的负载）：

$$R_{i2}=R_5 /\!/ [r_{be2}+(1+\beta_2)(R_6 /\!/ R_L)]$$

前级电压放大倍数：

$$\dot{A}_{u1}=-\beta_1 \frac{R'_{L1}}{r_{be1}}$$

式中，$R'_{L1}=R_3 /\!/ r_{i2}$。

后级共集放大电路中，电压放大倍数 $\dot{A}_{u2}\approx 1$。

前级的输出电压 $\dot{U}_{o1}$就是后级的输入电压 $\dot{U}_{i2}$，两级放大电路的总电压放大倍数为

$$\dot{A}_u=\frac{\dot{U}_o}{\dot{U}_i}=\frac{\dot{U}_{o1}}{\dot{U}_i}\cdot\frac{\dot{U}_o}{\dot{U}_{i2}}=\dot{A}_{u1}\cdot\dot{A}_{u2}$$

(2) 多级放大电路的输入电阻 R_i

从等效电路可以看出，多级放大电路的输入电阻就是第一级放大电路的输入电阻，所以

$$R_i=R_1 /\!/ R_2 /\!/ r_{be1}$$

(3) 多级放大电路的输出电阻 R_o

从等效电路可以看出，多级放大电路的输出电阻就是最后一级放大电路的输出电阻，所以

$$R_o=R_6 /\!/ \left[\frac{r_{be2}+(R_3 /\!/ R_5)}{1+\beta_2}\right]$$

例 2-6　如图 2-42(a)所示两级阻容耦合放大电路，回答下列问题：

①第一级、第二级各是什么放大电路？

②按照给定的元件参数，判断静态时，电路是否正常工作？并求三极管的 r_{be1}、r_{be2}的值。

③画出微变等效电路，并写出计算电压放大倍数$\dot{A}_u$、输入电阻 R_i和输出电阻 R_o的表达式。

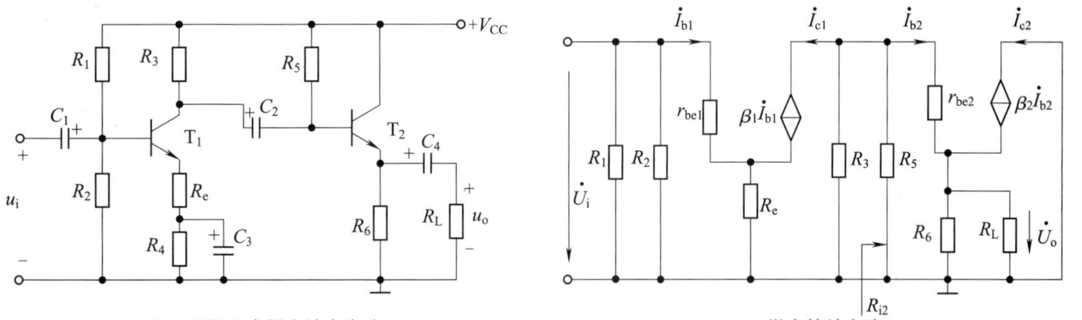

（a）两级阻容耦合放大电路　　（b）微变等效电路

图 2-42　例 2-6 图

解　①第一级是分压式射极偏置电路，并且发射极一部分电阻被电容 C_3 旁路；第二级是共集放大电路（或射极输出器、射极跟随器）。

②按照前面的分析方法对电路的直流通路作静态分析。

第一级的发射极静态电流为

$$I_{EQ1}=\frac{\frac{R_2}{R_1+R_2}V_{CC}-U_{BEQ1}}{R_4+R_e}\approx I_{CQ1}$$

同时，判断 U_{CEQ1} 的取值情况：

$$U_{CEQ1}=V_{CC}-I_{CQ1}(R_3+R_4+R_e)$$

若 $0.7\ \text{V}<U_{CEQ1}<V_{CC}$，是正常放大；若 $U_{CEQ1}<0.7\ \text{V}$，是饱和状态；若 $U_{CEQ1}\approx V_{CC}$，是截止状态。

第二级的发射极静态电流为

$$I_{EQ2}=(1+\beta_2)\frac{V_{CC}-U_{BEQ2}}{R_5+(1+\beta_2)R_6}\gg I_{CQ2}$$

同理，判断 U_{CEQ2} 的取值情况：

$$U_{CEQ2}=V_{CC}-I_{EQ2}R_6$$

三极管的 r_{be1}、r_{be2} 的值为

$$r_{be1}=300+(1+\beta_1)\frac{26}{I_{EQ1}}$$

$$r_{be2}=300+(1+\beta_2)\frac{26}{I_{EQ2}}$$

③微变等效电路如图 2-42（b）所示。动态参数如下：

第一级电压放大倍数

$$\dot{A}_{u1}=-\frac{\beta_1(R_3/\!/R_{i2})}{r_{be1}+(1+\beta_1)R_e}$$

式中，R_{i2} 为第二级输入电阻。

$$R_{i2}=R_5/\!/[r_{be2}+(1+\beta_2)(R_6/\!/R_L)]$$

第二级电压放大倍数

$$\dot{A}_{u2}=\frac{(1+\beta_2)(R_6/\!/R_L)}{r_{be2}+(1+\beta_2)(R_6/\!/R_L)}$$

所以,电压放大倍数为

$$\dot{A}_u = \dot{A}_{u1}\dot{A}_{u2}$$

电路输入电阻

$$R_i = R_{i1} = R_1 /\!/ R_2 /\!/ [r_{be1} + (1+\beta_1)R_e]$$

电路输出电阻

$$R_o = R_{o2} = R_6 /\!/ \frac{r_{be2} + R_5 /\!/ R_3}{1+\beta_2}$$

小　　结

1. 半导体三极管基础

半导体三极管是由两个 PN 结组成的三端有源器件。有 NPN 型和 PNP 型两大类,两者电压、电流的实际方向相反,但具有相同的结构特点,即基区宽度薄且掺杂浓度低,发射区掺杂浓度高,集电区面积大,这一结构上的特点是三极管具有电流放大作用的内部条件。

三极管是一种电流控制器件,即用基极电流或发射极电流来控制集电极电流,故所谓放大作用,实质上是一种能量控制作用。放大作用只有在三极管发射结正向偏置、集电结反向偏置,以及静态工作点的合理设置时才能实现。

三极管的特性曲线是指各极间电压与各极电流间的关系曲线,最常用的是输入特性曲线和输出特性曲线。它们是三极管内部载流子运动的外部表现,因而又称外部特性。器件的参数直观地表明了器件性能的好坏和适应的工作范围,是人们选择和正确使用器件的依据。在三极管的众多参数中,电流放大系数、极间反向饱和电流和几个极限参数是三极管的主要参数,使用中应予以重视。

2. 半导体三极管放大电路分析方法

图解法和微变等效电路法是分析放大电路的两种基本方法。

图解法的要领是:先根据放大电路直流通路的直流负载线方程作出直流负载线,并确定静态工作点 Q,再根据交流负载线的斜率为 $-\frac{1}{R_e /\!/ R_L}$ 及过 Q 点的特点,作出交流负载线,并对应画出输入信号、输出信号(电压、电流)的波形,分析动态工作情况。

微变等效电路法的要领是:小信号工作是该方法的应用条件。它是用 h 参数小信号模型等效电路(一般只考虑三极管的输入电阻和电流放大系数)代替放大电路交流通路中的三极管,再用线性电路原理分析、计算放大电路的动态性能指标,即电压增益、输入电阻 R_i 和输出电阻 R_o 等。微变等效电路只能用于电路的动态分析,不能用来求 Q 点,但 h 参数值却与电路的 Q 点相关。

基本交流放大电路的电路形式、静动态分析、特点如表 2-1 所示。

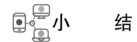

表 2-1　基本交流放大电路的电路形式、静态动态分析、特点

电路形式	共射放大电路		共集放大电路(射极跟随器)
	工作点不稳定	工作点稳定	
电路图	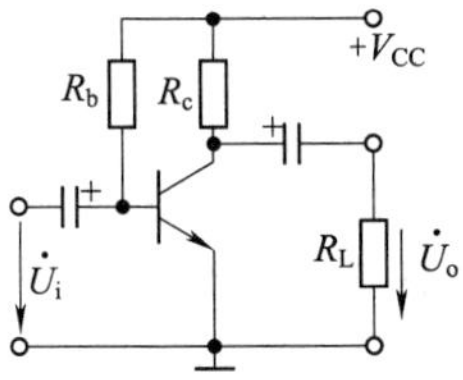	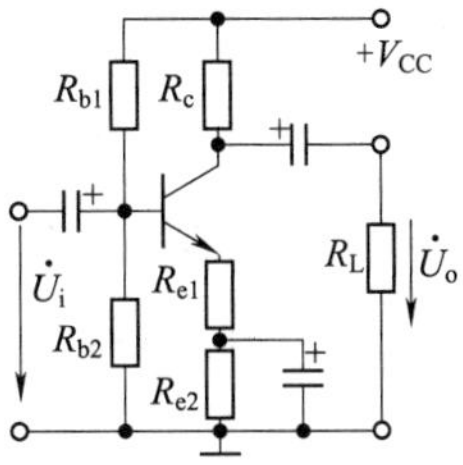	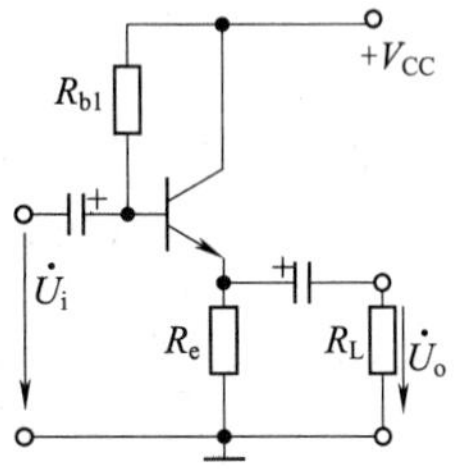
静态工作点（估算）假设 U_{BEQ} 近似为零	$I_B \approx \frac{V_{CC}}{R_b}, I_C = \beta I_B$ $U_{CE} = V_{CC} - I_C R_c$	$U_B = \frac{R_{b2}}{R_{b1}+R_{b2}} V_{CC}$ $U_E = U_B$ $I_E = \frac{U_E}{R_{e1}+R_{e2}}$ $U_{CE} = V_{CC} - I_C(R_c + R_{e1} + R_{e2})$	$I_B \approx \frac{V_{CC}}{R_b + (1+\beta)R_e}$ $I_E \approx \beta I_B$ $U_{CE} = V_{CC} - I_E R_e$
微变等效电路	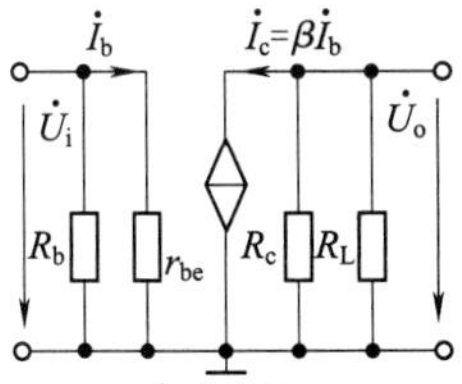$R_L'=R_c // R_L$	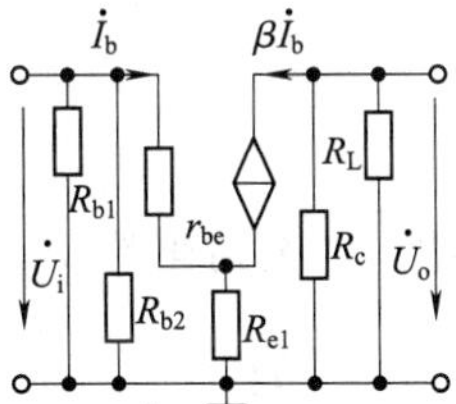$R_L'=R_c // R_L$	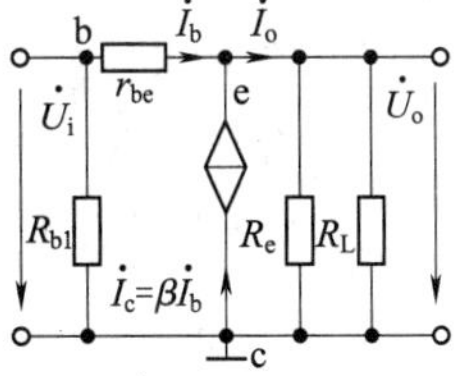$R_L'=R_e // R_L$
电压放大倍数	$\dot{A}_u = \frac{-\beta R_L'}{r_{be}}$	$\dot{A}_u = \frac{-\beta R_L'}{r_{be} + (1+\beta)R_{e1}}$	$\dot{A}_u = \frac{(1+\beta)R_L'}{r_{be} + (1+\beta)R_L'}$
输入电阻	$R_i = R_b // r_{be} \approx r_{be}$	$R_i = R_{b1} // R_{b2} // [r_{be} + (1+\beta)R_{e1}]$	$R_i = R_{b1} // [r_{be} + (1+\beta)R_L']$
输出电阻	$R_o = R_c$	$R_o = R_c$	$R_o \approx R_e // \frac{r_{be}}{\beta+1}$
特点及用途	$\dot{A}_u$ 大,输出与输入反相,工作点不稳定,但电路简单,用于要求不高的场合	工作点稳定,输入电阻高,可用作输入级,当 $(1+\beta)R_{e1} \gg r_{be}$ 时，$\lvert\dot{A}_u\rvert$ 几乎与三极管参数无关，放大倍数稳定性好	R_i 高，R_o 低，$\lvert\dot{A}_u\rvert < 1$，输入同相，用作放大器的输入、输出或中间缓冲级

3. 放大电路特点

直接耦合放大电路能放大直流信号,也能放大频率较高的交流信号。缺点是存在零漂问题。零点漂移现象会逐级得到放大,最后结果可能导致微弱的输入信号被淹没在漂移信号之中。因此既要提高输入信号的放大倍数,又要抑制零点漂移是直接耦合放大电路的主要问题。

场效应管因具有噪声低,热稳定性好,制造工艺简单,功耗低等优点而广泛应用。场效应管与三极管的主要区别在于,三极管是电流控制器件;场效应管是电压控制器件。两类放大电路原理是相类似的。

习　　题

1. 选择合适的答案填入括号内。

(1) 三极管的临界饱和点是(　　)的分界点；$I_B = 0$ 是(　　)的分界点。

A. 放大区和饱和区　　B. 放大区和截止区

C. 饱和区和截止区　　D. 放大区和击穿区

(2) 三极管发射结和集电结均加正偏电压时，三极管工作在(　　)；若发射结和集电结均加反偏电压时，则三极管工作在(　　)；发射结加正偏电压，集电结加反偏电压时，三极管工作在(　　)。

A. 放大区　　B. 截止区

C. 饱和区　　D. 不确定

(3) 用万用表判别处于放大状态的三极管类别(NPN 或 PNP)与 3 个电极时，最方便的方法是测出(　　)。

A. 各电极间的电阻　　B. 各电极对地电位

C. 各电极的电流　　D. 各电极间的电压

(4) 实践中，判别三极管是否饱和，最简单的方法是测量(　　)。

A. I_B　　B. I_C　　C. U_{BE}　　D. U_{CE}

(5) 某三极管发射极电流为 1 mA，基极电流为 20 μA，则集电极电流为(　　)mA。

A. 0.98　　B. 1.02　　C. 0.8　　D. 1.2

(6) 处于放大状态的 NPN 型三极管，各电极的电位关系是(　　)。

A. $U_B > U_C > U_E$　　B. $U_E > U_B > U_C$

C. $U_C > U_B > U_E$　　D. $U_C > U_E > U_B$

(7) 处于放大状态的 PNP 型三极管，各电极的电位关系是(　　)。

A. $U_B > U_C > U_E$　　B. $U_E > U_B > U_C$

C. $U_C > U_B > U_E$　　D. $U_C > U_E > U_B$

(8) 为消除截止失真，应(　　)。

A. 增大集电极电阻 R_c　　B. 改换 β 值大的三极管

C. 增大基极偏置电阻 R_b　　D. 减小基极偏置电阻 R_b

(9) 由 NPN 型三极管组成的基本共射放大电路，输入正弦信号，输出电压出现上削顶(顶部削平)失真，这种失真是(　　)。

A. 双向失真　　B. 饱和失真

C. 截止失真　　D. 频率失真

(10) NPN 型三极管组成的基本共射放大电路输出电压出现了非线性失真，通过减小 R_b 失真消除，这种失真一定是(　　)失真。

A. 饱和　　B. 截止

C. 双向　　D. 相位

(11) NPN 型三极管组成的基本共射放大电路输出电压出现了非线性失真，接上负载后失真消除，该失真是(　　)失真。

A. 饱和　　B. 截止　　C. 双向　　D. 相位

(12) 多级直接耦合放大电路中，(　　)的零点漂移占主要地位。

A. 第一级　　B. 中间级

C. 输出级　　D. 第一级和输出级

(13) 两个相同的单级共射放大电路，空载时电压放大倍数均为 30，现将它们级联后组成一个两级放大电路，则总的电压放大倍数(　　)。

A. 等于 60　　B. 等于 900

C. 小于 900　　D. 大于 900

(14) 直接耦合放大电路存在零点漂移的原因是(　　)。

A. 电阻阻值有误差　　B. 三极管参数的分散性

C. 三极管参数受温度影响　　D. 电源电压不稳定

(15) 集成放大电路采用直接耦合方式的原因是(　　)。

A. 便于设计　　B. 放大交流信号　　C. 不易制作大容量电容

2. 测得放大电路中 6 只三极管的直流电位如图 2-43 所示。在圆圈中画出三极管，说明它们是硅管还是锗管。

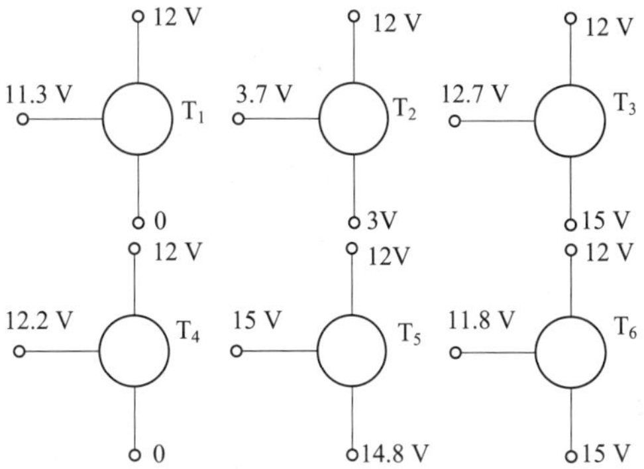

图 2-43　题 2 图

3. 画出图 2-44 所示各电路的直流通路和交流通路。设所有电容对交流信号均可视为短路。

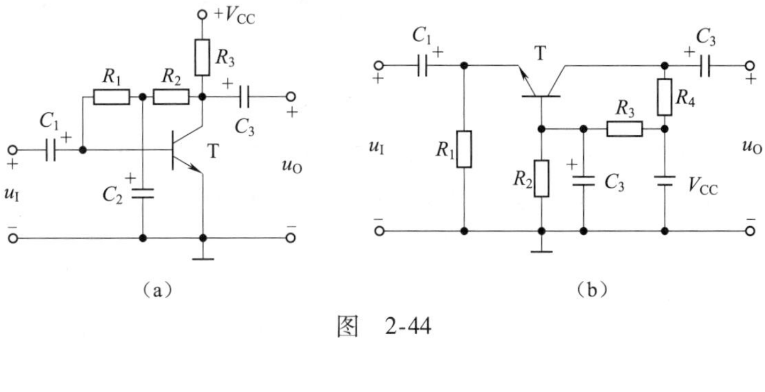

图　2-44

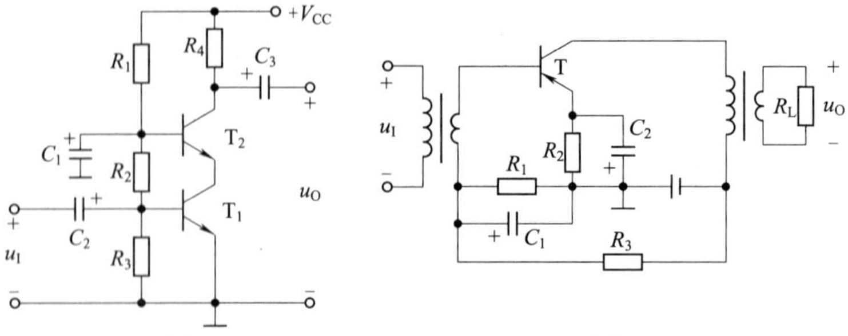

(c)　　　　(d)

图 2-44　题 3 图

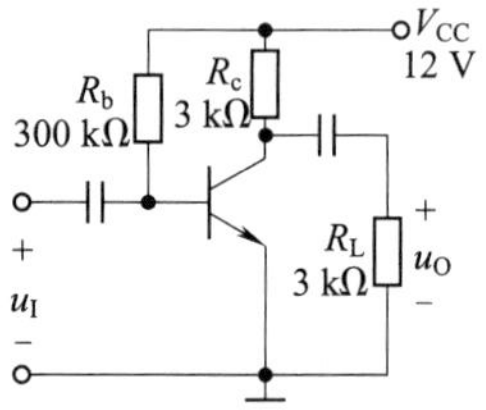

图 2-45　题 4 图

4. 单管共射电路如图 2-45 所示。已知三极管的电流放大系数 $\beta=50$。求:①估算静态工作点。②画出微变等效电路。③估算三极管的输入电阻 r_{be}。④若接入负载 $R_L=3\ k\Omega$,计算电压放大倍数 A_u。⑤估算电路的输入电阻和输出电阻。

5. 试分析图 2-46 中所示各电路是否能够放大正弦交流信号,并简述理由。设图中所有电容对交流信号均可视为短路。

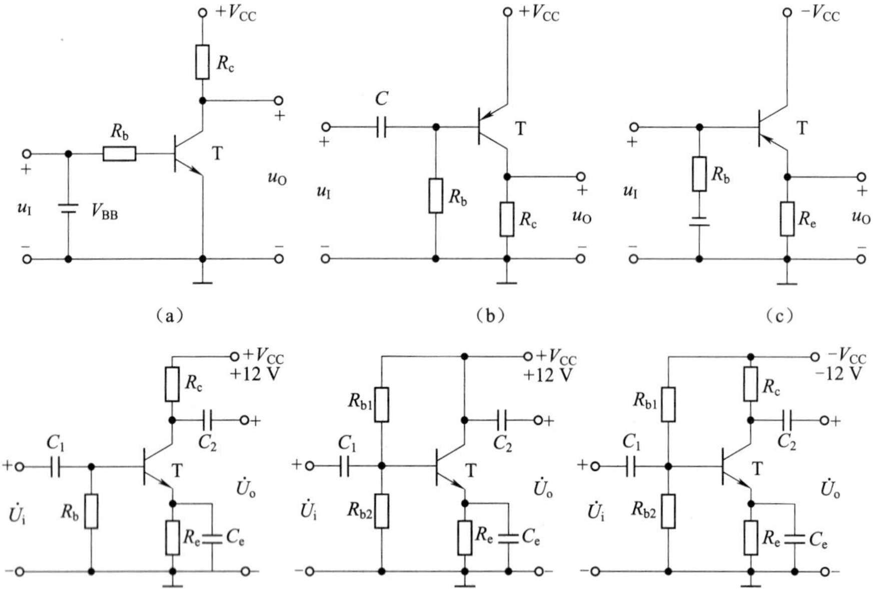

(a)　　　(b)　　　(c)

(d)　　　(e)　　　(f)

图 2-46　题 5 图

6. 电路如图 2-47 所示,已知三极管 $\beta=50$,在下列情况下,用直流电压表测三极管的集电极电位,应分别为多少?设 $V_{CC}=12\ V$,三极管饱和管压降 $U_{CES}=0.5\ V$。

①正常情况;

②R_{b1}短路;

③R_{b1}开路;

④R_{b2}开路;

⑤R_c短路。

7. 电路如图2-48所示，三极管的 $\beta=80$，$r_{bb'}=100\ \Omega$。分别计算 $R_L=\infty$ 和 $R_L=3\ k\Omega$ 时的 Q 点、$\dot{A}_u$、R_i 和 R_o。

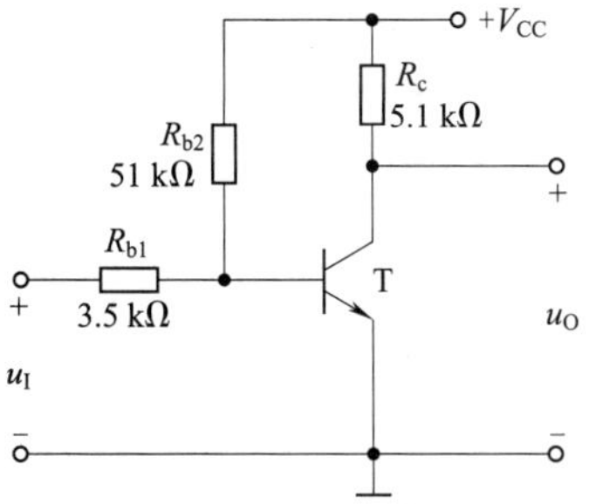

图2-47　题6图

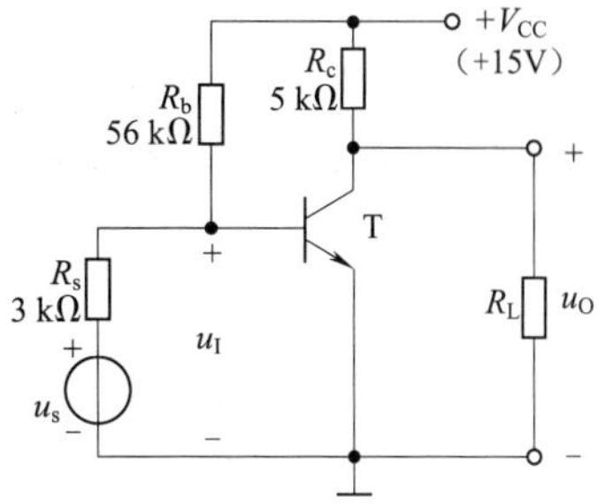

图2-48　题7图

8. 已知图2-49所示电路中三极管的 $\beta=100$，$r_{be}=1\ k\Omega$。

①现已测得静态管压降 $U_{CEQ}=6\ V$，估算 R_b 约为多少千欧；

②若测得 $\dot{U}_i$ 和 $\dot{U}_o$ 的有效值分别为 1 mV 和 100 mV，则负载电阻 R_L 为多少千欧？

9. 设图2-50中的三极管 $\beta=100$，$U_{BEQ}=0.6\ V$，$V_{CC}=12\ V$，$R_c=3\ k\Omega$，$R_b=120\ k\Omega$。求静态工作点处的 I_{BQ}、I_{CQ} 和 U_{CEQ} 值。

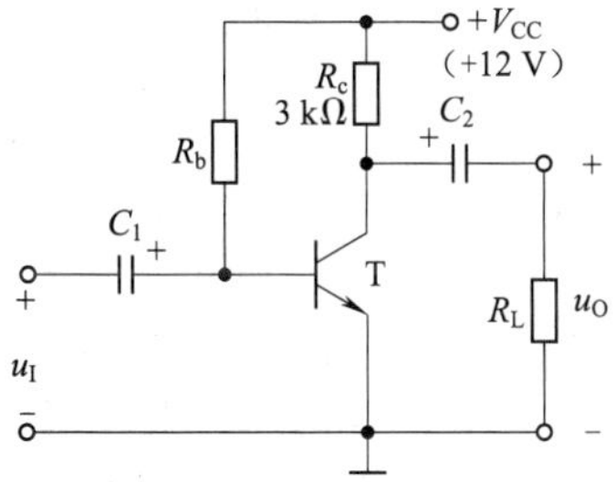

图2-49　题8图

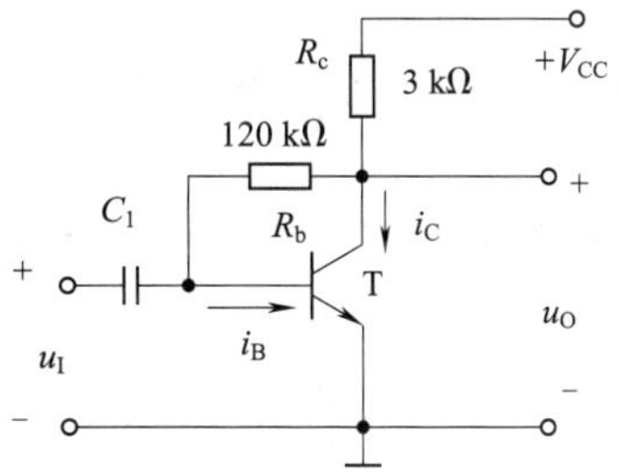

图2-50　题9图

10. 电路如图2-51所示，三极管的 $\beta=100$，$r_{bb'}=100\ \Omega$。

①求电路的 Q 点、$\dot{A}_u$、R_i 和 R_o；

②若电容 C_e 开路，则将引起电路的哪些动态参数发生变化？如何变化？

11. 电路如图2-52所示，三极管的 $\beta=60$，$r_{bb'}=100\ \Omega$。

①求电路的 Q 点、$\dot{A}_u$、R_i 和 R_o；

②设 $U_s=10\ mV$，问 $U_i=?$ $U_o=?$ 若 C_3 开路，则 $U_i=?$ $U_o=?$

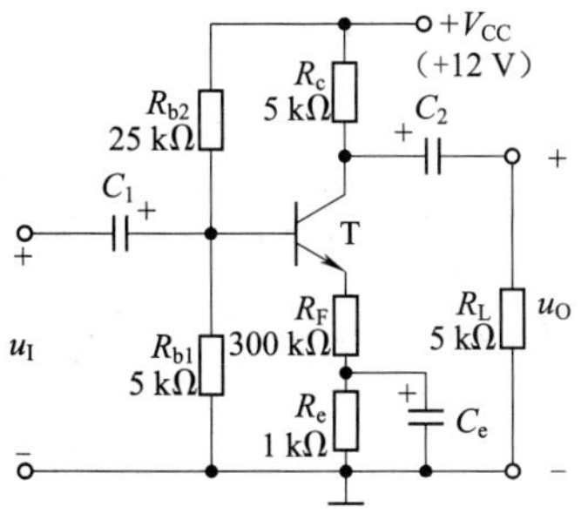

图2-51　题10图

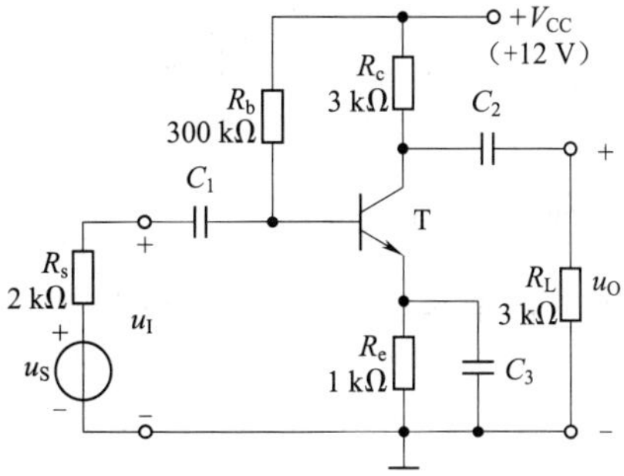

图2-52　题11图

12. 已知图2-53所示电路中的三极管 $\beta=100$，$U_{BEQ}=0.7\ V$，$R_1=R_2=150\ k\Omega$，$R_c=5.1\ k\Omega$，$R_e=2\ k\Omega$，$r_{bb'}=200\ \Omega$，$V_{CC}=12\ V$。试求：

①静态工作点；

②画出小信号等效电路；

③电压放大倍数及输入电阻 R_i、输出电阻 R_o。

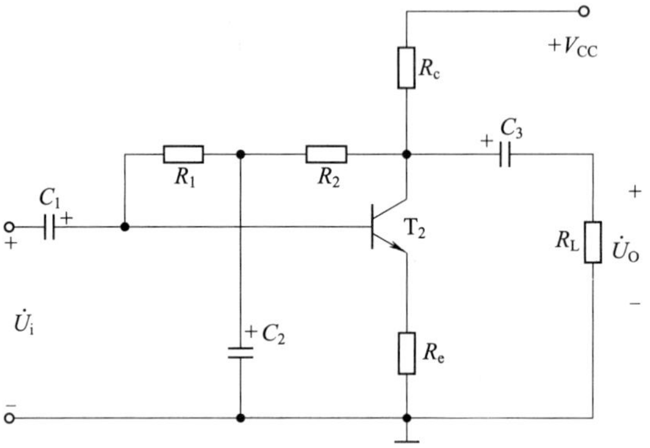

图 2-53　题 12 图

13. 电路如图2-54所示，三极管的 $\beta=80$，$r_{be}=1\ k\Omega$。

①求出 Q 点；

②分别求出 $R_L=\infty$ 和 $R_L=3\ k\Omega$ 时电路的 $\dot{A}_u$ 和 R_i；

③求出 R_o。

14. 图2-55所示硅三极管放大电路中，$V_{CC}=30\ V$，$R_c=10\ k\Omega$，$R_e=2.4\ k\Omega$，$R_b=1\ M\Omega$，$\beta=80$，$U_{BEQ}=0.7\ V$，$r_{bb'}=200\ \Omega$，各电容对交流的容抗近似为零。试求：①静态工作点参数 I_{BQ}、I_{CQ}、U_{CEQ}。②若输入幅度为0.1 V的正弦波，求输出电压 u_{o1}、u_{o2}的幅值，并指出 u_{o1}、u_{o2}与 u_i的相位关系。③求输入电阻 R_i和输出电阻 R_{o1}、R_{o2}。

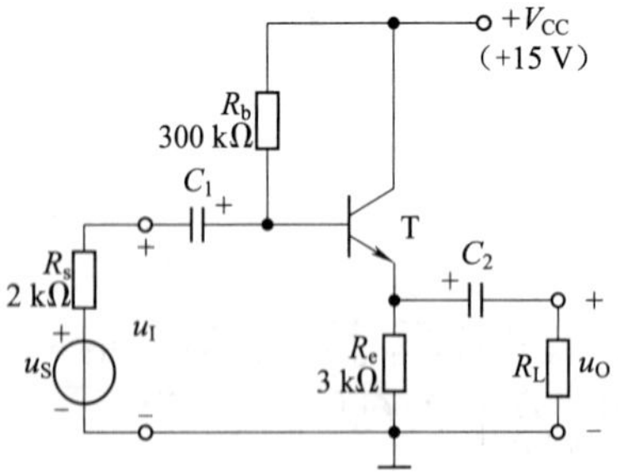

图 2-54　题 13 图

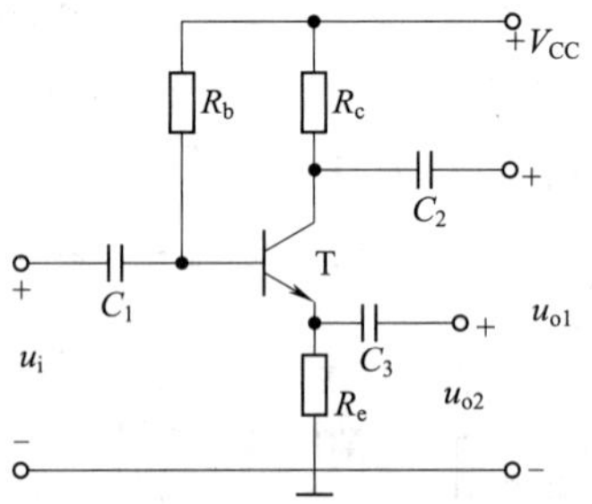

图 2-55　题 14 图

15. 设图2-56所示各电路的静态工作点均合适，分别画出它们的交流等效电路，并写出 $\dot{A}_u$、R_i和 R_o的表达式。

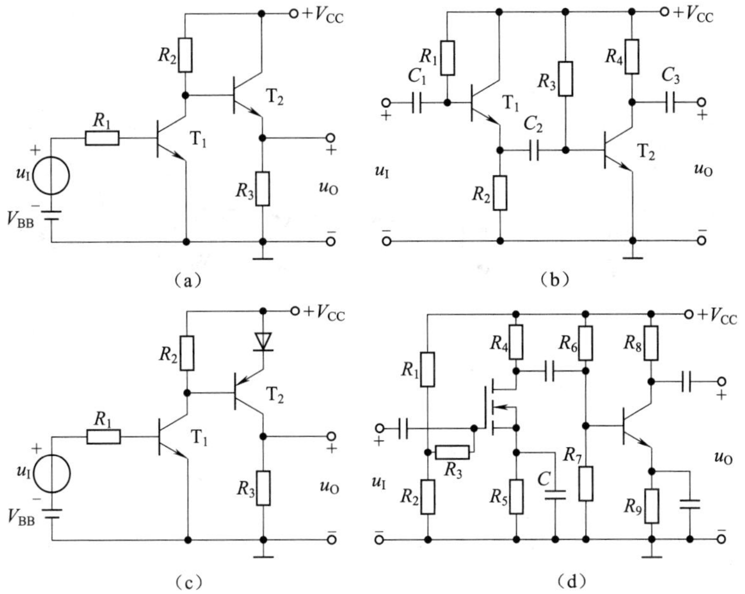

+VCC
R2
T2
R1
T1
+
uI
VBB
R3
uO
(a)
+VCC
R1
C1
T1
R3
R4
C3
C2
T2
uI
uO
R2
(b)
+VCC
R2
T2
R1
T1
uI
VBB
R3
uO
(c)
+VCC
R4
R6
R8
R1
R3
uI
C
R7
uO
R5
R2
R9
(d)

图 2-56　题 15 图

第3章 集成运算放大电路及其应用

引　言

在单一硅芯体上，能实现特定功能的电子电路称为集成电路，集成电路分为模拟集成电路和数字集成电路，而集成运算放大电路属于模拟集成电路。利用集成运放作为放大电路引入各种不同的反馈，即可构成具有不同功能的实用电路。本章主要介绍用集成运放结合其他元件构成的信号运算电路及信号处理电路。

内容结构

- 集成运算放大电路及其应用
  - 集成运放简介
    - 集成运放的组成及特点
    - 集成运放的电压传输特性
    - 理想集成运放及其特点
  - 信号运算电路
    - 比例运算电路
    - 加减运算电路
    - 积分运算电路
    - 微分运算电路
  - 信号处理电路
    - 有源滤波电路
    - 采样-保持电路

学习目标

①了解集成运放的组成与各部分特性。
②掌握理想集成运放的特点。
③应用理想运放的概念："虚短"和"虚断"分析电路。
④根据指标要求设计信号运算电路和信号处理电路。

3.1　集成运放简介

3.1.1　集成运放的组成及特点

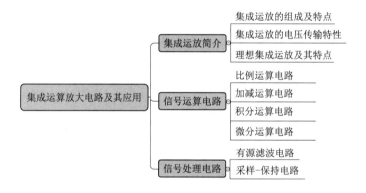

集成运算放大电路是一种高电压放大倍数、高输入电阻和低输出电阻的多级直接耦合放大

电路，因其最初多用于模拟信号的运算，所以被称为集成运算放大电路，简称集成运放。随着集成电路技术的不断发展，集成运放的性能不断改善，种类也越来越多，现在集成运放的应用已远远超出了信号运算的范围，在电子技术的许多领域都有广泛的应用。它内部电路比较复杂，但一般由四部分组成：输入级、输出级、中间级和偏置电路，如图3-1(a)所示。各部分电路特点如下：

(1)输入级

一般由带恒流源的差分放大电路组成。它的特点是输入电阻高，能减小零点漂移和抑制干扰信号。

(2)输出级

与负载相接，一般由互补对称电路组成。它的特点是输出电阻小，输出功率大，带负载能力强。

(3)中间级

一般由共射放大电路组成。它的特点是电压放大倍数高。

(4)偏置电路

一般由恒流源电路组成。它的特点是能提供稳定的静态电流，动态电阻很高，还可作为放大电路的有源负载。

集成运放的图形符号如图3-1(b)所示。集成运放的两个输入端分别为同相输入端和反相输入端，“同相”、“反相”指集成运放的输出电压与输入电压之间的相位关系。它们对“地”的电压(即电位)分别用u_+、u_-、u_o表示。“∞”表示开环电压放大倍数的理想化条件。由集成运放构成框图可以发现，集成运放是具有双端输入、单端输出、具有高输入电阻、低输出电阻、高差模电压放大倍数且能较好地抑制温漂的差分放大电路。

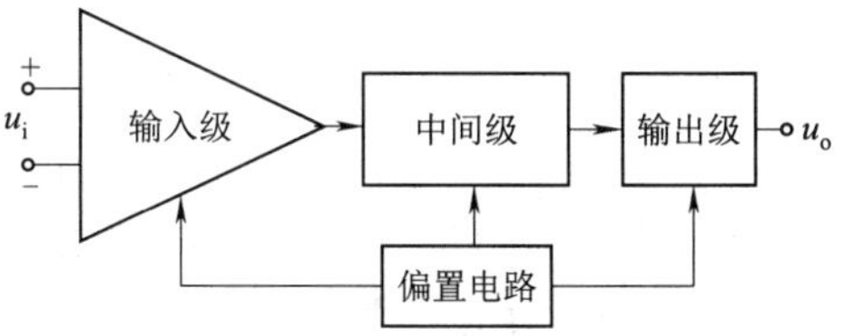

(a) 集成运放框图

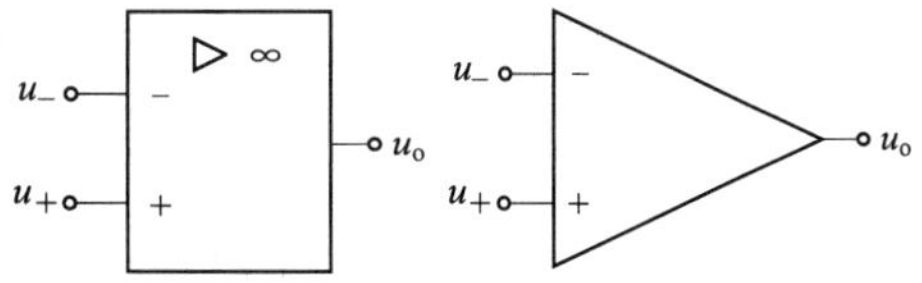

(b) 图形符号

图3-1 集成运放框图、图形符号

3.1.2 集成运放的电压传输特性

集成运放的输出电压u_o与输入电压$u_+ - u_-$(同相输入端与反相输入端之间的差值电压)之间的关系曲线称为电压传输特性，如图3-2所示，其中图3-2(a)为实际集成运放的电压传输特性。

工作区域分为线性区和非线性区两部分。在线性区曲线斜率为电压放大倍数，用A_{od}表示，也称差模开环放大倍数，线性区非常窄。在非线性区输出电压只有两种可能的情况：$+U_{o(sat)}$和$-U_{o(sat)}$。当$u_+ > u_-$时，输出电压$u_o = +U_{o(sat)}$；当$u_+ < u_-$时，输出电压$u_o = -U_{o(sat)}$。

当集成运放工作在线性区时，输出与输入的线性关系为

$$u_o = A_{od}(u_+ - u_-) \tag{3-1}$$

图3-2(b)为理想集成运放的电压传输特性，它只有非线性区。

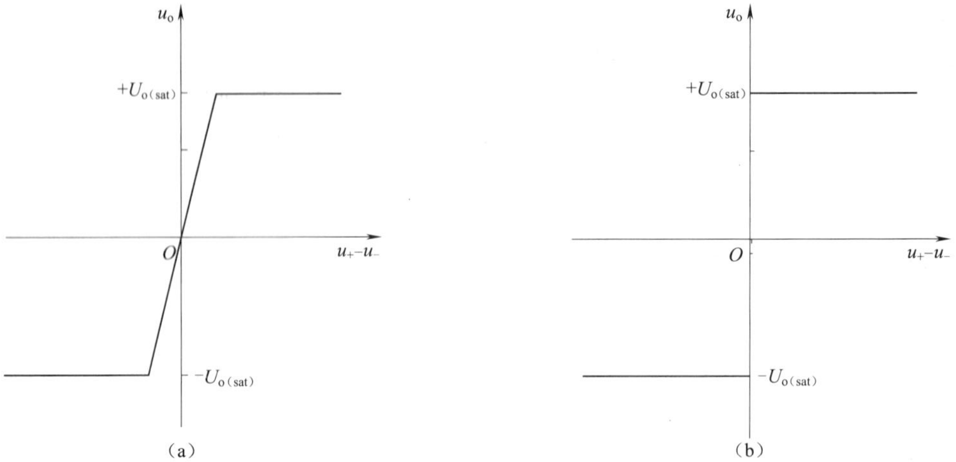

图 3-2　集成运放的电压传输特性

3.1.3　理想集成运放及其特点

在分析各种实用电路时，通常将集成运放的性能指标理想化，即将其看成理想集成运放（简称“理想运放”）。理想运放的主要技术指标为：

①开环差模电压增益趋于无穷，即 $A_{od}\to\infty$。

②差模输入电阻趋于无穷，即 $r_{id}\to\infty$。

③输出电阻趋于零，即 $r_o\to 0$。

④共模抑制比趋于无穷，即 $K_{CMR}\to\infty$。

⑤输入失调电压、失调电流以及零漂均为零。

实际的集成运放达不到上述理想化的技术指标，但由于集成运放工艺水平的不断提高，集成运放产品的各项指标越来越好。因此，一般情况下，在分析估算集成运放的应用电路时，将实际集成运放看成理想运放所造成的误差，在工程上是可以忽略的。如无特别说明，为了使问题分析简化，本书所有电路中的集成运放均为理想运放。下面介绍理想运放的两种工作状态。

在各种应用电路中集成运放的工作状态主要包括两种：线性和非线性。在其传输特性上对应两个区域，即线性区和非线性区。集成运放工作在不同的状态，其表现出的特性也不同。下面分别讨论。

1. 理想运放工作在线性区时的两个重要特点

①虚短，即集成运放同相输入端和反相输入端的电位相等，$u_+=u_-$。

设理想运放同相输入端电位和反相输入端电位分别为 u_+、u_-，电流分别为 i_+、i_-，则集成运放工作在线性区时，输出电压与输入差模电压成线性关系：

$$u_o=A_{od}(u_+-u_-)$$

由于理想运放的输出电压为有限值，而理想运放的 $A_{od}\to\infty$ 时，即 $u_+\approx u_-$ 称两个输入端“虚短”，即指理想运放两个输入端电位无限接近，但又不是真正短路。只有理想运放工作于线性状态时，才存在虚短。

②虚断，即集成运放同相输入端和反相输入端的输入电流均为零，$i_+=i_-=0$。

由于理想运放的输入电阻为无穷大，因此流入两个输入端的电流为零，即

$$i_+ = i_- = 0$$

从理想运放输入端看进去相当于断路,称为“虚断”,即理想运放两个输入端电流趋于零,但输入端又不是真正断路。

2. 理想运放工作在非线性区时的两个重要特点

①集成运放的输出电压只有两种取值,即集成运放的正向最大输出电压或反向最大输出电压。

当 $u_+ > u_-$ 时,$u_o = +U_{o(sat)}$;

当 $u_+ < u_-$ 时,$u_o = -U_{o(sat)}$。

在非线性区,集成运放的差模输入电压可能很大,此时 $u_+ \neq u_-$,也就是说,“虚短”现象不存在。

②集成运放两输入端的输入电流为零,$i_+ = i_- = 0$。“虚断”现象仍然存在。

如上所述,理想运放工作在不同状态,其特点也不同。因此,在分析各种应用电路时,必须首先判断其中的集成运放工作在哪种状态。对于集成运放工作在线性区的应用电路,“虚短”和“虚断”是分析电路的基本出发点,也是重要依据。

3.2　信号运算电路

集成运放的应用十分广泛,如模拟信号的产生、放大以及滤波等。集成运放有线性和非线性两种工作状态。一般而言,判断集成运放工作状态的最直接有效的方法是看电路中引入何种反馈。如果为负反馈,则可判断集成运放工作在线性状态;如果为正反馈或者没有引入任何反馈,则集成运放工作在非线性状态。

集成运放与外部电阻、电容、半导体器件等一起构成闭环电路,利用反馈网络能够对各种模拟信号进行数学运算,例如加法、减法、积分、微分、对数和反对数等运算,这类电路称为模拟信号的运算电路。

本节将主要介绍比例、加减、积分、微分等基本运算电路。在运算电路中,无论输入电压还是输出电压,均对“地”而言。

3.2.1　比例运算电路

比例运算电路的输出电压和输入电压之间存在一定的比例关系,比例运算电路是最基本的运算电路,是各种运算电路的基础。根据输入信号的接法不同,比例运算电路分为反相比例运算电路和同相比例运算电路。

1. 反相比例运算电路

反相比例运算电路如图 3-3 所示。输入电压 u_I 经输入端电阻 R_1 送到反相输入端,故输出电压 u_O 与 u_I 反相。反馈电阻 R_F 跨接在集成运放的输出端和反相输入端之间,引入了电压并联负反馈。而同相输入端经电阻 R_2 接“地”。$R_2 = R_1 // R_F$,它保证了集成运放同相输入端和反相输入端的外接电阻相等,在实际电路中它使集成运放输入级差分放大

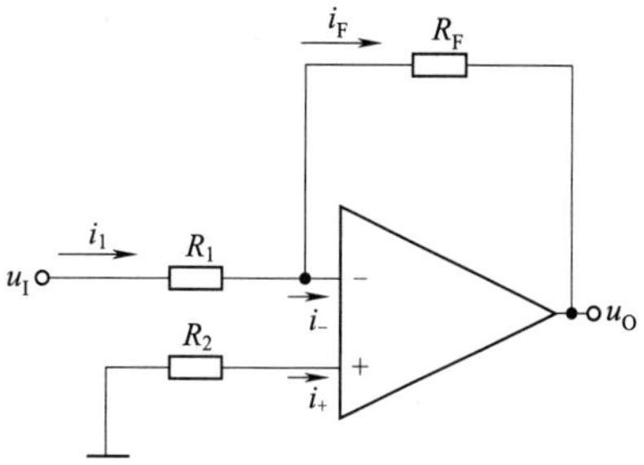

图 3-3　反相比例运算电路

电路处于对称平衡状态。R_2称为平衡电阻或补偿电阻。

由于“虚断”，$i_+=0$，即R_2上没有压降，则$u_+=0$。又因为“虚短”，可得

$$u_-=u_+=0$$

上式说明，在反相比例运算电路中，集成运放的反相输入端与同相输入端的电位不仅相等，而且都等于零，如同该两点接地，这种现象称为反相输入端“虚地”。虚地是反相比例运算电路的一个重要特点。

由于$i_+=i_-=0$，$i_1=i_F$，$u_-=u_+=0$。所以，可列式：$u_O=-i_FR_F=-i_1R_F=-\dfrac{u_I}{R_1}R_F$。可得输出电压

$$u_O=-\frac{R_F}{R_1}u_I \tag{3-2}$$

式(3-2)表明，u_O和u_I之间成比例关系，比例系数为R_F/R_1。式中负号表示输出电压与输入电压相位相反。这就是反相比例运算电路名称的由来。

由式(3-2)可以看出，u_O和u_I之间的关系与集成运放本身的参数无关，仅与外部电阻R_f和R_1有关。只要电阻的精度和稳定性很高，反相比例运算电路的运算精度和稳定性就很高。

反相比例运算电路的电压放大倍数为

$$A_{uf}=\frac{u_O}{u_I}=-\frac{R_F}{R_1} \tag{3-3}$$

若当$R_F=R_1$时，由式(3-2)可知：

$$u_O=-u_I$$

$$A_{uf}=\frac{u_O}{u_I}=-1 \tag{3-4}$$

这时反相比例运算电路仅起反相作用，称为反相器。

由于反相输入端虚地，所以该电路的输入电阻为

$$R_{if}=R_1$$

反相比例运算电路由于引入了深度电压并联负反馈，该电路输出电阻很小，具有很强的带负载能力。

2. 同相比例运算电路

最基本的同相比例运算电路如图3-4所示。它是输入信号u_I通过电阻R_2加到集成运放的同相输入端。电阻R_f跨接在输出端和反相输入端之间，使电路工作在闭环状态。图中平衡电阻$R_2=R_1/\!/R_F$。

根据“虚短”和“虚断”概念可知，集成运放净输入电压为零，即$u_+=u_-=u_I$。净输入电流为零，故$i_1=i_F$。由图3-4可列出：

$$\frac{u_--0}{R_1}=\frac{u_O-u_-}{R_F}$$

$$u_O=\left(1+\frac{R_F}{R_1}\right)u_-=\left(1+\frac{R_F}{R_1}\right)u_+$$

$$u_O=\left(1+\frac{R_F}{R_1}\right)u_I \tag{3-5}$$

式(3-5)表明，输出电压u_O和输入电压u_I成比例关系，比例系数为$1+\dfrac{R_F}{R_1}$，而且u_O和u_I同相位。

图 3-4 所示电路的输入电阻决定于集成运放的输入电阻，所以该电路的输入电阻 $R_{if}=\infty$。其输出电阻 $R_{of}=0$。

闭环电压放大倍数为

$$A_{uf}=\frac{u_O}{u_I}=1+\frac{R_F}{R_1} \tag{3-6}$$

上式表明，u_O 与 u_I 同相且 u_O 大于 u_I。应当指出，为了提高运算精度，此运算电路有共模输入，故应选用高共模抑制比的集成运放。

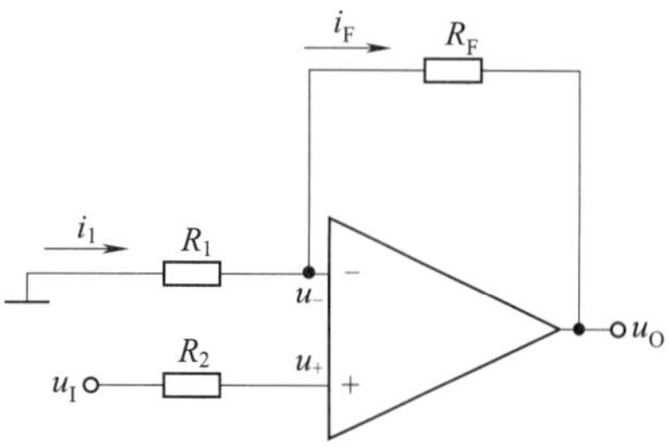

图 3-4　最基本的同相比例运算电路

在图 3-4 所示电路中，若当 $R_1=\infty$（即断开 R_1）或 $R_F=0$ 时

$$A_{uf}=\frac{u_O}{u_I}=1 \tag{3-7}$$

这时电路的 u_O 等于 u_I，电路被称为电压跟随器。其常见的电路如图 3-5(a)所示。电压跟随器具有极高的输入电阻和极低的输出电阻，在电路中能起到很好的隔离作用。

若当同相比例运算电路的同相输入端有分压电阻 R_3 时，如图 3-5(b)所示，因为“虚断”，可得 $u_+=\frac{R_3}{R_2+R_3}u_I$，所以

$$u_O=\left(1+\frac{R_F}{R_1}\right)u_+=\left(1+\frac{R_F}{R_1}\right)\frac{R_3}{R_2+R_3}u_I \tag{3-8}$$

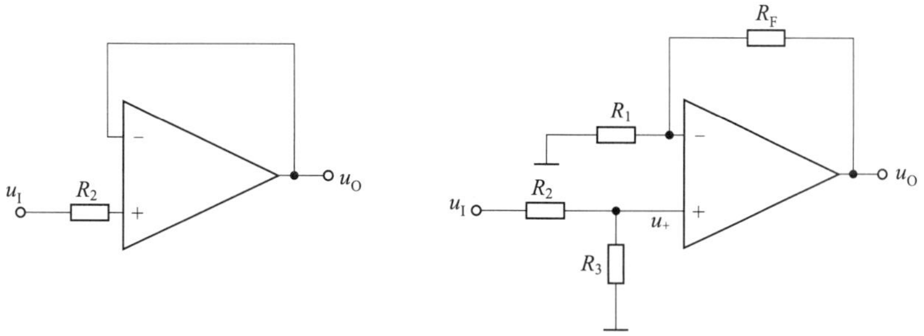

（a）电压跟随器　　（b）有分压电阻的同相比例运算电路

图 3-5　电压跟随器和带有分压电阻的同相比例运算电路

由前面的分析知道，反相比例和同相比例运算电路都存在“虚短”现象。但反相比例运算电路中存在“虚地”的特点，而在同相比例运算电路中不存在“虚地”。可见，有“虚地”存在，必然有“虚短”存在。但是，有“虚短”现象，不一定有“虚地”现象。

3.2.2　加减运算电路

1. 反相求和运算电路

在图 3-3 的基础上增加若干个输入回路，就可以对多个输入信号实现反相求和运算。图 3-6 为具有三个输入信号的反相求和运算电路。图中平衡电阻 $R_4=R_1/\!/R_2/\!/R_3/\!/R_F$。

根据图 3-6，结合式(3-2)，应用叠加原理可以得到

$$u_O=-\left(\frac{R_F}{R_1}u_{I1}+\frac{R_F}{R_2}u_{I2}+\frac{R_F}{R_3}u_{I3}\right) \tag{3-9}$$

由式(3-9)可以看出,u_O 和 u_I 之间的关系仅与外部电阻有关,所以反相求和运算电路也能做到很高的运算精度和稳定性。

当选取 $R_1 = R_2 = R_3 = R$ 时,则式(3-9)变为

$$u_O = -\frac{R_F}{R}(u_{I1} + u_{I2} + u_{I3}) \tag{3-10}$$

式(3-10)表明,输出电压与输入电压的代数和成比例。

当 $R = R_F$ 时,则

$$u_O = -(u_{I1} + u_{I2} + u_{I3}) \tag{3-11}$$

由于图中集成运放的反相输入端存在“虚地”,所以图 3-6 所示电路的各输入回路之间彼此独立。它们的输入电阻分别为 $R_{if1} = R_1$,$R_{if2} = R_2$,$R_{if3} = R_3$。

2. 同相求和运算电路

在图 3-4 的基础上增加若干个输入回路,就可以对多个输入信号实现同相求和运算。图 3-7 为具有 3 个输入信号的同相求和运算电路。图中平衡电阻 $R /\!/ R_F = R_1 /\!/ R_2 /\!/ R_3 /\!/ R_4$。

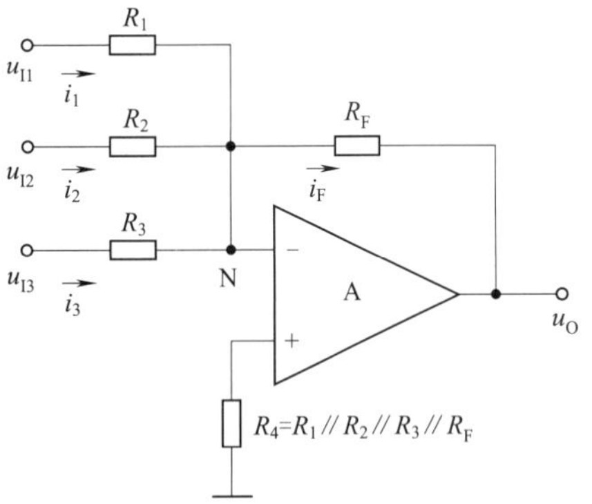

图 3-6 反相求和运算电路

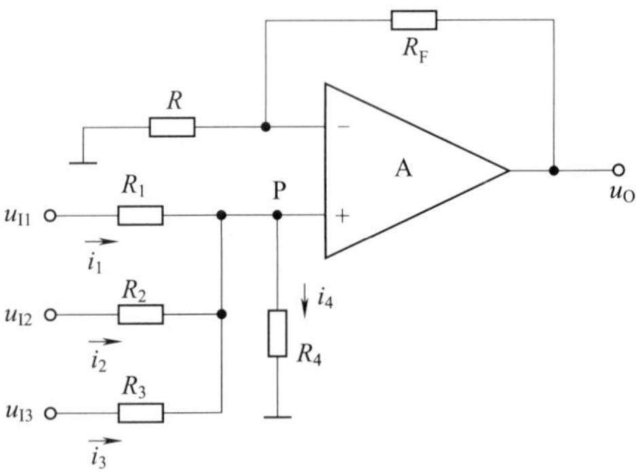

图 3-7 同相求和运算电路

在同相比例运算电路的分析中,得到式(3-5)所示结论。因此求出图 3-7 所示电路 P 点的电位 u_P,即可得到输出电压与输入电压的运算关系。

节点 P 的电流方程为

$$i_1 + i_2 + i_3 = i_4$$

$$\frac{u_{I1} - u_P}{R_1} + \frac{u_{I2} - u_P}{R_2} + \frac{u_{I3} - u_P}{R_3} = \frac{u_P}{R_4}$$

整理后得到
$$\frac{u_{I1}}{R_1} + \frac{u_{I2}}{R_2} + \frac{u_{I3}}{R_3} = \left(\frac{1}{R_1} + \frac{1}{R_2} + \frac{1}{R_3} + \frac{1}{R_4}\right)u_P$$

所以同相输入端电位为

$$u_P = R_P\left(\frac{u_{I1}}{R_1} + \frac{u_{I2}}{R_2} + \frac{u_{I3}}{R_3}\right) \qquad \left(R_P = R_1 /\!/ R_2 /\!/ R_3 /\!/ R_4 = R /\!/ R_F = \frac{RR_F}{R + R_F}\right)$$

将上式代入式(3-5),得到

$$u_O = \left(1 + \frac{R_F}{R}\right) \cdot u_P = \frac{R + R_F}{R} \cdot R_P\left(\frac{u_{I1}}{R_1} + \frac{u_{I2}}{R_2} + \frac{u_{I3}}{R_3}\right)$$

通过化简,得到同相求和运算电路输入与输出信号关系式如下:

$$u_O = \frac{R_F}{R_1}u_{I1} + \frac{R_F}{R_2}u_{I2} + \frac{R_F}{R_3}u_{I3} \tag{3-12}$$

与反相求和运算电路相比，也可应用叠加原理分析同相求和运算电路，但过程比较复杂，有兴趣的读者可以自行研究。

3. 加减运算电路

实现多个输入信号按各自不同的比例求和或求差的电路统称为加减运算电路。若所有输入信号均作用于集成运放的同一个输入端，则实现求和运算，如前面介绍的反相求和与同相求和运算电路；若一部分输入信号作用于集成运放的同相输入端，而另一部分输入信号作用于集成运放的反相输入端，则实现加减运算。

图 3-8 所示为四个输入的加减运算电路，有两个输入信号作用于反相输入端，两个信号作用于同相输入端，总的结果可以看作是反相求和运算电路与同相求和运算电路的叠加，因此可以利用叠加原理分析电路的输入/输出特性。若 $R_1 /\!/ R_2 /\!/ R_F = R_3 /\!/ R_4 /\!/ R_5$，则输出电压可以表示为

$$u_O = -\left(\frac{R_F}{R_1}u_{I1} + \frac{R_F}{R_2}u_{I2}\right) + \frac{R_F}{R_3}u_{I3} + \frac{R_F}{R_4}u_{I4} \tag{3-13}$$

在满足一定参数条件下加减运算电路还可以实现对输入差模信号的比例运算，如图 3-9 所示。电路只有两个输入信号，分别加在反相输入端和同相输入端，且参数对称，则输入输出电压表达式为

$$u_O = \frac{R_F}{R}(u_{I2} - u_{I1}) \tag{3-14}$$

式(3-14)表明，输出电压与两个输入电压的差值成正比，因此图 3-9 又称差分运算电路或差动运算电路。

当 $R_F = R$ 时，式(3-14)变为

$$u_O = u_{I2} - u_{I1} \tag{3-15}$$

这时图 3-9 所示电路成为一个减法运算电路。

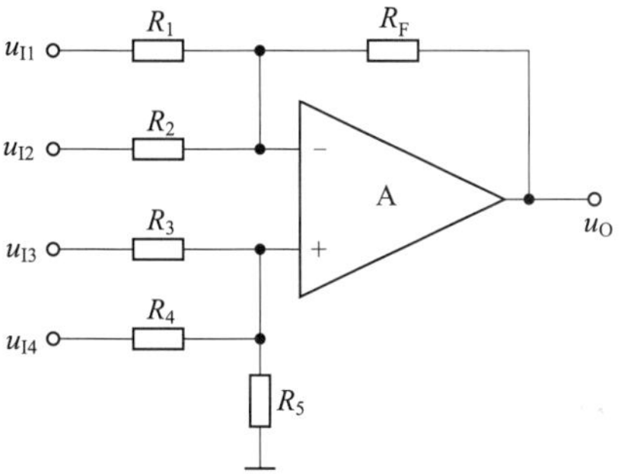

图 3-8　加减运算电路

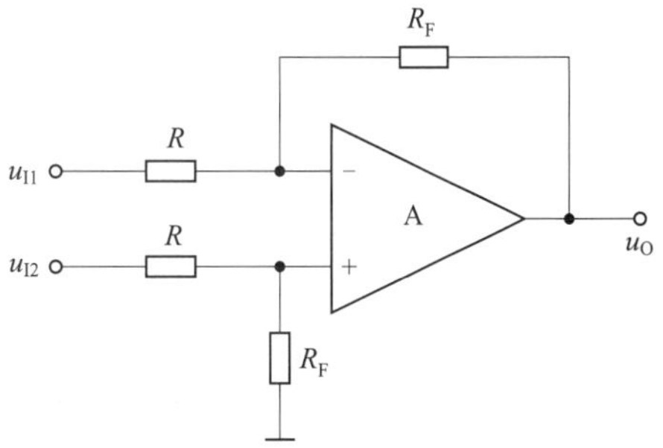

图 3-9　差分运算电路

3.2.3　积分运算电路

积分运算电路在自动控制和电子测量系统中得到了广泛应用，常用它实现延时、定时及产生各种波形。以集成运放作为放大电路，利用电容作为反馈网络，可以实现积分运算。

把反相比例运算电路中的反馈电阻换成电容，则构成基本的积分运算电路，如图 3-10 所示。

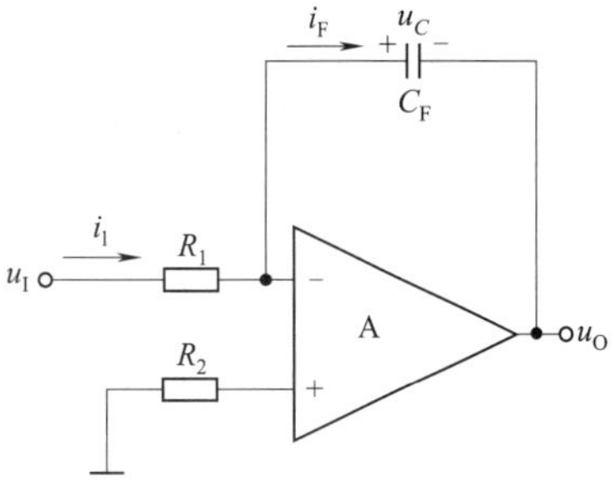

图 3-10　基本积分运算电路

由于集成运放的同相输入端通过R_2接地。$u_- \approx u_+ = 0$,反相输入端为"虚地",故电容C_F中电流等于电阻R_1中电流,即$i_1 = i_f = \frac{u_1}{R_1}$。

输出电压与电容两端电压的关系为

$$u_O = -u_C = -\frac{1}{C_F}\int i_F \mathrm{d}t = -\frac{1}{R_1 C_F}\int u_1 \mathrm{d}t \tag{3-16}$$

式(3-16)表明,u_O与u_I是积分运算关系。式中符号反映u_O与u_I的相位关系。R_1C_F为积分时间常数,它的数值越大,积分电路充放电越慢。

在t_1到t_2时间段求解积分值

$$u_O = -\frac{1}{R_1 C_F}\int_{t_1}^{t_2} u_I \mathrm{d}t + u_O(t_1)$$

式中,$u_O(t_1)$为积分起始时刻的输出电压,即积分运算的起始值,积分的终值是t_2时刻的输出电压。

当输入u_I为常量时,输出电压

$$u_O = -\frac{1}{R_1 C_F}u_I(t_2 - t_1) + u_O(t_1)$$

当输入u_I为阶跃信号时,若$t=0$时刻电容两端电压为零,则输出电压波形如图3-11(a)所示。可见,u_O随时间近似线性关系下降,其最大数值可接近积分运算电路的电源电压值。

当输入为方波和正弦波时,输出电压波形分别如图3-11(b)、(c)所示。

可见,利用积分运算电路可以实现延时作用、方波-三角波的波形变换以及正弦-余弦的移相功能。

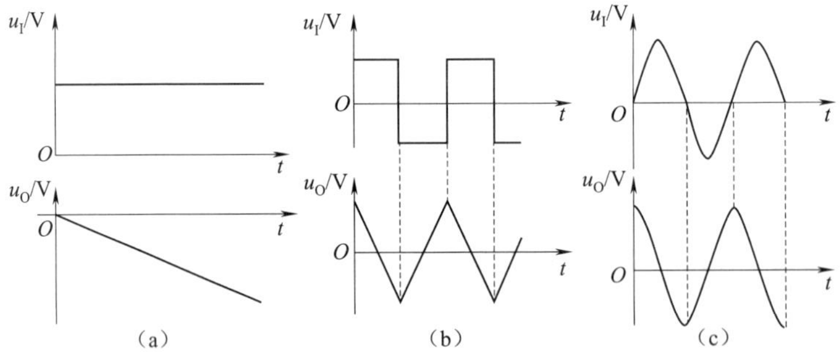

图3-11 积分运算电路在不同输入情况下的输出波形

图3-10所示电路包含集成运放构成的是有源积分电路,这种有源积分电路的精度关键在于反相输入端虚地,它保证了充电电流正比于输入电压。当输入电压恒定时,则是恒流充电。

若把反相比例运算和积分运算组合起来,得到图3-12所示电路。由图3-12可列出u_O与u_I的关系式:

$$u_O = -R_F i_F - u_C = -R_F i_F - \frac{1}{C_F}\int i_f \mathrm{d}t$$

所以

$$u_O = -\left(\frac{R_F}{R_1}u_I + \frac{1}{R_1 C_F}\int u_I \mathrm{d}t\right) \tag{3-17}$$

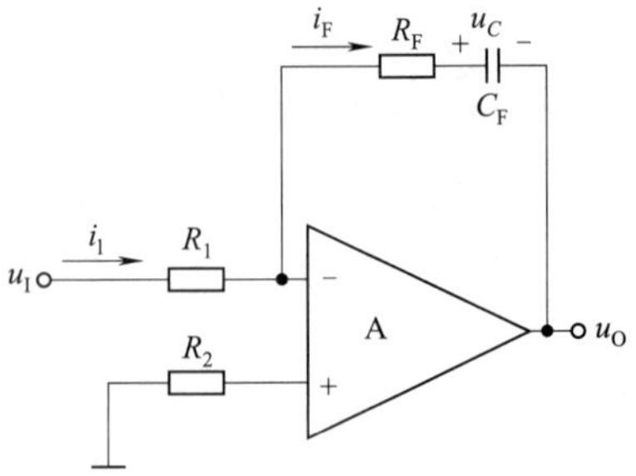

图3-12 比例-积分调节器

该电路称为比例-积分调节器(简称PI调节器)。比例-积分调节器能消除调节系统的偏差,实现无差调节。但从频率特性分析,它提供给调节系统的相角是滞后角(-90°),因此使回路的操作周期(两次调节之间的时间间隔)增加,降低了调节系统的响应速度。

3.2.4 微分运算电路

微分运算与积分运算互为逆运算。将图3-10所示积分运算电路中电阻 R_1 与电容 C_F 的位置互换,得到基本微分运算电路,如图3-13所示。根据"虚短"和"虚断"的原则,$u_- \approx u_+ = 0$,反相输入端为"虚地",$u_C = u_I$。所以

$$i_1 \approx i_f = C_1 \frac{du_I}{dt}$$

则输出电压为

$$u_O = -i_F R_F = -R_f C_1 \frac{du_I}{dt} \tag{3-18}$$

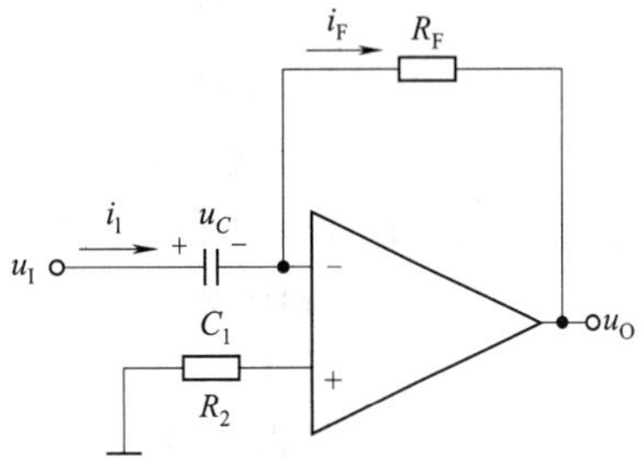

图3-13 基本微分运算电路

上式表明,u_O 与 u_I 对时间的微分成正比。

上述基本微分运算电路有如下缺点:

①输出端可能出现输出噪声淹没微分信号的现象;

②由于电路中的反馈网络构成 R_fC_1 的滞后环节,它与集成运放的滞后环节合在一起,使电路的稳定性减弱,电路易引起自激;

③突变的输入信号电压可能超过集成运放所允许的共模电压,导致产生阻塞现象,形成自锁状态,使得电路不能正常工作。

上述的基本微分运算电路需要改进才会有实用价值。

图3-14所示为改进的实用微分运算电路。在输入端串联一个小电阻 R_1,限制了噪声干扰和突变的输入信号。并且 R_1 的引入,加强了负反馈的作用。反馈支路引入电容 C 与反馈电阻并联,可以起到补偿相位的作用,提高了电路的稳定性。当输入电压为方波,且 $R_FC_1 \ll T/2$ 时(T 为方波周期),则输出为尖顶波,如图3-16所示。

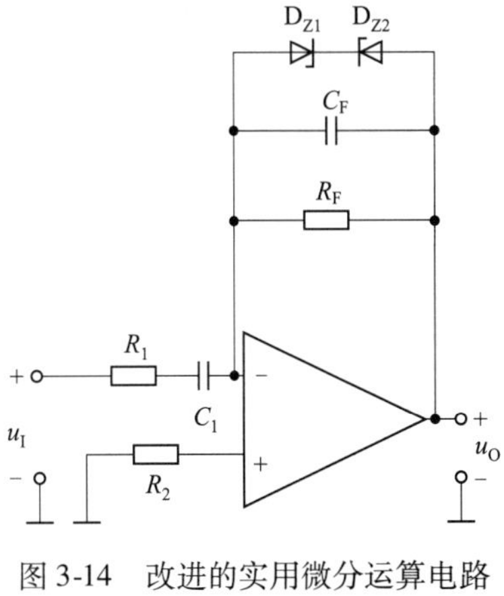

图3-14 改进的实用微分运算电路

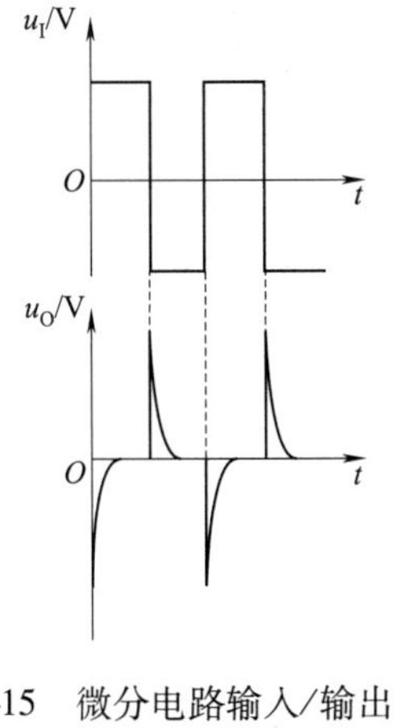

图3-15 微分电路输入/输出波形

若把反相比例运算和微分运算组合起来,得到图3-16所示电路。由图3-16可列出 u_O 与 u_I 关系式:

$$u_O = -R_F i_F, \qquad i_F = i_R + i_C = \frac{u_I}{R_1} + C_1\frac{\mathrm{d}u_I}{\mathrm{d}t}$$

则输出电压为

$$u_O = -\left(\frac{R_F}{R_1}u_I + R_F C_1 \frac{\mathrm{d}u_I}{\mathrm{d}t}\right)$$

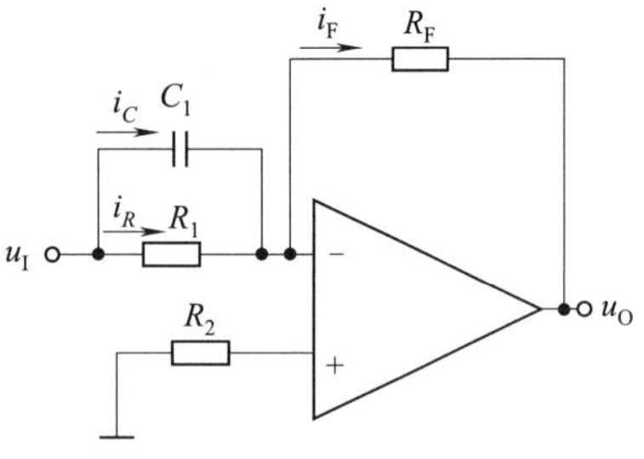

图 3-16　比例-微分调节器

该电路称为比例-微分调节器(简称 PD 调节器)。比例-微分调节器的作用与比例-积分调节器的作用相反。从频率特性分析,它提供给调节系统的相角是超前角(90°),因此能缩短回路的操作周期,增加调节系统的响应速度。

综合比例-积分和比例-微分调节器的特点,可以构成比例-积分-微分(PID)调节器。它是一种比较理想的工业调节器,既能及时地调节-也能实现无相位差,又对滞后及惯性较大的调节对象(如温度)具有较好的调节效果。

例 3-1　试计算图 3-17 所示电路的输出电压 u_O。

解　图 3-17 是一种电压跟随器,电源 +5 V 经两个 10 kΩ 的电阻分压后在同相输入端得到 +2.5 V 的输入电压,故输出电压 u_O = +2.5 V。

由本例可见,u_O只与电源电压和分压电阻有关,其精度和稳定性较高,可作为基准电压。

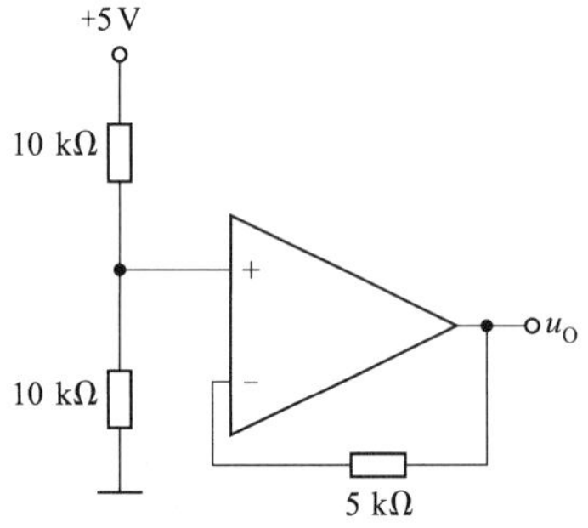

图 3-17　例 3-1 图

例 3-2　在图 3-18(a)所示电路中,已知输入电压 u_I的波形如图 3-18(b)所示,当 t = 0 时,u_O = 0 V。试画出输出电压 u_O的波形。

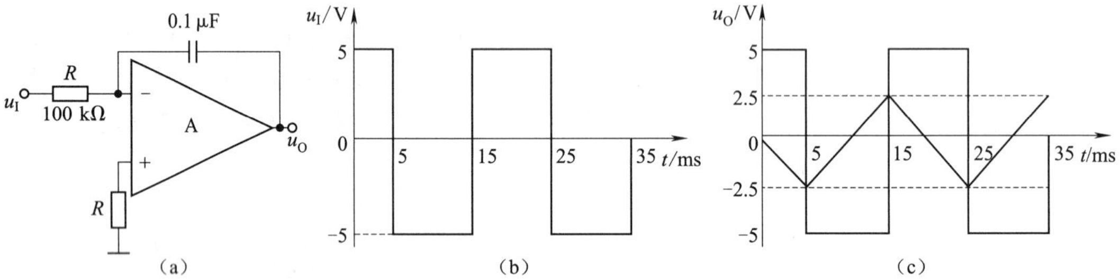

图 3-18　例 3-2 图

解　输出电压的表达式为

$$u_O = -\frac{1}{RC}\int_{t_1}^{t_2} u_I \mathrm{d}t + u_O(t_1)$$

当 u_I为常量时

$$u_O = -\frac{1}{RC}u_I(t_2 - t_1) + u_O(t_1)$$

$$= -\frac{1}{10^5 \times 10^{-7}}u_I(t_2 - t_1) + u_O(t_1)$$

$$= -100u_I(t_2 - t_1) + u_O(t_1)$$

当 t = 0 时,u_O = 0 V,则 t = 5 ms 时,

$$u_O = -100 \times 5 \times 5 \times 10^{-3}\ \text{V} = -2.5\ \text{V}$$

当 $t=15$ ms 时,

$u_O=[-100\times(-5)\times10\times10^{-3}+(-2.5)]\text{V}=2.5\text{ V}$。

因此输出波形如图3-18(c)所示。

例3-3 在图3-19所示电路中,已知 $R_1=R=R'=100\text{ k}\Omega$,$R_2=R_F=100\text{ k}\Omega$,$C=1\ \mu\text{F}$。

①试求出 u_O 与 u_I 的运算关系。

②设 $t=0$ 时,$u_O=0$,且 u_I 由零跃变为 -1 V,试求输出电压由零上升到 $+6$ V所需要的时间。

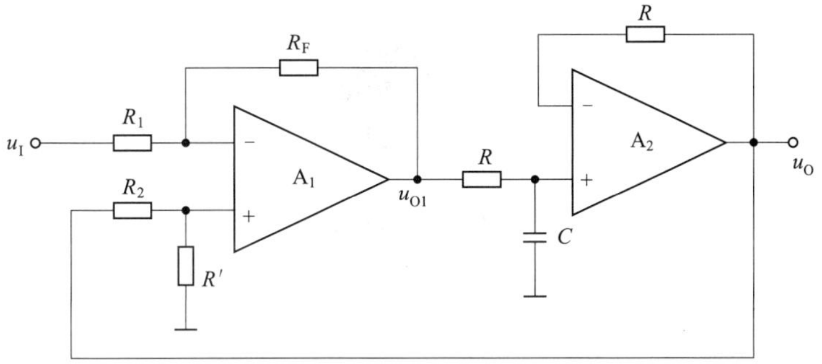

图3-19 例3-3图

解 ①因为 A_1 的同相输入端和反相输入端所接电阻相等,电容上的电压 $u_C=u_O$,所以其输出电压

$$u_{O1}=-\frac{R_F}{R_1}\cdot u_I+\frac{R_F}{R_2}\cdot u_O=u_O-u_I$$

电容的电流

$$i_C=\frac{u_{O1}-u_O}{R}=-\frac{u_I}{R}$$

因此,输出电压

$$u_O=\frac{1}{C}\int i_C\mathrm{d}t=-\frac{1}{RC}\int u_I\mathrm{d}t=-10\int u_I\mathrm{d}t$$

②$u_O=-10u_It_1=-10\times(-1)\times t_1=6$ V,故 $t_1=0.6$ s。即经0.6 s输出电压达到6 V。

例3-4 某运算放大器的 u_O 与 u_I 关系式为 $u_O=-(2u_{I1}+2u_{I2}+0.5u_{I3})$,试计算各输入电阻,并画出能实现此运算关系的电路。若 u_O 与 u_I 关系式要求为 $u_O=-(2u_{I1}+2u_{I2})+0.5u_{I3}$,又该如何设计电路?(设 $R_F=100\text{ k}\Omega$)

解 由计算可得

$$R_1=\frac{R_F}{2}=\frac{100\times10^3}{2}\Omega=50\times10^3\ \Omega=50\text{ k}\Omega$$

$$R_2=\frac{R_F}{2}=\frac{100\times10^3}{2}\Omega=50\times10^3\ \Omega=50\text{ k}\Omega$$

$$R_3=\frac{R_F}{0.5}=\frac{100\times10^3}{0.5}\Omega=200\times10^3\ \Omega=200\text{ k}\Omega$$

$$(R_4=R_1/\!/R_2/\!/R_3/\!/R_F\approx15\text{ k}\Omega)$$

画出相应的运算电路,如图3-6所示。若 u_O 与 u_I 关系式要求为 $u_O=-(2u_{I1}+2u_{I2})+0.5u_{I3}$,则 R_1 及 R_2 的计算同上,其余参数计算如下:$\left(1+\frac{R_F}{R_1/\!/R_2}\right)\frac{R_4}{R_4+R_3}=0.5$,则 $\frac{R_4}{R_4+R_3}=0.1$,若取 $R_4=$

10 kΩ,则 $R_3=90$ kΩ。画出相应的运算电路,如图 3-20 所示。

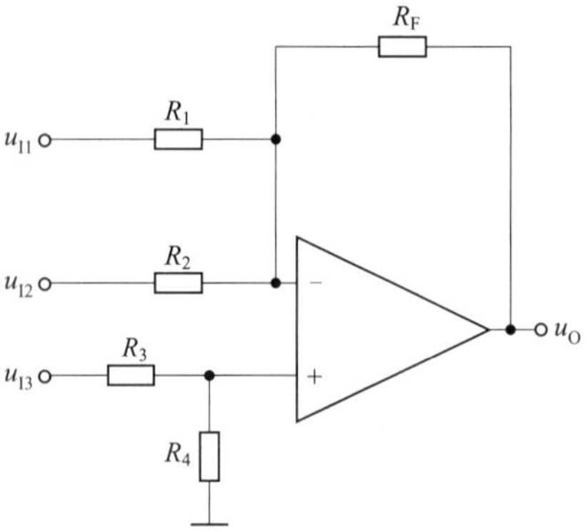

图 3-20　例 3-4 图

3.3　信号处理电路

当集成运放处于开环或者正反馈状态时,由于集成运放的开环放大倍数很高,若集成运放的两输入端电压稍有差异,输出电压只有两种情况,即不是最高就是最低,输出电压不再随输入电压线性变化,此时集成运放工作在非线性状态。集成运放的非线性应用表现在对信号的处理,如最常见的有信号滤波、信号采样-保持及信号比较等。本节将对这些内容进行介绍。

3.3.1　有源滤波电路

滤波电路是一种能使某一部分频率的信号顺利通过,而另外一部分频率的信号受到较大衰减的电路。它在测量技术、无线电通信技术和控制系统等领域中有着广泛的应用。

若滤波电路仅由无源元件(电阻、电容、电感)组成,称为无源滤波电路。若滤波电路不仅包含无源元件,还包含有源元件(双极型三极管、单极型三极管、集成运放),则称为有源滤波电路。

有源滤波器实际上是一种具有特定频率响应的放大器。它是在运算放大器的基础上增加一些 R、C 等无源元件而构成的。主要分类有:

低通滤波器(LPF);

高通滤波器(HPF);

带通滤波器(BPF);

带阻滤波器(BEF)。

它们各自的理想幅频特性曲线如图 3-21 所示。下面主要介绍一阶低通滤波电路。

图 3-22(a)是由最基本的无源 RC 网络接到集成运放的同相输入端构成的一阶有源低通滤波电路,它能够

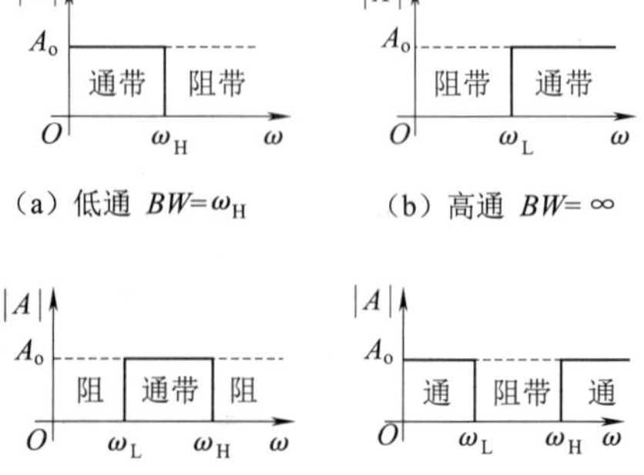

(a) 低通 $BW=\omega_H$　(b) 高通 $BW=\infty$

(c) 带通 $BW=\omega_H-\omega_L$　(d) 带阻

图 3-21　滤波器幅频特性曲线

使低频信号通过,而抑制高频信号。但是当频率趋于零时,电压放大倍数的数值趋于无穷大,其幅频特性曲线如图 3-22(b)所示。

低通滤波电路的频率特性表达式为

$$A_{uf}=\frac{u_O}{u_I}=\frac{1+R_2/R_1}{1+\mathrm{j}\dfrac{\omega}{\omega_0}}=\frac{A_u}{1+\mathrm{j}\dfrac{\omega}{\omega_0}} \tag{3-19}$$

式中,角频率 $\omega=2\pi f$;截止角频率 $\omega_0=\dfrac{1}{RC}$,或截止频率 $f_0=\dfrac{1}{2\pi RC}$;$A_u=1+R_2/R_1$ 为通频带内的电压放大倍数。

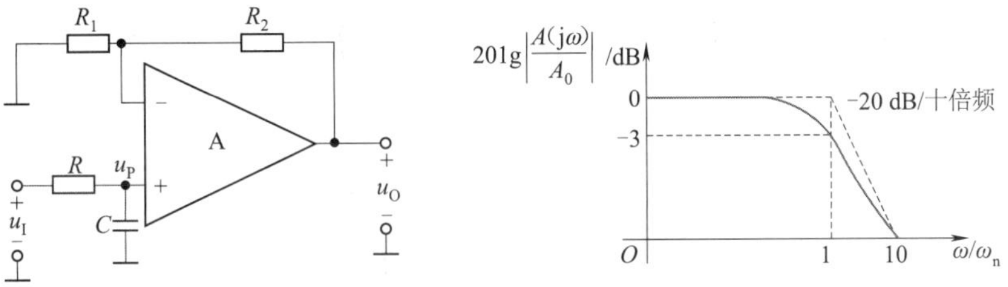

(a) 电路　　(b) 幅频特性曲线

图 3-22　有源低通滤波电路及幅频特性曲线

这种一阶有源低通滤波电路的特点是电路简单,阻带衰减太慢,选择性较差。为了使输出电压在高频段以更快的速率下降,以改善滤波效果,再加一阶 *RC* 低通滤波环节,称为二阶有源低通滤波电路。它比一阶低通滤波电路的滤波效果更好。

有源滤波电路一般由 *RC* 网络和集成运放组成,所以必须在合适的直流电源供电的情况下才能起滤波作用,同时还可以进行放大。有源滤波电路不适于高电压、大电流的负载,只适用于信号处理。其余种类的滤波器的详细介绍请参见 8.6 节的有关内容。

3.3.2　采样-保持电路

采样-保持电路的任务是将信号定期和设备接通(称为采样),并将那时的信号保持下来,直至下一次采样后,又保持在新的电平。采样-保持电路多用于模/数(A/D)转换电路之前。由于 A/D 转换需要一定的时间,所以在进行 A/D 转换前必须对模拟量进行瞬间采样,并把采样值保存一段时间,以满足 A/D 转换电路的需要。

采样-保持电路的工作有两个阶段,即采样阶段和保持阶段。在采样阶段,输出信号与输入信号一致。在保持阶段,输出信号保持该阶段开始瞬间的输出值不变,直到下一次采样开始。采样-保持电路一般由模拟开关、模拟信号存储电容和缓冲放大器三部分组成。

图 3-23(a)所示为一个简单的同相采样-保持电路。图中模拟开关由场效应管构成,集成运放构成电压跟随器作为缓冲放大器,电阻 *R* 起保护作用,电容 *C* 为模拟信号存储电容。当控制信号 *S* 为高电平时,场效应管导通使开关闭合,电路进行采样。同时 u_I 对存储电容 *C* 充电,$u_O=u_C=u_I$。当控制信号 *S* 为低电平时,场效应管截止使开关断开,电路处于保持状态。因为电容无放电回路,故 $u_O=u_C$,将采集到的数值保持一段时间,直到下一次采样开始。图 3-23(b)所示为电路的输入、输出信号波形。

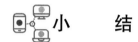

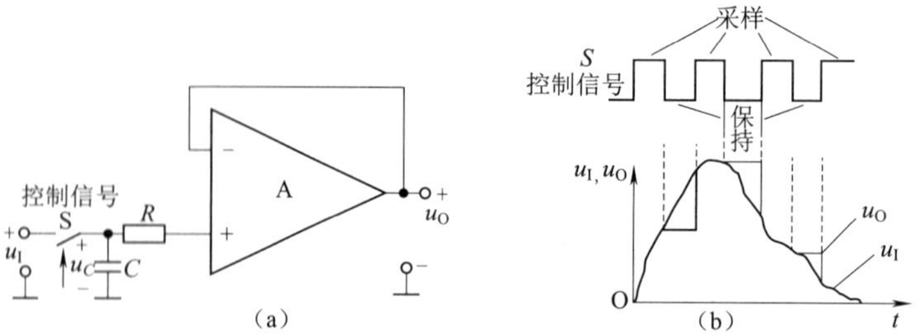

图 3-23　采样-保持电路

图 3-23(a)所示电路对输入信号有较大影响,因此,可以在模拟开关前面加一级电压跟随器,以便提高整个电路的输入阻抗。同时,选取性能接近理想特性的元件,可以提高采样-保持电路的精度和速度。

小　　结

1. 集成电路的概念

集成电路是一种将“管”和“路”紧密结合的器件,它以半导体单晶硅为芯片,采用专门的制造工艺,把三极管、场效应管、二极管、电阻等元器件及它们之间的连线所组成的完整电路制作在一起,使之具有特定的功能。

集成运算放大电路最初用于各种模拟信号的运算(如比例、求和、求差、积分、微分等)上,故被称为集成运算放大电路,简称集成运放。

2. 集成运放特点

集成运放有以下特点:

①因为硅片上不能制作大电容,所以集成运放均采用直接耦合方式。

②因为相邻元件具有良好的对称性,而且受环境干扰等影响后变化也相同,所以集成运放中大量采用各种差分放大电路(作输入级)和恒流源电路(作偏置电路或有源负载)。

③因为制作不同形式的集成电路,只是所用掩模不同,增加元器件并不增加制造工序,所以集成运放允许采用复杂的电路形式,以达到提高各方面性能的目的。

④因为硅片上不宜制作高阻值电阻,所以在集成运放中常用有源器件(三极管或场效应管)取代电阻。

⑤三极管和场效应管因制作工艺不同,性能上有较大差异,所以在集成运放中常采用复合形式,以得到各方面性能俱佳的效果。

3. 集成运放信号运算和处理电路

本章主要讨论了理想运放的特点及比例、加减、积分、微分等基本信号运算电路、有源滤波器和采样-保持等基本信号处理电路。

基本运算电路中集成运放引入电压负反馈,实现对模拟信号的比例、加减、积分、微分等各种基本运算。求电路 u_0 与 u_I 关系的基本方法是节点电压法或叠加原理。

习　　题

1. 选择合适的答案填入括号内。

(1) 集成运算放大器实质是一个(　　)。

A. 单级放大器　　B. 直接耦合的多级放大器

C. 阻容耦合的多级放大器　　D. 变压器耦合的多级放大器

(2) 对集成运算放大电路输出级的要求主要有(　　),输入级的要求主要有(　　)。

A. 电压放大倍数要大　　B. 输出电阻要小

C. 温度漂移要小,输入电阻要大　　D. 电流放大倍数要大

(3) 集成运算放大电路的参数共模抑制比,体现了其(　　)。

A. 运算的精度　　B. 抑制零点漂移的能力

C. 频率响应的宽度　　D. 展宽通频带的能力

(4) 集成运算放大电路一般可分为(　　)两个工作区。

A. 线性与非线性　　B. 正反馈与负反馈

C. 虚短与虚断　　D. 差模信号与共模信号

(5) 运算放大器要进行调零,是由于(　　)。

A. 温度变化因素的影响　　B. 存在输入失调电压

C. 差模信号输入　　D. 存在偏置电流

(6) 分析理想集成运算放大电路的两个重要结论是(　　)。

A. 虚地与反相　　B. 虚短与虚地

C. 虚短与虚断　　D. 短路与断路

(7) 为了工作在线性工作区,应使集成运算放大电路处于(　　)状态。

A. 正反馈　　B. 负反馈

C. 正反馈或无反馈　　D. 负反馈或无反馈

(8) 关于理想集成运放的错误叙述是(　　)。

A. 输入电阻为零,输出电阻无穷大　　B. 共模抑制比趋于无穷大

C. 开环放大倍数无穷大　　D. 频带宽度从零到无穷大

(9) 对于理想集成运放可以认为(　　)。

A. 输入电流非常大　　B. 输入电流为零

C. 输出电流为零　　D. 输出电压无穷大

(10) 选用差分放大电路的原因是(　　)。

A. 克服温漂　　B. 提高输入电阻　　C. 稳定放入倍数

(11) 差分放大电路的差模信号是两个输入端信号的(　　),共模信号是两个输入端信号的(　　)。

A. 差　　B. 和　　C. 平均值

2. 电路如图 3-24 所示，已知 $u_{i1}=1\ \text{V}$，$u_{i2}=2\ \text{V}$，$u_{i3}=3\ \text{V}$，$R_1=R_2=2\ \text{k}\Omega$，$R_3=R_f=1\ \text{k}\Omega$，试计算输出电压 u_o。

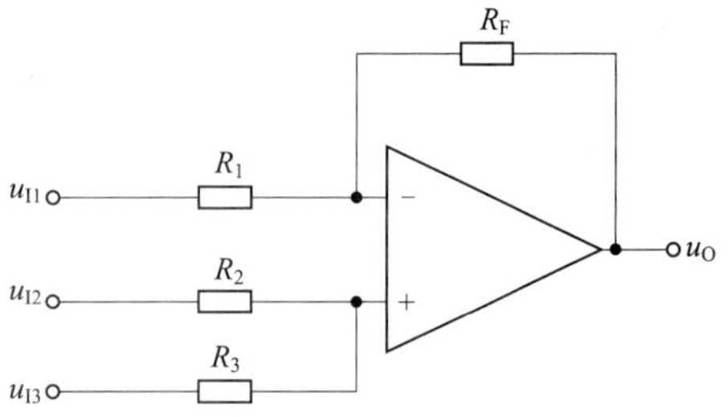

图 3-24　题 2 图

3. 分别选择“反相”或“同相”填入下列各空格内。

(1)______比例运算电路中集成运放反相输入端为虚地，而______比例运算电路中集成运放两个输入端的电位等于输入电压。

(2)______比例运算电路的输入电阻大，而______比例运算电路的输入电阻小。

(3)______比例运算电路的输入电流等于零，而______比例运算电路的输入电流等于流过反馈电阻中的电流。

(4)______比例运算电路的比例系数大于 1，而______比例运算电路的比例系数小于零。

4. 有一个反相求和运算电路，其电阻 $R_{11}=R_{12}=R_F$。如果 u_{I1} 和 u_{I2} 分别为图 3-25 所示的三角波和矩形波，试画出输出电压 u_o 的波形。

5. 在图 3-26 所示电路中，已知 $R_F=2R_1$，$u_I=-1.5\ \text{V}$，试求输出电压 u_O。

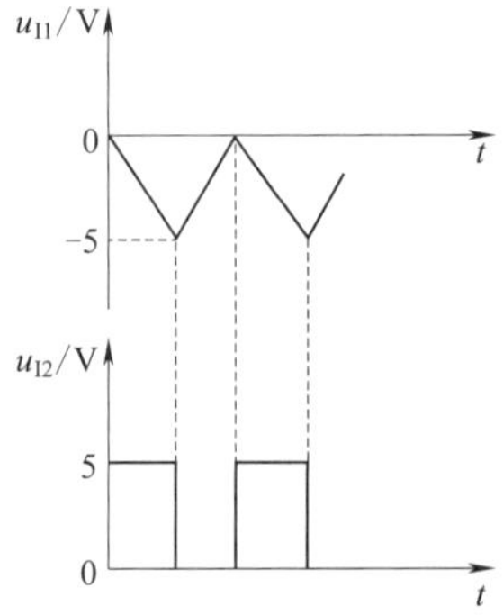

图 3-25　题 4 图

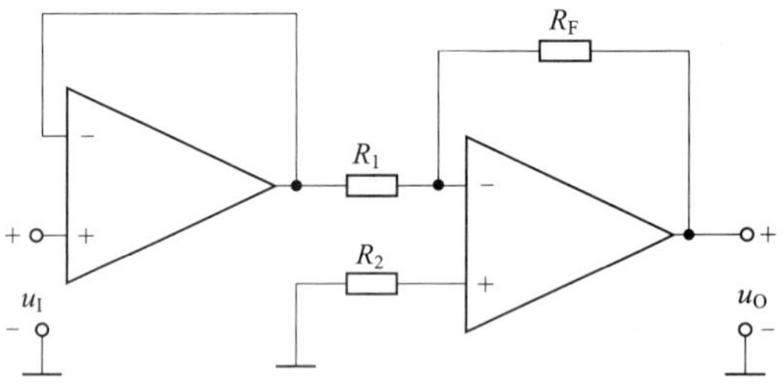

图 3-26　题 5 图

6. 填空。

(1)______运算电路可实现 $A_u>1$ 的放大器。

(2)______运算电路可实现 $A_u<0$ 的放大器。

(3)______运算电路可将三角波电压转换成方波电压。

(4)______运算电路可实现函数 $Y=aX_1+bX_2+cX_3$，a、b 和 c 均大于零。

(5)______运算电路可实现函数 $Y=aX_1+bX_2+cX_3$，a、b 和 c 均小于零。

7. 图 3-27 所示电路是差分放大电路。试求 u_O 与 u_{I1}、u_{I2} 的关系式。

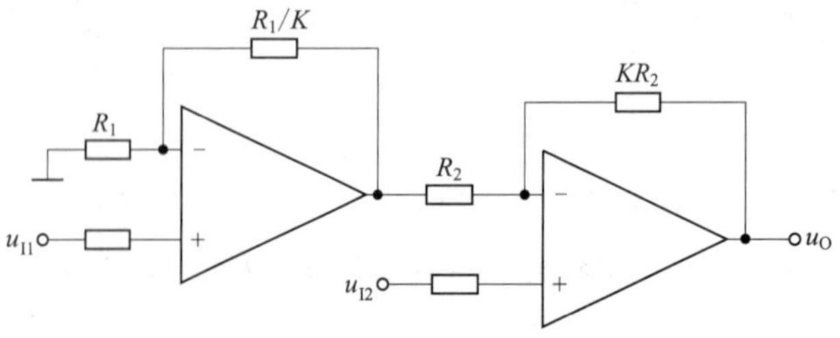

图 3-27　题 7 图

8. 在图 3-28 所示的差分运算电路中，$R_1 = R_2 = 2.5\ \text{k}\Omega$，$R_f = R_3 = 10\ \text{k}\Omega$，$u_{I1} = 1.5\ \text{V}$，$u_{I2} = 1\ \text{V}$，试求输出电压 u_O。

9. 电路如图 3-29 所示，试求：(1) 输入电阻；(2) 比例系数。

10. 电路如图 3-29 所示，集成运放输出电压的最大幅值为 ±14 V，u_I 为 2 V 的直流信号。分别求出下列各种情况下的输出电压。

(1) R_2 短路；(2) R_3 短路；(3) R_4 短路；(4) R_4 断路。

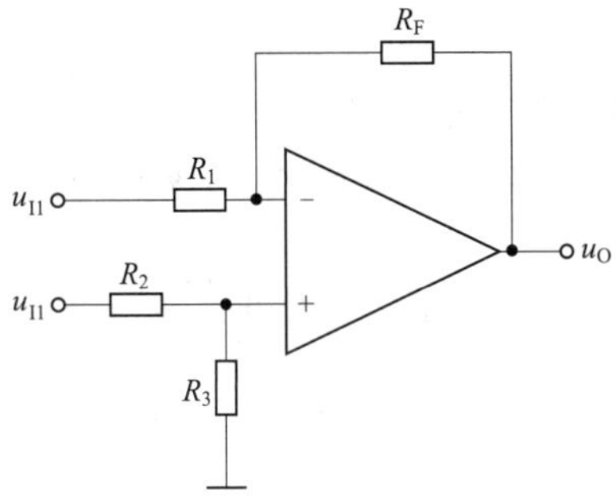

图 3-28　题 8 图

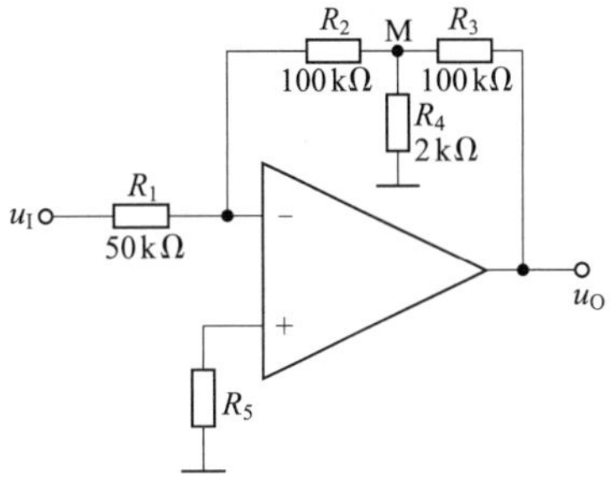

图 3-29　题 9 和题 10 图

11. 电路如图 3-30 所示，集成运放为理想器件，求各电路的输出电压 u_O。

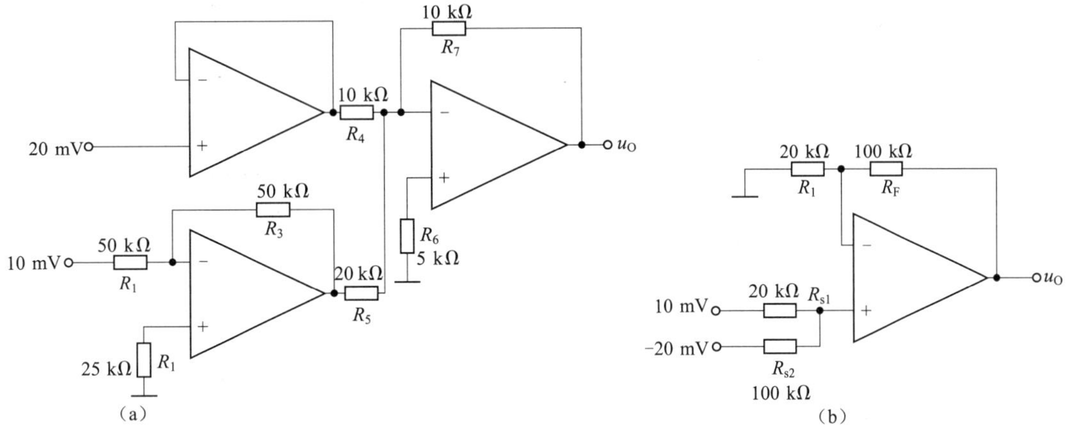

图 3-30　题 11 图

12. 图 3-31 所示电路中，所有集成运放为理想器件，试求各电路输出电压。

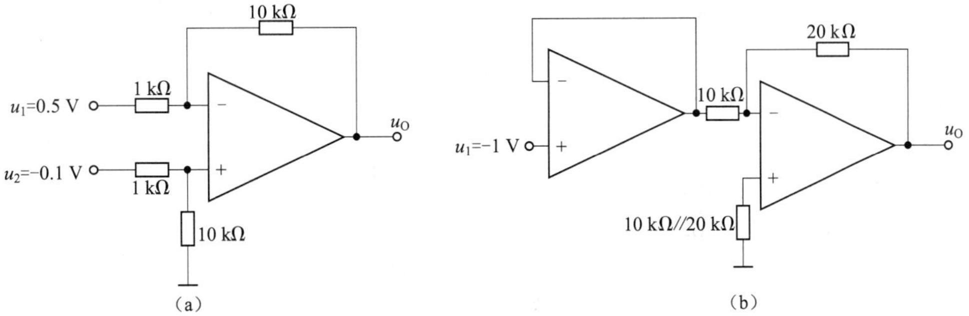

图 3-31　题 12 图

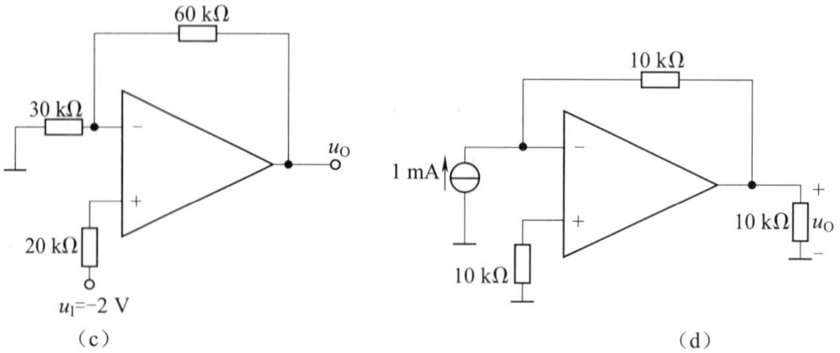

图 3-31　题 12 图

13. 通用型集成运放一般由几部分电路组成，每一部分常采用哪种基本电路？通常对每一部分性能的要求分别是什么？

14. 设图 3-32 中各电路的集成运放为理想运放，试分别写出它们输出电压与输入电压的函数关系式。

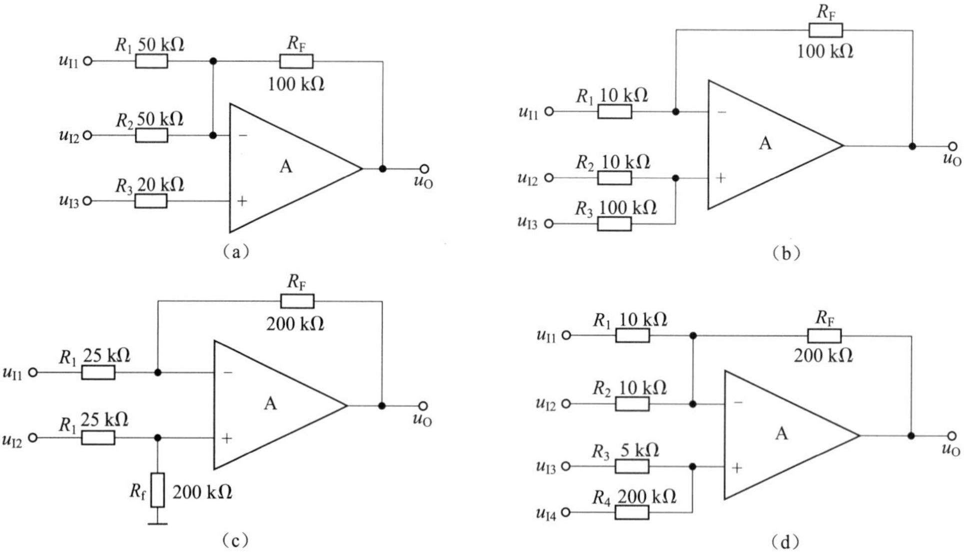

图 3-32　题 14 图

15. 电路如图 3-33 所示。

（1）写出 u_O 与 u_{I1}、u_{I2} 的函数关系式。

（2）当 R_W 的滑动端在最上端时，若 $u_{I1}=10$ mV，$u_{I2}=20$ mV，则 $u_O=$？

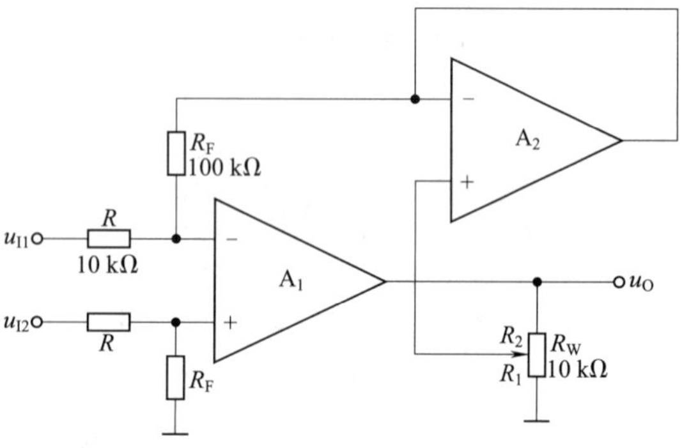

图 3-33　题 15 图

16. 在图 3-34 所示电路中，设 A_1、A_2、A_3 均为理想运算放大器，其最大输出电压幅值为 ±12 V。

（1）试说明 A_1、A_2、A_3 各组成什么电路？

（2）A_1、A_2、A_3 分别工作在线性区还是非线性区？

（3）若输入为 1 V 的直流电压，则各输出端 u_{O1}、u_{O2}、u_{O3} 的电压为多大？

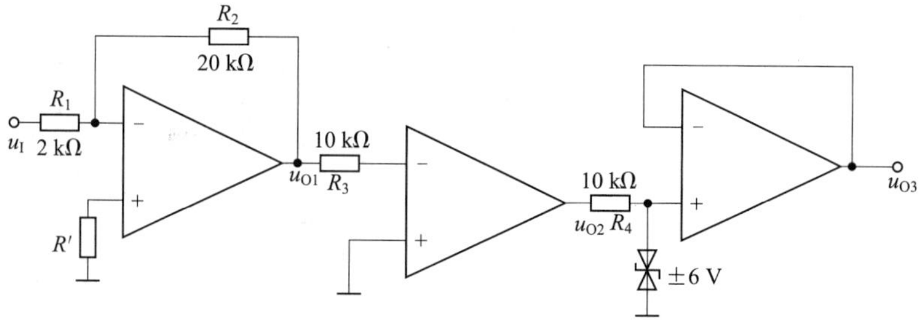

图3-34　题16图

17. 图3-35所示电路为仪器放大器，试求输出电压u_O与输入电压u_{I1}、u_{I2}之间的关系。

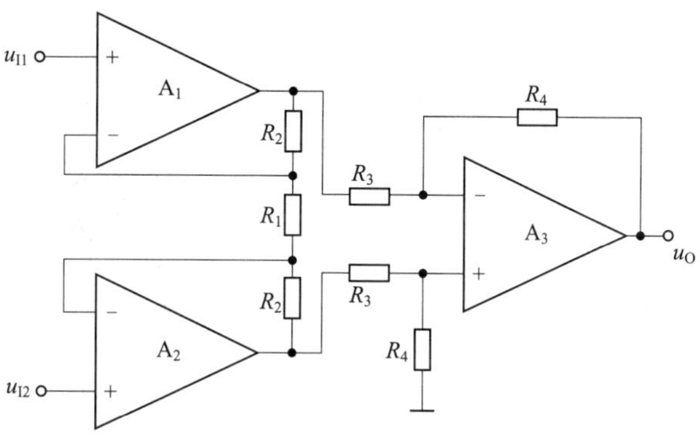

图3-35　题17图

18. 在图3-36(a)中，已知输入电压u_I的波形如图3-36(b)所示，当$t=0$ ms时，$u_O=0$ V。试画出输出电压u_O的波形。

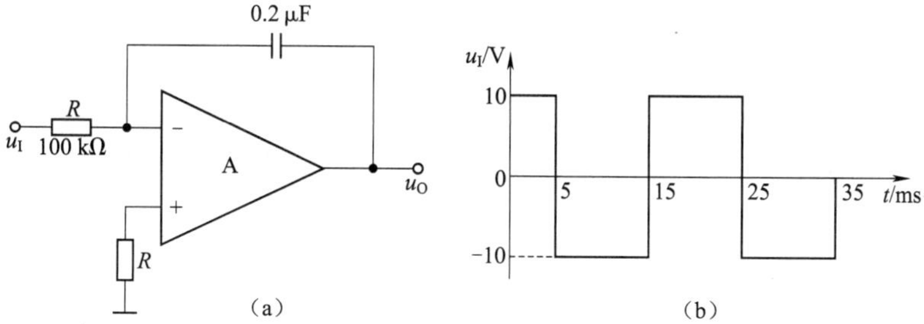

图3-36　题18图

19. 已知图3-37所示电路和输入电压u_I的波形，且当$t=0$ ms时，$u_O=0$ V。试画出输出电压u_O的波形。

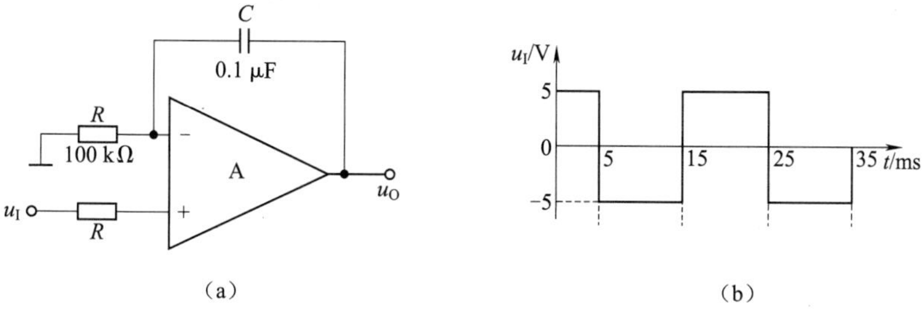

图3-37　题19图

20. 试分别求解图3-38所示各电路的运算关系。

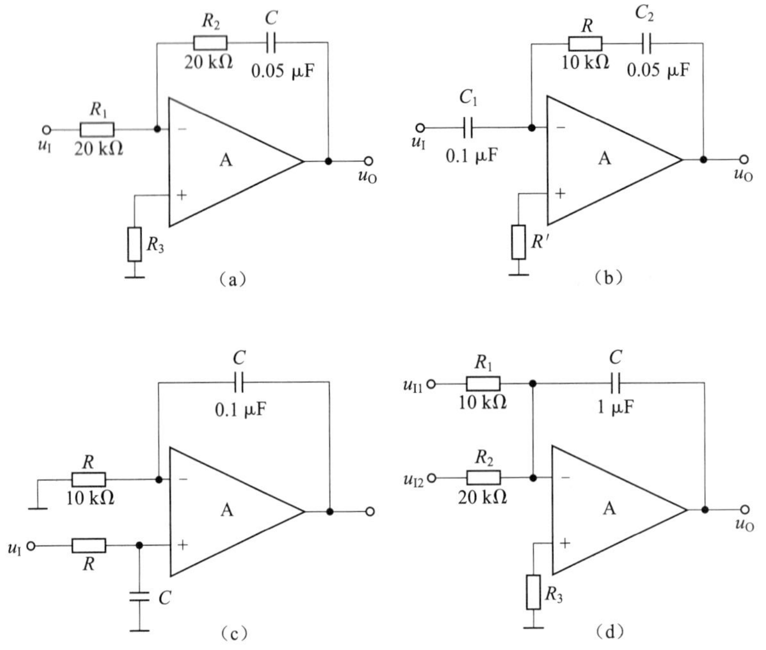

图3-38 题20图

21. 试说明图3-39所示各电路属于哪种类型的滤波电路？是几阶滤波电路？

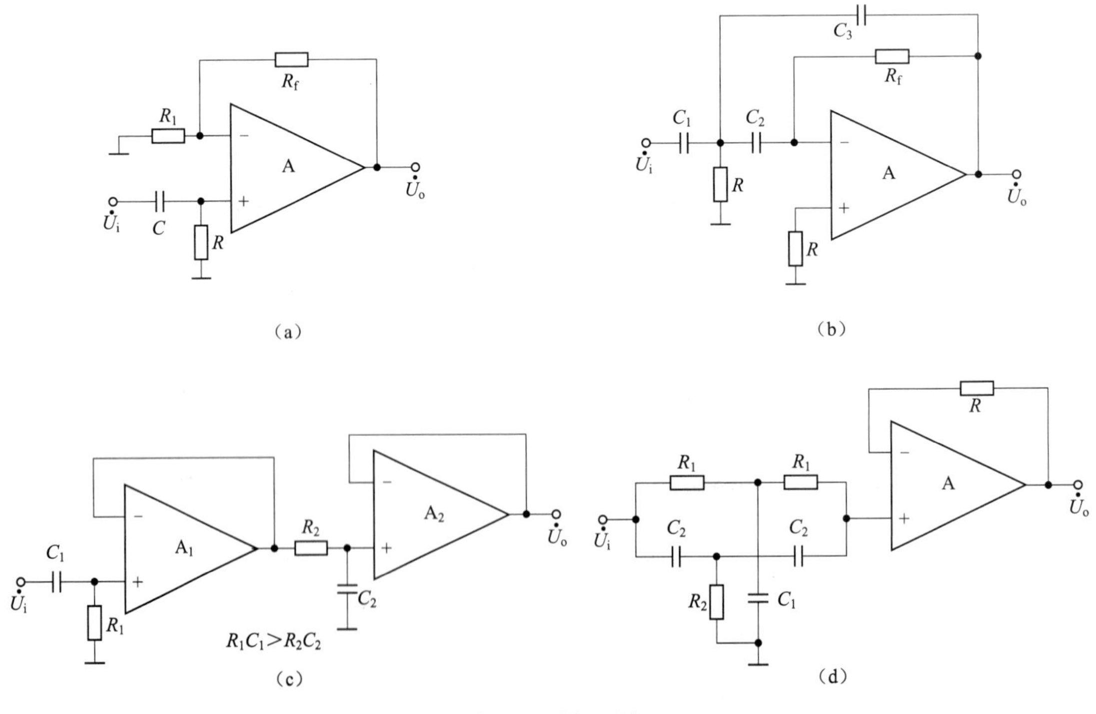

图3-39 题21图

22. 分别推导出图3-40所示各电路的传递函数，并说明它们属于哪种类型的电路。

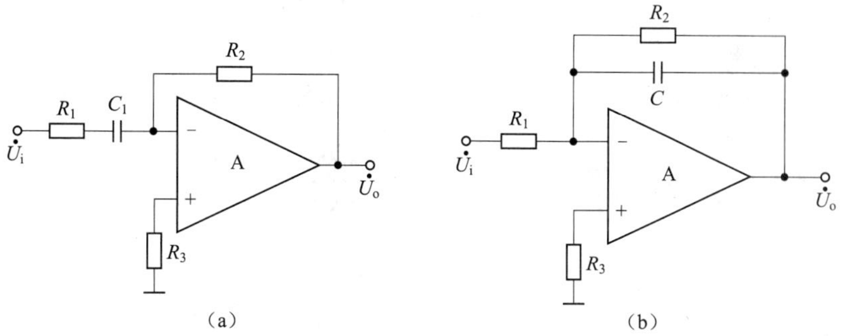

图3-40　题22图

第4章 放大电路中的反馈

引　言

由于引入反馈可以改变放大电路的性能，所以在电子技术中反馈被广泛应用，尤其是在集成运算放大电路中，反馈更是不可缺少的。本章主要介绍模拟电子电路中普遍采用的负反馈放大电路以及它们的反馈类型及其判断方法，负反馈放大电路放大倍数的计算，负反馈对放大电路性能的影响等内容。

内容结构

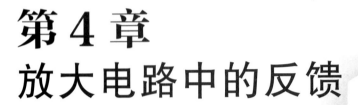

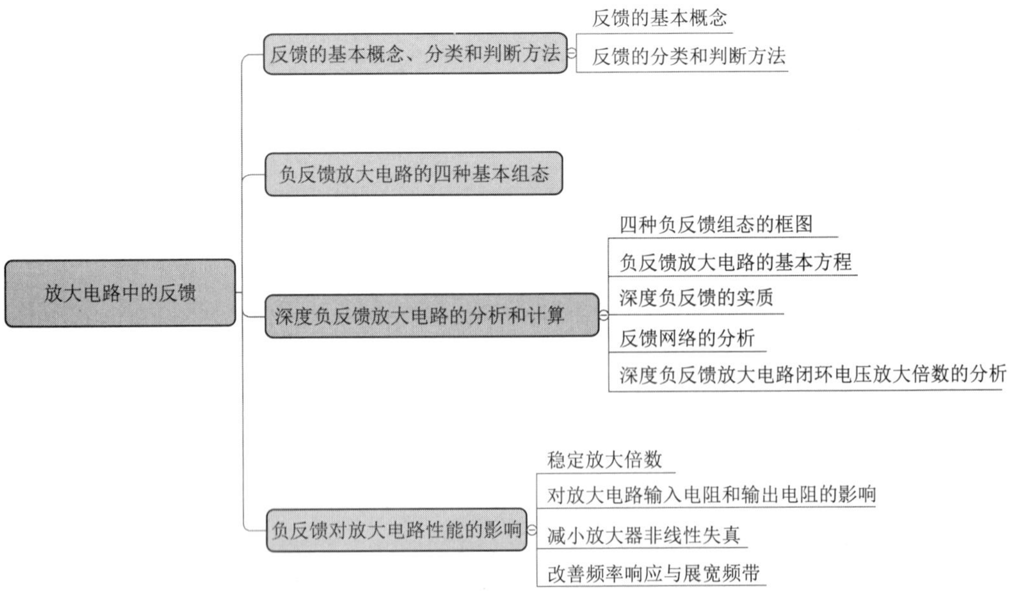

学习目标

①了解反馈的概念和分类；深入理解负反馈对放大电路性能的影响。

②掌握负反馈组态的判断方法。

③分析深度负反馈电路的放大倍数并计算。

④根据指标要求选择合适的反馈组态设计电路。

4.1　反馈的基本概念、分类和判断方法

4.1.1　反馈的基本概念

1. 反馈的定义

将放大电路输出信号（电压或电流）的一部分或全部，通过一定的电路形式（反馈网络）引回到放大电路的输入端，即构成了反馈。

按照反馈放大电路各部分电路的主要功能，可将其分为基本放大电路和反馈网络两部分。基本放大电路的输入信号称为净输入量，它不仅与输入信号（输入量）有关，还与反馈信号（反馈量）有关。

基本放大电路与反馈网络组成了一个闭环系统。将引入反馈后的放大电路称为闭环放大电路，对应的总的放大倍数称为闭环放大倍数；而将无反馈时的放大电路称为开环放大电路，对应的放大倍数称为开环放大倍数。

基本放大电路可以是单级或多级的，主要功能是放大信号；反馈电路多数由电阻、电感、电容或半导体器件等组成，是连接放大电路的输出回路与输入回路的环节，主要功能是传输反馈信号。图4-1所示为无反馈网络（开环）和有反馈网络（闭环）的基本放大电路框图。

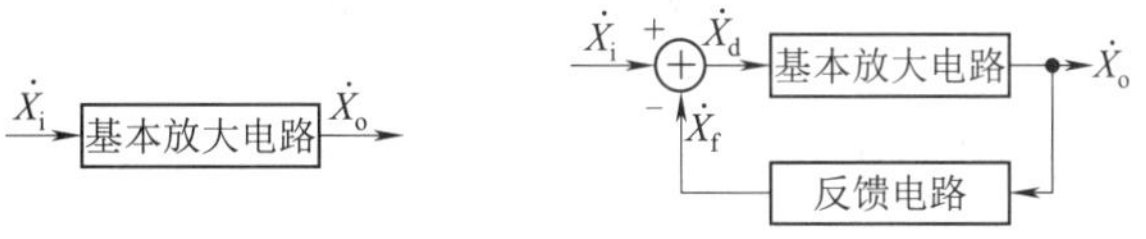

（a）开环放大电路　　（b）闭环放大电路

图4-1　基本放大电路框图

图4-1中 $\dot{X}$ 表示电压或电流信号，当为正弦信号时可以用相量表示，$\dot{X}_i$、$\dot{X}_o$ 和 $\dot{X}_f$ 分别是输入、输出和反馈信号。⊕是比较环节的符号，由图中“+”“−”极性可知净输入信号为

$$\dot{X}_d = \dot{X}_i - \dot{X}_f$$

当三者同相位时

$$X_d = X_i - X_f$$

可见反馈信号 X_f 削弱了净输入信号 X_d，此时是负反馈。

2. 在放大电路中引入反馈的意义

一般来说，开环放大电路的性能往往不够完善，存在许多缺点。例如，最简单的单管共射放大电路，其静态工作点常常随着温度的变化而上下波动，放大倍数也不稳定。为了稳定放大电路的静态工作点，可以采用分压式工作点稳定电路，在电路中引入一个直流电流负反馈。又如，为了提高输入电阻，降低输出电阻，常常采用射极输出器，在射极输出器的电路中引入电压串联负反馈。

还有，集成运算放大器的内部通常是一个多级直接耦合放大电路，其开环增益很大，如果不加反馈网络，电路容易超出线性放大的范围，处于非线性工作状态，因此，集成运放用于线性放大时，必须通过外电路引入一个负反馈。总之，在实际工作中，经常采用各种反馈来改善放大电路的性能。

4.1.2 反馈的分类和判断方法

在判断反馈类型之前,必须确认放大电路中是否有反馈以及反馈网络。若放大电路中存在将输出回路与输入回路相连接的电路(即反馈网络或者反馈通路),并影响了放大电路的净输入,则电路中引入了反馈;否则电路中就没有反馈。

1. 正反馈和负反馈

根据反馈的极性分类,可分为正反馈和负反馈。

正反馈:反馈信号增强了净输入信号,使放大倍数增大。正反馈虽然能够提高放大倍数,但有时会使电路产生振荡而工作不稳定。实际工作中正反馈常用于产生正弦波振荡。

负反馈:反馈信号削弱了净输入信号,使放大倍数下降。负反馈虽然降低了放大电路的放大倍数,但是能够改善放大电路的各项性能。本章主要讨论各种形式的负反馈。

判断方法:反馈极性一般采用瞬时极性法来判断,即假定某一瞬间输入信号的极性,然后按照信号的传输方向逐级推出各有关节点的瞬时极性,最后根据反馈信号的极性是增强还是削弱净输入信号,来判别是正反馈还是负反馈。若反馈信号使基本放大电路的净输入信号减少,说明引入了负反馈;反之,引入正反馈。

电路中各节点的瞬时极性标明之后,还可以通过下面简单的方法判断反馈极性:

反馈信号和输入信号加于输入回路一点时,瞬时极性相同的是正反馈,瞬时极性相反的是负反馈。

反馈信号和输入信号加于输入回路两点时,瞬时极性相同的为负反馈,瞬时极性相反的是正反馈。

对三极管来说,这两点是基极和发射极;对运算放大器来说,是同相输入端和反相输入端。

注意:

以上输入信号和反馈信号的瞬时极性都是相对地而言,这样才有可比性。

例 4-1 判断图 4-2 所示电路反馈极性。

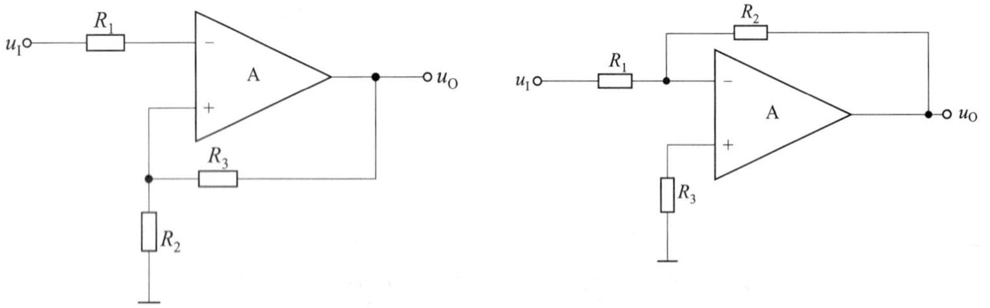

(a) 正反馈　　(b) 负反馈

图 4-2 例 4-1 图

解 在图 4-2(a)所示电路中,假设输入信号的瞬时极性为⊕,由于输入信号加在集成运放的反相输入端,因此集成运放输出信号的瞬时极性为⊖,输出信号通过电阻 R_3 将反馈引回至集成运放的同相输入端,即输出电压通过电阻 R_3 和 R_2 分压后反馈至集成运放的同相输入端,则 R_2 上端得到的反馈信号的瞬时极性也为⊖。由于输入信号加在反相输入端,反馈信号加在同相输入端,反馈信号和输入信号作用于输入回路的两点，二者的瞬时极性相反，因此构成正反馈。

图 4-2(b)所示的由集成运放组成的放大电路中，首先假设输入信号的瞬时极性为正，用符号⊕表示，因输入信号加在集成运放的反相输入端，故集成运放输出信号的瞬时极性为⊖，此时将通过反馈网络 R_2 产生一个反馈信号作用于集成运放的反相输入端，可见反馈信号和输入信号加于输入回路同一点，且瞬时极性相反，因此构成负反馈。

2. 直流反馈与交流反馈

根据反馈的交、直流性质分类，可分为直流反馈和交流反馈。

直流反馈：反馈信号中只包含直流成分。直流负反馈用于稳定静态工作点，对放大电路的动态性能没有影响。若为直流反馈，一般不再进一步分析其反馈的组态。

交流反馈：反馈信号中只包含交流成分。交流负反馈用于改善放大电路的各项动态性能，这是本章讨论的重点。

判断方法：首先，对放大电路中的电容 C 进行处理。按照大容量电容隔直流、通交流的原则，对交流信号视作短路，而对直流信号视作开路，分别画出放大电路的交流通路（判断是否存在交流反馈）和直流通路（判断是否存在直流反馈）。其次，看电路中是否存在连接输出回路与输入回路的通路，若存在，则有对应的交流反馈或直流反馈；否则，反馈不存在。许多反馈放大电路既包括直流反馈又包括交流反馈。

前面第二章介绍的分压式射极放大电路就是通过射极电阻 R_e 把输出端的静态电流 I_{CQ} 返送到输入端，进而使 I_{CQ} 稳定，这就是直流负反馈。

例 4-2　判断图 4-3 所示电路是直流反馈还是交流反馈。

解　图 4-3(a)是典型的静态工作点稳定电路，本电路通过发射极电阻 R_e 和电容 C_e 引回一个反馈。当旁路电容 C_e 足够大时，可以认为 R_e 两端的交流压降为零，则反馈信号中只有直流成分，因此是直流反馈。已经知道，直流负反馈只能稳定静态工作点，对放大电路的动态性能没有影响。所以，发射极电阻 R_e 引入的直流反馈对电路的电压放大倍数、输入电阻等动态性能没有影响。

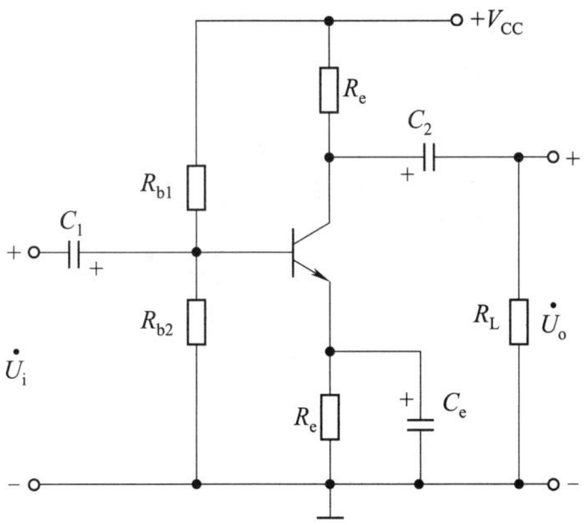

（a）直流反馈

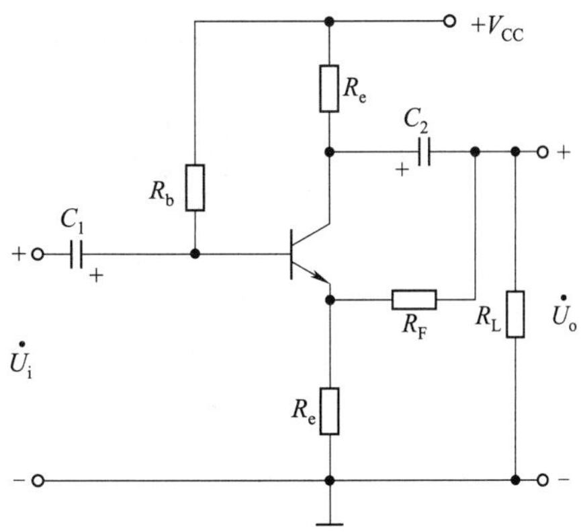

（b）交流反馈

图 4-3　例 4-2 图

在图 4-3(b)所示电路中，输出电压通过电阻 R_F 和 R_e 分压后将反馈引至三极管的发射极。由于输出端有一个隔直电容 C_2，因此，由 R_F 引回至三极管发射极的反馈信号中只有交流成分，该电路属于交流反馈。

思考下面两个问题：

①若使图4-3(a)所示电路中的反馈信号改变为既有直流成分，又有交流成分，电路应如何改动？

②若使图4-3(b)所示电路中的反馈信号改变为只有直流成分，电路应如何改动？

3. 电压反馈与电流反馈

根据反馈信号在放大电路输出端采样的方式分类，可分为电压反馈和电流反馈。

电压反馈：反馈信号取自输出电压。电压负反馈能够稳定放大电路的输出电压，降低输出电阻。

电流反馈：反馈信号取自输出电流。电流负反馈能够稳定放大电路的输出电流，增大输出电阻。

判断方法：输出负载短路法。将反馈放大电路的负载短路，观察此时是否仍有反馈通路。如果反馈通路不复存在，则为电压反馈；如果反馈通路仍然存在，则为电流反馈。

继续以图4-3为例，直流情况下，电容 C_e 开路。在图4-3(a)所示电路中，流入反馈网络 R_e 的是射极电流 i_e，由于 $i_c \approx i_e$，所以也可以认为流入反馈通路的是输出回路中的电流 i_c。反馈信号即反馈电阻 R_e 上的电压正比于输出电流 i_c。因此，从输出端看，这个电路存在电流反馈。

图4-3(a)还可以利用负载短路法判断。假设负载短路，则 $u_O=0$，虽然输出电压等于0，但是输出电流 i_c 仍然存在，由于 $i_c \approx i_e$，所以输出电流仍然可以通过反馈网络 R_e 作用于输入回路，所以仍然存在反馈，因此该电路是电流反馈。

在图4-3(b)所示电路中，由于存在交流反馈，所以主要研究交流通路。通过观察和分析可以看出，反馈信号是将输出电压通过电阻 R_f 和 R_e 分压后引回至三极管发射极。因此该电路是电压反馈。

利用负载短路法判断，将输出端负载短路，则 $u_O=0$，相当于 R_F 的右端接地，所以可以将 R_F 与输出端直接断开，此时反馈通路不复存在，反馈信号消失，因而 R_F 和 R_e 构成电压反馈。

也可以通过观察电路的结构来帮助判断是电压反馈还是电流反馈，即检查放大电路的反馈信号从何处引回到输入回路。一般来说，如果反馈信号从输出电压端直接引回，或通过分压关系将输出电压的一部分或全部引回输入回路，通常为电压反馈；否则，如果反馈信号不是从输出电压端，而是从放大电路中与输出电流有关的其他端子引回输入回路，则常常为电流反馈，如图4-4所示。

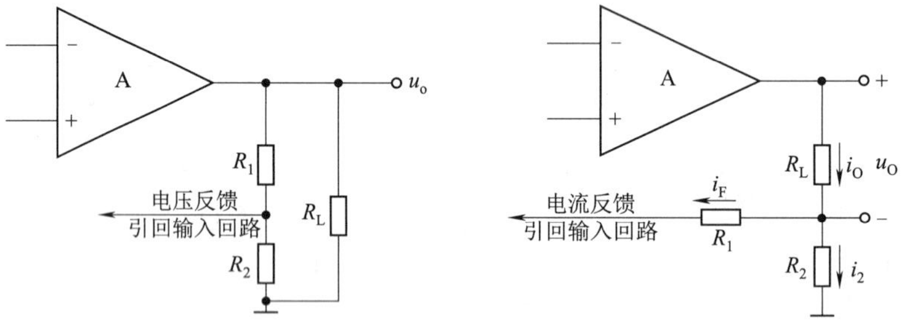

(a) 电压反馈接法　　(b) 电流反馈接法

图4-4　集成运放构成的电压反馈与电流反馈

图4-4(a)、(b)均为集成运放组成的放大电路。在图4-4(a)中，从输出电压端通过电阻 R_1 和 R_2 分压后得到反馈信号，然后引回输入回路，因此属于电压反馈。在图4-4(b)中，负载电阻 R_L 两端的电压为输出电压 u_O，但反馈信号不是从输出电压端引回，而取自输出电流 i_O，所以是电流反馈。

对于分立元件构成的放大电路，也可以根据电路的结构来判断是电压反馈还是电流反馈，如图4-5(a)中的放大电路，三极管集电极对地的电压是输出电压。如果反馈信号直接从集电极引回(或通过分压引回)到输入回路，通常是电压反馈；但若反馈信号从三极管的其他电极如发射极引回到输入回路，通常是电流反馈。

在图4-5(b)中，输出电压从三极管的发射极得到，此时，如果直接从发射极将反馈信号引回到输入回路，一般是电压反馈；若从集电极将反馈信号引回到输入回路，一般是电流反馈。

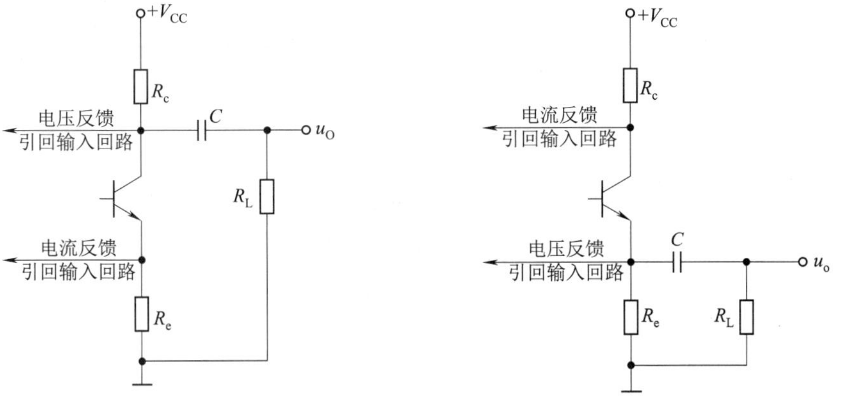

（a）共射放大电路接法　　（b）共集放大电路接法

图 4-5　分立元件构成的放大电路的电压反馈与电流反馈

4. 串联反馈与并联反馈

根据反馈信号与外加输入信号在放大电路输入回路中的求和形式分类，可分为串联反馈与并联反馈。

串联反馈：反馈信号与外加输入信号在放大电路的输入回路中以电压的形式求和，即反馈信号与输入信号串联。串联负反馈将提高放大电路的输入电阻。

并联反馈：反馈信号与外加输入信号在放大电路的输入回路中以电流的形式求和，即反馈信号与输入信号并联。并联负反馈将降低放大电路的输入电阻。

判断方法：如果反馈信号与输入信号加在输入回路的同一端点（同一电极）上，则是并联反馈；反之，加在不同的端点（不同的电极）上则是串联反馈。

从电路结构上看，在集成运放组成的放大电路中，集成运放有两个输入端，即反相输入端和同相输入端。如果输入信号加在某一个输入端，而来自输出端的反馈信号接到另一个输入端，通常为串联反馈，如图 4-6（a）所示。如果输入信号和反馈信号加在同一个输入端则为并联反馈。

在分立元件的共射放大电路中，一般来说，如果输入信号加在三极管的基极，而来自输出端的反馈信号引到三极管的发射极，一般为串联反馈；如果来自输出端的反馈信号直接引到三极管的基极，一般为并联反馈，如图 4-6（b）所示。

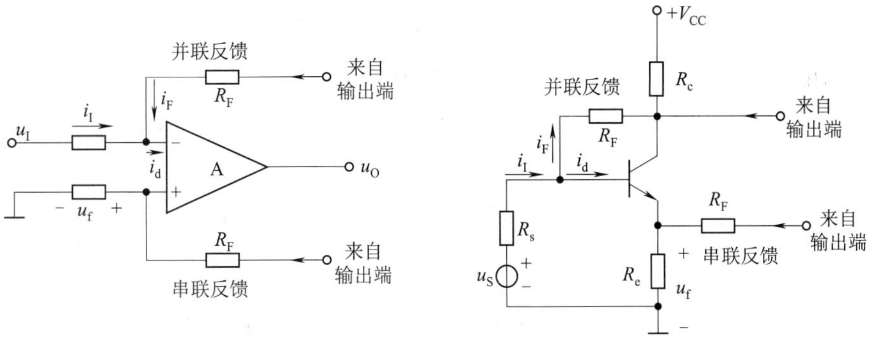

（a）集成运放接法　　（b）分立元件接法

图 4-6　串联反馈与并联反馈

4.2 负反馈放大电路的四种基本组态

负反馈放大电路从输入回路分为串联反馈和并联反馈,从输出回路分为电压反馈和电流反馈。在负反馈放大电路中,为了达到不同的目的,可以在输出回路和输入回路中采用不同的连接方式,形成不同类型的负反馈放大电路。所以,放大电路的反馈类型可以分为四种组态:电压串联负反馈、电压并联负反馈、电流串联负反馈以及电流并联负反馈。下面通过具体的电路详细介绍四种负反馈组态放大电路的分析和应用。

1. 电压串联负反馈

在图 4-7 中,R_F 与 R_{e1} 构成放大电路中的极间反馈。反馈电压 $\dot{U}_f$ 是 R_F 与 R_{e1} 组成的分压电路中由输出电压 $\dot{U}_o$ 分压得到的,即

$$\dot{U}_f = \frac{R_{e1}}{R_{e1} + R_F}\dot{U}_o$$

当 $\dot{U}_o = 0$ 时,$\dot{U}_f = 0$,从而使反馈量不存在,所以属于电压反馈。

也可以从输出端看,利用输出负载短路法,设 $\dot{U}_o$ 为零,此时 R_F 右端接地,从而使反馈电路不存在,所以是电压反馈。

在输入回路中,$\dot{U}_i$、$\dot{U}_f$ 以电压形式叠加去影响净输入电压 $\dot{U}_{be}$,是串联反馈。

电路中各点电位的瞬时极性如图 4-7 中所标注。先设 $\dot{U}_i$ 对地为“+”,第一级集电极电位对地为“-”,根据信号的传输方向依次判断下去,$\dot{U}_f$ 对地为“+”,则 $\dot{U}_{be} = \dot{U}_i - \dot{U}_f$,由图 4-7 可知,净输入电压 $\dot{U}_{be}$ 被削弱,即为负反馈。所以,该电路是电压串联负反馈。

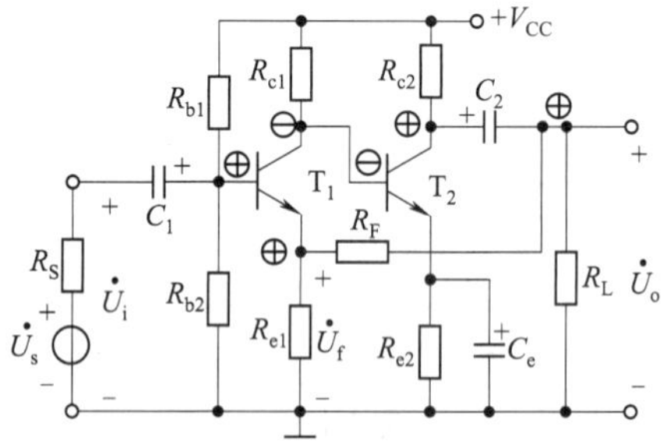

图 4-7　电压串联负反馈放大电路

2. 电压并联负反馈

在图 4-8 中,电阻 R_f 是连接输出回路与输入回路的反馈元件。利用输出负载短路法,令 $\dot{U}_o = 0$,则 R_F 右端接地,从而使反馈通路不存在,所以是电压反馈。

在集成运放的反相输入端,$\dot{I}_i$、$\dot{I}_f$ 以电流形式叠加去影响净输入电流 $\dot{I}'_i$,所以是并联反馈。

根据图 4-8 中标注的瞬时极性可见,反馈信号和输入信号加于输入回路同一点,瞬时极性相反,所以为负反馈。

可见,图 4-8 所示电路是电压并联负反馈。

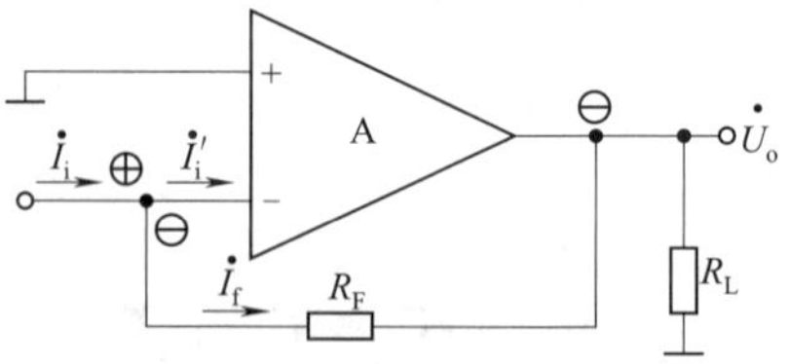

图 4-8　电压并联负反馈放大电路

3. 电流串联负反馈

在图 4-9 中,R_{e1} 是连接输出回路和输入回路的反馈元件。若令 $\dot{U}_o = 0$,R_{e1} 仍存在,且反馈电压 $\dot{U}_f = \dot{I}_e R_{e1} \approx \dot{I}_c R_{e1}$,$\dot{U}_f$ 与 $\dot{I}_c$ 成正比,所以是电流反馈。

从输入端看,反馈电压 $\dot{U}_f$ 与 $\dot{U}_i$ 以电压形式叠加去影响净输入电压 $\dot{U}_{be}$,即 $\dot{U}'_i$,所以是串联反馈。

由图4-9所标注的瞬时极性可知，基极上输入信号电位瞬时极性为“+”，而射极电位瞬时极性也为“+”，从而使净输入电压 $\dot{U}_{be}=\dot{U}_i-\dot{U}_f$，大小为 $U_{be}=U_i-U_f$，$\dot{U}_{be}$减小，所以是负反馈。或者反馈信号和输入信号加于输入回路两点时，瞬时极性相同，所以为负反馈。

可见，图4-9所示电路是电流串联负反馈。

4. 电流并联负反馈

在图4-10中，R_F是连接输出回路和输入回路的反馈元件，若令 $\dot{U}_o=0$，R_F仍存在且 R_F上电流是输出电流 $\dot{I}_{c2}$在 R_F上的分流 $\dot{I}_f$，近似地有 $\dot{I}_f\approx\dfrac{R_{e2}}{R_{e2}+R_F}\dot{I}_{c2}$，所以是电流反馈。

从输入端看，反馈电流 $\dot{I}_f$与输入电流 $\dot{I}_i$以电流方式叠加去影响净输入电流 $\dot{I}_b$，所以是并联反馈。

瞬时极性如图4-10所标注。设 $\dot{U}_i$ 对地瞬时极性为“+”，三极管 T_1 集电极电位与基极电位的瞬时极性相反，而在无射极交流旁路电容时，三极管 T_2 射极电位与基极电位的瞬时极性相同，逐级判断后可知是负反馈。可见，电路是电流并联负反馈。

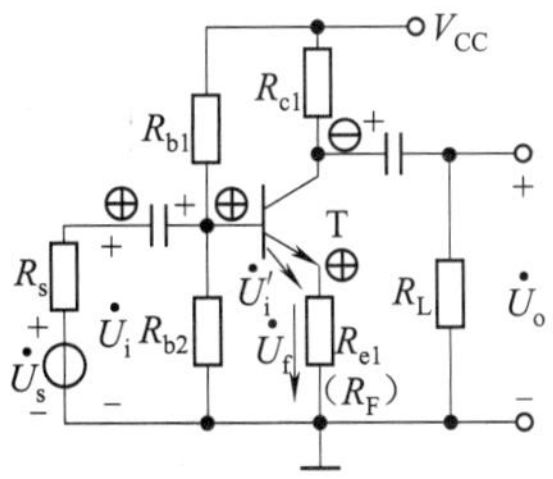

图4-9　电流串联负反馈放大电路

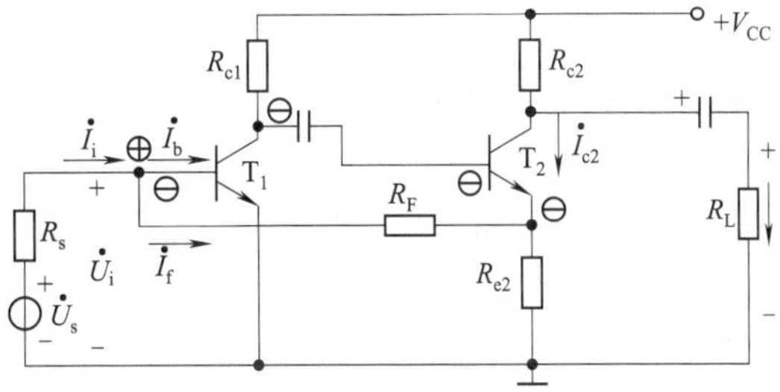

图4-10　电流并联负反馈放大电路

例4-3　判断图4-11所示各电路中是否引入了反馈，是直流反馈还是交流反馈，并判断反馈组态。设图中所有电容对交流信号均可视为短路。

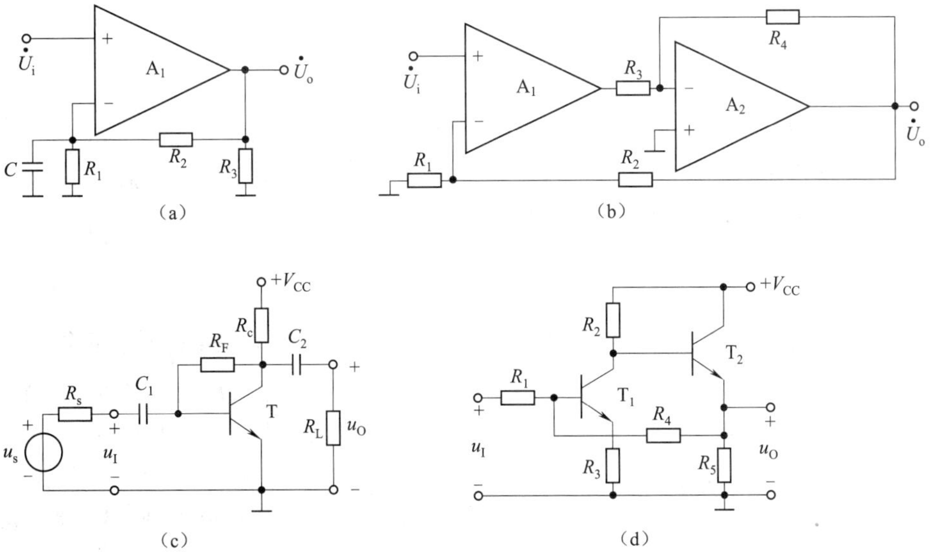

图4-11　例4-3图

解 图 4-11(a)所示电路为直流反馈，电压串联负反馈。

图 4-11(b)所示电路为交流、直流反馈，电压串联正反馈。

图 4-11(c)所示电路为交流、直流反馈，电压并联负反馈。

图 4-11(d)所示电路为交流、直流反馈，电压并联负反馈。

4.3 深度负反馈放大电路的分析和计算

4.3.1 四种负反馈组态的框图

从形式上看，四种不同组态的负反馈可由输入回路和输出回路按不同的方式排列组合而得到，但实质上，这四种不同的反馈组态对放大电路的性能有着不同的影响。因此，研究这四类负反馈的分类规律尤为重要。下面对输出回路和输入回路的反馈方式分别加以比较和说明。图 4-12 所示为四种负反馈组态的框图。

1. 电压反馈和电流反馈

从图 4-12 的输出回路看，图 4-12(a)和图 4-12(b)的形式相同，图 4-12(c)和图 4-12(d)的形式相同。

在图 4-12(a)和图 4-12(b)的输出回路中，反馈网络跨接于输出电压的两端，即进入反馈网络的信号是输出电压信号的一部分，反馈信号的来源是输出电压，构成电压反馈。

在图 4-12(c)和图 4-12(d)的输出回路中，反馈网络串联于输出回路，即进入反馈网络的信号是输出电流信号的一部分，反馈信号的来源是输出电流，构成电流反馈。

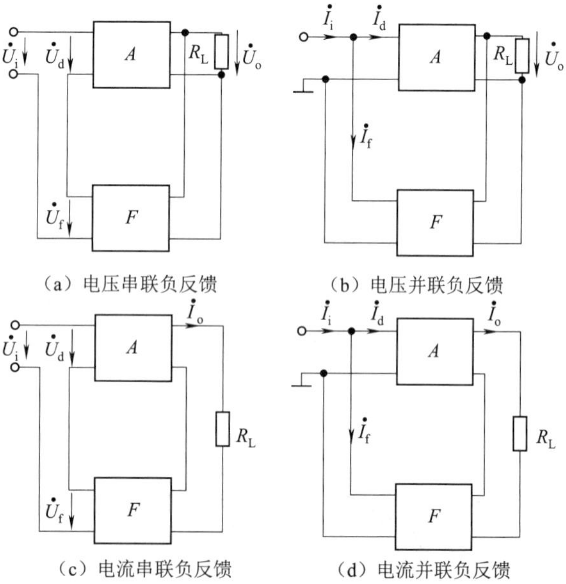

图 4-12 四种负反馈组态的框图

2. 串联反馈和并联反馈

从图 4-12 的输入回路看，图 4-12(a)和图 4-12(c)的形式相同，图 4-12(b)和图 4-12(d)的形式相同。

在图 4-12(a)和图 4-12(c)的输入回路中，反馈网络串联于输入回路中，使得反馈电压 $\dot{U}_f$(由于是串联电路，用电压表示)与输入信号 $\dot{U}_i$ 串联之后，共同作用于基本放大电路的输入端，构成串联反馈。为了得到负反馈，必须使反馈电压减弱输入电压，因此，在接入反馈网络时，一定要使反馈电压的极性满足负反馈的条件。

在图 4-12(b)和图 4-12(d)的输入回路中，反馈网络并联于输入回路中，使得反馈电流 $\dot{I}_f$(由于是并联电路，用电流表示)与输入信号 $\dot{I}_i$ 并联之后，共同作用于基本放大电路的输入端，构成并联反馈。为了得到负反馈，必须使反馈电流减弱输入电流，因此，在接入反馈网络时，一定要使反馈电流的方向满足负反馈的条件。

对于四种不同的负反馈组态，不同的电参数分别表示了输入量、反馈量、净输入量以及输出量，而且它们具有不同的量纲，如表 4-1 所示。

表 4-1　四种负反馈组态放大电路输入与输出参数的比较

反馈组态	输入量	反馈量	净输入量	输出量
电压串联	$\dot{U}_i$	$\dot{U}_f$	$\dot{U}_d$	$\dot{U}_o$
电流串联	$\dot{U}_i$	$\dot{U}_f$	$\dot{U}_d$	$\dot{I}_o$
电压并联	$\dot{I}_i$	$\dot{I}_f$	$\dot{I}_d$	$\dot{U}_o$
电流并联	$\dot{I}_i$	$\dot{I}_f$	$\dot{I}_d$	$\dot{I}_o$

4.3.2　负反馈放大电路的基本方程

从前面的讨论已经看到，反馈放大电路的形式很多，千变万化。为了研究它们的共同特点，可将具体的反馈放大电路抽象地概括起来进行分析。框图表示法就是一种概括方式。无论何种形式的反馈放大电路，也不论其采用何种反馈组态，电路中均包含基本放大电路和反馈网络两大部分，如图 4-13 所示。上面方框 A 是负反馈放大电路的基本放大电路，即开环放大电路，下面方框 F 是负反馈放大电路的反馈网络。负反馈放大电路的基本放大电路是在断开反馈且考虑了反馈网络的负载效应的情况下所构成的放大电路；反馈网络是指与反馈通路有关的所有元器件构成的网络。

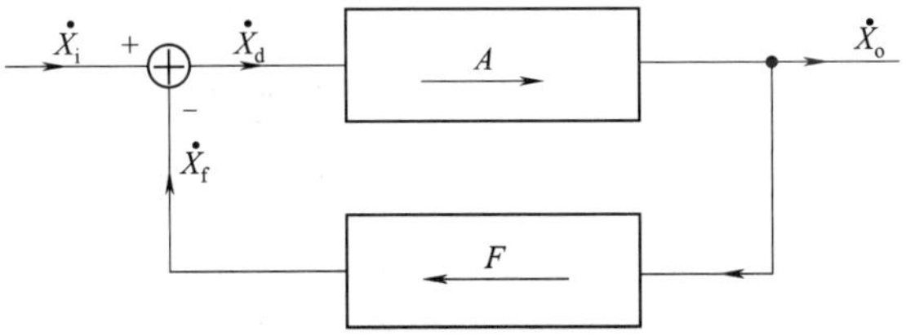

图 4-13　负反馈放大电路的框图

图 4-13 中 $\dot{X}_i$ 为输入量，$\dot{X}_f$ 为反馈量，$\dot{X}_d$ 为净输入量，$\dot{X}_o$ 为输出量。图中连线的箭头表示信号的流通方向，说明框图中的信号是单向流通的，即输入信号 $\dot{X}_i$ 仅通过基本放大电路传递到输出，而输出信号 $\dot{X}_o$ 仅通过反馈网络传递到输入；换言之，$\dot{X}_i$ 不会通过反馈网络传递到输出，而 $\dot{X}_o$ 也不会通过基本放大电路传递到输入。输入端的⊕表示信号 $\dot{X}_i$ 和 $\dot{X}_f$ 在此叠加，“ + ”号和“ − ”号表明了 $\dot{X}_i$、$\dot{X}_f$ 和 $\dot{X}_d$ 之间的关系为

$$\dot{X}_d = \dot{X}_i - \dot{X}_f \tag{4-1}$$

采用框图表示法，可以将各种不同形式、不同组态的反馈放大电路用一个统一的结构表示，并由此导出反馈放大电路的若干规律。由图 4-13 所示框图可得：

开环放大电路的放大倍数为

$$\dot{A} = \frac{\dot{X}_o}{\dot{X}_d} \tag{4-2}$$

反馈系数为

$$\dot{F}=\frac{\dot{X}_f}{\dot{X}_o} \tag{4-3}$$

闭环放大电路的放大倍数为

$$\dot{A}_f=\frac{\dot{X}_o}{\dot{X}_i} \tag{4-4}$$

根据式(4-2)和式(4-3)可得

$$\dot{A}\dot{F}=\frac{\dot{X}_f}{\dot{X}_d} \tag{4-5}$$

$\dot{A}\dot{F}$ 称为电路的环路放大倍数,即环路增益。将式(4-1)、式(4-2)和式(4-5)代入式(4-4)得到

$$\dot{A}_f=\frac{\dot{X}_o}{\dot{X}_i}=\frac{\dot{X}_o}{\dot{X}_d+\dot{X}_f}=\frac{\dot{A}}{1+\dot{A}\dot{F}} \tag{4-6}$$

式(4-6)即反馈放大电路闭环放大倍数的一般表达式,这是一个非常重要的表达式。根据该式,可以引出反馈放大电路的三个重要参数。

①闭环放大倍数 $\dot{A}_f$:表示放大电路引入反馈以后的放大倍数。它与不加反馈时的开环放大倍数 $\dot{A}$ 不同,是反馈放大电路总的输出信号 $\dot{X}_o$ 与外加的输入信号 $\dot{X}_i$ 之比。

②环路增益 $\dot{A}\dot{F}$:表示在反馈放大电路中,加在放大电路输入端的信号,经过基本放大电路和反馈网络组成的环路传递一周以后所得到的放大倍数。

③反馈深度 $1+\dot{A}\dot{F}$:反馈深度 $1+\dot{A}\dot{F}$ 是上述反馈放大电路闭环放大倍数一般表达式中的分母。由闭环放大倍数一般表达式可知,若不加反馈时放大电路的开环放大倍数为 $\dot{A}$,则引入反馈后,放大电路的闭环放大倍数 $\dot{A}_f$ 为原来 $\dot{A}$ 的 $\frac{1}{1+\dot{A}\dot{F}}$ 倍。如果 $\dot{A}$ 值一定,$1+\dot{A}\dot{F}$ 的值越大,$\dot{A}_f$ 的值将越小,说明放大电路中反馈深度越深。反馈深度是反馈放大电路一个非常重要的参数,放大电路引入负反馈以后,各项性能的改善程度,都与反馈深度 $|1+\dot{A}\dot{F}|$ 有关。

对于四种不同的负反馈组态,反馈网络 $\dot{F}$、开环放大倍数 $\dot{A}$ 以及闭环放大电路 $\dot{A}_f$ 的物理意义不同,也具有不同的量纲,但都是对应网络的输出量与输入量的比值,如表 4-2 所示。

表 4-2　四种负反馈组态放大电路的比较

反馈组态	反馈系数	开环放大倍数	闭环放大倍数
电压串联	$\dot{F}_{uu}=\frac{\dot{U}_f}{\dot{U}_o}$	$\dot{A}_{uu}=\frac{\dot{U}_o}{\dot{U}_d}$	$\dot{A}_{uuf}=\frac{\dot{U}_o}{\dot{U}_i}$
电流串联	$\dot{F}_{ui}=\frac{\dot{U}_f}{\dot{I}_o}$	$\dot{A}_{iu}=\frac{\dot{I}_o}{\dot{U}_d}$	$\dot{A}_{iuf}=\frac{\dot{I}_o}{\dot{U}_i}$
电压并联	$\dot{F}_{iu}=\frac{\dot{I}_f}{\dot{U}_o}$	$\dot{A}_{ui}=\frac{\dot{U}_o}{\dot{I}_d}$	$\dot{A}_{uif}=\frac{\dot{U}_o}{\dot{I}_i}$
电流并联	$\dot{F}_{ii}=\frac{\dot{I}_f}{\dot{I}_o}$	$\dot{A}_{ii}=\frac{\dot{I}_o}{\dot{I}_d}$	$\dot{A}_{iif}=\frac{\dot{I}_o}{\dot{I}_i}$

注:三个参数的下标物理意义要理解,其中下标 f 表示带有反馈网络的闭环;其余两个下标——第一个下标表示对应网络的输出端的反馈类型,第二个下标表示对应网络的输入端的反馈类型。

根据反馈放大电路的一般表达式[式(4-6)],导出反馈放大电路的以下三条重要规律:

①根据闭环放大倍数的定义,如果分母的绝对值 $|1+\dot{A}\dot{F}|<1$,则 $|\dot{A}_f|>|\dot{A}|$,即引入反馈后闭环放大倍数增大,说明反馈为正反馈;如果 $|1+\dot{A}\dot{F}|>1$,则 $|\dot{A}_f|<|\dot{A}|$,即引入反馈后闭环放大倍数减小,说明反馈为负反馈。

②如果表达式中的分母不仅大于 1,而且比 1 大得多,即 $|1+\dot{A}\dot{F}|\gg 1$,则引入的反馈不仅是负反馈,而且是深度负反馈。由式(4-6)可得

$$\dot{A}_f=\frac{\dot{A}}{1+\dot{A}\dot{F}}\approx\frac{\dot{A}}{\dot{A}\dot{F}}=\frac{1}{\dot{F}} \tag{4-7}$$

说明在深度负反馈条件下,放大电路的闭环放大倍数 $\dot{A}_f$ 近似等于反馈系数的倒数,而基本上与开环放大倍数 $\dot{A}$ 无关。

③如果表达式中的分母不仅小于 1,而且等于零,即 $1+\dot{A}\dot{F}=0$,则引入的反馈不仅是正反馈,而且将产生自激振荡。由式(4-6)可得

$$\dot{A}_f=\frac{\dot{A}}{1+\dot{A}\dot{F}}\approx\infty \tag{4-8}$$

说明此时即使没有外加的输入信号 $\dot{X}_i$,电路仍有输出信号 $\dot{X}_o$,表示反馈放大电路发生了自激振荡。

如果发生自激振荡,反馈放大电路的输出信号 $\dot{X}_o$ 将与输入信号 $\dot{X}_i$ 无关,即输入信号不能对输出信号进行控制,或电路不能对输入信号进行线性放大,说明电路丧失了放大作用,不能正常工作。因此,需设法采取适当的校正措施,消除反馈放大电路的自激振荡,使电路稳定工作。

例 4-4　在图 4-14 所示的反馈放大电路中,已知集成运放开环差模增益 $A_{od}=250\ \text{V/mV}$,电路中 $R_1=1\ \text{k}\Omega$,$R_2=3\ \text{k}\Omega$,试估算该反馈放大电路的反馈系数 $\dot{F}$、环路增益 $\dot{A}\dot{F}$、反馈深度 $1+\dot{A}\dot{F}$ 和闭环放大倍数 $\dot{A}_f$。

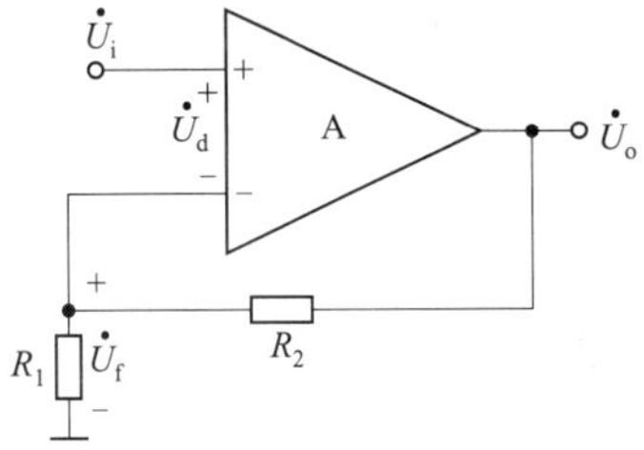

图 4-14　例 4-4 图

解　已知集成运放的开环差模增益 $A_{od}=250\ \text{V/mV}$,即开环放大倍数为

$$|\dot{A}|=2.5\times10^5$$

根据放大电路可得,反馈系数为

$$\dot{F}=\frac{\dot{U}_f}{\dot{U}_o}=\frac{R_1}{R_1+R_2}=\frac{1}{1+3}=0.25$$

环路增益为

$$\dot{A}\dot{F}=2.5\times10^5\times0.25=6.25\times10^4$$

反馈深度为

$$1+\dot{A}\dot{F}=1+6.25\times10^4\approx6.25\times10^4$$

闭环放大倍数为

$$\dot{A}_f=\frac{\dot{A}}{1+\dot{A}\dot{F}}\approx\frac{2.5\times10^5}{6.25\times10^4}=4$$

4.3.3　深度负反馈的实质

实用的放大电路中多引入深度负反馈,因此分析负反馈放大电路的重点是从电路中分离出反

馈网络,并求出反馈系数 $\dot{F}$。为了便于研究和测试,人们还常常需要求出不同组态负反馈放大电路的电压放大倍数。下面将重点研究深度负反馈的实质。

在负反馈放大电路的一般表达式中,若 $|1+\dot{A}\dot{F}| \gg 1$,则 $\dot{A}_f \approx \frac{1}{\dot{F}}$。根据 $\dot{F}$ 的定义 $\dot{F}=\frac{\dot{X}_f}{\dot{X}_o}$,所以 $\dot{A}_f \approx \frac{1}{\dot{F}} = \frac{\dot{X}_o}{\dot{X}_f}$。再根据定义 $\dot{A}_f=\frac{\dot{X}_o}{\dot{X}_i}$,可以推导出 $\dot{X}_i \approx \dot{X}_f$。

可见,深度负反馈的实质是在近似分析中忽略净输入量,或者说深度负反馈的实质就是输入量等于反馈量。对于不同的反馈组态,可忽略的净输入量也将不同。

当电路引入深度串联负反馈时,净输入电压近似等于0,所以输入电压近似等于反馈电压,即

$$\begin{cases}\dot{U}_d \approx 0 \\ \dot{U}_i \approx \dot{U}_f\end{cases} \tag{4-9}$$

当电路引入深度并联负反馈时,净输入电流近似等于0,所以输入电流近似等于反馈电流,即

$$\begin{cases}\dot{I}_d \approx 0 \\ \dot{I}_i \approx \dot{I}_f\end{cases} \tag{4-10}$$

4.3.4 反馈网络的分析

反馈网络连接放大电路的输出回路与输入回路,并且影响着反馈量。寻找出负反馈放大电路的反馈网络,便可根据定义求出反馈系数。

图4-15所示电压串联负反馈电路的反馈网络如图中点画线框所示。

因而反馈系数为

$$\dot{F}_{uu}=\frac{\dot{U}_f}{\dot{U}_o}=\frac{R_1}{R_1+R_2} \tag{4-11}$$

图4-16所示电流串联负反馈电路的反馈网络如图中点画线框所示。

因而反馈系数为

$$\dot{F}_{ui}=\frac{\dot{U}_f}{\dot{I}_o}=\frac{\dot{I}_oR_1}{\dot{I}_o}=R_1 \tag{4-12}$$

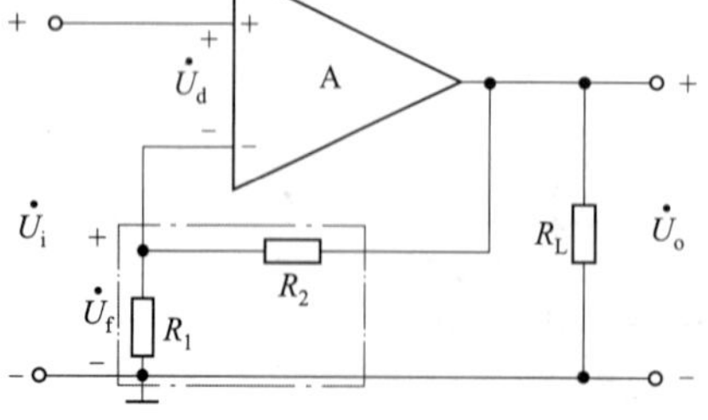

图4-15 电压串联负反馈电路

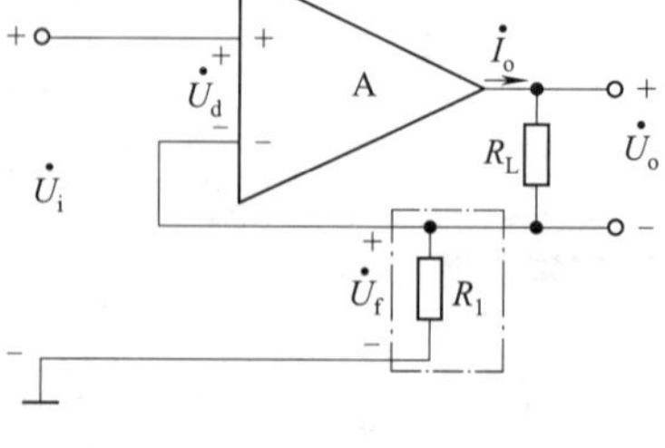

图4-16 电流串联负反馈电路

图4-17所示电压并联负反馈电路的反馈网络如图中点画线框所示。

因而反馈系数为

$$\dot{F}_{iu}=\frac{\dot{I}_{\mathrm{f}}}{\dot{U}_{\mathrm{o}}}=\frac{-\frac{\dot{U}_{\mathrm{o}}}{R_1}}{\dot{U}_{\mathrm{o}}}=-\frac{1}{R_1} \tag{4-13}$$

图 4-18 所示电流并联负反馈电路的反馈网络如图中点画线框所示。

因而反馈系数为

$$\dot{F}_{ii}=\frac{\dot{I}_{\mathrm{f}}}{\dot{I}_{\mathrm{o}}}=-\frac{R_2}{R_1+R_2} \tag{4-14}$$

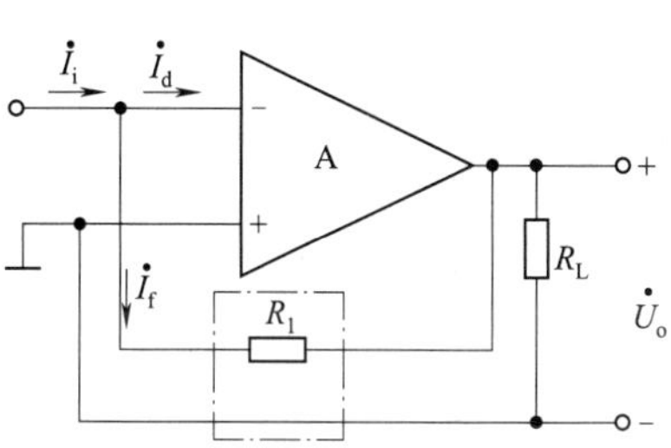

图 4-17　电压并联负反馈电路

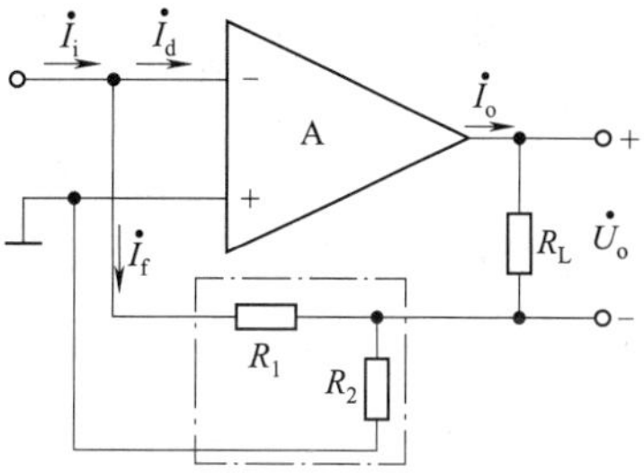

图 4-18　电流并联负反馈电路

注意:

通过四种负反馈组态的分析发现,反馈量仅决定于输出量,反馈系数仅与反馈网络有关,与放大电路的输入、输出特性或负载电阻无关。

例 4-5　计算图 4-19 所示电路的反馈系数。

解　该电路为电流并联负反馈,所以根据反馈系数的定义有

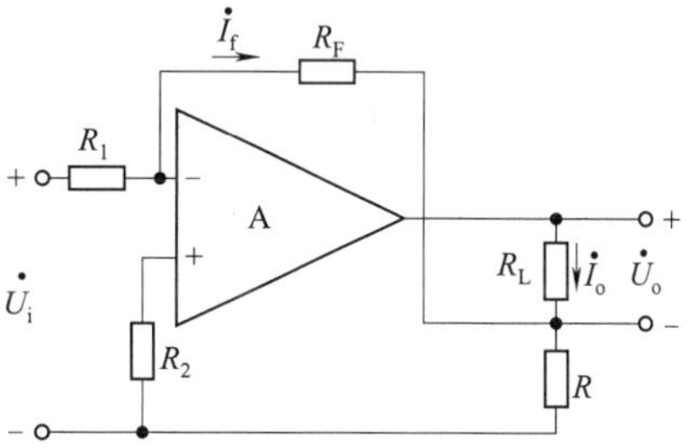

图 4-19　例 4-5 图

$$\dot{F}_{ii}=\frac{\dot{I}_{\mathrm{f}}}{\dot{I}_{\mathrm{o}}}=-\frac{R}{R_{\mathrm{F}}+R}$$

4.3.5　深度负反馈放大电路闭环电压放大倍数的分析

深度负反馈情况下闭环电压放大倍数的计算可以基于反馈系数进行计算,也可以根据电路的连接关系直接计算。下面介绍基于反馈系数的电压放大倍数的计算。

根据第 2 章介绍的放大电路交流参数的定义可知闭环电压放大倍数为

$$\dot{A}_{uf}=\frac{\dot{U}_{\mathrm{o}}}{\dot{U}_{\mathrm{i}}} \tag{4-15}$$

在负反馈放大电路中,输出端如果是电流反馈,式(4-15)中的$\dot{U}_{\mathrm{o}}$必须用输出电流$\dot{I}_{\mathrm{o}}$表示;输入端如果是并联反馈,式(4-15)中的$\dot{U}_{\mathrm{i}}$必须用输入电流$\dot{I}_{\mathrm{i}}$表示。

1. 电压串联负反馈电路

在深度负反馈条件下,输入端串联反馈时有$\dot{U}_{\mathrm{i}}\approx\dot{U}_{\mathrm{f}}$,输出端电压反馈,输出量仍然用电压$\dot{U}_{\mathrm{o}}$表示,所以闭环电压放大倍数为

$$\dot{A}_{uf}=\frac{\dot{U}_{\mathrm{o}}}{\dot{U}_{\mathrm{i}}}\approx\frac{\dot{U}_{\mathrm{o}}}{\dot{U}_{\mathrm{f}}}=\frac{1}{\dot{F}_{uu}} \tag{4-16}$$

2. 电流串联负反馈电路

在深度负反馈条件下，输入端串联反馈时有$\dot{U}_i \approx \dot{U}_f$，输出端电流反馈，所以输出量$\dot{U}_o$用电流$\dot{I}_o$表示，所以闭环电压放大倍数为

$$\dot{A}_{uf}=\frac{\dot{U}_o}{\dot{U}_i}\approx\frac{\dot{I}_o R_L}{\dot{U}_f}=\frac{1}{\dot{F}_{ui}}R_L \tag{4-17}$$

3. 电压并联负反馈电路

在深度负反馈条件下，输入端并联反馈时，输入量$\dot{U}_i$用输入电流$\dot{I}_i$表示，且$\dot{I}_i \approx \dot{I}_f$，输出端电压反馈，所以输出量仍然用电压$\dot{U}_o$表示，所以闭环电压放大倍数为

$$\dot{A}_{uf}=\frac{\dot{U}_o}{\dot{U}_i}=\frac{\dot{U}_o}{\dot{I}_i R_s}\approx\frac{\dot{U}_o}{\dot{I}_f R_s}=\frac{1}{\dot{F}_{iu}}\frac{1}{R_s} \tag{4-18}$$

4. 电流并联负反馈电路

在深度负反馈条件下，输入端并联反馈时，输入量$\dot{U}_i$用输入电流$\dot{I}_i$表示，且$\dot{I}_i \approx \dot{I}_f$，输出端电流反馈，所以输出量$\dot{U}_o$用电流$\dot{I}_o$表示，所以闭环电压放大倍数为

$$\dot{A}_{uf}=\frac{\dot{U}_o}{\dot{U}_i}=\frac{\dot{I}_o R_L}{\dot{I}_i R_s}\approx\frac{\dot{I}_o R_L}{\dot{I}_f R_s}=\frac{1}{\dot{F}_{ii}}\frac{R_L}{R_s} \tag{4-19}$$

例 4-6 深度负反馈条件下计算图 4-20 所示电路的闭环电压放大倍数。

解 该电路为电压串联负反馈，所以根据式(4-11)和式(4-16)有

$$\dot{F}_{uu}=\frac{\dot{U}_f}{\dot{U}_o}=\frac{R_{e1}/\!/R_4}{R_{e1}/\!/R_4+R_3}$$

$$\dot{A}_{uf}=\frac{\dot{U}_o}{\dot{U}_i}\approx\frac{\dot{U}_o}{\dot{U}_f}=\frac{1}{\dot{F}_{uu}}=\frac{(R_{e1}/\!/R_4)+R_3}{R_{e1}/\!/R_4}$$

例 4-7 深度负反馈条件下计算图 4-21 所示电路的闭环电压放大倍数。

解 该电路为电压并联负反馈，所以根据式(4-13)和式(4-18)有

$$\dot{F}_{iu}=\frac{\dot{I}_f}{\dot{U}_o}=\frac{-\frac{\dot{U}_o}{R_F}}{\dot{U}_o}=-\frac{1}{R_F}$$

$$\dot{A}_{uf}=\frac{\dot{U}_o}{\dot{U}_i}=\frac{\dot{U}_o}{\dot{I}_i R_s}\approx\frac{\dot{U}_o}{\dot{I}_f R_s}=\frac{1}{\dot{F}_{iu}}\frac{1}{R_s}=-\frac{R_F}{R_s}$$

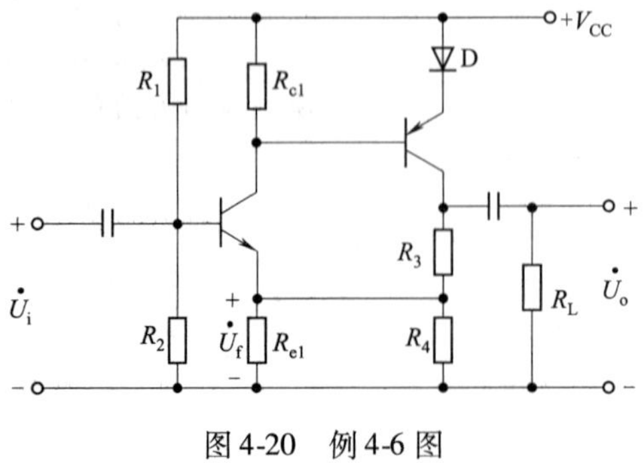

图 4-20 例 4-6 图

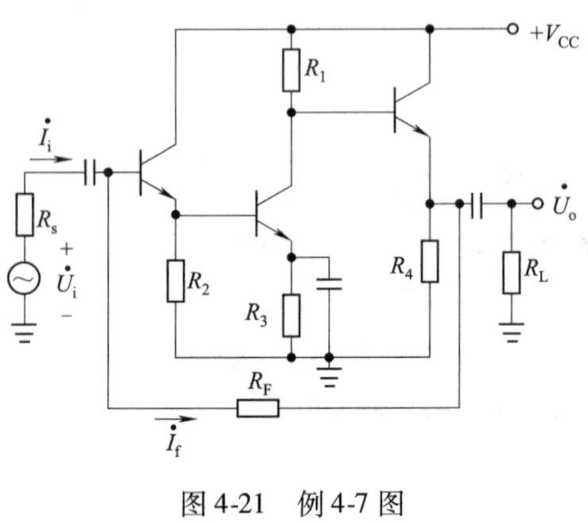

图 4-21 例 4-7 图

例 4-8　深度负反馈条件下计算图 4-22 所示电路的闭环电压放大倍数。

解　该电路为电流并联负反馈，所以根据式(4-14)和式(4-19)有

$$\dot{F}_{ii}=\frac{\dot{I}_{f}}{\dot{I}_{o}}=-\frac{R_{e2}}{R_{F}+R_{e2}}$$

$$\dot{A}_{uf}=\frac{\dot{U}_{o}}{\dot{U}_{i}}=\frac{\dot{I}_{o}R_{L}}{\dot{I}_{i}R_{s}}=\frac{\dot{I}_{o}R_{L}}{\dot{I}_{f}R_{s}}=\frac{1}{\dot{F}_{ii}}\frac{R_{L}}{R_{s}}=-\left(\frac{R_{F}+R_{e2}}{R_{e2}}\right)\frac{R_{L}}{R_{s}}$$

下面以图 4-23 为例，介绍直接根据电路连接关系计算闭环电压放大倍数。

例 4-9　深度负反馈条件下计算图 4-23 所示电路的闭环电压放大倍数。

解　该电路为电流串联负反馈，根据闭环电压放大倍数的公式有

$$\dot{A}_{uf}=\frac{\dot{U}_{o}}{\dot{U}_{i}}\approx\frac{\dot{U}_{o}}{\dot{U}_{f}}$$

由于输出端是电流反馈，输出电压$\dot{U}_o$应该用输出电流$\dot{I}_o$表示。

值得思考的是，此时输出电流$\dot{I}_o$用流过 R_L 的电流表示？还是用流过 R_L 和 R_{c1} 并联电阻的总的电流表示呢？（由于计算的闭环电压放大倍数是交流参数，所以直流电源接地，在交流通路中，R_L 和 R_{c1} 是并联关系。）

不管如何选择，都能得到最后的结果。为了计算方便，最简单的方法就是选择后者，即选择 R_L 和 R_{c1} 并联电阻的总电流作为输出电流。为什么这样选择呢？可以从反馈电压入手。反馈电压$\dot{U}_f$是发射极电阻两端的电压，它与发射极电流有关；而 R_L 和 R_{c1} 并联电阻的总电流等于集电极电流，由于发射极电流$\dot{I}_e$近似等于集电极电流$\dot{I}_c$，所以

$$\dot{A}_{uf}=\frac{\dot{U}_{o}}{\dot{U}_{i}}=\frac{\dot{U}_{o}}{\dot{U}_{f}}\approx-\frac{\dot{I}_{c}(R_{L}/\!/R_{c1})}{\dot{I}_{e}R_{e}}\approx-\frac{(R_{L}/\!/R_{c1})}{R_{e}}$$

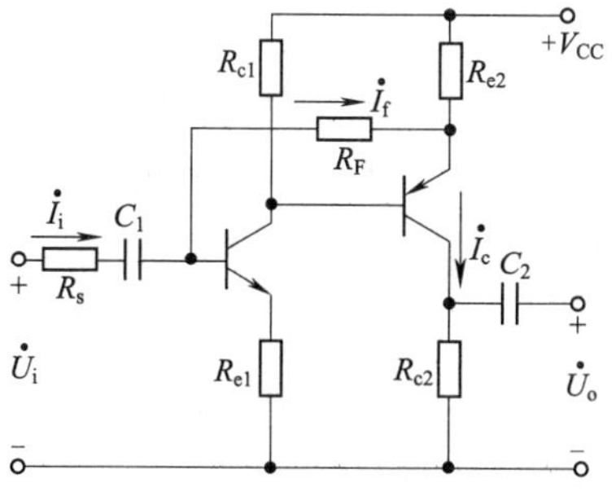

图 4-22　例 4-8 图

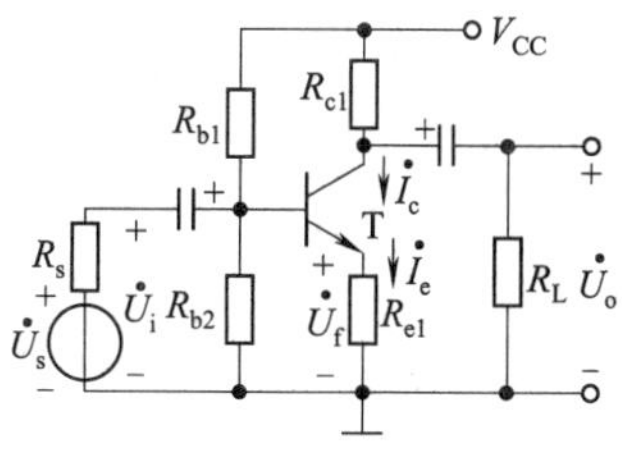

图 4-23　例 4-9 图

例 4-10　深度负反馈条件下计算图 4-24 所示电路的闭环电压放大倍数。

解　经过分析可知，在图 4-24 所示电路中，输出电压经过电阻 R_F 和 R_{e1} 分压后将反馈电压引回到第一个三极管的发射极，反馈的组态是电压串联负反馈，所以闭环电压放大倍数为

$$\dot{A}_{uf}=\frac{\dot{U}_{o}}{\dot{U}_{i}}\approx\frac{\dot{U}_{o}}{\dot{U}_{f}}=\frac{R_{e1}+R_{F}}{R_{e1}}$$

例 4-11　深度负反馈条件下计算图 4-25 所示电路的闭环电压放大倍数。

解　负载短路法判断输出端：负载短路后，由 R_f 和 R_{e1} 构成的反馈网络仍然存在，所以反馈没

有消失，因此为电流反馈。输入信号和反馈信号加在两个不同的电极上，所以输入端是串联反馈。经过分析可知，反馈的组态是电流串联负反馈，所以闭环放大倍数为

$$\dot{A}_{uf}=\frac{\dot{U}_o}{\dot{U}_i}\approx\frac{\dot{U}_o}{\dot{U}_f}=-\frac{\dot{I}_c(R_L/\!/R_{c1})}{\dot{I}_e\frac{R_{e3}}{R_{e3}+(R_{e1}+R_F)}R_{e1}}\approx-\frac{(R_L/\!/R_{c1})(R_{e3}+R_{e1}+R_F)}{R_{e1}R_{e3}}$$

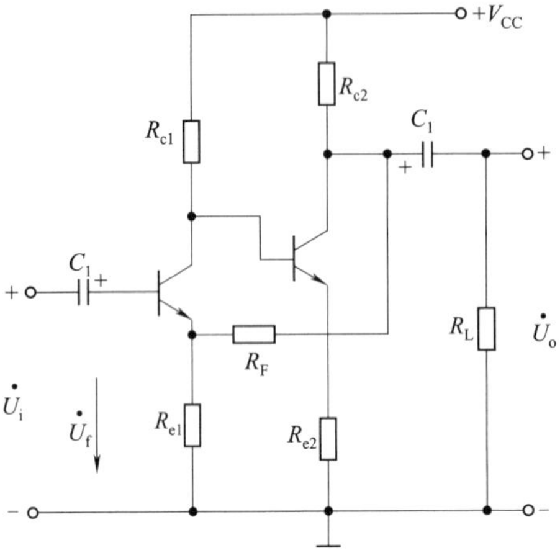

图 4-24　例 4-10 图

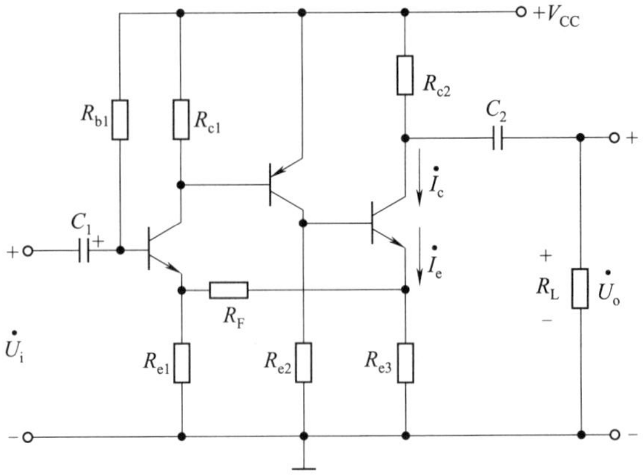

图 4-25　例 4-11 图

4.4　负反馈对放大电路性能的影响

在放大电路中引入负反馈的目的就是希望改善放大电路的各项性能。但是要注意，不同类型的负反馈对放大电路的性能产生的影响是不同的，例如，电压负反馈能够稳定输出电压，而电流负反馈能够稳定输出电流。又如串联负反馈能够提高输入电阻，而并联负反馈能够降低输入电阻等。所以，在分析某个负反馈放大电路在哪些方面改善了放大电路的哪些性能时，首先应分析该放大电路中负反馈的组态，然后，在正确理解各种负反馈对放大电路性能影响的基础上，针对实际工作中提出的要求，正确引入适当的负反馈，而不是引入一个任意的负反馈。

如果要求定量估算引入负反馈对放大电路性能的改善程度，则应特别注意反馈深度 $1+\dot{A}\dot{F}$ 这个概念。实际上，引入负反馈以后，放大电路的放大倍数降低了，成为原来的 $\left|\frac{1}{1+\dot{A}\dot{F}}\right|$ 倍，而放大电路性能的改善程度也与 $1+\dot{A}\dot{F}$ 有关，通常为改善了 $|1+\dot{A}\dot{F}|$ 倍。

负反馈对放大电路性能的影响具体来说有以下几方面，主要体现在：能提高放大倍数的稳定性、展宽通频带、减小非线性失真等。而这些性能的改善是与反馈深度 $1+\dot{A}\dot{F}$ 密切相关的。

4.4.1　稳定放大倍数

在环境温度变化、晶体管衰老、电源电压变化、负载电阻变化的情况下，都会引起放大器放大倍数的变化。而放大倍数的不稳定则会导致放大电路的输出电流或电压不稳定，因此电子设备就不能正常工作。引入负反馈以后，引起放大倍数不稳定的各种变化能得到抵偿，因此能提高放大倍数的稳定性。为了定量说明放大倍数（广义的放大倍数）稳定性改善的程度，引入放大倍数的相

对变化量。

在讨论负反馈对放大电路性能的影响时，除频率响应外，主要考虑中频情况，而且假设反馈网络为纯电阻性，因此，为了简化问题，放大倍数和反馈系数均用实数表示，此时反馈的一般表达式为

$$A_f = \frac{A}{1+AF} \tag{4-20}$$

对上式求导数得

$$dA_f = \frac{(1+AF)dA - AFdA}{(1+AF)^2} = \frac{dA}{(1+AF)^2} \tag{4-21}$$

其相对变化量为

$$\frac{dA_f}{A_f} = \frac{1}{1+AF} \cdot \frac{dA}{A} \tag{4-22}$$

可见引入负反馈后，闭环放大倍数 A_f 虽然减小到开环放大倍数 A 的$\frac{1}{1+AF}$倍，但 A_f的相对变化量$\frac{dA_f}{A_f}$（即 A_f 的稳定性）却提高到原相对变化量$\frac{dA}{A}$的$\frac{1}{1+AF}$倍。当然，A_f 稳定性的提高是以损失放大倍数 A_f 为代价的（A_f 减小到 A 的$\frac{1}{1+AF}$倍）。

4.4.2 对放大电路输入电阻和输出电阻的影响

在放大电路中引入不同反馈组态，交流负反馈将对输入电阻和输出电阻产生不同影响。

①对输入电阻的影响，取决于电路引入的是串联反馈还是并联反馈。串联负反馈使输入电阻增大；并联负反馈使输入电阻减小。

从图4-12(a)、(c)串联负反馈放大电路的输入回路中可以看出，输入电阻是增大的。从理论上分析，闭环放大电路串联负反馈的输入电阻增大到开环放大电路的$(1+AF)$倍，即

$$R_{if串} = (1+AF)R_i \tag{4-23}$$

从图4-12(b)、(d)并联负反馈放大电路的输入回路可以看出，输入电阻是减小的。从理论上分析，闭环放大电路并联负反馈的输入电阻减小到开环放大电路的$\frac{1}{1+AF}$倍，即

$$R_{if并} = \frac{R_i}{1+AF} \tag{4-24}$$

②对输出电阻的影响，取决于电路引入的是电压反馈还是电流反馈。由前面讨论可知，放大器引入负反馈以后，能稳定放大器的放大倍数。

电压负反馈能够稳定输出电压，使输出电压接近恒压源。理想电压源内阻为零，可见电压负反馈能使输出电阻减小，从理论分析计算知道，减小为原来$\frac{1}{1+AF}$倍，即

$$R_{of压} = \frac{R_o}{1+AF} \tag{4-25}$$

电流负反馈能够稳定输出电流，使输出电流接近恒流源。理想恒流源内阻为无穷大，可见电流负反馈能使输出电阻增加，从理论分析计算知道，增加为原来$(1+AF)$倍，即

$$R_{of流} = (1+AF)R_o \tag{4-26}$$

4.4.3 减小放大器非线性失真

当工作点选择不当或输入信号较大时，因为放大电路中的半导体器件具有非线性，使得输出

信号不能与输入信号完全呈现线性关系而产生波形失真。引入负反馈后是怎样减小这种失真的呢？将输出端的失真信号反馈到输入端后，使净输入信号也产生某种程度上的失真；经过放大后可使输出信号得到一定程度的补偿，即改善了波形失真。非线性失真减小为原来的$\frac{1}{1+AF}$倍。

图 4-26 是通过闭环和开环放大电路各点波形来说明负反馈放大电路是如何利用失真波形来改善非线性失真的。

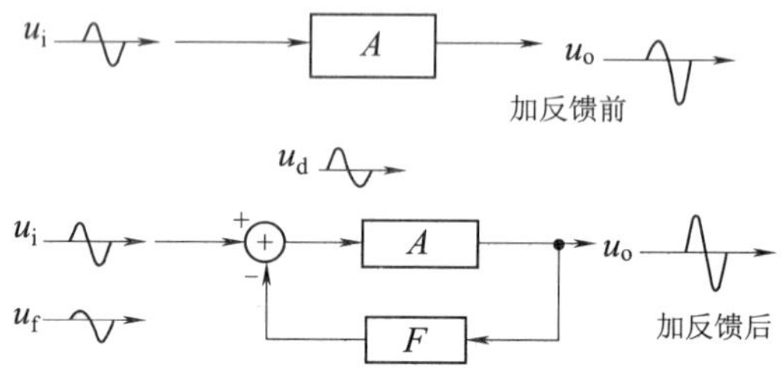

图 4-26　负反馈减小非线性失真

4.4.4　改善频率响应与展宽频带

放大电路中由于存在电抗元件和三极管的扩散电容与势垒电容的影响，会使放大电路的高频段和低频段放大倍数下降，引起频率失真。引入负反馈后，频率特性得到改善。

可以这样理解：在输入信号一定的情形下，中频段因放大倍数最大，输出信号最大，反馈到输入端的信号较大，对原输入信号抵消较大，使输出信号减小得多。在高频段和低频段，由于放大倍数较小，反馈到输入端的信号小，使输出信号减小得少一些。因此，加入负反馈以后使放大电路在整个运用频率范围内放大倍数的差别较小，使通频带展宽。闭环放大电路的通频带变为开环放大电路通频带的$(1+AF)$倍。

例 4-10　在图 4-27 所示电路中，按要求引入负反馈。

要求：(1) 提高输入电阻，稳定输出电压；(2) 稳定第二级的静态工作点并进一步稳压。

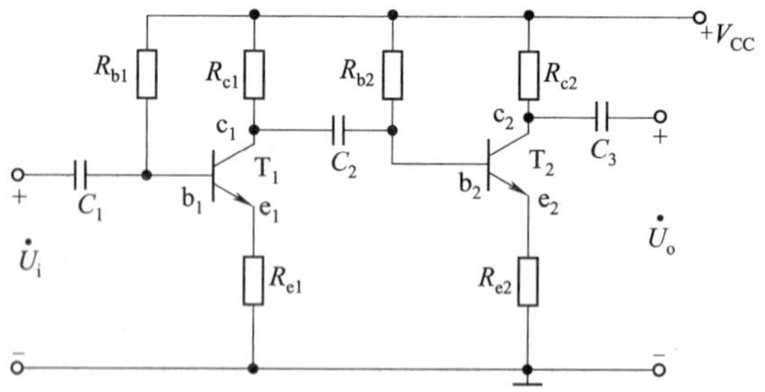

图 4-27　例 4-10 图

解　(1) 输入端引入串联负反馈能提高输入电阻；输出端引入电压负反馈能稳定输出电压。所以总体上引入越级的电压串联负反馈，可以在 T_2 的集电极 c_2 点和三极管 T_1 的发射极 e_1 点之间连接一个反馈电阻。

(2) 在第二级放大电路中引入本级直流负反馈可以稳定第二级的静态工作点；同时考虑到进一步满足 (1) 的要求，可引入交、直流并存的电压负反馈，即在三极管 T_2 的基极 b_2 和集电极 c_2 之间连接一个反馈电阻。

小　　结

1. 负反馈组态的判别方法

为了改善放大电路的性能，往往在电路中加入负反馈。

(1)判别某一放大电路是否有反馈存在，主要看其输入回路与输出回路之间有无反馈元件。有反馈元件的电路则有反馈存在。

(2)从输出端判断电压反馈还是电流反馈：

一般利用负载短路法判断，当负载短路后仍然存在反馈通路的则是电流反馈；否则是电压反馈。

(3)从输入端判断串联反馈还是并联反馈：

一般来说，反馈信号与输入信号加在输入回路的同一点则为串联反馈；反馈信号与输入信号加在输入回路的两点上则为并联反馈。

(4)反馈极性采用瞬时极性法判断：在输入端加一个正的瞬时极性，按照信号传输方向依次标出电路各点电位的瞬时极性，观察放大电路的净输入信号是增强还是削弱，如果净输入信号增强就是正反馈，反之则是负反馈。

(5)判断是直流反馈还是交流反馈。主要看反馈通路上是否存在电容元件。

2. 负反馈电压放大倍数

反馈放大电路放大倍数的一般表达式为 $\dot{A}_f=\dfrac{\dot{A}}{1+\dot{A}\dot{F}}$，若 $1+\dot{A}\dot{F}\gg1$，即在深度负反馈条件下 $\dot{A}_f\approx\dfrac{1}{\dot{F}}$，即 $\dot{X}_i\approx\dot{X}_f$。若电路引入深度串联负反馈，则 $\dot{U}_i\approx\dot{U}_f$；若电路引入深度并联负反馈，则 $\dot{I}_i\approx\dot{I}_f$。若引入电流负反馈时 $\dot{U}_o=\dot{I}_oR'_L$。利用 $\dot{A}_f\approx\dfrac{1}{\dot{F}}$ 可以分析计算四种反馈组态放大电路的电压放大倍数。

利用理想运放组成的负反馈放大电路，可利用其“虚短”和“虚断”的特点，求解放大倍数。

3. 负反馈对电路性能的影响

引入交流负反馈后，可以提高放大倍数的稳定性、改变输入电阻和输出电阻、展宽频带、减小非线性失真等。引不同组态负反馈对放大电路性能的影响不尽相同，在实用电路中应根据需求引入合适组态的负反馈。

习　　题

1. 选择合适的答案填入括号内。

(1)对于放大电路，所谓开环是指(　　)。

A. 无信号源　　B. 无反馈通路　　C. 无电源　　D. 无负载

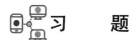

而所谓闭环是指(　　)。

A. 考虑信号源内阻　　B. 存在反馈通路

C. 接入电源　　D. 接入负载

(2) 在输入量不变的情况下,若引入反馈后(　　),则说明引入的反馈是负反馈。

A. 输入电阻增大　　B. 输出量增大

C. 净输入量增大　　D. 净输入量减小

(3) 直流负反馈是指(　　)。

A. 直接耦合放大电路中所引入的负反馈

B. 只有放大直流信号时才有的负反馈

C. 在直流通路中的负反馈

(4) 交流负反馈是指(　　)。

A. 阻容耦合放大电路中所引入的负反馈

B. 只有放大交流信号时才有的负反馈

C. 在交流通路中的负反馈

(5) 为了实现下列目的,应引入:

A. 直流负反馈　　B. 交流负反馈

①为了稳定静态工作点,应引入(　　);

②为了稳定放大倍数,应引入(　　);

③为了改变输入电阻和输出电阻,应引入(　　);

④为了抑制温漂,应引入(　　);

⑤为了展宽频带,应引入(　　)。

(6) 反馈放大电路的含义是(　　)。

A. 输入与输出之间有信号通路　　B. 电路中存在反向传输的信号通路

C. 除放大电路之外还有信号通路　　D. 电路中有比较环节

(7) 构成反馈网络的元器件(　　)。

A. 只能是电阻、电容、电感等无源元件

B. 只能是晶体管或集成运算放大器等有源器件

C. 可以是无源元件,也可以是有源器件

(8) 反馈量是指(　　)。

A. 反馈网络从输出回路取出的信号量

B. 反馈到输入回路的信号量

C. 反馈到输入回路的信号量与反馈网络从输出回路取出的信号量之比

D. 净输入信号

(9) 为了稳定静态工作点,应引入(　　)。

A. 直流负反馈　　B. 交流负反馈　　C. 交流正反馈　　D. 直流正反馈

(10) 为了稳定增益,应引入(　　)。

A. 直流负反馈　　B. 交流负反馈

C. 交流正反馈　　D. 直流正反馈

(11) 为了扩展通频带,应引入(　　)。

A. 直流负反馈　　B. 交流负反馈　　C. 交流正反馈　　D. 直流正反馈

(12) 为了提高增益,可适当引入(　　)。

A. 直流负反馈　　B. 交流负反馈　　C. 交流正反馈　　D. 直流正反馈

(13) 为了减少非线性失真,应引入(　　)。

A. 直流负反馈　　B. 交流负反馈　　C. 交流正反馈　　D. 直流正反馈

(14) 欲得到电流-电压转换电路,应在放大电路中引入(　　)。

A. 电压串联负反馈　　B. 电压并联负反馈

C. 电流串联负反馈　　D. 电流并联负反馈

(15) 欲将电压信号转换成与之成比例的电流信号,应在放大电路中引入(　　)。

A. 电压串联负反馈　　B. 电压并联负反馈

C. 电流串联负反馈　　D. 电流并联负反馈

(16) 欲减小电路从信号源索取的电流,增大带负载能力,应在放大电路中引入(　　)。

A. 电压串联负反馈　　B. 电压并联负反馈

C. 电流串联负反馈　　D. 电流并联负反馈

(17) 欲从信号源获得更大的电流,并稳定输出电流,应在放大电路中引入(　　)。

A. 电压串联负反馈　　B. 电压并联负反馈

C. 电流串联负反馈　　D. 电流并联负反馈

(18) 在单管共射放大电路中,反馈信号反送到三极管的基极,该反馈是(　　)。

A. 电压反馈　　B. 电流反馈　　C. 串联反馈　　D. 并联反馈

(19) 在单管共射放大电路中,反馈信号是从集电极取出反送到输入端,属于(　　)。

A. 电压串联负反馈　　B. 电流并联负反馈

C. 电压串联负反馈　　D. 电压并联负反馈

2. 判断图 4-28 所示各电路中是否引入了反馈;若引入了反馈,则判断是正反馈还是负反馈;若引入了交流负反馈,则判断是哪种组态的负反馈?

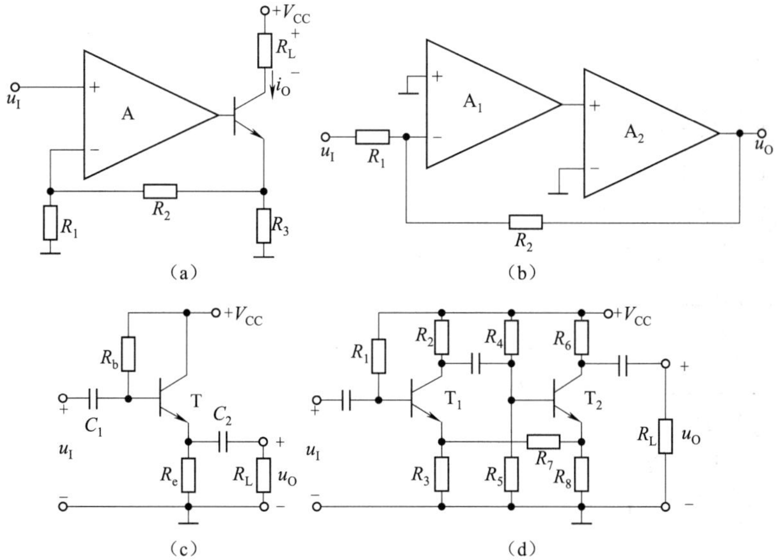

图 4-28　题 2 图

3. 设图4-29中所有电容对交流信号均可视为短路，判断图中各电路中：

(1) 是否引入了反馈？是直流反馈还是交流反馈？是正反馈还是负反馈？

(2) 如果是交流负反馈电路，请判断引入了哪种组态的交流负反馈，并计算它们的反馈系数。

(3) 计算交流负反馈电路在深度负反馈条件下的电压放大倍数。

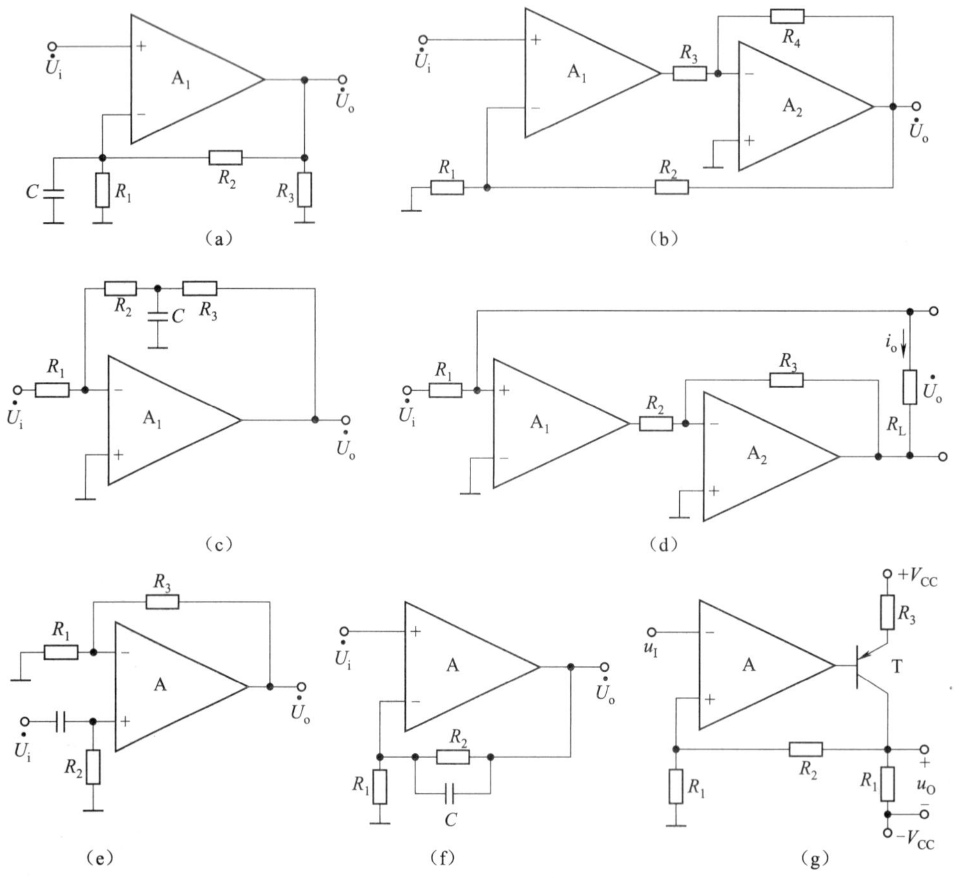

图4-29 题3图

4. 电路如图4-30所示，已知集成运放的开环差模增益和差模输入电阻均近于无穷大，最大输出电压幅值为±14 V。填空：

电路引入了______（填入反馈组态）交流负反馈，电路的输入电阻趋近于______，电压放大倍数 A_{uf} = ______，$\Delta u_O/\Delta u_I \approx$ ______。设 u_I = 1 V，则 $u_o \approx$ ______V；若 R_1 开路，则 u_O 变为______V；若 R_1 短路，则 u_O 变为______V；若 R_2 开路，则 u_o 变为______V；若 R_2 短路，则 u_O 变为______V。

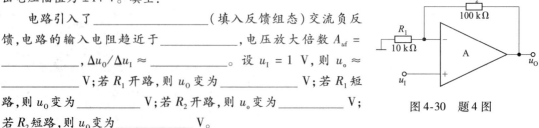

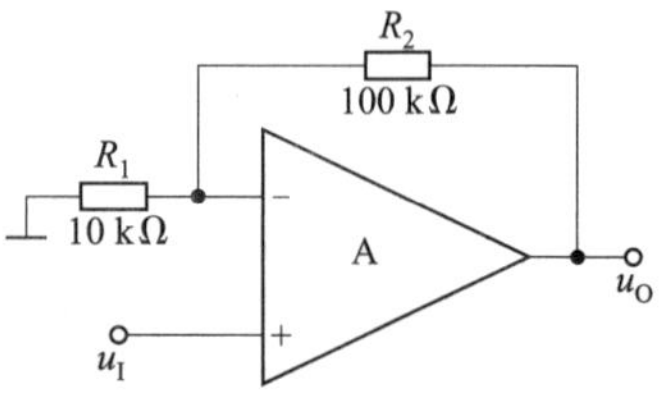

图4-30 题4图

5. 试分析图4-31所示各电路的级间交流反馈是正反馈还是负反馈？若是负反馈，指出反馈电路类型，并计算深度负反馈条件下闭环电压放大倍数（设图中所有电容对交流信号均可视为短路）。

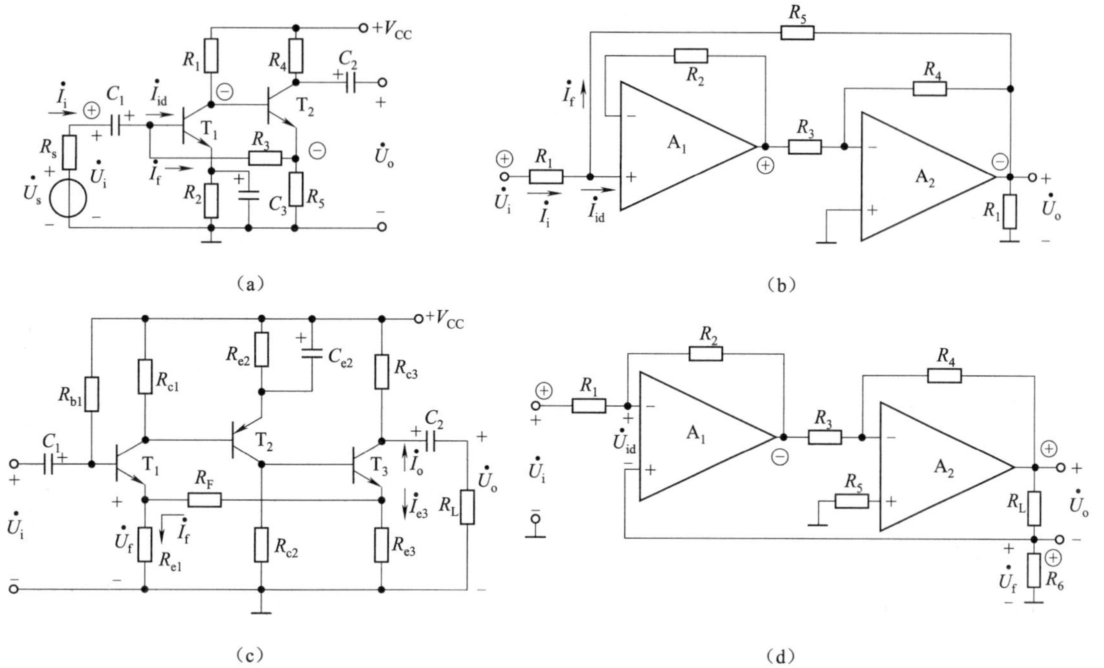

图 4-31　题 5 图

6. 求出图 4-32 所示电路的输出电压 U_o。

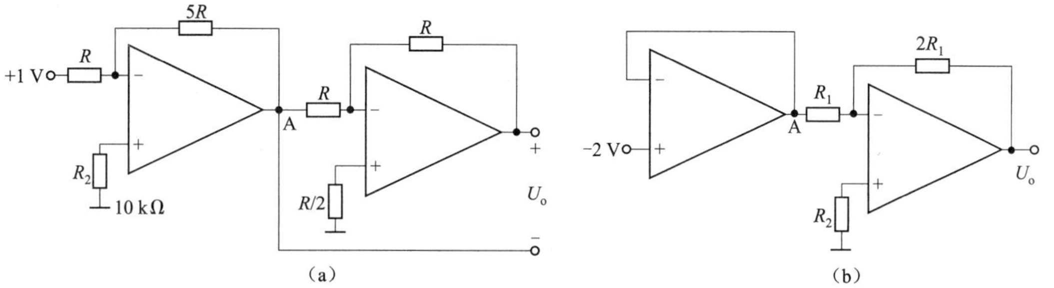

图 4-32　题 6 图

7. 集成运放应用电路如图 4-33 所示,试分析:

(1)判断负反馈类型;

(2)指出电路稳定什么量;

(3)计算电压放大倍数 $A_{uf}=$?

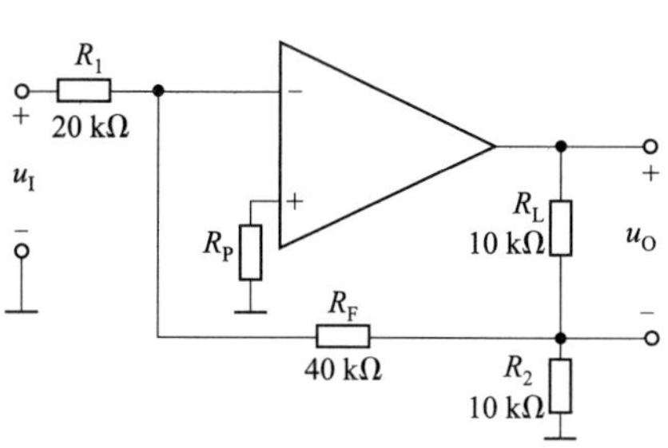

图 4-33　题 7 图

8. 分析图 4-34 中各电路是否存在反馈？若存在，请指出是电压反馈还是电流反馈？是串联反馈还是并联反馈？是正反馈还是负反馈？并计算电压放大倍数。

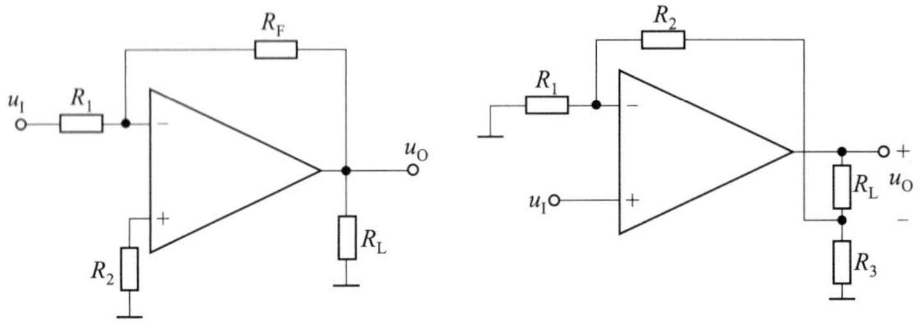

图 4-34　题 8 图

9. 图 4-35 所示电路为深度负反馈放大电路，试分析：

(1) 指出图中引入的两个负反馈的组态及反馈元件；

(2) 求 $\frac{u_O}{u_{O1}}$ 和 $\frac{u_O}{u_I}$；

(3) 指出该电路级间负反馈所稳定的对象以及对输入电阻和输出电阻的影响。

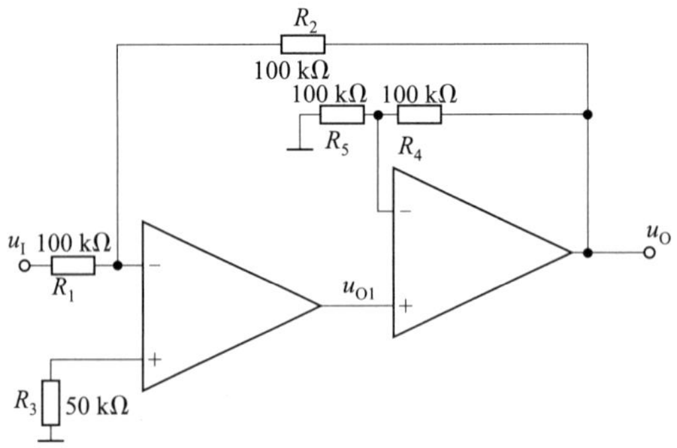

图 4-35　题 9 图

第 5 章 波形的发生和信号的转换

引　言

正弦波振荡电路又称信号产生电路，通常也称振荡器，它是在无外加输入信号情况下，靠电路自身结构特点产生一定频率和一定幅度的正弦输出信号的电路。常用的正弦波振荡电路主要有 RC 振荡电路和 LC 振荡电路以及石英晶体振荡电路。正弦波振荡电路应用十分广泛，在科学研究、工业生产、医学、通信等领域都要用到，只是在不同的使用场合，对正弦波的频率、功率要求会有很大差别。

内容结构

- 波形的发生和信号的转换
  - 概述
    - 正弦波振荡的条件
    - 自激振荡的建立和振幅的稳定
    - 正弦波振荡电路的基本组成
  - RC正弦波振荡电路
    - 电路图及原理分析
    - 振荡的建立及稳幅
  - LC正弦波振荡电路
    - 变压器反馈式LC正弦波振荡电路
    - 电感反馈式LC正弦波振荡电路
    - 电容反馈式LC正弦波振荡电路
  - 石英晶体正弦波振荡电路
    - 石英晶体的基本知识
    - 石英晶体振荡器
  - 电压比较器
    - 电压比较器简介
    - 单限比较器
    - 滞回比较器
    - 窗口比较器
    - 单片集成专用电压比较器
    - 电压比较器的应用
  - 非正弦波发生电路
    - 矩形波发生电路
    - 三角波发生电路
    - 锯齿波发生电路
    - 波形变换电路
    - 函数信号发生器
  - 利用集成运放实现的信号转换电路
    - 电压与电流转换电路
    - 精密整流电路

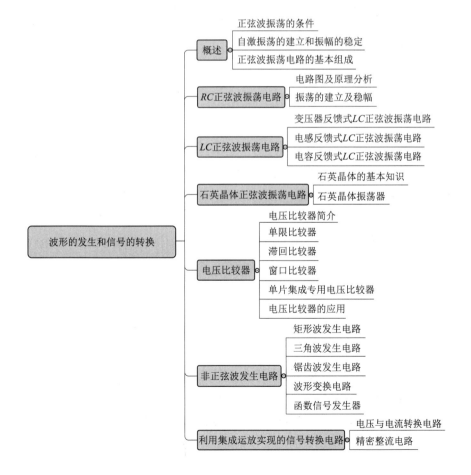

学习目标

①了解正弦波振荡电路的工作原理以及分类。

②掌握电压比较器的种类及其分析方法。

③分析非正弦波的产生和波形变换电路。

5.1 概　　述

5.1.1 正弦波振荡的条件

多级放大电路带有负反馈网络构成闭环放大电路后，由于附加相移的影响，可使放大电路在无输入信号的情况下有输出信号，即产生了自激振荡。自激振荡影响放大电路的正常工作，应加以消除。但是在正弦波振荡电路中，是利用电路的自激振荡产生一定幅度和一定频率的正弦波信号输出。应当注意，在这里不是由于负反馈产生附加的相移引起的自激振荡，而是人为在电路中引入正反馈使电路产生自激振荡。

图 5-1 为正弦波振荡电路的框图。图中放大电路没有外加输入信号，仅将正反馈电路 F 的反馈信号输入到放大电路中。

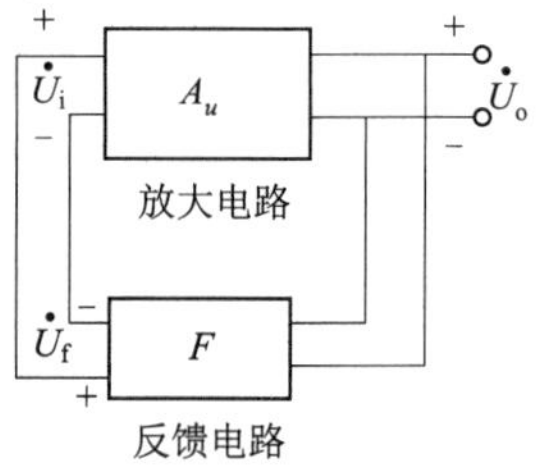

图 5-1　正弦波振荡电路的框图

图中电路的电压放大倍数为

$$\dot{A}_u=\frac{\dot{U}_o}{\dot{U}_i}$$

反馈系数为

$$\dot{F}=\frac{\dot{U}_f}{\dot{U}_o}$$

电路无外加输入信号，靠反馈信号维持一定正弦波电压$\dot{U}_o$输出，设电路工作在稳定状态，在电路参数和结构不变的情况下，要维持输出电压$\dot{U}_o$不变，必须$\dot{U}_f$和$\dot{U}_i$相等。即

$$\dot{U}_f=\dot{U}_i$$

根据电压放大倍数和反馈系数公式可得

$$\dot{F}=\frac{\dot{U}_f}{\dot{U}_o}=\frac{U_i}{\dot{U}_o}=\frac{1}{\dot{A}_u}$$

所以

$$\dot{A}_u\dot{F}=1 \tag{5-1}$$

式(5-1)称为正弦波振荡电路稳定工作的平衡条件，它包含了两个要点：

①幅度条件为：$|\dot{A}_u\dot{F}|=1$，即 $U_f=U_i$。

②相位条件为：$\dot{U}_f$与$\dot{U}_i$相位一致，即电路产生正反馈。

若某电路中，电压放大倍数 $\dot{A}_u=-50$，反馈系数 $\dot{F}=-0.02$，若电路起始输入正弦电压$\dot{U}_i=0.1\angle 0°$ V，经放大后则输出电压$\dot{U}_o=0.15\angle 180°$ V，经反馈后的反馈电压$\dot{U}_f=0.1\angle 0°$ V。可见，这时就可用$\dot{U}_f$代替原来$\dot{U}_i$而产生稳定的振荡。在这个电路中，$\dot{U}_f$与$\dot{U}_i$同相位，它完全符合自激振荡产生的条件。

5.1.2　自激振荡的建立和振幅的稳定

振荡电路是依靠$\dot{U}_f=\dot{U}_i$维持稳定输出的。振荡电路不需要输入信号，在起振时是依靠电路扰动信号的。如电源刚接入瞬间电流的突变、电路中电量的波动以及噪声等，都会在放大电路输入端产生一个微小的输入信号，经过反馈后得到一个反馈电压，如果这时满足正弦波振荡电路稳定工作的振幅条件，则电路的输出电压不会增大，并维持开始的输出不变。要使振荡幅度逐渐增大，起振条件应是$|\dot{A}_u\dot{F}|>1$，并且$\dot{A}_u$ 和 $\dot{F}$ 同相位，这样经过多次反馈，$\dot{U}_i$、$\dot{U}_o$、$\dot{U}_f$的值都比前一次增大，使振荡幅度逐渐升高，依靠放大电路的输入/输出关系的非线性，或者反馈网络的输入/输出关系的非线性，最后使得振荡电路稳定工作在一个较大的输出幅值上，电路完成了由$|\dot{A}_u\dot{F}|>1$ 过渡到$|\dot{A}_u\dot{F}|=1$ 的稳定工作状态。

图 5-2 为自激振荡建立过程示意图。一般电路的放大特性为非线性的，图中用一曲线表示。假设反馈特性为线性的，图中用直线表示。当电路刚接通电源时，电路中出现了一个微小的冲击信号 U_{i1} 加至电路的输入端，经过放大得到输出电压 U_{o1}即图 5-2 中点 1，再经过反馈得到反馈电压 U_{f2}即为新的输入电压 U_{i2}即图 5-2 中点 2。这样由放大反馈，再放大再反馈的反复循环，使输出电压不断地增大。如图 5-2 中由点 1→点 2→点 3→点 4→……最后到达两特性曲线的交点 A 时，振荡达到稳定。从图 5-2 中可见，在振荡的建立过程中反馈系数 F 为线性不变，而放大倍数 A_u由大逐步到饱和变小，因此振荡的建立过程即为$|\dot{A}_u\dot{F}|>1$ 到$|\dot{A}_u\dot{F}|=1$ 的过程。如果改变反馈系数 F，反馈特性的斜率便会改变。若 F 下降，F 会如图 5-2 中虚线 F'所示，可分析该电路无法建立稳定的振荡。

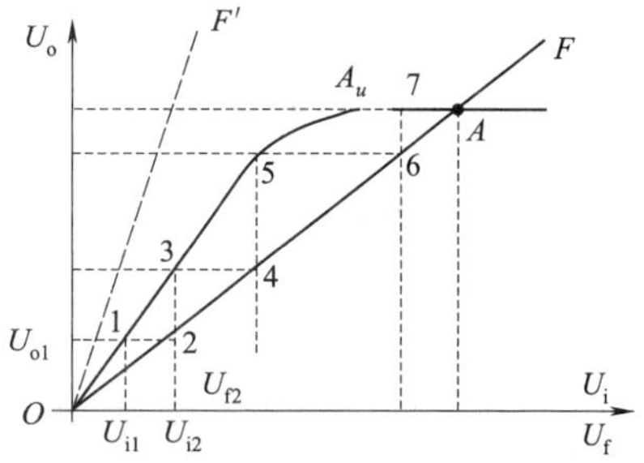

图 5-2　自激振荡建立过程示意图

关于振幅的稳定是指振荡建立过程中，振幅由小到大，直到振荡建立起来后振幅稳定在一个较大的幅值上，这是稳定的第一层含义。振幅稳定的第二层含义是指电路在稳定振荡过程中，由于某种原因(如温度的变化)，使输出幅度有所变化，电路能自动使输出保持恒定不变，即保持输出幅度稳定。这种自动稳幅作用，是靠振荡电路中的稳幅环节来完成的。

5.1.3　正弦波振荡电路的基本组成

通过上面的分析可知，一个正弦波振荡电路包括四个基本组成环节。

1. 放大电路

这是要取得一定幅度输出信号的必要环节，它可以是三极管分立元件构成的电压放大电路，也可以是集成运放构成的放大电路。

2. 正反馈电路

要建立正常稳定的自激振荡，根据其相位条件，必须是正反馈电路，这是产生自激振荡的必要条件。

3. 选频电路

当某电路符合自激振荡条件，它就会产生振荡，但对各种频率的信号都会有振荡输出信号，因此在输出端合成的输出信号将是一个非正弦的输出信号。若要组成一个一定频率的正弦波振荡电路，则必须要有选频环节，对所需频率的信号选出并产生正弦波的振荡输出，而将其他频率的信号进行限幅抑制,使其与所选频率的信号相比可忽略不计。

4. 稳幅环节

稳幅环节也就是非线性环节,作用是使输出信号幅值稳定。

在不少实用电路中,常将选频网络和正反馈网络合二为一,而且对于分立元件放大电路也不再另加稳幅环节,而依靠三极管的非线性特性来起到稳幅作用。

5.2 *RC* 正弦波振荡电路

RC 正弦波振荡电路是一种低频振荡电路,其振荡频率一般可以从 1 Hz 以下到几百千赫。实用的 *RC* 正弦波振荡电路多种多样,但最典型的是 *RC* 桥式正弦波振荡电路,又称文式桥振荡电路。本节主要介绍它的电路组成、工作原理以及振荡频率。

5.2.1 电路图及原理分析

RC 正弦波振荡电路是由放大电路和电阻、电容构成的反馈网络。图 5-3 所示电路为 *RC* 串并联桥式振荡电路。

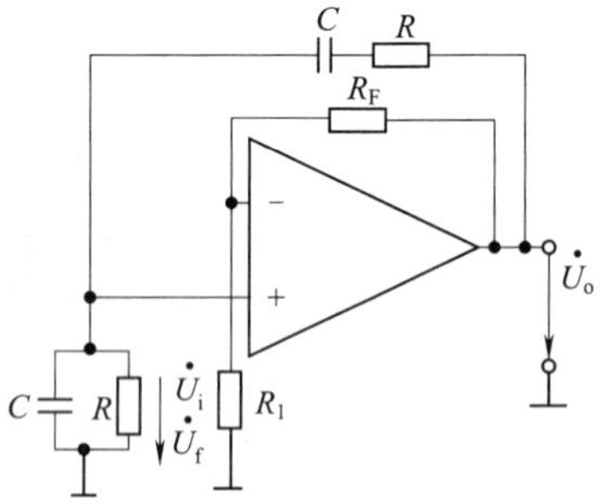

图 5-3　*RC* 串并联桥式振荡电路

1. 放大环节

该放大环节为由集成运放构成的同相比例放大器。同相端电阻 R 上的输入信号$\dot{U}_i$由反馈信号$\dot{U}_f$来提供。在集成运放的讨论中,已知其电压放大倍数为 $\dot{A}_u = \dfrac{\dot{U}_o}{\dot{U}_i} = 1 + \dfrac{R_F}{R_1}$,在一般的振荡电路中取 $R_F = 2R_1$,则放大倍数

$$\dot{A}_u = 3 \tag{5-2}$$

2. *RC* 串并联选频网络

选频网络由 *RC* 串并联电路来完成,如图 5-4(a)所示。

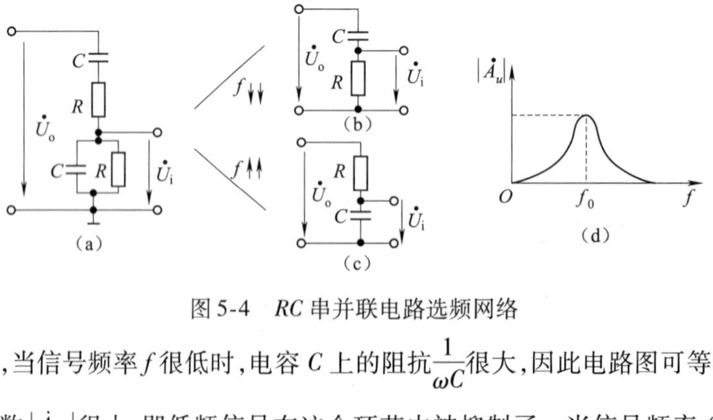

图 5-4　*RC* 串并联电路选频网络

在该环节中,当信号频率 f 很低时,电容 C 上的阻抗$\dfrac{1}{\omega C}$很大,因此电路图可等效为图 5-4(b),这时电压放大倍数 $|\dot{A}_u|$很小,即低频信号在这个环节中被抑制了。当信号频率 f 很高时,电路图可等效为图 5-4(c),这时电压放大倍数 $|\dot{A}_u|$也很小,即高频信号也被抑制。因此,在该环节中若逐点取频率 f 分析计算 $|\dot{A}_u|$,可得到图 5-4(d)所示的频率特性图。由图可见,只有当频率 $f = f_0$

时，电压放大倍数 $|\dot{A}_u|$ 最大，即该频率 f_0 的信号在众多的频率信号中被选出。可计算

$$f_0 = \frac{1}{2\pi RC} \tag{5-3}$$

该频率即为振荡电路的振荡频率，一般为 1 Hz ~ 1 MHz 的范围，通过调节 R 或 C 的值，可取得所需要的振荡频率。

3. 正反馈环节

该环节也是由 RC 串并联电路来实现的，它的反馈类型可分为：并联、电压、交流、正反馈，分析方法已在前面章节的反馈电路分析中已详述，这里不再重复。反馈系数 $\dot{F}$ 则可通过正弦电路中串联阻抗的分压计算来得到 $\dot{U}_f = \dot{U}_o \dfrac{Z_2}{Z_1 + Z_2}$。其中，$Z_1 = R + \dfrac{1}{j\omega C}$，$Z_2 = \dfrac{1}{\dfrac{1}{R} + j\omega C}$。当频率 $f = f_0$ 时，角频率 $\omega = \omega_0 = 2\pi f_0 = \dfrac{1}{RC}$，将 $\omega = \omega_0$ 代入分压计算式，可得 $\dot{U}_f = \dfrac{1}{3}\dot{U}_o$，则反馈系数

$$\dot{F} = \frac{\dot{U}_f}{\dot{U}_o} = \frac{1}{3} \tag{5-4}$$

由式(5-2)，得到 $\dot{A}_u\dot{F} = 3 \times \dfrac{1}{3} = 1$，该电路满足自激振荡的条件，能实现稳定的振荡。

5.2.2　振荡的建立及稳幅

自激振荡的建立及稳定过程就是从 $|\dot{A}_u\dot{F}| > 1$ 到 $|\dot{A}_u\dot{F}| = 1$ 的过程，在该过程中，可通过调节电阻 R_F 的值，使电压放大倍数 A_u 从 $A_u > 3 \to A_u = 3$。调节电阻 R_F 的方法可参考图 5-5 所示的两个途径。

如图 5-5(a)中 R_F 为热敏电阻，它具有负温度系数，当其温度上升时电阻下降；反之，电阻上升。在振荡刚开始建立时，信号很小，流过电阻上电流也小，所以电阻 R_F 上温度较低，阻值很大，使这时的电压放大倍数 $A_u > 3$，在信号逐渐增大后，则同样可分析，A_u 逐步下降，最后达到预定的 R_F 值，使 $A_u = 3$。

若热敏电阻是正温度系数，应放置在 R_1 的位置。由于 R_1 是正温度系数热敏电阻，当输出电压升高，R_1 上所加的电压升高，即温度升高，R_1 的阻值增加，负反馈增强，输出幅度下降。反之输出幅度增加。

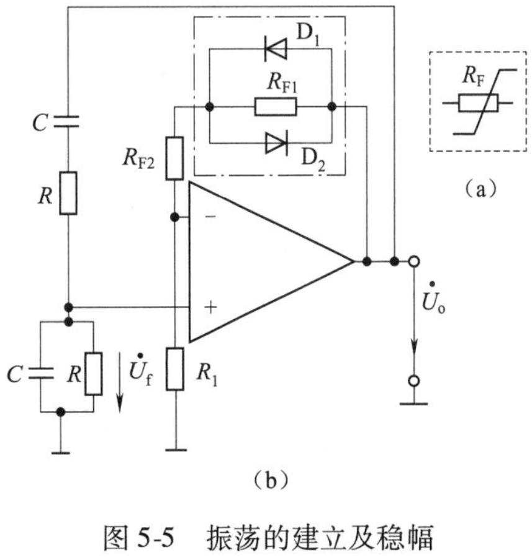

图 5-5　振荡的建立及稳幅

如图 5-5(b)所示，R_F 电阻分为两部分，R_{F1} 及 R_{F2}，而 R_{F2} 近似为 $2R_1$，在 R_{F1} 两端并联了二极管 D_1 及 D_2。在刚开始振荡时，信号很小，这时 D_1 及 D_2 都截止。则 $R_F = R_{F1} + R_{F2}$，所以 $R_F > 2R_1$，$A_u > 3$。当信号逐步增大后，二极管 D_1 或 D_2 导通，则 R_{F1} 近似被短接，则 $R_F \approx R_{F2} = 2R_1$，使 $A_u = 3$，$A_uF = 3 \times \dfrac{1}{3} = 1$，实现稳定振荡。

为了使 RC 串并联网络与放大器连接起来后，不影响 RC 串并联的振荡频率，要求放大器的输入电阻尽量大。为了减少负载对振荡器的影响，要求放大器的输出电阻尽量小。

由上面的分析可知，图 5-3 中的 RC 串并联网络既是正反馈网络，又是选频网络，而 R_F 和 R_1 构

成稳幅环节，它是利用负反馈回路起到稳定输出幅值的作用。

例 5-1 电路如图 5-6 所示，作如下分析：

①试分析 D_1、D_2 自动稳幅原理；

②估算输出电压 U_{om}（$U_D=0.6\ V$）；

③试画出若 R_2 短路时，输出电压 u_o 的波形；

④试画出若 R_2 开路时，输出电压 u_o 的波形。

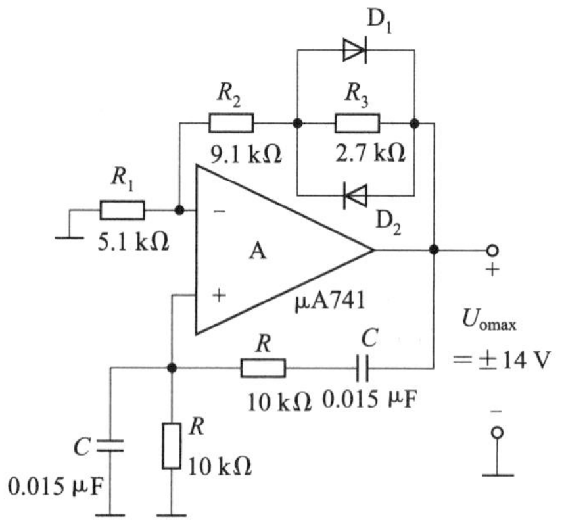

图 5-6 例 5－1 图

解 ①稳幅原理：当 u_o 幅值很小时，D_1、D_2 接近开路，这一部分并联电阻设为 R_4，则 $R_4=R_3=2.7\ k\Omega$。

$$A_u=(R_2+R_4+R_1)/R_1\approx 3.3$$

当 u_o 幅值较大时，D_1 或 D_2 导通，R_4 减小，A_u 下降。u_o 幅值趋于稳定。

②估算输出电压 U_{om}（$U_D=0.6\ V$）

稳幅时：

$$A_u=(9.1+R_4+5.1)/5.1\approx 3$$

$$R_4=1.1$$

$$I=\frac{0.6}{1.1}=\frac{U_{om}}{1.1+5.1+9.1}$$

$$U_{om}=\frac{0.6}{1.1}\times 15.3\ V\approx 8.35\ V$$

③若 R_2 短路时：

$$A_u=(R_2+R_3+R_1)/R_1\approx 1.53$$

$A_u<3$，电路停振，输出电压 u_o 的波形如图 5-7 所示。

④若 R_2 开路时，输出电压 u_o 的波形如图 5-8 所示。

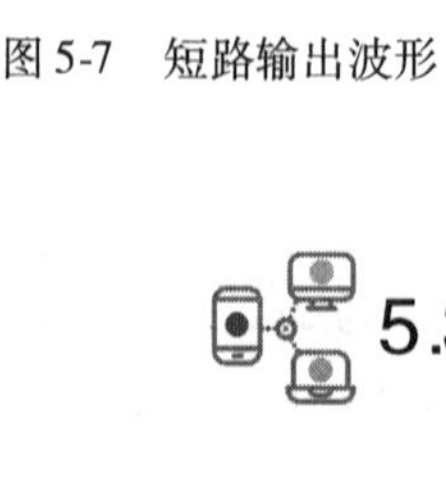

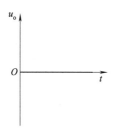

图 5-7 短路输出波形

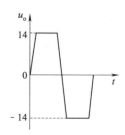

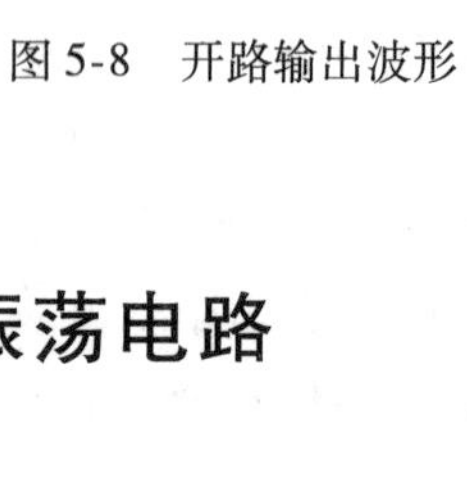

图 5-8 开路输出波形

5.3 *LC* 正弦波振荡电路

LC 正弦波振荡电路是由 *LC* 并联回路作为选频网络的振荡电路。它能产生几十兆赫以上的正弦波信号。在 *LC* 正弦波振荡电路中，当 $f=f_0$ 时，放大电路的放大倍数最大，而其余频率的信号均被衰减到零；引入正反馈后，使反馈电压作为放大电路的输入电压，以维持输出电压，从而形成正弦波振荡。由于 *LC* 正弦波振荡电路的振荡频率较高，所以放大电路多采用分立元件电路。本节主要介绍变压器反馈式、电感三点式以及电容三点式三大类型。

5.3.1　变压器反馈式 *LC* 正弦波振荡电路

1. 电路图及原理分析

电路图如图5-9(a)所示,其中所用的变压器PT如图5-9(b)所示。变压器为一个一次线圈 L_1,两个二次线圈 L_2 及 L_f,加·端为 L_1 与 L_2 及 L_1 与 L_f 间的同名端或同极性端。当变压器一次侧有交流电压时,则在二次侧上都产生感应电压,感应电压的极性由同名端来判定,若一次侧上电压极性在加·端上为"+",则二次侧感应电压在二次侧的加·端上同样为"+"。若为"-",两者在加·端上都为"-"。

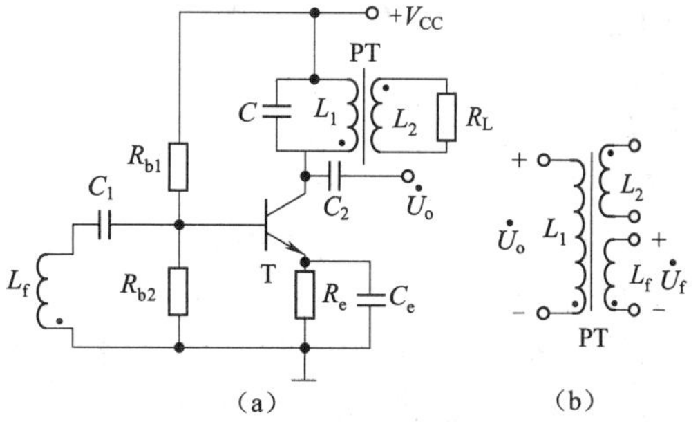

图5-9　变压器反馈式 *LC* 正弦波振荡电路

L_1C 并联谐振电路作为三极管的负载,反馈线圈 L_f 与电感线圈 L_1 相耦合,将反馈信号送入三极管的输入回路。若交换反馈线圈的两个线头,可使反馈极性发生变化。若调整反馈线圈的匝数可以改变反馈信号的强度,使正反馈的幅度条件得以满足。

(1)电路中的放大环节

该电路中的放大环节为由分立元件组成的分压式的共射放大电路,放大倍数已在三极管放大电路章节中详述,应为

$$A_u = -\beta\frac{Z'_L}{r_{be}} \tag{5-5}$$

(2)反馈环节

根据反馈类型的判断原则,可分析图5-9为并联电压交流正反馈,反馈系数为

$$\dot{F} = \frac{\dot{U}_f}{\dot{U}_o} = \frac{L_f}{L_1} \tag{5-6}$$

(3)选频环节

该电路通过 L_1C 并联谐振电路来选出谐振频率,即振荡频率

$$f_0 = \frac{1}{2\pi\sqrt{L_1C}} \tag{5-7}$$

该振荡频率的调节可通过改变 L_1 或 C 值来取得所需要的频率。

2. 振荡的建立及稳幅

振荡的建立同样应通过从 $|\dot{A}_u\dot{F}| > 1$ 到 $|\dot{A}_u\dot{F}| = 1$ 的过程,在该过程中由于三极管放大电路工作区域的变化而使 A_u 由大变小,刚开始振荡时放大电路在小信号的线性区,电压放大倍数 A_u 较大。而当信号逐渐增大到一定程度后,它就进入了饱和区,A_u 下降,最后达到 $|\dot{A}_u\dot{F}| = 1$,振荡稳定下来。虽然该电路中三极管工作于饱和区会使输出信号产生较大失真,但由于 *LC* 并联谐振电路的良好选频性能弥补了这一缺陷,使最终的输出信号失真不大。

变压器反馈式 *LC* 正弦波振荡电路简单,容易起振,改变电容 C 的大小,可以方便地调节频率。但由于变压器分布参数的影响,振荡频率不能很高,一般能做到几兆赫,而且正弦波形不理想。

5.3.2 电感三点式 *LC* 正弦波振荡电路

电感三点式 *LC* 正弦波振荡电路如图 5-10(a)所示。并联选频网络是由电容 *C* 及具有之间抽头的电感线圈 L_1和 L_2组成。放大电路是典型的共射组态。在分析电路的信号通路时,可以把 C_1、C_2、C_e和直流电源视为短路,用瞬时极性法容易判断电路是否满足振荡的相位条件。该电路反馈类型为并联、电压、交流、正反馈,可见满足振荡的相位条件。通常 L_2的匝数为电感线圈总匝数的 1/8 到 1/4 就能满足起振条件。

线圈的两端及中间抽头组成电感三点式的三点,如图 5-10(b)所示。中间端的瞬时电位一定在首、尾端电位之间。三点间的相位关系是:

①若中间点交流接地,则首端与尾端相位相反。

②若首端或尾端交流接地,则其他两端相位相同。

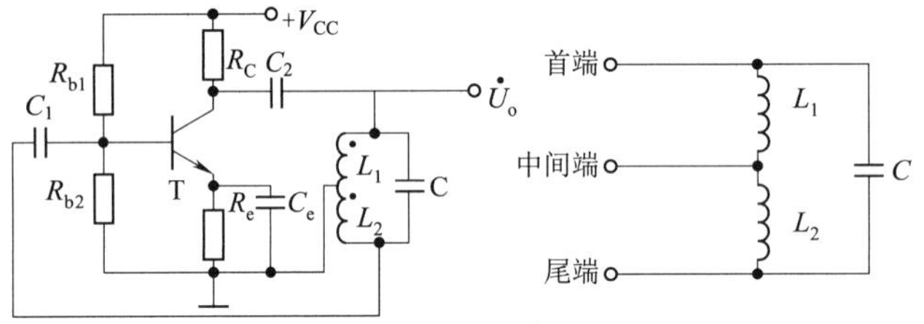

(a) 电感三点式*LC*正弦波振荡电路　　(b) 电感的三点式接法

图 5-10　电感三点式 *LC* 正弦波振荡电路及电感的三点式接法

该电路的振荡频率为

$$f_0 = \frac{1}{2\pi\sqrt{(L_1 + L_2 + 2M)C}} \tag{5-8}$$

式中,*M* 为 L_1和 L_2之间的互感。

图 5-10(a)所示电路是由电感线圈 L_2引回反馈电压,所以称为电感反馈式振荡电路。而且由于选频网络中电感线圈的两端与中间抽头形成的三点分别与三极管的三个电极相连,所以这种电路又称电感三点式 *LC* 正弦波振荡电路。

5.3.3 电容三点式 *LC* 正弦波振荡电路

电容三点式 *LC* 正弦波振荡电路如图 5-11 所示。图中由电容 C_1、C_2和电感 *L* 组成选频网络,用分析电感反馈式振荡电路相同的分析方法可知,图 5-11 满足振荡的相位条件。

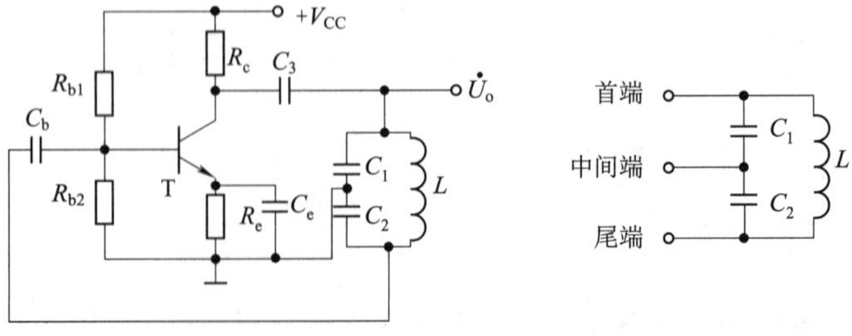

(a) 电容三点式*LC*正弦波振荡电路　　(b) 电容三点式接法

图 5-11　电容三点式 *LC* 正弦波振荡电路及电容三点式接法

电路的振荡频率为

$$f_0 = \frac{1}{2\pi\sqrt{L\frac{C_1C_2}{C_1+C_2}}} \tag{5-9}$$

由于 C_2 上的电压是反馈电压，所以称为电容反馈式振荡电路。又由于选频网络中电容 C_1 和 C_2 的三个端点分别与三极管的三个电极相连，所以又称电容三点式 LC 正弦波振荡电路。

这种电路的优点是：

①由于电容短路了高次谐波，所以输出正弦波形好。

② C_1 和 C_2 可适当选小一些，因此振荡频率较高，可高达 100 MHz 以上。

其缺点是调节频率不方便。

5.4　石英晶体正弦波振荡电路

5.4.1　石英晶体的基本知识

若在石英晶片两极加一电场，晶片会产生机械变形。相反，若在晶片上施加机械压力，则在晶片相应的方向上会产生一定的电场，这种现象称为压电效应。

如果在晶片上加一交变电场，晶片就会发生机械振动，但一般情况下机械振动和交变电场的振幅都非常小。只有在外加某一特定频率交变电压时，振幅才明显加大，并且比其他频率下的振幅大得多，这种现象称为压电谐振，它与 LC 回路的谐振现象十分相似。上述特定频率称为晶体的固有频率或谐振频率。

石英晶体可以等效为 LC 电路，如图 5-12 所示。静电电容值 C_0 与晶片的几何尺寸和电极面积有关，其余参数含义如下：

L——机械振动的惯性用电感 L 等效，值为几十毫亨至几百毫亨；

C——晶体的弹性用电容 C 等效，值为 0.000 2 pF ~ 0.1 pF；

R——振动时的摩擦损耗用电阻 R 等效，值约为 100 Ω，理想情况下 $R=0$；

Q——品质因数高达 $10^4 \sim 10^6$。

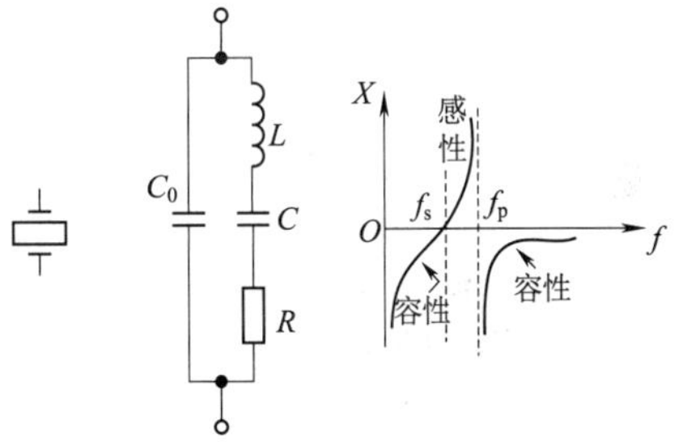

（a）图形符号　（b）等效电路　（c）电抗和频率的特性曲线

图 5-12　石英晶体振荡器

晶片的谐振频率基本上只与晶片的切割方式、几何形状、几何尺寸有关，而且这些可以做得很精确，因此利用石英晶体谐振器组成的振荡电路可获得很高的频率稳定度。

从石英晶体谐振器的等效电路可知，它有两个谐振频率，即当 RLC 支路发生谐振时，它的等效阻抗最小（等于 R），谐振频率为

$$f_s = \frac{1}{2\pi\sqrt{LC}}$$

当频率高于 f_s 时，RLC 支路呈感性，可与电容 C_0 发生并联谐振，石英晶体又呈纯阻性，谐振频率为

$$f_p \approx \frac{1}{2\pi\sqrt{L\dfrac{CC_0}{C+C_0}}} = f_s\sqrt{1+\frac{C}{C_0}}$$

由于 $C \ll C_0$，因此 f_s 和 f_p 非常接近。

根据石英晶体的等效电路可见：当 f 在 f_s 和 f_p 之间时，石英晶体呈电感性，其余频率下呈电容性。

增大电容 C_0 可使 f_p 更接近 f_s，因此可在石英晶体两端并联一个电容 C_L，通过调节电容 C_L 的大小实现频率微调。但 C_L 的容量不能太大，否则 Q 值太小。一般石英晶体产品所标的频率是指并联负载电容（$C_L = 30$ pF）时的并联谐振频率。

5.4.2 石英晶体振荡器

石英晶体振荡器有多种电路结构，但基本电路只有两类：

①把振荡频率选择在 f_s 与 f_p 之间，使石英晶体谐振器呈现电感特性。

②把振荡频率选在 f_s，利用此时电抗 $X = 0$ 的特性，把石英晶体谐振器设置在反馈网络中，构成串联谐振电路。

图 5-13（a）为并联型石英晶体正弦波振荡电路，用石英晶体代替电容三点式改进型正弦振荡电路中的 LC 支路，其等效电路如图 5-13（b）所示。

振荡频率为

$$f_0 = \frac{1}{2\pi\sqrt{L\dfrac{C(C_0 + C')}{C + C_0 + C'}}}$$

式中，$C' = \dfrac{C_1C_2}{C_1 + C_2}$，$C_0 + C' \gg C$，所以 f_0 近似等于 f_s，此时石英晶体的阻抗呈电感性。

图 5-14 为串联型石英晶体正弦波振荡电路，它是利用 $f = f_s$ 时的石英晶体呈纯阻性、相移为零的特性构成的。R_5 用来调节正反馈的反馈量。若阻值过大，则反馈量太小，电路不能振荡；若阻值太小，则反馈量太大，会使输出波形失真。

由于石英晶体特性好，而且仅有两根引线，安装和调试方便，容易起振，所以石英晶体在正弦波振荡电路和矩形波产生电路中获得广泛应用。

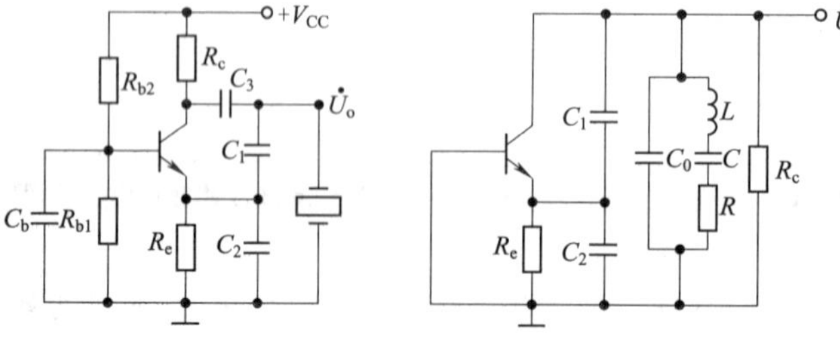

（a）并联型石英晶体正弦波振荡电路　（b）等效电路

图 5-13　并联型石英晶体正弦波振荡电路及等效电路

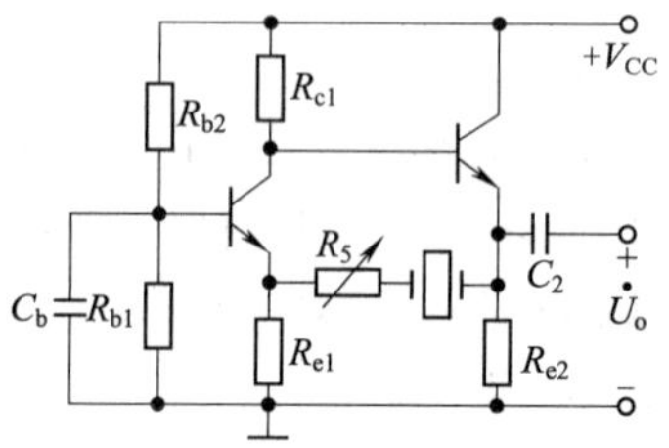

图 5-14　串联型石英晶体正弦波振荡电路

5.5　电压比较器

电压比较器是一种常用的集成电路。它可以用于报警器电路、自动控制电路测量技术，也可用于电压-频率变换电路、A/D 转换电路、高速采样电路、电源电压监测电路、振荡器及压控振荡器电路、过零检测电路等。本节主要介绍电压比较器的基本概念、工作原理及典型工作电路，并介绍一些常用的电压比较器集成专用电路。

5.5.1　电压比较器简介

电压比较器可以说是集成运放非线性应用的典型电路，通常应用于各种电子设备中。那么什么是电压比较器呢？下面对其进行简单介绍。

在工作状态下，电压比较器会将一个模拟量电压信号和一个参考固定电压相比较，在二者幅度相等的附近，输出电压将产生跃变，相应输出高电平或低电平。比较器可以组成非正弦波形变换电路及应用于模拟与数字信号转换等领域。总的来说，电压比较器是对输入信号进行鉴别与比较的电路，是组成非正弦波发生电路的基本单元电路。电压比较器输入是线性量（模拟信号），而输出是开关（高低电平）量（数字信号）。常用的电压比较器有单限比较器、滞回比较器、窗口比较器等。

电压比较器能把输入的模拟信号转换为输出的脉冲信号，是一种模拟量到数字量的接口电路，在数/模转换、数字仪表、自动控制和自动检测等技术领域，以及波形产生及变换等场合有广泛的应用。

下面主要介绍各种电压比较器的组成特点、分析方法及电压传输特性。

电压比较器的输出电压 u_O 与输入电压 u_I 的函数关系 $u_O = f(u_I)$ 一般用曲线来描述，称为电压传输特性。输入电压 u_I 是模拟信号，输出电压 u_O 却只有两种可能状态，或高电平 $+U_{O(sat)}$ 或低电平 $-U_{O(sat)}$，用来表示比较的结果。使 u_O 从 $+U_{O(sat)}$ 跃变为 $-U_{O(sat)}$ 或从 $-U_{O(sat)}$ 跃变为 $+U_{O(sat)}$ 的输入电压称为门限电压或阈值电压 U_T。

在电压比较器中，集成运放不是处于开环状态就是引入了正反馈。对于理想运放，由于开环电压放大倍数很高，在输入端即使有一个非常微小的差值信号，输出电压 u_O 与输入电压 $(u_+ - u_-)$ 就不再是线性关系，则称集成运放工作在非线性区。

5.5.2　单限比较器

所谓单限比较器是指只有一个阈值电压 U_T 的比较器。当输入电压等于此阈值电压，即 $u_i = U_T$ 时，输出端的状态发生跃变。单限比较器可用于检测输入的模拟信号是否达到某一给定的电平。

1. 过零比较器

过零比较器，顾名思义，其阈值电压 $U_T = 0$ V。电路如图 5-15(a)所示，集成运放工作在开环状态，其输出电压为 $+U_{Om}$ 或 $-U_{Om}$。当输入电压 $u_I < 0$ V 时，$U_O = +U_{Om}$；当输入电压 $u_I > 0$ V 时，$U_O = -U_{Om}$。因此，电压传输特性如图 5-15(b)所示。

为了限制集成运放的差模输入电压，保护其输入级，可加二极管限幅电路，如图 5-16 所示。

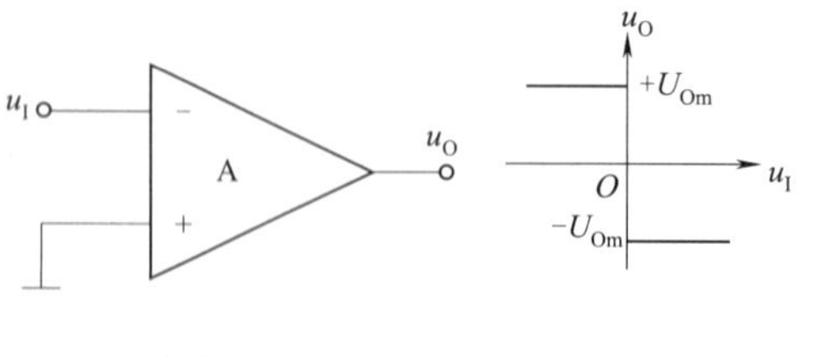

（a）电路　　（b）电压传输特性

图 5-15　过零比较器及其电压传输特性

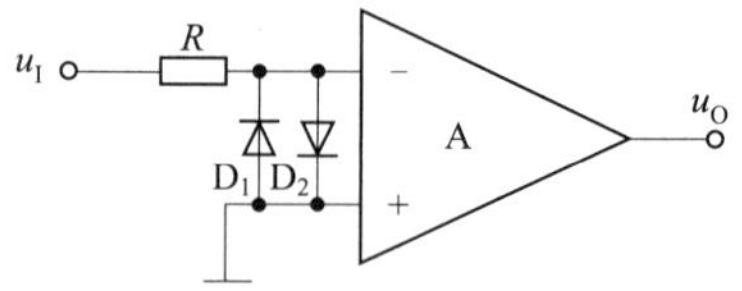

图 5-16　电压比较器输入级保护电路

在实用电路中为了满足负载的需要，常在集成运放的输出端加稳压管限幅电路，从而获得合适的输出电压最大值和最小值，如图 5-17 所示。图中 R 为限流电阻，两只稳压管的稳定电压均应小于集成运放的最大输出电压 U_{Om}。

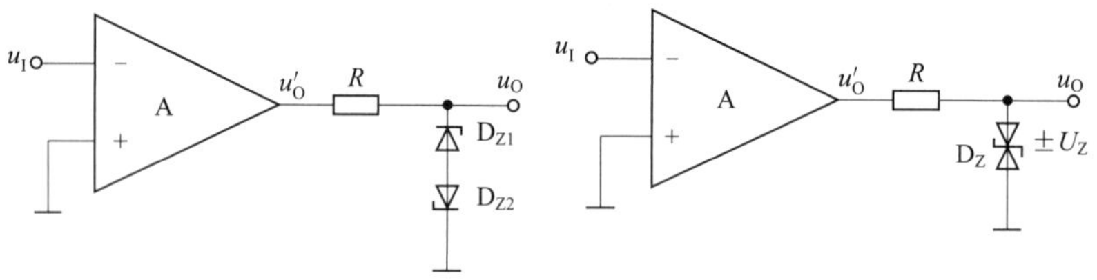

（a）两只稳压管稳压值不同　　（b）两只稳压管稳压值相同

图 5-17　带有限幅电路的过零比较器

限幅电路的稳压管还可跨接在集成运放的输出端和反相输入端之间，如图 5-18 所示。假设稳压管截止，则集成运放必然工作在开环状态，输出电压不是 $+U_{Om}$，就是 $-U_{Om}$。这样，必将导致稳压管击穿而工作在稳压状态，D_Z 构成负反馈通路，使反相输入端为“虚地”，限流电阻上的电流 i_R 等于稳压管的电流 i_Z，输出电压 $u_O = \pm U_Z$。可见，虽然图 5-18 中引入了负反馈，但它仍具有电压比较器的基本特征。

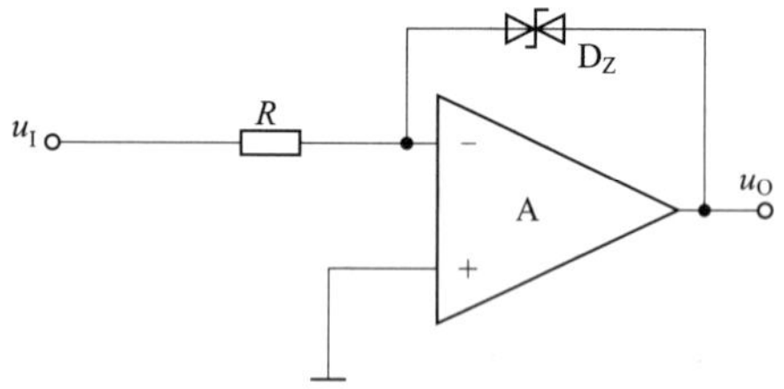

图 5-18　稳压管接在反馈通路中构成过零比较器

图 5-18 具有两个优点：一是由于集成运放的净输入电压和净输入电流均近似为零，从而保护了输入级；二是由于集成运放并没有工作到非线性区，因而在输入电压过零时，其内部的三极管不需要从截止区逐渐进入饱和区，或从饱和区逐渐进入截止区，所以提高了输出电压的变化速度。

2. 一般单限比较器

若在集成运放的同相输入端接有一不为零的参考电压 U_{REF} 可以得到简单的单限比较器，如图 5-19(a)所示。当 u_I 逐渐增大或减小的过程中，当通过阈值电压 U_T($U_T = U_{REF}$)时，u_O 产生跃变，从 $+U_Z$ 跃变为 $-U_Z$，或者从 $-U_Z$ 跃变为 U_Z，其传输特性如图 5-19(b)所示。

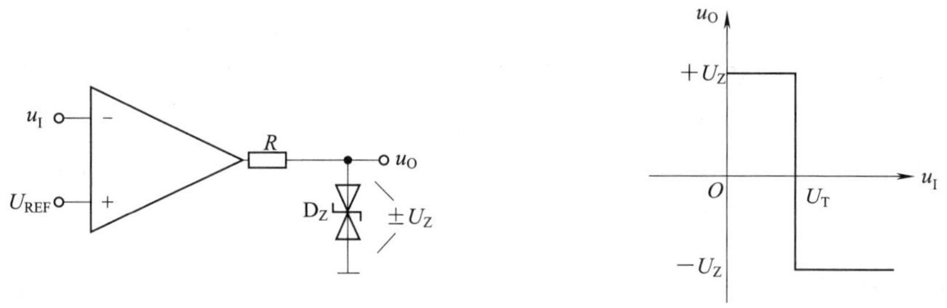

(a) 简单的单限比较器　　(b) 电压传输特性

图5-19　简单的单限比较器及其电压传输特性

图5-20所示为一般单限比较器，U_{REF}为外加参考电压。根据叠加原理，计算反相输入端的电位，同相输入端接地，所以集成运放两个输入端的电位为

$$\begin{cases} u_N = \dfrac{R_1}{R_1+R_2}u_I + \dfrac{R_2}{R_1+R_2}U_{REF} \\ u_P = 0 \end{cases}$$

令 $u_N = u_P$，所以

$$\frac{R_1}{R_1+R_2}u_I + \frac{R_2}{R_1+R_2}U_{REF} = 0$$

得到

$$u_I = -\frac{R_2}{R_1}U_{REF}$$

所以

$$U_T = -\frac{R_2}{R_1}U_{REF} \tag{5-10}$$

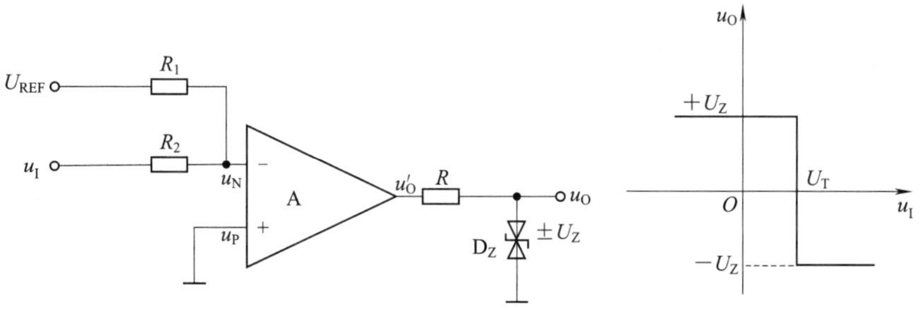

(a) 一般单限比较器　　(b) 电压传输特性

图5-20　一般单限比较器及其电压传输特性

当输入电压 $u_I < U_T$时，$u_N < u_P$，$u'_O = +U_{Om}$，$U_O = U_{OH} = +U_Z$；当输入电压 $u_I > U_T$时，$u_N > u_P$，$u'_O = -U_{Om}$，$U_O = U_{OL} = -U_Z$。若 $U_{REF} < 0$，则图5-20(a)所示电路的电压传输特性如图5-20(b)所示。

根据式(5-10)可知，只要改变参考电压的大小和极性，以及电阻 R_1和 R_2的阻值，就可以改变阈值电压的大小和极性。若要改变在阈值电压处的跃变方向，则应将集成运放的同相输入端和反相输入端所接外电路互换。

综上所述，分析电压传输特性三个要素的方法是：

①通过研究集成运放输出端所接的限幅电路来确定电压比较器的输出低电平 U_{OL}和输出高电平 U_{OH}；

②写出集成运放同相输入端、反相输入端电位 u_P和 u_N的表达式，令 $u_N = u_P$，解得输入电压 u_I就是阈值电压 U_T(求解阈值电压的方法)；

③输出电压 u_O 在过 U_T时的跃变方向取决于 u_I作用于集成运放的哪个输入端。

当 u_I从反相输入端输入时,输出与输入反相,所以当 $u_I < U_T$时,$U_O = U_{OH}$;当 $u_I > U_T$时,$U_O = U_{OL}$。即输入与输出变化趋势相反。

当 u_I从同相输入端输入时,输出与输入同相,所以当 $u_I < U_T$时,$U_O = U_{OL}$;当 $u_I > U_T$时,$U_O = U_{OH}$。即输入与输出变化趋势相同。

5.5.3 滞回比较器

在一般单限比较器中,输入电压在阈值电压附近的任何微小变化,都将引起输出电压的跃变,如图 5-21 所示,因此抗干扰能力差。为了解决这个问题,可将比较器设置两个阈值,只要干扰信号不超过这两个阈值,比较器就不会跳变,从而提高比较器的抗干扰能力。利用这种思想设计出来的电压比较器称为滞回比较器。

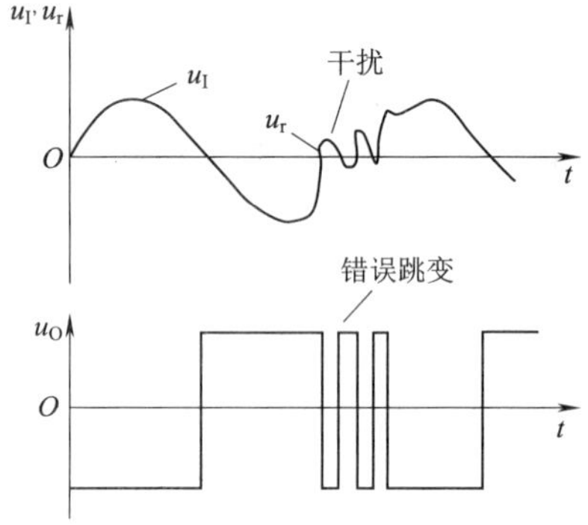

图 5-21 单限比较器受干扰情况

滞回比较器具有滞回特性,抗干扰能力强,又称施密特触发器或者迟滞比较器。这种比较器的特点是当输入信号 u_I逐渐增大或逐渐减小时,它有两个阈值,且不相等,其传输特性具有“滞回”曲线的形状。滞回比较器也有反相输入和同相输入两种方式。

输入信号加在反相输入端的反相滞回比较器电路如图 5-22 所示,电路中引入了正反馈。由于正反馈加速了状态转换,改善了输出波形的边缘,因此滞回比较器具有较强的抗干扰能力。

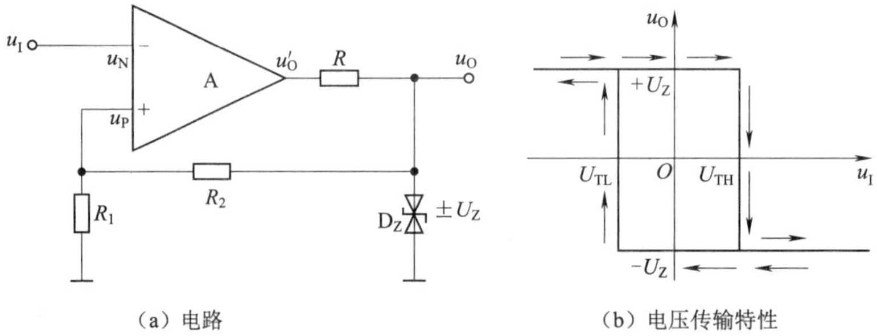

图 5-22 滞回比较器及其电压传输特性

分析图 5-22(a)所示的反相滞回比较器过程如下:

从集成运放输出端的限幅电路可以看出,$u_O = \pm U_Z$。集成运放反相输入端电位 $u_N = u_I$,同相输入端电位

$$u_P = \pm \frac{R_1}{R_1 + R_2} U_Z$$

根据阈值电压的计算方法,令 $u_P = u_N$,求出的 u_I就是阈值电压,因此得出

$$U_T = \pm \frac{R_1}{R_1 + R_2} U_Z \Rightarrow \begin{cases} U_{TH} = +\dfrac{R_1}{R_1 + R_2} U_Z \\ U_{TL} = -\dfrac{R_1}{R_1 + R_2} U_Z \end{cases}$$

U_{TH}和 U_{TL}分别称为上限阈值电压和下限阈值电压,$\Delta U = U_{TH} - U_{TL}$称为回差电压。

输入信号加在反相输入端，所以当 $u_I < U_{TH}$ 时，$u_O = +U_Z$；当 $u_I > U_{TH}$ 时，$u_O = -U_Z$。当 $u_I > U_{TL}$ 时，$u_O = -U_Z$；当 $u_I < U_{TL}$，$u_O = +U_Z$。

可见，u_O 从 $+U_Z$ 跃变为 $-U_Z$ 和 u_O 从 $-U_Z$ 跃变为 $+U_Z$ 的阈值电压是不同的，电压传输特性如图5-22(b)所示。

为使滞回比较器的电压传输特性曲线向左或向右平移，把电阻 R_1 的接地端接参考电压 U_{REF}，将两个阈值电压叠加相同的正电压或负电压，如图5-23所示。

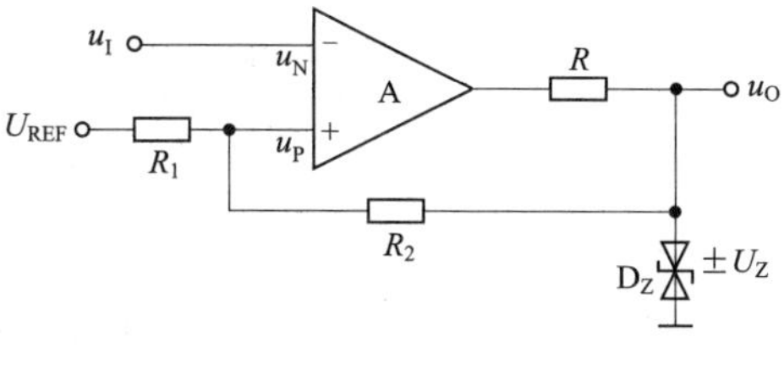

（a）电路

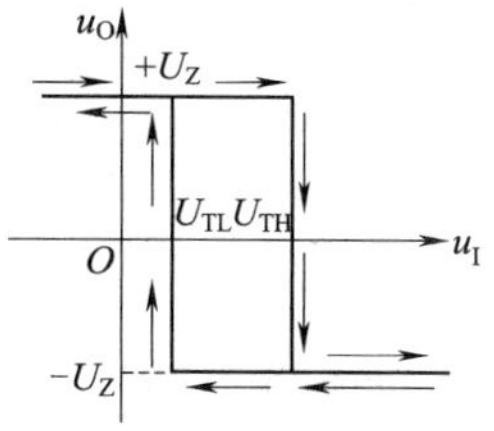

（b）电压传输特性

图5-23 带有参考电压的滞回比较器及其电压传输特性

利用叠加原理，图5-23(a)同相输入端的电位

$$u_P = \pm\frac{R_1}{R_1+R_2}U_Z + \frac{R_2}{R_1+R_2}U_{REF}$$

反相输入端的电位 $$u_N = u_I$$

根据阈值电压的计算方法，令 $u_P = u_N$，求出的 u_I 就是阈值电压，因此得出

$$U_{TH} = +\frac{R_1}{R_1+R_2}U_Z + \frac{R_2}{R_1+R_2}U_{REF}$$

$$U_{TL} = -\frac{R_1}{R_1+R_2}U_Z + \frac{R_2}{R_1+R_2}U_{REF}$$

当 $U_{REF} > 0$ V时，电路的电压传输特性如图5-23(b)所示。改变 U_{REF} 的极性即可改变曲线平移的方向。如果电压传输特性曲线上下平移，则应改变稳压管的稳定电压。

迟滞比较器又可理解为加正反馈的单限比较器。前面介绍的单限比较器，如果输入信号 u_i 在门限值附近有微小的干扰，则输出电压就会产生相应的抖动(起伏)。在电路中引入正反馈可以克服这一缺点。

例5-3 如图5-24(a)所示。试求电路的阈值电压和回差电压，并画出电压传输特性。

解 根据节点电压法，集成运放同相输入端电位为

$$u'_P = \frac{\frac{3}{10}+\frac{6}{50}}{\frac{1}{10}+\frac{1}{50}}\ \text{V} = 3.5\ \text{V} = U_{TH}$$

$$u''_P = \frac{\frac{3}{10}-\frac{6}{50}}{\frac{1}{10}+\frac{1}{50}}\ \text{V} = 1.5\ \text{V} = U_{TL}$$

回差电压为

$$\Delta U_T = U_{TH} - U_{TL} = (3.5-1.5)\ \text{V} = 2\ \text{V}$$

当输入电压 $u_I > 3.5$ V 时，$u_O = -6$ V；当 $u_I < 1.5$ V 时，$u_O = +6$ V。画出电压传输特性如图 5-24(b)所示。

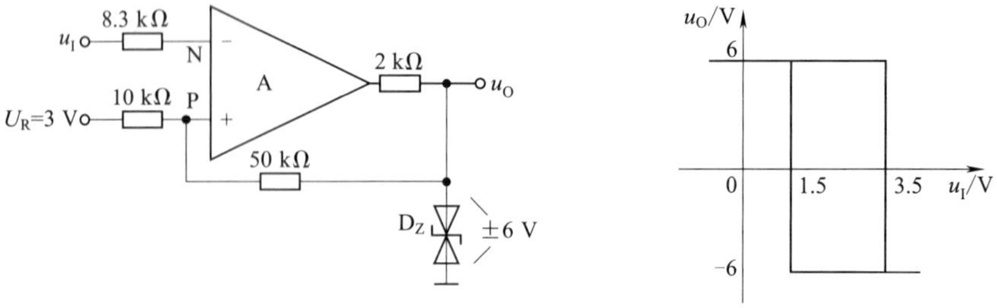

（a）电路图　　（b）电压传输特性

图 5-24　例 5-3 图

例 5-4　电路如图 5-25(a)所示，试求上限、下限阈值电压，并画出电压传输特性。

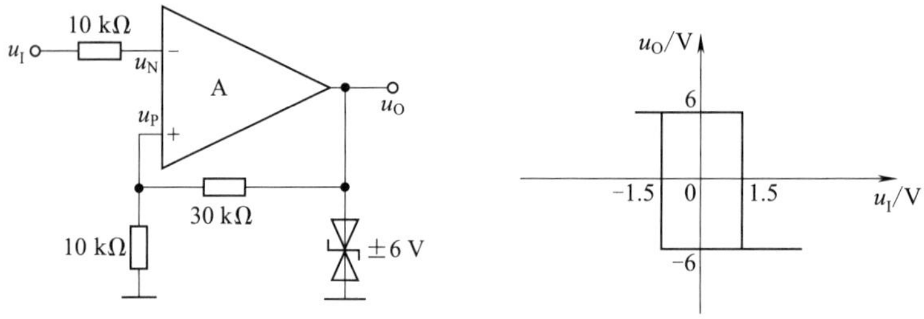

（a）电路图　　（b）电压传输特性

图 5-25　例 5-4 图

解　由电路可知，

$$\begin{cases} u_N = u_I \\ u_P = \dfrac{10}{30+10} \times (\pm 6) = \pm 1.5\ \text{V} \end{cases}$$

令

$$u_P = u_N$$

所以

$$u_I = \pm 1.5\ \text{V}$$

$$\begin{cases} U_{TH} = 1.5\ \text{V} \\ U_{TL} = -1.5\ \text{V} \end{cases}$$

当 $u_I < 1.5$ V 时，输出电压被双向稳压管钳位于高电平 6 V。

当 $u_I = 1.5$ V 时，输出电压由高电平 6 V 跳变为被双向稳压管钳位的低电平 −6 V。此时，同相输入端电压跳变为 −1.5 V。

故当反相输入端电压 $u_I < -1.5$ V 时，输出电压由低电平 −6 V 跳变为高电平 6 V。电压传输特性如图 5-25(b)所示。

例 5-5　电路如图 5-26(a)所示，输入 u_I 为如图 5-26(b)所示的波形时，画输出 u_{O1} 和 u_{O2} 的波形。

解　A_1 为反相比例运算电路，A_2 为反相滞回比较器，A_1、A_2 两个集成运放输出极限电压均为 ±12 V，$u_{O1} = -\dfrac{R_2}{R_1}u_I = -5u_I$。

$$U_{TH} = \frac{10}{10+10}U_{OH} = 6\ \text{V}$$

$$U_{TL} = \frac{10}{10+10}U_{OL} = -6\ \text{V}$$

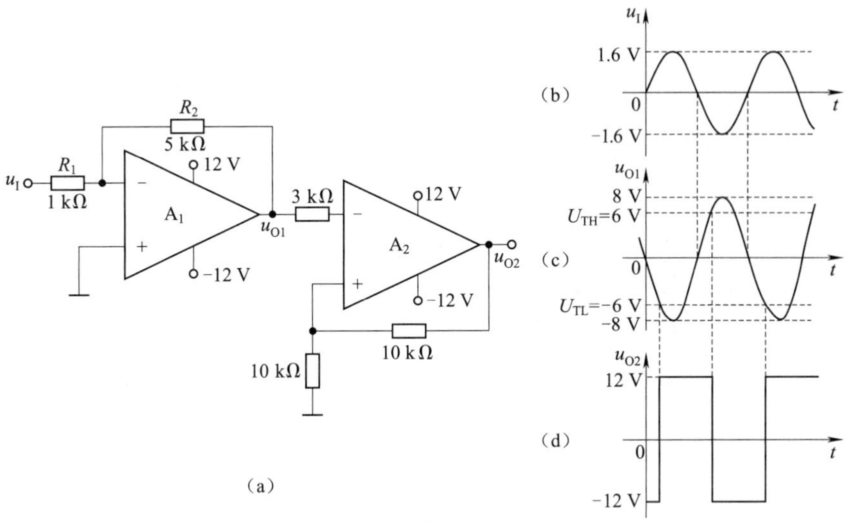

图 5-26　例 5-5 图

A_1、A_2 传输特性如图 5-27 所示。根据传输特性，u_{O1} 和 u_{O2} 的波形如图 5-26(c)、(d)所示。

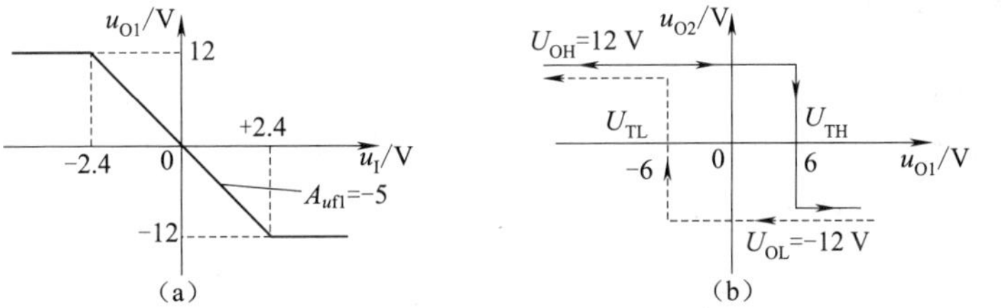

图 5-27　A_1 和 A_2 的传输特性

例 5-6　滞回比较器的传输特性和输入电压的波形如图 5-28(a)、(b)所示，画出输出电压 u_O 的波形。

解　根据传输特性和两个阈值（$U_{TH}=2$ V，$U_{TL}=-2$ V），可画出输出电压 u_O 的波形，如图 5-28(c)所示。由图 5-28(c)可见，u_I 在 U_{TH} 与 U_{TL} 之间变化，不会引起 u_o 的跳变。但回差也导致了输出电压的滞后现象，使电平鉴别产生误差。图 5-27(c)说明滞回比较器具有较强的抗干扰能力。

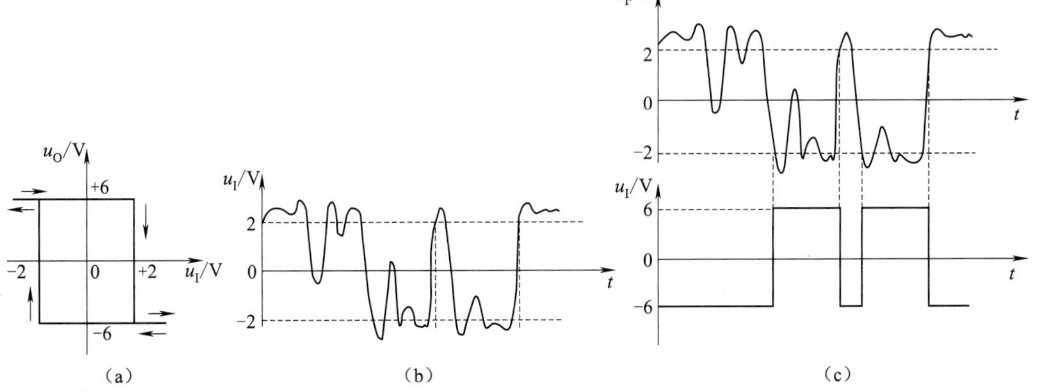

图 5-28　例 5-6 图

如图 5-29 所示，由于使电路输出状态跳变的输入电压不发生在同一电平上，当 u_I 上加有干扰信号时，只要该干扰信号的幅度不大于回差 ΔU，则该干扰信号的存在就不会导致比较器输出状态的错误跳变。

应该指出，回差的存在使比较器的鉴别灵敏度降低了。输入电压 u_I 的峰-峰值必须大于回差，否则，输出电平不可能转换。

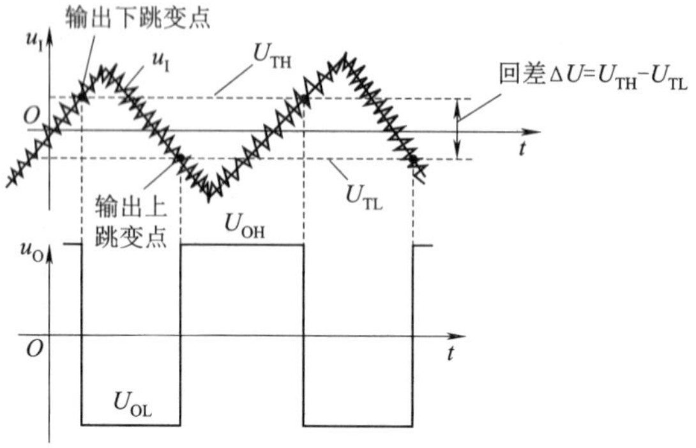

图 5-29　滞回比较器抑制干扰信号情况

5.5.4　窗口比较器

单限比较器和滞回比较器有一个共同特点，即 u_I 单方向变化（正向过程或负向过程）时，u_O 只跳变一次。只能检测一个输入信号的电平，这种比较器称为单限比较器。

窗口比较器又称双限比较器。它的特点是输入信号单方向变化（例如 u_I 从足够低单调升高到足够高），可使输出电压 u_O 跳变两次，其传输特性如图 5-30 所示，它形似窗口，称为窗口比较器。窗口比较器提供了两个阈值和两种输出稳定状态，可用来判断 u_I 是否在某两个电平之间。

单限比较器和滞回比较器在输入电压 u_I 单一方向变化时，输出电压 u_O 只跃变一次。因此，只能检测出 u_I 与一个参考电压值的大小关系。如果要判断 u_I 是否在两个给定的电压之间，就要采用窗口比较器。图 5-30(a) 所示为一种窗口比较器，外加参考电压 $U_{RH}>U_{RL}$，R_1、R_2 和稳压管 D_Z 构成限幅电路。

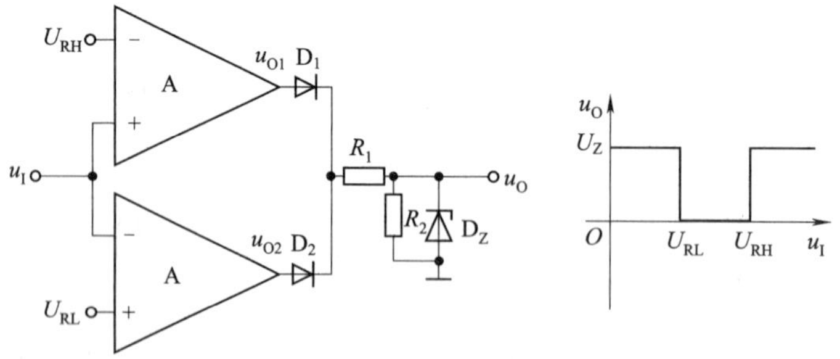

（a）窗口比较器　　　　（b）电压传输特性

图 5-30　窗口比较器及其电压传输特性

当输入电压 $u_I>U_{RH}$ 时，$u_{O1}=+U_{Om}$，$u_{O2}=-U_{Om}$，因而二极管 D_1 导通、D_2 截止，所以电路的输出电压 $u_O=U_Z$。

当输入电压 $u_I<U_{RL}$ 时，$u_{O1}=-U_{Om}$，$u_{O2}=+U_{Om}$，因而二极管 D_1 截止、D_2 导通，所以电路的输出电压 $u_O=U_Z$。

当输入电压 $U_{RL}<u_I<U_{RH}$ 时，$u_{O1}=-U_{Om}$，$u_{O2}=-U_{Om}$，因而二极管 D_1 和 D_2 都截止，所以电

路的输出电压 $u_O=0$ V。

窗口比较器的电压传输特性如图 5-30(b)所示。

通过上述 3 种电压比较器的分析,可得出以下结论:

①在电压比较器中,集成运放多工作在非线性区,输出电压只有高电平和低电平两种可能的情况。

②一般用电压传输特性来描述输出电压与输入电压的函数关系。

③电压传输特性的三个要素是输出电压的高电平、低电平,阈值电压和输出电压的跃变方向。输出电压的高电平、低电平决定于限幅电路;阈值电压是使输出电压 u_O 从高电平跃变为低电平或者从低电平跃变为高电平的某一输入电压;输出电压的跃变方向决定于同相输入端和反相输入端的相对大小关系。

例 5-7　在图 5-31 所示电路中,已知 A_1、A_2 均为理想运算放大器,其输出电压的两个极限值为 ±12 V。试画出该电路的电压传输特性。

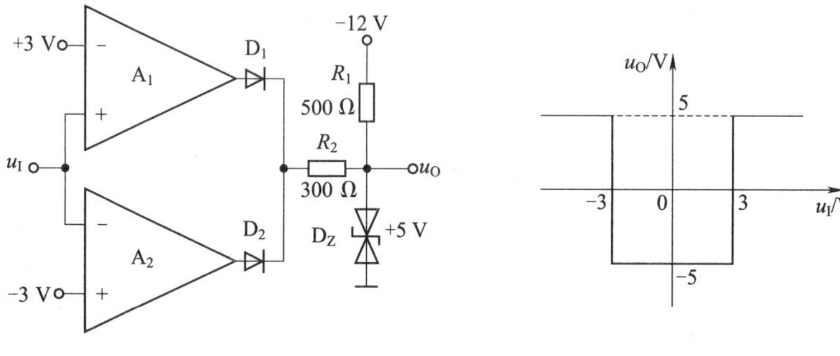

(a) 电路　　(b) 传输特性

图 5-31　窗口比较器及传输特性

解　当 $u_I>3$ V 时,A_1输出 +12 V,D_1导通,$u_O=+U_Z=5$ V;

当 $u_I<-3$ V 时,A_2输出 +12 V,D_2导通,$u_O=+U_Z=5$ V;

当 $-3\text{ V}<u_I<+3$ V 时,A_1、A_2均输出 −12 V,D_1、D_2都截止,$u_O=-U_Z=-5$ V[见图 5-31(b)]。

5.5.5　单片集成专用电压比较器

1. 高灵活性的电压比较器(LM311/211/111)

M211 和 LM311 能工作于 5.0 ~ 30 V 单电源或 ±15 V 双电源,如通常的运算放大器运用一样,使 LM211、LM311 成为一种真正通用的比较器。该设备的输入可以是与系统隔离的,而输出则可以驱动以地为参考或以 V_{CC} 为参考,或以 V_{EE} 电源为参考的负载。此灵活性使之可以驱动 DTL、RTL、TL 或 MOS 逻辑,在电流达 50 mA 时,该输出还可以把电压切换到 50 V,因此该 LM211、LM311 可用于驱动继电器、灯或螺线管,如图 5-32 所示。

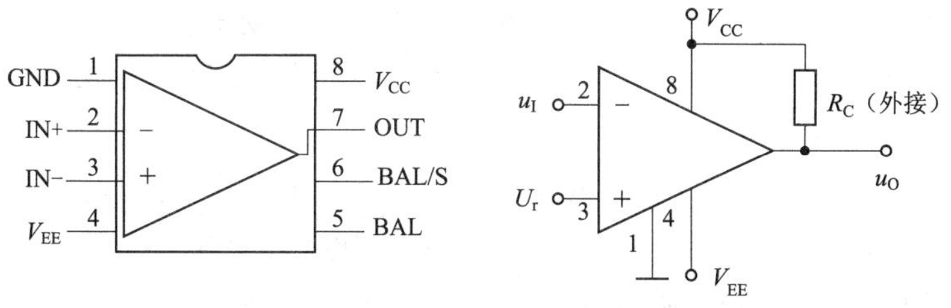

(a) 引脚排列　　(b) 电路连接

图 5-32　LM311 电压比较器

2. 通用型/中速型(LM119)

LM119是一种集电极开路的集成电压比较器,响应速度快,传输延迟时间短,集电极开路可以实现线与功能,是一种窗口比较器,引脚排列如图5-33所示。图5-34是利用LM119实现的窗口比较器典型应用电路。

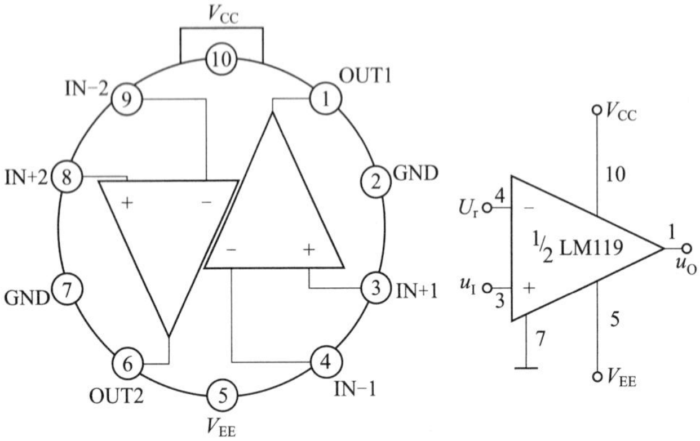

(a) 引脚排列　　(b) 符号

图5-33　LM119集成电压比较器

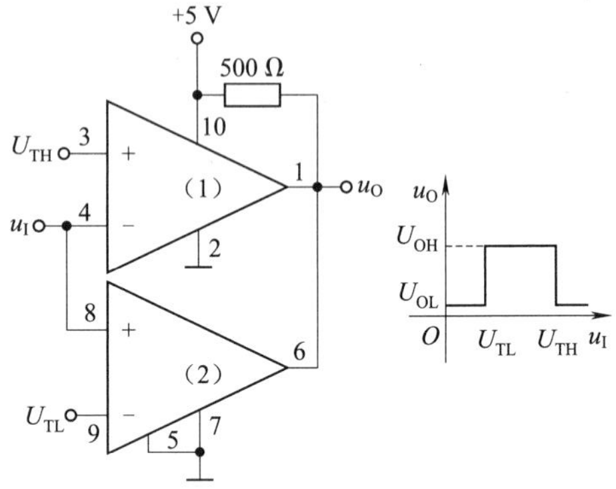

图5-34　利用LM119实现的窗口比较器典型应用电路

3. 高精度、低失调、低功耗型(LM339)

LM339集成块内部装有四个独立的电压比较器,该电压比较器的特点是:

①失调电压小,典型值为2 mV。

②电源电压范围宽:单电源电压为2~36 V,双电源电压为±1~±18 V。

③对比较信号源的内阻限制较宽。

④共模范围很大,为0~(V_{CC} −1.5 V)U_O。

⑤差分输入电压范围较大,大到可以等于电源电压。

⑥输出端电位可灵活方便地选用,集电极开路输出,后面要加上拉电阻。

LM339类似于增益不可调的运算放大器,引脚排列如图5-35(a)所示。每个比较器有两个输入端和一个输出端。两个输入端一个称为同相输入端,用"+"表示,另一个称为反相输入端,用"−"表示。用作比较两个电压时,任意一个输入端加一个固定电压作为参考电压[它可选择LM339输入共模范围(不超过电源电压的任意一点)的任何一点],另一端加一个待比较的信号电压。当"+"端电压高于"−"端时,输出管截止,相当于输出端开路(输出高电平)。当"−"端电压高于"+"端时,输出管饱和,相当于输出端接低电位。两个输入端电压差大于10 mV就能确保输出能从一种状态可靠地转换到另一种状态,因此,把LM339用在弱信号检测等场合是比较理想的。

LM339的输出端相当于一只不接集电极电阻的三极管,在使用时输出端到正电源一般需接一只电阻(称为上拉电阻,选3~5 kΩ)。选不同阻值的上拉电阻会影响输出端高电位的值。因为当输出三极管截止时,它的集电极电压基本上取决于上拉电阻与负载的值。另外,各比较器的输出端允许连接在一起使用。

图5-35(b)给出了一个由LM339构成的基本单限比较器。输入信号 u_I,即待比较电压,它加

到同相输入端，在反相输入端接一个参考电压 U_{REF}。当输入电压 $u_I > U_{REF}$时，输出为高电平 U_{OH}。图 5-35(c)为其电压传输特性。

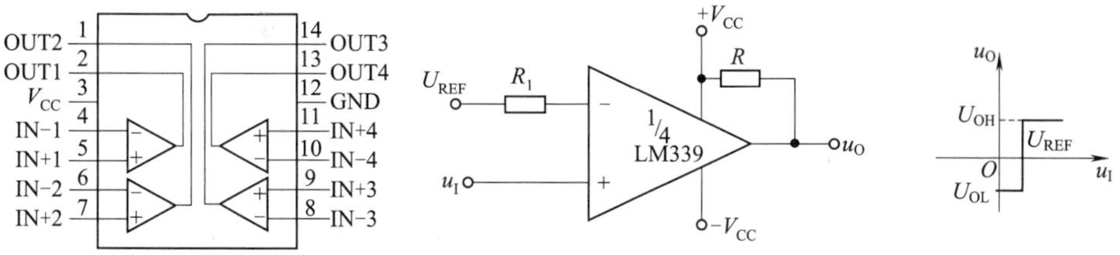

(a) 引脚排列　　(b) 电路　　(c) 电压传输特性

图 5-35　LM339 引脚及其电压传输特性

5.5.6　电压比较器的应用

1. 散热风扇自动控制电路

一些大功率器件或模块在工作时会产生较多热量使温度升高，一般采用散热片并用散热风扇来冷却以保证正常工作。这里介绍一种极简单的温度控制电路，如图 5-36 所示。负温度系数(NTC)热敏电阻 R_T 粘贴在散热片上检测功率器件的温度(散热片上的温度要比器件的温度略低一些)，当 5 V 电压加在 R_T及 R_1 电阻上时，在 A 点有一个电压 U_A。当散热片上的温度上升时，则热敏电阻 R_T的阻值下降，使 U_A上升。R_T的温度特性如图 5-37 所示。它的电阻与温度变化曲线虽然线性度并不好，但是它是单值函数(即温度一定时，其阻值也是一定的单值)。如果设定在 80 ℃时应接通散热风扇，80 ℃即设定的阈值温度 T_{TH}，在特性曲线上可找到在 80 ℃时对应的 R_T的阻值。R_1的阻值是不变的(它安装在电路板上，在环境温度变化不大时可认为 R_1值不变)，则可以计算出在 80 ℃时的 U_A值。

R_2与 R_P 组成分压器，当 5 V 电源电压是稳定电压时(电压稳定性较好)，调节 R_P 可以改变 U_B 的电压(电位器中心头的电压值)。U_B值为比较器设定的阈值电压，称为 U_{TH}。

设计时希望散热片上的温度一旦超过 80 ℃时接通散热风扇实现散热，则 U_{TH}的值应等于 80 ℃时的 K 值。一旦 $U_A > U_{TH}$，则比较器输出低电平，继电器 K 吸合，散热风扇(直流电动机)得电工作，使大功率器件降温。U_A、U_{TH}电压变化及比较器输出电压 U_{out}的特性如图 5-38 所示。这里要说清楚的是，在 U_A开始大于 U_{TH}时，散热风扇工作，但散热体有较大的热量，要经过一定时间才能把温度降到 80 ℃以下。

从图 5-36 可以看出，要改变阈值温度 T_{TH}十分方便，只要相应地调节 R_P 改变 U_{TH}值即可。U_{TH}值增大，T_{TH}增大；反之亦然，调整十分方便。只要 R_T 确定，R_T 的温度特性就确定，则 R_1、R_2、R_P 可方便求出(设流过 R_T、R_1 及 R_2、R_P 的电流各为 0.1 ~ 0.5 mA 范围内)。

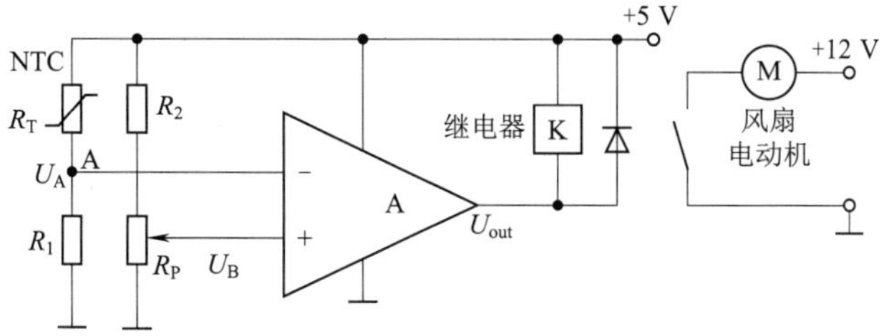

图 5-36　温度控制电路

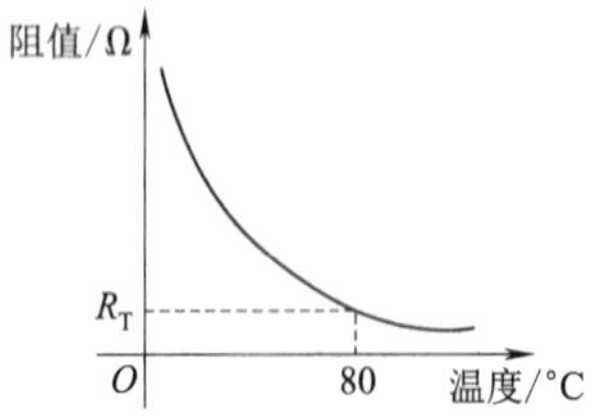

图 5-37　NTC 电阻温度特性

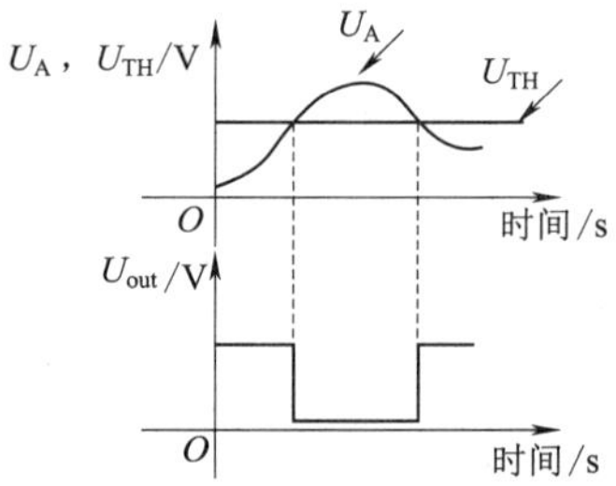

图 5-38　温度控制特性

2. 冰箱报警器电路

图 5-39 所示是一个冰箱报警器电路。冰箱正常工作温度设为 0 ~ 5 ℃(0 ~ 5 ℃是一个“窗口”),在此温度范围时比较器输出高电平(表示温度正常);若冰箱温度低于 0 ℃或高于 5 ℃,则比较器输出低电平,此低电平信号电压输入微控制器μC 作为报警信号。

温度传感器采用负温度系数的 NTC 热敏电阻 R_T,已知 R_T在 0 ℃时阻值为 333.1 kΩ;5 ℃时阻值为 258.3 kΩ,则按 1.5 V 工作电压及流过 R_1、R_T的电流约 1.5 μA,可求出 R_1的值。R_1的值确定后,可计算出 0 ℃时的 U_A值为 0.5 V(按图 5-39 中 R_1 = 665 kΩ 时),5 ℃时的 U_A值为 0.42 V,则 U_{THL} = 0.42 V,U_{THH} = 0.5 V。若设 R_2 = 665 kΩ,则按图 5-40,可求出流过 R_2、R_3、R_4电阻的电流 I = (1.5 V~0.5 V)/665 kΩ = 0.001 5 mA,按 $R_4 \times I$ = 0.42 V,可求出 R_4 = 280 kΩ,再按 0.5 V = (R_3 + R_4)0.001 5 mA,则可求出 R_3 = 53.3 k Ω。各元件参数见表 5-1。

本例中两个比较器采用低工作电压、低功耗、互补输出双限比较器 LT1017,无须外接上拉电阻。

表 5-1　元件参数计算值

元件	参数	对应的电流或电压值
R_1	665 kΩ	1.5 μA
R_2	665 kΩ	0.001 5 mA
R_3	53.3 kΩ	0.001 5 mA
R_4	280 kΩ	0.001 5 mA
R_T	333.1 kΩ(0 ℃)	1.5 μA,U_A = 0.5 V
	258.3 kΩ(5 ℃)	U_A = 0.42 V

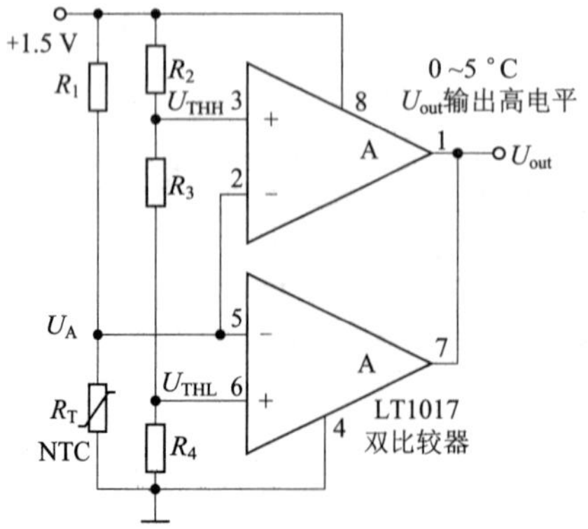

图 5-39　冰箱报警器电路

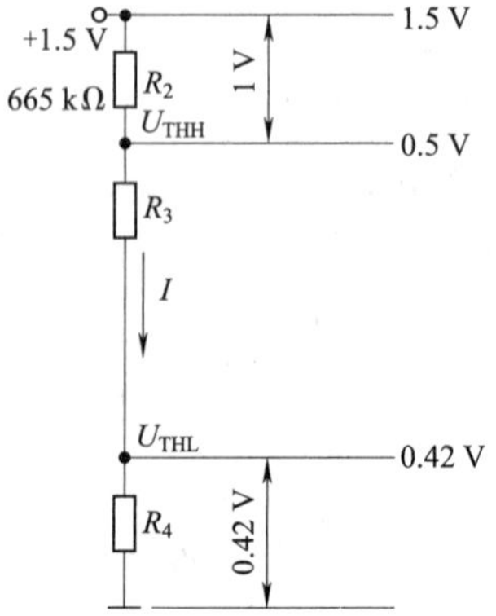

图 5-40　冰箱报警器局部电路分析

5.6 非正弦波发生电路

在实际工作中，常用的非正弦波有矩形波、三角波和锯齿波等，如图5-41所示。

从电路的基本原理和组成部分来看，非正弦波发生电路与正弦波振荡电路有明显的区别，分析方法也完全不同。但是，矩形波、三角波和锯齿波这三种非正弦波发生电路相互之间具有若干共同的特点。

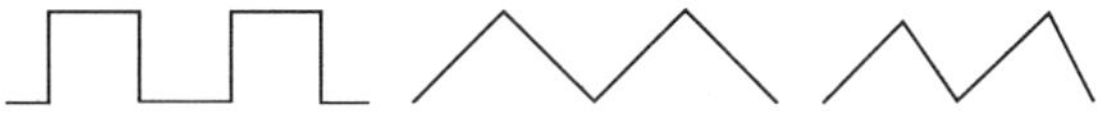

图5-41 常见的非正弦波

首先，上述三种非正弦波发生电路的组成主要包括两个部分：一个是滞回比较器，另一个是 *RC* 充放电回路或积分回路。滞回比较器的输出电压使 *RC* 回路充放电，或使积分电路进行积分；然后，*RC* 充放电回路或积分电路的输出电压又加在滞回比较器的输入端，以控制滞回比较器的跳变。

其次，上述三种非正弦波发生电路的分析方法类似。关键在于分析滞回比较器的输出端何时发生跳变。由于滞回比较器只能输出高电平和低电平两种状态，只要设法控制其输出端的状态发生周期性的跳变，即可得到周期性的矩形波；将矩形波进行积分，可以得到三角波：如果在矩形波的正半周和负半周积分时间常数相差悬殊，则可得到锯齿波。

最后，上述三种非正弦波发生电路的振荡周期和输出幅度的估算方法也相似。三种非正弦波发生电路的振荡周期都与 *RC* 充放电回路或积分电路的时间常数成正比；输出幅度都与滞回比较器的输出电压成正比。

5.6.1 矩形波发生电路

1. 电路组成及工作原理

矩形波发生电路的原理图如图5-42所示。

由图5-42可见，电路由滞回比较器和 *RC* 充放电回路两部分组成。滞回比较器的输出电压使 *RC* 回路充电或放电，然后，*RC* 回路中电容上的电压又加在集成运放的反相输入端，以控制滞回比较器的跳变。滞回比较器输出端发生跳变的关键，是集成运放的反相输入端的电压与同相输入端的电压相等。

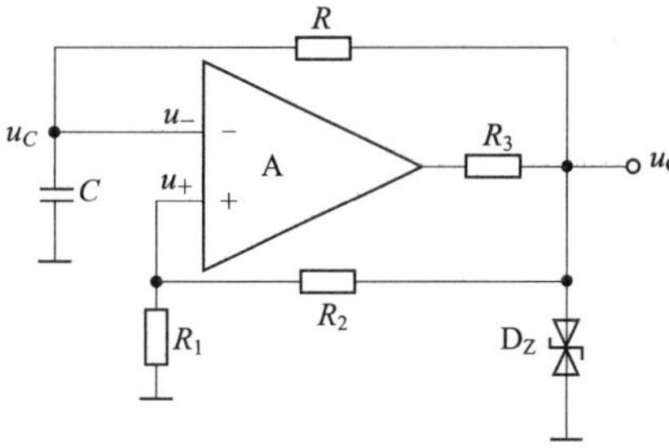

图5-42 矩形波发生电路的原理图

假设 $t=0$ 时，电容上的电压 $u_C=0$，滞回比较器输出高电平，即 $u_O=+U_Z$。因集成运放同相输入端的电压 $u_+=\dfrac{R_1}{R_1+R_2}U_Z$，故 u_+ 也是正电压。滞回比较器输出端的正电压将电容充电，使 u_C 升高。但 u_C 加在集成运放的反相输入端，当 u_C 升高至 $u_-=u_C=u_+$ 时，滞回比较器输出端将发生跳变，u_O 由 +

U_Z跳变为 $-U_Z$,此时集成运放同相输入端的电压 u_+ 也变为负电压,$u_+ = \frac{R_1}{R_1+R_2}U_Z$。输出端的负电压使电容放电,则 u_C降低,当 $u_- = u_C = u_+$时,滞回比较器的输出端再次发生跳变,u_O由 $-U_Z$又跳变为 $+U_Z$,以后重复上面的过程。所以,滞回比较器的输出电压 u_O成为矩形波,而电容上的电压 u_C为充电或放电的波形,如图 5-43 所示。

2. 输出幅度及振荡周期

由图 5-43 可见,滞回比较器输出端发生跳变的转折点,是电容电压 u_C达到 $\pm\frac{R_1}{R_1+R_2}U_Z$,由此可以来估算矩形波的振荡周期。例如,当电容放电时电容两端电压 u_C 从 $+\frac{R_1}{R_1+R_2}U_Z$ 下降到 $-\frac{R_1}{R_1+R_2}U_Z$ 的时间等于振荡周期的一半,即$\frac{T}{2}$。当电容充电或放电时,u_C的一般表达式为

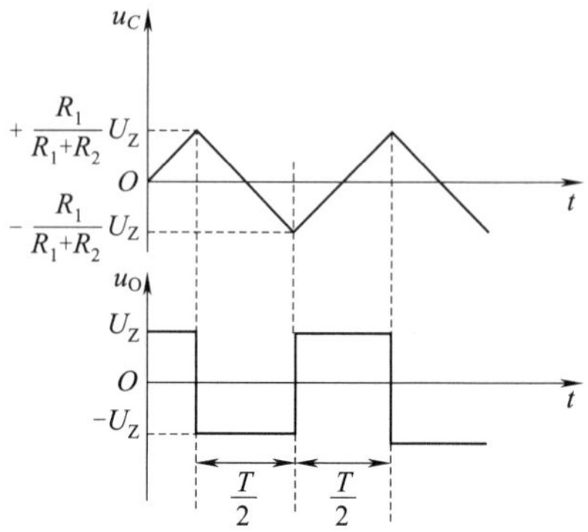

图 5-43 矩形波发生电路的原理图

$$u_C(t) = u_C(\infty) + [u_C(0) - u_C(\infty)]e^{-\frac{t}{\tau}}$$

式中,$u_C(0) = +\frac{R_1}{R_1+R_2}U_Z$;$u_C(\infty) = -U_Z$;$\tau = RC$。

将以上 $u_C(0)$、$u_C(\infty)$、$\tau = RC$ 的值代入 $u_C(t)$的表达式,并根据条件 $t=\frac{T}{2}$时,$u_C(t) = -\frac{R_1}{R_1+R_2}U_Z$,即可解得矩形波的振荡周期为

$$T = 2RC\ln\left(1+\frac{2R_1}{R_2}\right) \tag{5-10}$$

矩形波的输出幅度为

$$U_{Om} = U_Z \tag{5-11}$$

5.6.2 三角波发生电路

1. 电路组成及工作原理

三角波发生电路的原理图如图 5-44 所示。由图可见,三角波发生电路由滞回比较器和积分电路两部分组成。但要注意,本电路中的积分电路采用反相输入方式,而滞回比较器采用同相输入方式,集成运放 A_1的反相输入端接地,积分电路的输出电压 u_O加在 A_1的同相输入端。滞回比较器输出端发生跳变的关键是集成运放 A_1 反相输入端的电压 u_-与同相输入端的电压 u_+相等。

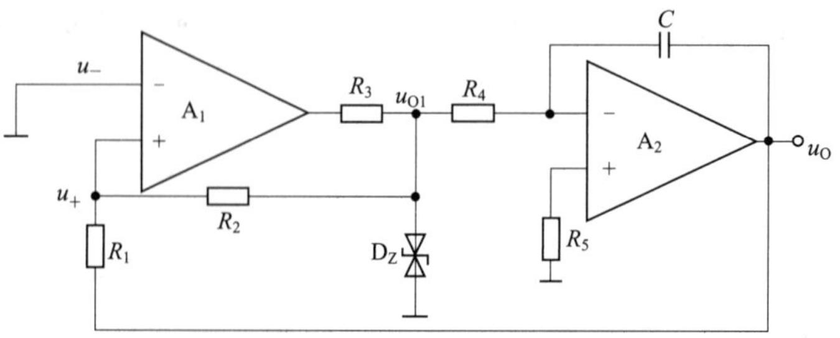

图 5-44 三角波发生电路的原理图

假设 $t=0$ 时滞回比较器输出高电平，即 $u_{O1}=+U_Z$，积分电容上的电压 $u_C=0$，则 $u_O=0$。根据叠加原理可得集成运放 A_1 同相输入端的电压 u_+ 为

$$u_+=\frac{R_1}{R_1+R_2}u_{O1}+\frac{R_2}{R_1+R_2}u_O$$

开始时，u_+ 的表达式中后一项等于零，前一项为正，则 u_+ 总的为正值。因积分电路采用反相输入方式，故滞回比较器输出端的正电压使积分电路反向积分，于是 u_O 向负方向增长，则 u_+ 随之下降，当 $u_+=u_-=0$ 时，滞回比较器输出端将发生跳变，u_{O1} 由 $+U_Z$ 跳变为 $-U_Z$。则由上式可知，集成运放 A_1 同相输入端的电压 u_+ 也变为负电压，而滞回比较器输出端的负电压使积分电路正向积分，则 u_O 向正方向增长，则 u_+ 随之上升，当 $u_+=u_-=0$ 时，滞回比较器输出端将再次发生跳变，u_{O1} 由 $-U_Z$ 跳变为 $+U_Z$，以后重复上面的过程。所以，滞回比较器的输出电压 u_{O1} 成为矩形波，而积分电路的输出电压 u_O 为三角波，如图 5-45 所示。

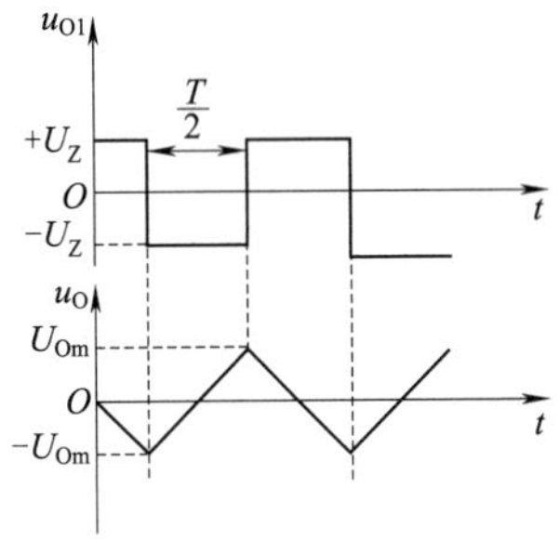

图 5-45　三角波发生电路波形图

2. 输出幅度及振荡周期

由图 5-45 可见，当滞回比较器的输出电压 u_{O1} 由 $-U_Z$ 跳变为 $+U_Z$ 时，三角波 u_O 达到最大值 U_{Om}，而此时应该 $u_+=u_-=0$，即

$$u_+=\frac{R_1}{R_1+R_2}(-U_Z)+\frac{R_2}{R_1+R_2}U_{Om}=u_-=0$$

因此可解得三角波的输出幅度为

$$U_{Om}=\frac{R_1}{R_2}U_Z \tag{5-12}$$

由图 5-45 还可看出，当积分电路的输入电压为 $-U_Z$ 时，在半个周期之内积分电路的输出电压 u_O 由 $-U_{Om}$ 增长至 $+U_{Om}$，则可表示为

$$u_O=-\frac{1}{R_4C}\int_0^{\frac{T}{2}}U_Z\mathrm{d}t=2U_{Om}$$

即

$$\frac{U_Z}{R_4C}\cdot\frac{T}{2}=2U_{Om}$$

则三角波的振荡周期为

$$T=\frac{4R_4CU_{Om}}{U_Z}=\frac{4R_1R_4C}{R_2} \tag{5-13}$$

5.6.3　锯齿波发生电路

1. 电路组成及工作原理

只需使三角波上升边和下降边的斜率不同，而且相差悬殊，即成为锯齿波。因此，在三角波发生电路的基础上，使矩形波的正半周和负半周积分时间常数不同，即可得到锯齿波发生电路，如图 5-46所示。

当滞回比较器的输出电压 u_{O1} 为 $+U_Z$ 时，二极管 D_1 导通，积分时间常数为 $R'_W C$，而当 u_{O1} 为 $-U_Z$时，二极管 D_2 导通，积分时间常数为 $R''_W C$。假设 $R'_W \ll R''_W$，则三角波下降的速度将比上升的速度快得多。锯齿波发生电路的波形图如图 5-47 所示。

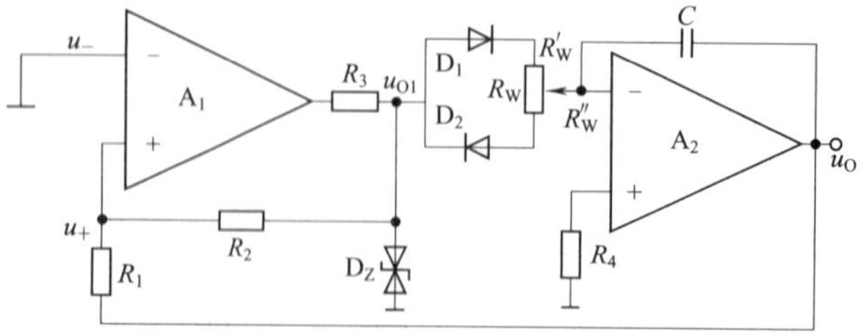

图 5-46　锯齿波发生电路

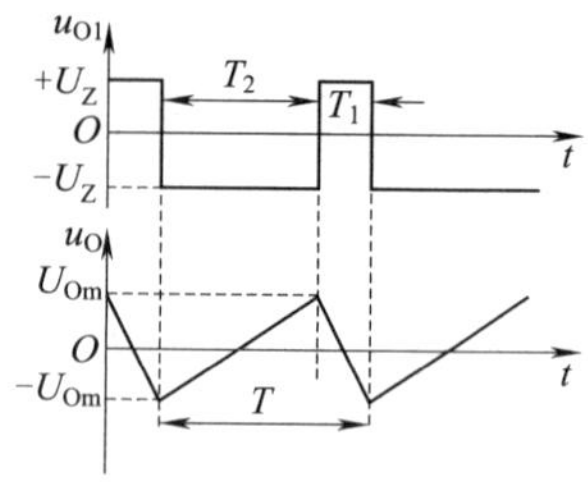

图 5-47　锯齿波发生电路的波形图

2. 输出幅度及振荡周期

根据同样的方法可求得锯齿波的输出幅度为

$$U_{\mathrm{Om}}=\frac{R_1}{R_2}U_{\mathrm{Z}} \tag{5-14}$$

锯齿波的振荡周期为

$$T=T_1+T_2=\frac{4R_1R'_{\mathrm{W}}C}{R_2}+\frac{4R_1R''_{\mathrm{W}}C}{R_2}+\frac{4R_1R_{\mathrm{W}}C}{R_2} \tag{5-15}$$

5.6.4 波形变换电路

波形变换是指将一种形状的波形变换为另一种形状的波形。例如，利用积分电路将方波变为三角波，利用微分电路将三角波变为方波，利用电压比较器将正弦波变为矩形波，利用模拟乘法器将正弦波变为二倍频等。

1. 三角波变锯齿波

图 5-48 表示三角波电压经波形变换电路所获得的锯齿波电压。

①当三角波上升时，锯齿波电压与三角波电压相等，即 $u_{\mathrm{O}}:u_{\mathrm{I}}=1$。1。

②当三角波下降时，锯齿波电压与三角波电压反相，即 $u_{\mathrm{O}}:u_{\mathrm{I}}=-1:1$。

因此，波形变换电路应为比例运算电路，当三角波上升时，比例系数即放大倍数为 1；当三角波下降时，比例系数为 −1；利用可控电子开关 u_{C}，可以实现比例系数的变化。三角波变锯齿波电路如图 5-49 所示，其中电子开关为示意图，u_{C}是电子开关控制电压，它与输入三角波电压的对应关系如图 5-48 中所示。当 u_{C}为低电平时，开关断开；当 u_{C}为高电平时，开关闭合。

设 $u_{\mathrm{C}}=0$，开关断开，则 u_{i}同时作用于集成运放的反相输入端和同相输入端，根据“虚短”和“虚断”的概念有

$$u_{\mathrm{N}}=u_{\mathrm{P}}=\frac{R_5}{R_3+R_4+R_5}u_{\mathrm{I}}$$

列 N 点电流方程

$$\frac{u_{\mathrm{I}}-u_{\mathrm{N}}}{R_1}=\frac{u_{\mathrm{N}}}{R_2}+\frac{u_{\mathrm{N}}-u_{\mathrm{O}}}{R_{\mathrm{f}}}$$

将 $R_1=R$，$R_2=R/2$，$R_{\mathrm{f}}=R$，$u_{\mathrm{N}}=u_{\mathrm{i}}/2$ 代入上式，解得

$$u_{\mathrm{O}}=u_{\mathrm{I}}$$

设 $u_{\mathrm{C}}=1$，开关闭合，则集成运放的同相输入端和反相输入端为虚地，$u_{\mathrm{N}}=u_{\mathrm{P}}=0$，电阻 R_2中电流为零，等效电路是反相比例运算电路，因此

$$u_{\mathrm{O}}=-u_{\mathrm{I}}$$

符合要求，从而实现了将三角波转换成锯齿波。

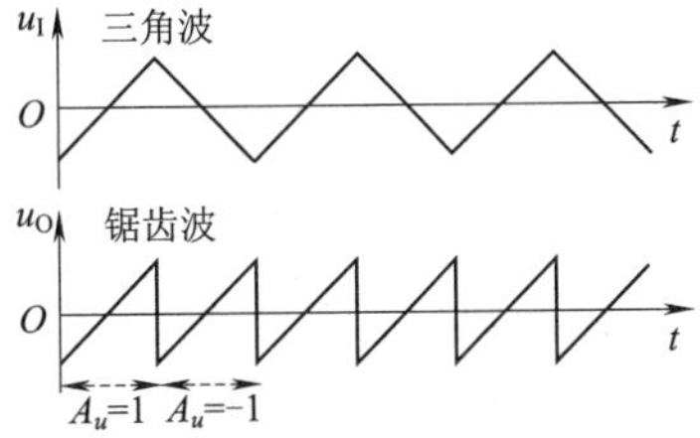

图 5-48　三角波变锯齿波波形

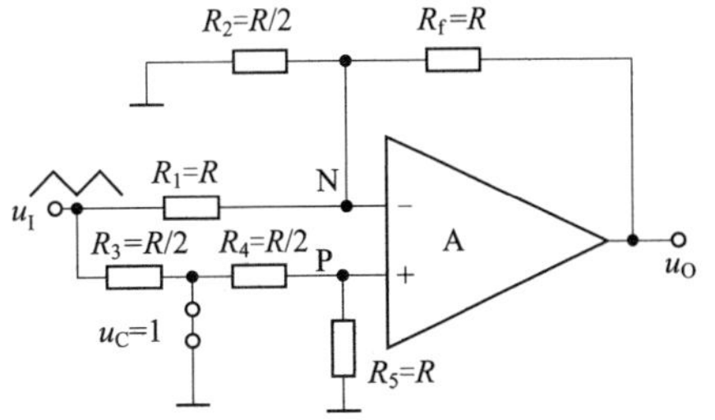

图 5-49　三角波转换为锯齿波电路

2. 三角波变正弦波

由于矩形波和三角波的产生以及频率的调节都比正弦波简单，所以在许多函数发生器中不采用独立的正弦波振荡器，而是用三角波通过变换获得正弦波。常见的三角波-正弦波变换方法有滤波法、折线逼近法、非线性有源电路形成法和幂级数法等。下面主要介绍滤波法和折线逼近法实现正弦波。

（1）滤波法

将三角波展开为傅里叶级数可知，它含有基波和三次、五次等奇次谐波，因此通过低通滤波器取出基波，滤除高次谐波，即可将三角波转换成正弦波。这种方法适用于固定频率或频率变化范围很小的场合。电路框图如图 5-50（a）所示。输入电压和输出电压的波形如图 5-50（b）所示，u_O 的频率等于 u_I 基波的频率。

将三角波按傅里叶级数展开

$$u_I(\omega t)=\frac{8}{\pi^2}U_m\left(\sin\omega t-\frac{1}{9}\sin 3\omega t+\frac{1}{25}\sin 5\omega t-\cdots\right)$$

式中，U_m 是三角波的幅值。

根据上式可知，低通滤波器的通带截止频率应大于三角波的基波频率且小于三角波的三次谐波频率。图 5-51 所示为最典型的一阶低通有源滤波电路。但是，如果三角波的最高频率超过其最低频率的 3 倍就要考虑采用折线逼近法来实现变换了。

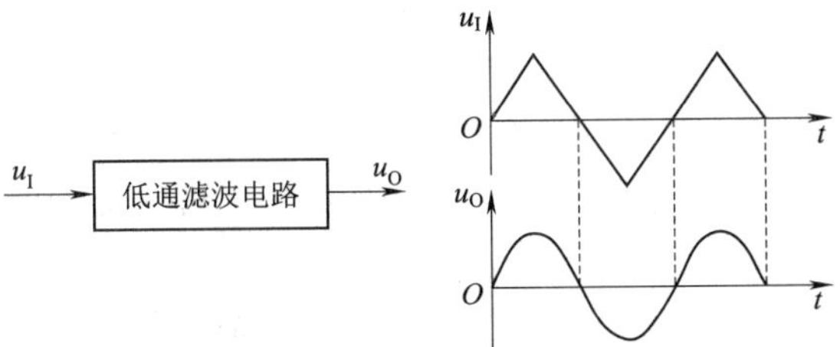

（a）电路框图　　（b）波形分析

图 5-50　滤波法实现三角波转换为正弦波

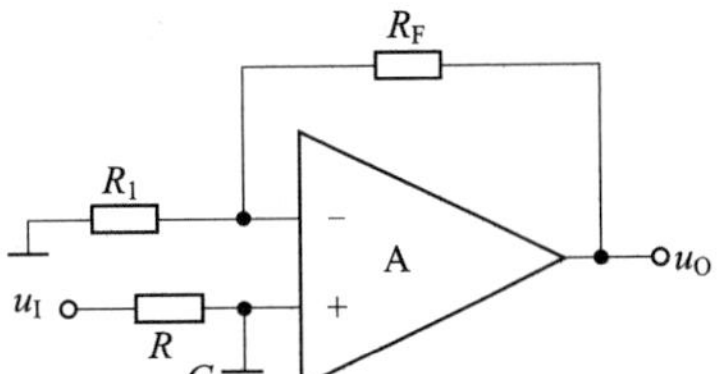

图 5-51　最典型的一阶低通有源滤波电路

（2）折线逼近法

折线逼近法是用多段直线逼近正弦波的一种方法。其基本思路是将三角波分成若干段，分别按不同比例衰减，所获得的波形就近似为正弦波。图 5-52 画出了波形的 1/4 周期，用四段折线逼近正弦波的情况。图 5-52 中 U_{Imax} 为输入三角波电压幅值。

根据上述思路，可以采用增益自动调节的运算电路实现，如图 5-53 所示。利用二极管开关和电阻构成反馈通路，随着输入电压的数值不同而改变电路的增益。

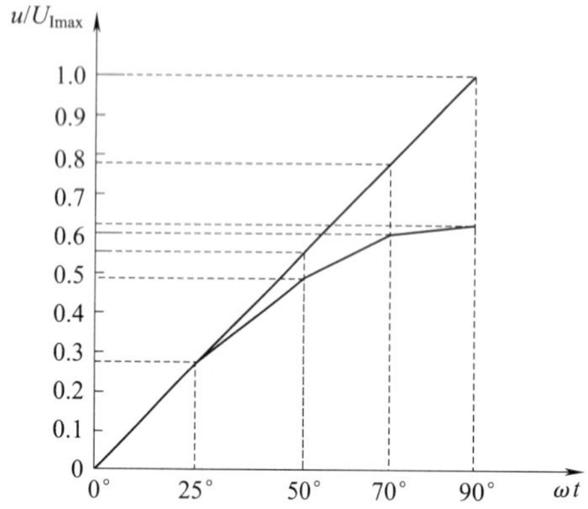

图 5-52　折线逼近法近似正弦波示意图

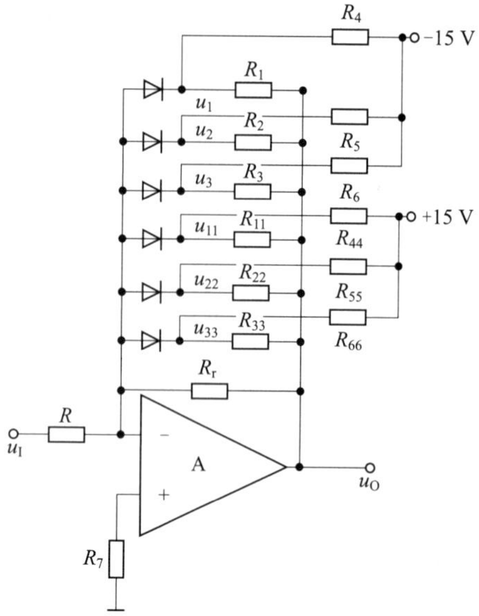

图 5-53　折线逼近法近似正弦波电路

为了使输出电压波形更接近于正弦波，应当将三角波的四分之一区域分成更多的线段，尤其是在三角波和正弦波差别明显的部分，然后再按正弦波的规律控制比例系数，逐段衰减。

折线逼近法的优点是不受输入电压频率范围的限制，便于集成化。缺点是反馈网络中电阻的匹配比较困难。

5.6.5　函数信号发生器

函数信号发生器根据用途不同，有产生一种或多种波形的函数信号发生器，其电路中使用的器件可以是分立器件，也可以是集成器件，产生方波、正弦波、三角波的方案有多种，如先产生正弦波，根据周期性的非正弦波与正弦波所呈的某种确定的函数关系，再通过波形变换电路将正弦波转化为方波，经过积分电路后将其变为三角波。也可以先产生三角波-方波，再将三角波或方波转化为正弦波。随着电子技术的快速发展，新材料、新器件层出不穷，开发新款式函数信号发生器，器件的可选择性大幅增加，例如集成电路 ICL8038 就是一种技术上很成熟的可以产生正弦波、方波、三角波的主芯片。下面介绍 ICL8038 函数信号发生器的电路结构、参数特点和使用方法。

ICL8038 是一种具有多种波形输出的精密振荡集成电路，只需调整个别的外部组件就能产生从 0.001 Hz 到 300 kHz 的低失真正弦波、三角波、矩形波等脉冲信号。输出波形的频率和占空比还可以由电流或电阻控制。输出波形如果用于驱动负载，应该加电压跟随器、功率放大电路等驱动电路。另外，由于该芯片具有调频信号输入端，所以可以用来对低频信号进行频率调制。

ICL8038 的主要特点：

①可同时输出任意的三角波、矩形波和正弦波等。

②频率范围：0.001 Hz ~ 300 kHz。

③占空比范围：2% ~98%。

④低失真度正弦波：1%。

⑤低温度漂移：50×10^{-6}/℃。

⑥三角波输出线性度：0.1%。

⑦工作电源：±5 ~ ±12 V 或者 12 ~ 25 V。

ICL8038 引脚功能及原理框图如图 5-54 所示。

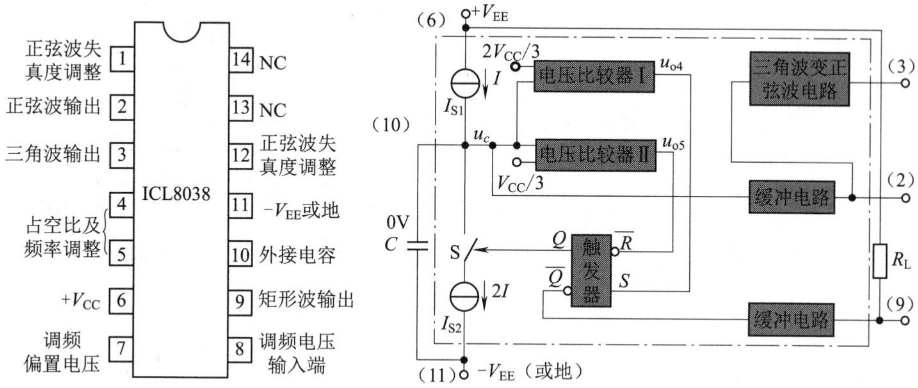

图 5-54　ICL8038 引脚功能及原理框图

图 5-55 所示为 ICL8038 最常见的两种基本接法，矩形波输出端为集电极开路形式，需外接电阻 R_L 至 $+V_{CC}$。在图 5-55(a)所示电路中，R_A 和 R_B 可分别独立调整。在图 5-55(b)所示电路中，通过改变电位器 R_w 滑动端的位置来调整 R_A 和 R_B 的数值。

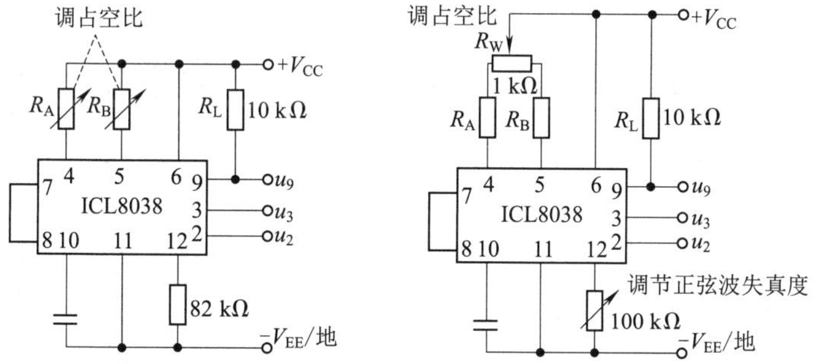

(a) 接法一　　(b) 接法二

图 5-55　ICL8038 最常见的两种基本接法

当 $R_A = R_B$ 时，各输出端的波形如图 5-56(a)所示，矩形波的占空比为 50%，因而为方波。当 $R_A \neq R_B$ 时，矩形波不再是方波，引脚 2 也就不再是正弦波了。图 5-56(b)所示为矩形波，占空比是 15% 时各端口输出的波形图。根据 ICL8038 内部电路和外接电阻可以推导出占空比的表达式为

$$\frac{T_1}{T} = \frac{2R_A - R_B}{2R_A}$$

在图 5-55(b)所示电路中用 100 kΩ 的电位器取代了图 5-55(a)所示电路中的 82 kΩ 电阻，调节电位器可减小正弦波的失真度。如果要进一步减小正弦波的失真度，可采用图 5-57 所示电路中两个 100 kΩ 的电位器和两个 10 kΩ 电阻所组成的电路，调整它们可使正弦波的失真度减小到 0.5%。在 R_A 和 R_B 不变的情况下，调整 R_{w2} 可使电路振荡频率最大值与最小值之比达到 100∶1。也可在引脚 8 与引脚 6(即调频电压输入端和正电源)之间直接加输入电压，调节振荡频率，最高频率与最低频率之比可达 1 000∶1。

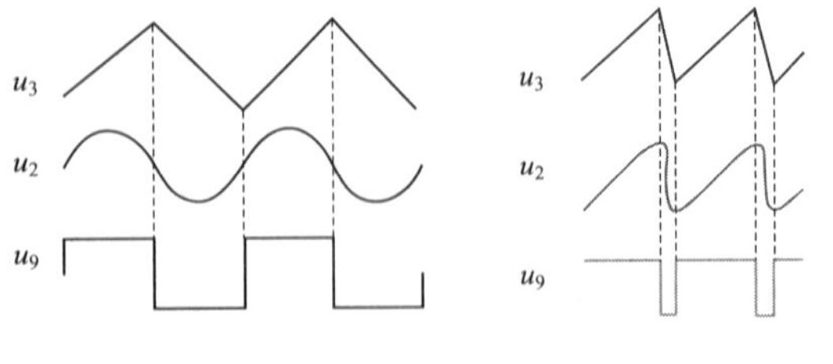

（a）矩形波占空比50%　（b）矩形波占空比15%

图 5-56　ICL8038 的输出波形

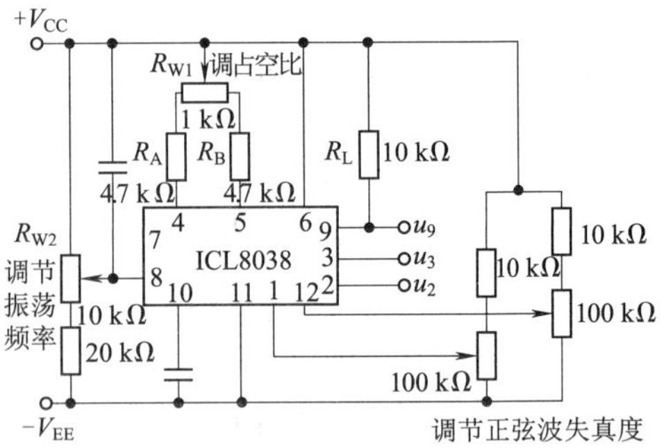

图 5-57　失真度减小和频率可调电路

5.7　利用集成运放实现的信号转换电路

在控制、遥控、遥测、近代生物、物理和医学等领域，常常需要将模拟信号进行转换，如将电压信号转换成电流信号，将电流信号转换成电压信号，将直流信号转换成交流信号，将模拟信号转换成数字信号等。本节将对用集成运放实现的几种信号转换电路加以简单介绍。

5.7.1　电压与电流转换电路

在控制系统中，为了驱动执行机构，如记录仪、继电器等，常需要将电压转换成电流；而在监测系统中，为了数字化显示，又常将电流转换成电压，再接数字电压表。在放大电路中引入合适的反馈，就可实现上述转换。

1. 电压-电流转换电路

前面曾介绍过，在放大电路中引入电流串联负反馈，可以实现电压-电流的转换。实际上，若信号源能够输出足够的电流，则在电路中引入电流并联负反馈也可实现电压-电流转换，如图 5-58 所示。图 5-58(a)所示为基本原理电路，图 5-58(b)所示为负载接地的豪兰德电流源电路。设集成运放为理想运放，因而引入负反馈后具有“虚短”和“虚断”的特点，图中 $u_N = u_P = 0$，$i_R = i_L$，即

$$i_L = i_R = \frac{u_I}{R} \tag{5-16}$$

可见，负载电流大小与输入电压 u_I 成正比，与负载大小无关。如果 u_I 不变，i_L 为恒流源。

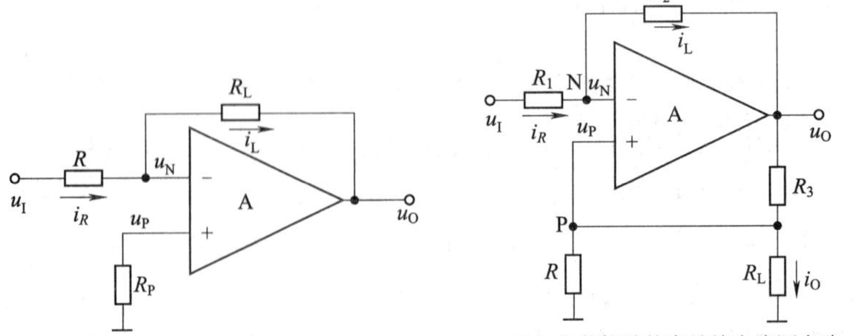

（a）基本原理电路　（b）负载接地的豪兰德电流源电路

图 5-58　电压-电流转换电路

图 5-59 所示电路为另一种负载接地的实用电压-电流转换电路。A_1、A_2 均引入了负反馈，A_1 构成同相求和运算电路，A_2 构成电压跟随器。图中 $R_1 = R_2 = R_3 = R_4 = R$，因此

$$u_{O2} = u_{P2}$$

$$u_{P1} = \frac{R_4}{R_3 + R_4}u_I + \frac{R_3}{R_3 + R_4}u_{P2} = 0.5(u_I + u_{P2})$$

$$u_{O1} = \left(1 + \frac{R_2}{R_1}\right)u_{P1} = 2u_{P1}$$

所以

$$u_{O1} = 2u_{P1} = u_I + u_{P2}$$

R_0上的电压

$$u_{R_0} = u_{O1} - u_{P2} = u_I$$

$$i_O = \frac{u_I}{R_0} \tag{5-17}$$

2. 电流 – 电压转换电路

集成运放引入电压并联负反馈即可实现电流-电压转换，如图 5-60 所示。在理想运放条件下，输入电阻 $R_{if} = 0$，因而 $i_F = i_s$，故输出电压

$$u_O = -i_s R_F \tag{5-18}$$

实际电路中，R_{if}不可能为零，所以 R_s 比 R_{if} 大的越多，转换精度越高。

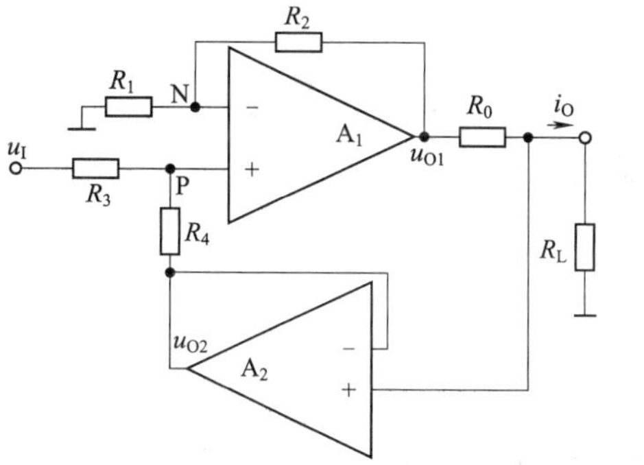

图 5-59　另一种负载接地的实用电压-电流转换电路

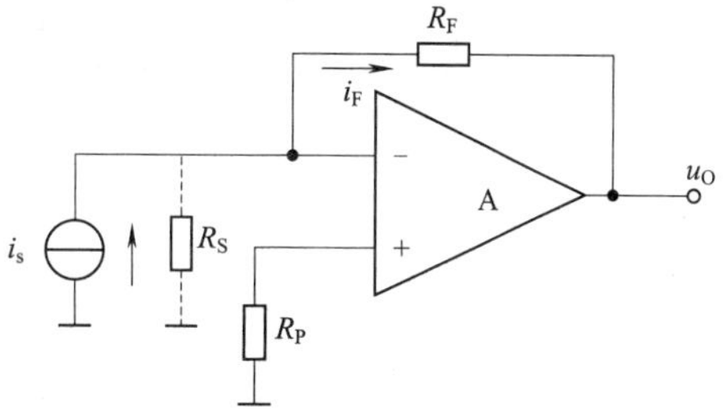

图 5-60　电流-电压转换电路

5.7.2　精密整流电路

前面曾经介绍了半波和全波整流电路，利用二极管的单向导电性，可以组成整流电路，把交流变成直流。但这种整流电路有如下缺点：

①由于二极管的导通电压约 0.7 V，因此当被整流的信号电压低于此导通电压时，电路就失去整流作用。

②即使被整流的电压值大于 0.7 V，电路也还存在非线性误差。

③二极管的正向压降随温度的变化而变化，所以整流电路的特性也受影响。此外，在全波整流时，这种整流电路的输入与输出之间不能有公共端，有时使用不便。

用运算放大器构成的精密整流电路克服了普通二极管整流电路的缺点，得到与理想二极管接近的整流性能，而且整流电路的温度特性也比普通二极管整流电路好得多。

图 5-61 给出了由集成运放构成的精密负半波整流电路。当 $u_I > 0$ 时，D_1、D_2 均导通，该电路

构成带有负反馈，根据“虚短”特性，输出电压等于零。当 $u_I < 0$ 时，D_1 导通、D_2 截止，该电路构成反相比例运算电路，所以输出电压为

$$u_O = -u_I \tag{5-19}$$

如果将图中的两个二极管反过来接，即可得到精密正半波整流电路。

图 5-62 为精密全波整流电路，A_1 组成正半波整流电路，A_2 组成反相求和运算电路。当 $u_I < 0$ 时，D_1 截止、D_2 导通，该电路构成带有负反馈，根据“虚短”特性，输出电压

$$u_{O1} = 0$$

当 $u_i > 0$ 时，D_1 导通、D_2 截止，该电路构成反相比例运算电路，所以输出电压为

$$u_{O1} = -2u_I$$

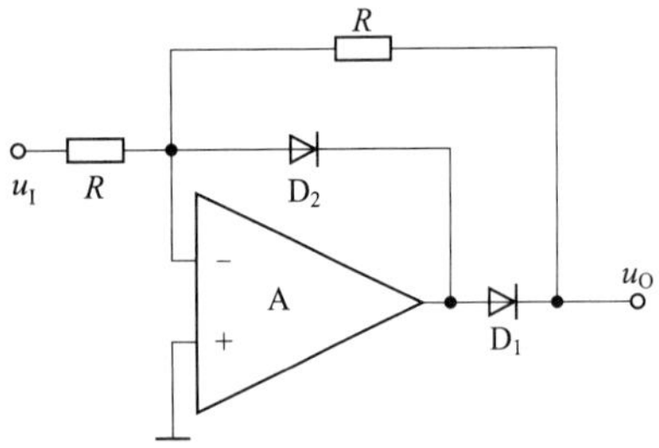

图 5-61　精密负半波整流电路

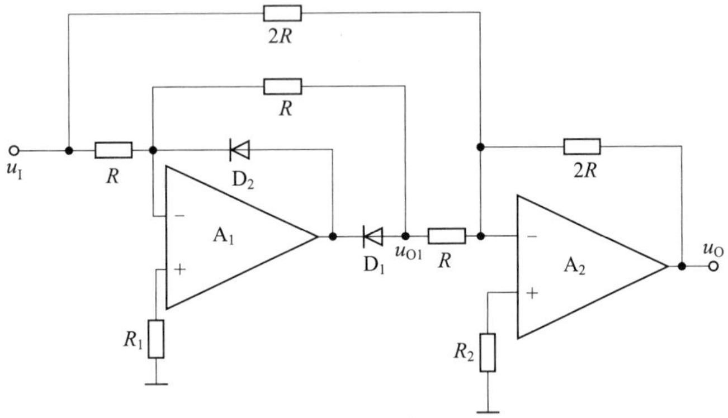

图 5-62　精密全波整流电路

分析由 A_2 构成的反相求和运算电路，得到输出电压为

$$u_O = -u_{O1} - u_I$$

所以，当 $u_I > 0$ 时，

$$u_O = -u_{O1} - u_I = 2u_I - u_I = u_I$$

当 $u_I < 0$ 时，

$$u_O = -u_{O1} - u_I = 0 - u_I = -u_I$$

所以，总的输出电压可以表示为

$$u_O = |u_I| \tag{5-20}$$

故图 5-62 所示精密全波整流电路又称绝对值电路。当输入电压为正弦波和三角波时，电路输出波形如图 5-63 所示。

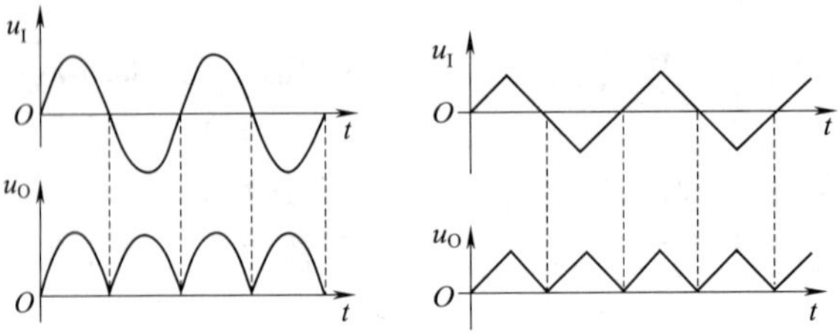

图 5-63　精密全波整流电路输入/输出波形

小　　结

1. 正弦波振荡电路及起振条件

正弦波振荡电路是由自激振荡产生一定幅度和一定频率正弦波的电路。

产生振荡的条件是：$|\dot{A}_u\dot{F}|=1$。其中

①幅度条件：$|\dot{A}_u\dot{F}|=1$，即 $U_f=U_i$。

②相位条件：$\dot{U}_f$与$\dot{U}_i$相位一致，即电路产生正反馈。

振荡的建立及稳定过程：一般反馈系数 F 是线性的，F 为一常量。而电压放大倍数 A_u是非线性的，A_u将随着振荡幅度的增大而减小。所以，从 $|\dot{A}_u\dot{F}|>1$ 到 $|\dot{A}_u\dot{F}|=1$ 的过程，就是自激振荡的建立直至稳定的过程。

正弦波振荡电路由放大电路、正反馈电路、选频电路以及稳幅电路四个环节组成。

在分析电路是否可能产生正弦波振荡时，应首先观察是否包含这四个部分，进而检查放大电路能否正常放大，然后利用瞬时极性法判断是否满足相位平衡条件，必要时再判断是否满足幅值平衡条件。

2. *RC* 振荡电路

该振荡电路的振荡频率低，一般用来产生 1 Hz～1 MHz 范围内的振荡信号。*RC* 振荡电路是由集成运放同相放大器、*RC* 串并联反馈电路的并联电压正反馈（反馈系数 $F=\frac{1}{3}$）及 *RC* 选频电路三部分组成的。稳定振荡时，电压放大倍数 $A_u=3$，则 $A_uF=1$，所以振荡频率 $f_0=\frac{1}{2\pi RC}$。

3. *LC* 振荡电路

该振荡电路是由变压器反馈振荡电路及三点式反馈振荡电路两大类组成的。振荡频率较高，由分立元件组成。在分立元件电路中，该振荡电路一般由分压式偏置的三极管电压放大电路、反馈类型为并联电压正反馈的反馈电路及 *RC* 选频电路三部分组成。振荡频率在变压器反馈式中为 $f_0=\frac{1}{2\pi\sqrt{LC}}$，在电感三点式中为 $f_0=\frac{1}{2\pi\sqrt{(L_1+L_2+2M)C}}$，在电容三点式中为 $f_0=\frac{1}{2\pi\sqrt{L\frac{C_1C_2}{C_1+C_2}}}$。一般用来产生 10 kHz～1 000 MHz 范围内的振荡信号。

4. 电压比较器

①电压比较器能够将模拟信号转换成具有数字信号特点的二值信号，即输出不是高电平，就是低电平。因此，集成运放工作在非线性区。它既用于信号转换，又作为非正弦波发生电路的重要组成部分。

②通常用电压传输特性来描述电压比较器输出电压与输入电压的函数关系。电压传输特性具有三个要素：一是输出高、低电平，它决定于集成运放输出电压的最大幅度或输出端的限幅电路；二是值阈值电压，它是使集成运放同相输入端和反相输入端电位相等的输入电压；三是输入电压等于阈值电压时输出电压的跃变方向，它决定于输入电压是作用于集成运放的反相输入端，还是同相输入端。

③本章介绍了单限、滞回和窗口比较器。单限比较器只有一个阈值电压，当输入电压向单一方向变化时，输出电压跃变一次；窗口比较器有两个阈值电压，当输入电压向单一方向变化时，输出电压跃变两次；滞回比较器具有迟滞特性，虽有两个阈值电压，但当输入电压向单一方向变化时输出电压仅跃变一次。

5. 非正弦波发生电路

模拟电路中的非正弦波发生电路由滞回比较器和 *RC* 延时电路组成，主要参数是振荡幅值和振荡频率。由于滞回比较器引入了正反馈，从而加速了输出电压的变化；延时电路使比较器输出电压周期性地从高电平跃变为低电平，再从低电平跃变为高电平，而不停留在某一稳态，从而使电路产生振荡。

分别利用二极管的单向导电性改变 *RC* 延时电路正向充电和反向充电的时间常数，则可将方波发生电路变为占空比可调的矩形波发生电路；改变正向积分和反向积分的时间常数，则可由三角波发生电路变为锯齿波发生电路。

6. 波形变换电路

波形变换电路利用非线性电路将一种形状的波形变为另一种形状。电压比较器可将周期性变化的波形变为矩形波，积分运算电路可将方波变为三角波，微分运算电路可将三角波变为方波。利用比例系数可控的比例运算电路可将三角波变为锯齿波，利用滤波法或折线逼近法可将三角波变为正弦波。

7. 信号转换电路

信号转换电路是信号处理电路。利用反馈的方法可将电流转换为电压，也可将电压转换为电流。利用精密整流电路可将交流信号转换为直流信号。

习　　题

1. 选择合适的答案填入括号内。

(1) 正弦波振荡电路的基本组成包括(　　)。

A. 基本放大器和正反馈网络　　B. 基本放大器和选频网络

C. 基本放大器和负反馈网络　　D. 基本放大器、正反馈网络和选频网络

(2) 正弦波振荡器中正反馈网络的作用是(　　)。

A. 保证电路满足相位平衡条件　　B. 提高放大器的放大倍数

C. 使振荡器产生单一频率的正弦波　　D. 保证放大器满足幅度条件

(3) 在正弦波振荡器中，放大电路的主要作用是(　　)。

A. 保证振荡器满足振荡条件，能持续输出正弦波信号

B. 保证电路满足相位平衡条件

C. 把外界的影响减小

D. 以上三种作用都具有

(4) 为了满足振荡的相位平衡条件，反馈信号与输入信号的相位差应为(　　)。

A. $90°$　　B. $180°$　　C. $270°$　　D. $360°$

(5)正弦波振荡器的振荡频率由(　　)条件确定。

A. 相位平衡　B. 幅值平衡　C. 幅值起振　D. 相位和幅值平衡

(6)正弦波振荡器的振荡幅度由(　　)条件确定。

A. 相位平衡　B. 幅值平衡

C. 幅值起振　D. 相位和幅值平衡

(7)在 *RC* 振荡器中的放大电路应工作在(　　)状态。

A. 线性　B. 非线性　C. 无特别要求　D. 不确定

(8)在 *RC* 振荡器中引入负反馈的目的是为了(　　)。

A. 满足相位平衡条件　B. 满足起振条件

C. 稳幅　D. 增强抗干扰性

(9) *RC* 桥式振荡电路的起振条件是放大器的放大倍数 $A_u \geq$(　　)。

A. 1/3　B. 3　C. 1/2　D. 2

(10)互感反馈式正弦波振荡器的相位平衡条件是通过合理选择(　　)来满足的。

A. 电流放大倍数　B. 互感极性

C. 回路失谐　D. 都不是

(11)产生低频正弦波一般可用(　　)振荡电路。

A. *RC*　B. *LC*

C. 石英晶体　D. *RC* 或石英晶体

(12)产生高频正弦波可用(　　)振荡电路。

A. *RC*　B. *LC*

C. 石英晶体　D. *LC* 或石英晶体

(13)要求频率稳定度很高,则可用(　　)振荡电路。

A. *RC*　B. *LC*

C. 石英晶体　D. *RC* 或 *LC*

(14)下列是关于滞回比较器的说法,不正确的是(　　)。

A. 滞回比较器有两个比较(门限)电压

B. 构成滞回比较器的集成运算放大电路工作在线性区

C. 滞回比较器电路一定外加了正反馈

D. 滞回比较器的输出电压只有两种可能,即正的最大值或负的最大值

(15)(　　)可以作为模拟电路与数字电路的接口。

A. 比例放大器　B. 加法器

C. 滤波器　D. 比较器

(16)(　　)引入了正反馈。

A. 过零比较器　B. 迟滞比较器

C. 单限比较器　D. 电压比较器

2. 电路如图 5-64 所示。

(1)为使电路产生正弦波振荡,标出集成运放的“+”和“-”;并说明电路是哪种正弦波振荡电路。

(2)若 R_1 短路,则电路将产生什么现象?

(3)若 R_1 断路,则电路将产生什么现象?

(4)若 R_F 短路,则电路将产生什么现象?

(5)若 R_F 断路,则电路将产生什么现象?

3. 电路如图 5-65 所示,试求:

(1)R_w 的下限值;

(2)振荡频率的调节范围。

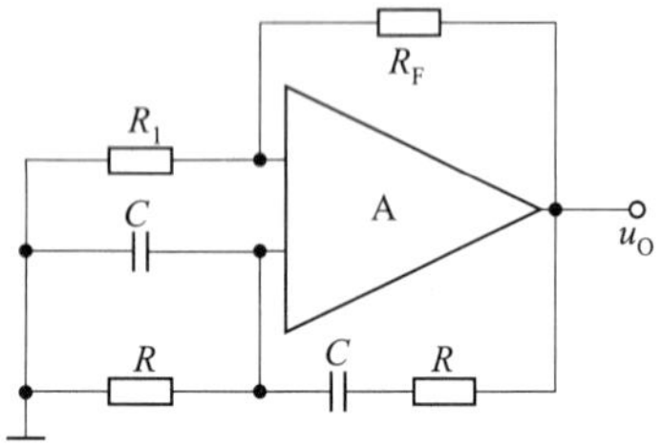

图 5-64 题 2 图

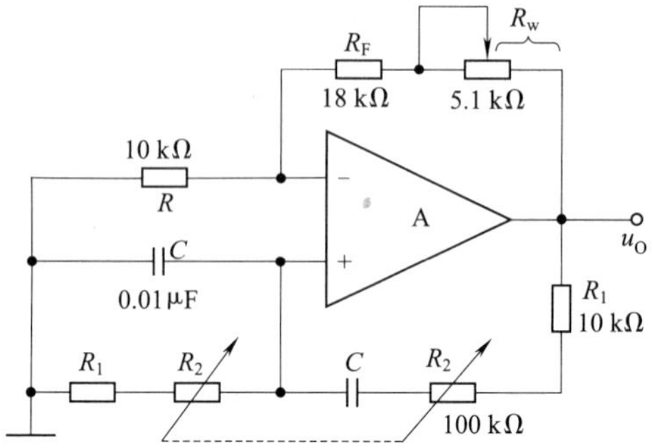

图 5-65 题 3 图

4. 分别标出图 5-66 所示各电路中变压器的同名端,使之满足正弦波振荡的相位条件。

5. 如图 5-67 所示电路为正弦波振荡电路,它可产生频率相同的正弦信号和余弦信号。已知稳压管的稳定电压 $\pm U_Z = \pm 6$ V,$R_1 = R_2 = R_3 = R_4 = R_5 = R$,$C_1 = C_2 = C$。

(1)试分析电路为什么能够满足产生正弦波振荡的条件;

(2)求出电路的振荡频率;

(3)画出 u_{O1} 和 u_{O2} 的波形图,要求表示出它们的相位关系,并分别求出它们的峰值。

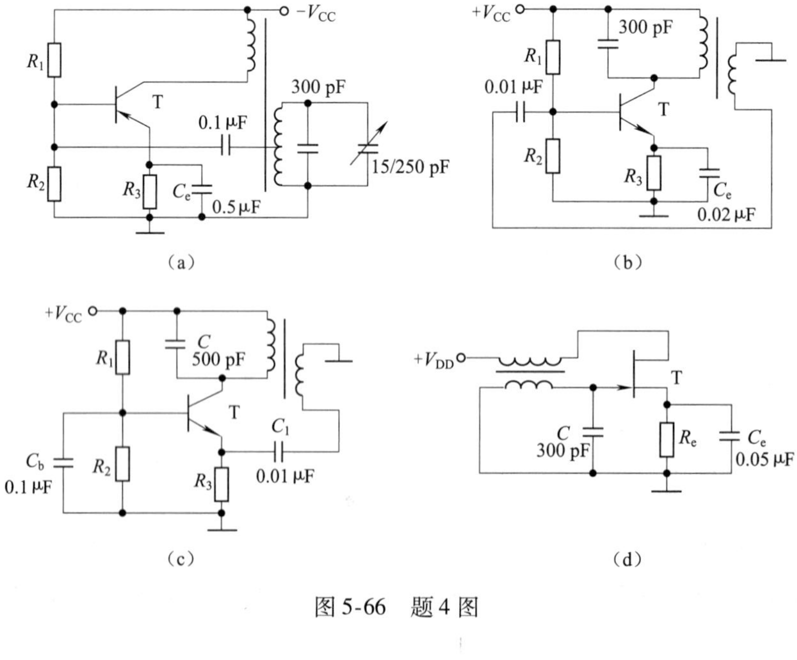

图 5-66 题 4 图

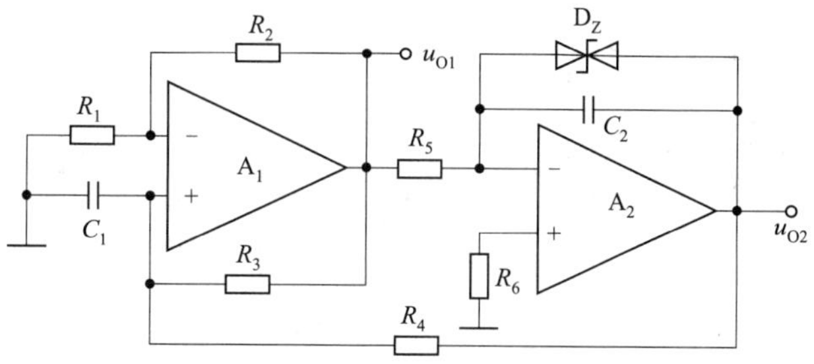

图 5-67　题 5 图

6. 试分别求解图 5-68 所示各电路的电压传输特性。

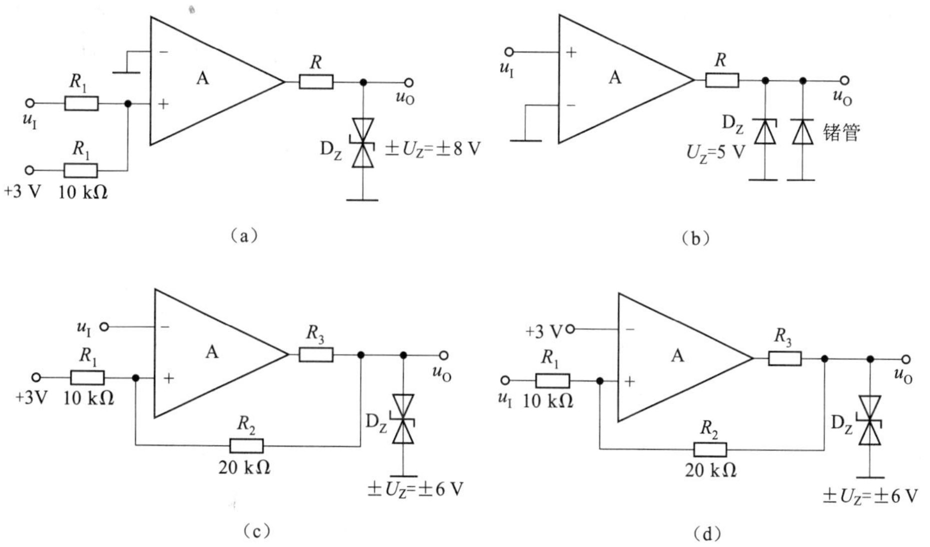

图 5-68　题 6 图

7. 已知三个电压比较器的电压传输特性分别如图 5-69(a)、(b)所示，它们的输入电压波形均如图 5-69(c)所示，试画出 u_{O1}、u_{O2} 的波形。

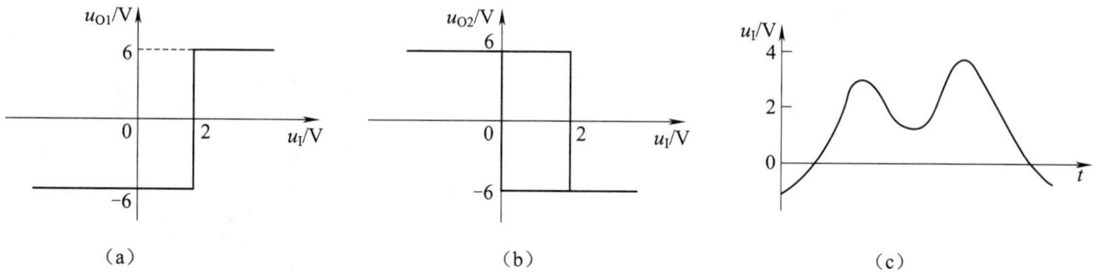

图 5-69　题 7 图

8. 在图 5-70 所示电路中，已知 A_1、A_2 均为理想运算放大器，其输出电压的两个极限值为 ±12 V。试画出该电路的电压传输特性。

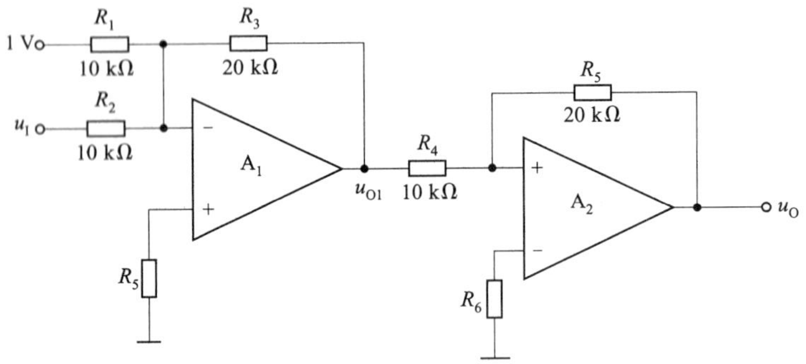

图 5-70　题 8 图

9. 在图 5-71(a)所示电路中，已知 A_1、A_2 均为理想运算放大器，其输出电压的两个极限值为 ±12 V；稳压管和二极管的正向导通电压均为 0.7 V。输入电压 u_I 的波形如图 5-71(b)所示。试画出该电路的输出电压 u_O 的波形，并标出有关数据。

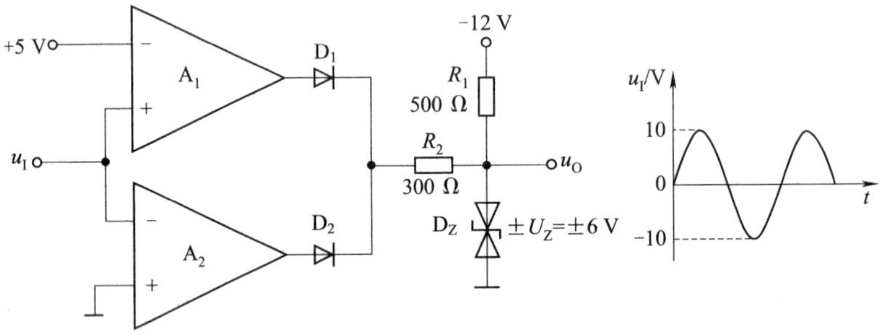

图 5-71　题 9 图

10. 图 5-72 所示方波发生器电路中，已知 A 为理想运算放大器，其输出电压的最大值为 ±15 V。

(1) 画出输出电压 u_O 和电容两端电压 u_C 的波形。

(2) 求振荡周期 T 的表达式，并计算数值。

11. 图 5-73 所示方波发生器电路中，已知 A 为理想运算放大器，其输出电压的最大值为 ±12 V。

(1) 画出输出电压 u_O 和电容两端电压 u_C 的波形。

(2) 求振荡周期 T 的表达式，并计算数值。

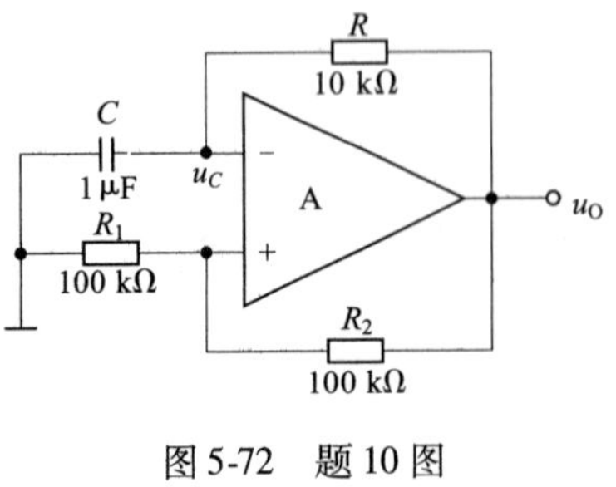

图 5-72　题 10 图

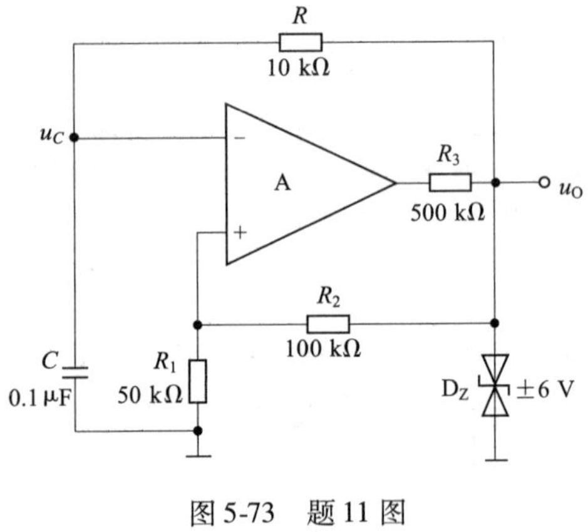

图 5-73　题 11 图

12. 图5-74(a)所示为方波发生器电路，已知A为理想运算放大器，其输出电压的最大值为±12 V；$R_1=50\ k\Omega$；该电路输出电压u_O和电容两端电压u_C的波形如图5-74(b)所示。试求解稳压管的稳压值U_Z及电阻R_2的阻值。

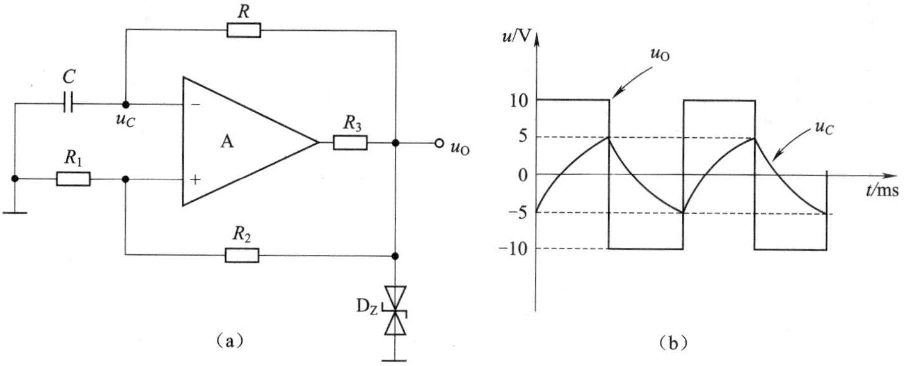

图5-74　题12图

13. 图5-75所示方波发生器电路中，已知A为理想运算放大器，其输出电压的两个极限值为±12 V；电阻$R_1/R_2=2$，输出电压u_O的峰-峰值$U_{OPP}=12\ V$，振荡频率$f=500\ Hz$。试求解R的阻值和稳压管的稳压值。

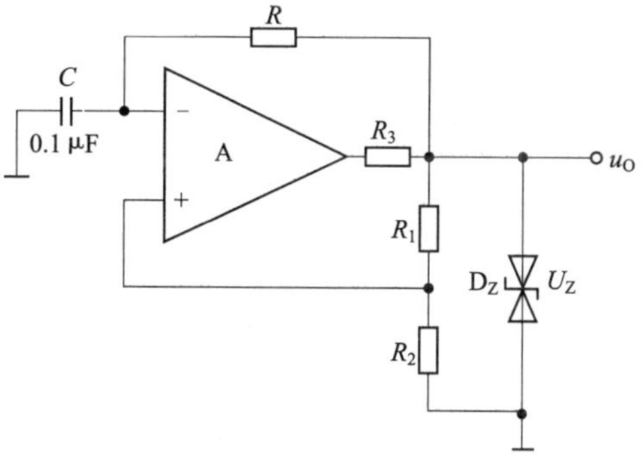

图5-75　题13图

14. 现有理想运算放大器，其输出电压的两个极限值为±6 V。试用两个运算放大器和有关器件设计一个电路，使之具有如图5-76所示电压传输特性，要求画出电路，并标出外加参考电压的数值。其余参数不必计算。

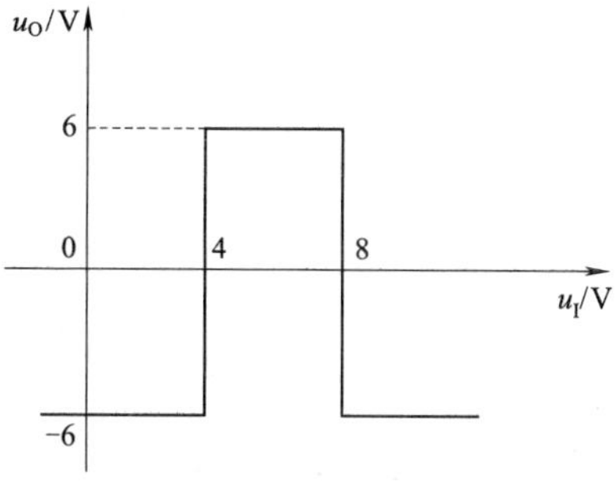

图5-76　题14图

第6章 功率放大电路

引　言

前面已经介绍了一些电子电路，经过这些电路处理后的信号，往往要送到负载，去驱动一定的装置。例如，收音机的扬声器、电动机控制绕组、计算机监视器或电视机的扫描偏转线圈等。这时要考虑的不仅仅是输出的电压或电流的大小，而是要有一定的功率输出，才能使这些负载正常工作。这类主要用于向负载提供功率的放大电路常称为功率放大电路。功率放大电路是一种以输出较大功率为目的的放大电路。它一般直接驱动负载，带负载能力要强。

内容结构

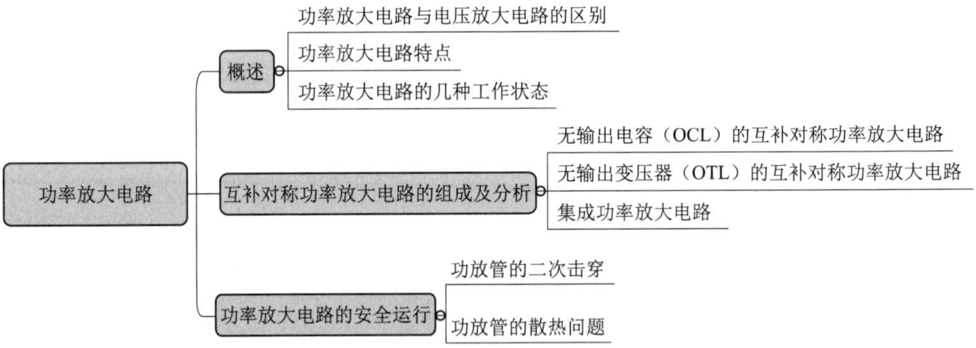

学习目标

①了解功率放大电路与电压电流放大电路的区别；了解功率放大电路的特点与工作状态的分类。
②掌握OCL和OTL两种功放电路的特点。
③分析功率放大电路并会根据指标要求设计功率放大电路。

6.1　概　　述

6.1.1　功率放大电路与电压放大电路的区别

放大电路主要用于增强电压幅度或电流幅度，因而相应地称为电压放大电路或电流放大电路。但无论哪种放大电路,在负载上都同时存在输出电压、电流和功率,从能量控制的观点来看,放大电路实质上都是能量转换电路,功率放大电路和电压放大电路没有本质的区别。上述定义上的区别只不过是强调的输出量不同而已。

但是,功率放大电路和电压放大电路所要完成的任务是不同的。对电压放大电路的主要要求是使负载得到不失真的电压信号,讨论的主要指标是电压增益、输入和输出阻抗等,输出的功率并不一定大。而功率放大电路则不同,它主要要求获得一定的不失真(或失真较小)的输出功率,通常是在大信号状态下工作,因此,功率放大电路包含着一系列在电压放大电路中没有出现过的特殊问题。

6.1.2 功率放大电路的特点

1. 功率放大电路的基本要求

对功率放大电路的基本要求如下:

①在不失真的情况下能输出尽可能大的功率。为了获得较大的功率输出,要求功放管的电压和电流都有足够大的输出幅度,因此功放管往往在临近饱和状态下工作。

②转换效率要高。输出信号功率的能量来源于直流电源。输出功率大,因此直流电源消耗的功率也大,这就存在一个效率问题。所谓效率,就是负载得到的交流信号功率和电源供给的直流功率的比值。这个比值越大,意味着效率越高。

③非线性失真要小。功率放大电路是在大信号下工作的,功率放大电路工作的动态范围大,所以不可避免地会产生非线性失真,而且同一功放管输出功率越大,非线性失真往往越严重,这就使输出功率和非线性失真成为一对主要矛盾。

④散热少。在功率放大电路中,有相当大的功率消耗在功放管的集电结上,使结温和管壳温度升高。为了充分利用允许的管耗而使功放管输出足够大的功率,放大器件的散热就成为一个重要问题。

⑤参数选择。在功率放大电路中,为了输出较大的信号功率,功放管承受的电压要高,通过的电流要大,功放管损坏的可能性也就比较大,所以功放管的参数选择与保护问题也不容忽视。在选择功放管时,要特别注意极限参数的选择,比如功放管最大功耗、集电极最大电流和最大管压降,以保证功放管安全工作。

2. 功率放大电路的主要技术指标

功率放大电路的主要技术指标包括最大输出功率和转换效率。

(1)最大输出功率 P_{om}

功率放大电路提供给负载的信号功率称为输出功率。在输入为正弦波且输出基本不失真条件下,输出功率是交流功率,表达式为 $P_o = I_o U_o$。式中,I_o 和 U_o 均为交流有效值。最大输出功率 P_{om} 是在电路参数确定的情况下负载上可能获得的最大交流功率。

(2)转换效率

功率放大电路的最大输出功率与电源所提供的功率之比称为转换效率。电源提供的功率是直流功率,其值等于电源输出电流平均值及其电压之积。

通常功率放大电路输出功率越大,电源消耗的直流功率也就越多。因此,在一定的输出功率下,减小直流电源的功耗可以提高电路的转换效率。

3. 功率放大电路的分析方法

由于功率放大电路的输出电压和输出电流幅值均很大,功放管特性的非线性不可忽略,所以在分析功率放大电路时,不能采用仅适用于小信号的交流等效电路法,而应采用图解法。

此外,由于功率放大电路的输入信号较大,输出波形容易产生非线性失真,电路中应采用适当的方法改善输出波形,如引入交流负反馈。

6.1.3 功率放大电路的几种工作状态

功率放大电路根据工作状态的不同,分为甲类、乙类和甲乙类三种工作状态,其工作波形如图6-1所示。

三极管工作在甲类工作状态时,静态工作点设置在交流负载线的中点,在正弦输入信号的整个周期内三极管都导通,波形如图6-1(a)所示。单管甲类功率放大电路结构简单、失真小,但管耗大、输出功率小、效率低,最大效率为50%,只适用于小功率放大电路。

三极管工作在乙类状态时,静态工作点设置在交流负载线的截止点,三极管只在正弦输入信号的半个周期内导通,如图6-1(b)所示。乙类最大效率为78.5%。

三极管工作在甲乙类状态时,静态工作点设置得较低,三极管导通的时间大于正弦信号的半个周期而小于一个周期,如图6-1(c)所示。最大效率介于甲类和乙类之间。

甲类功率放大电路效率低,功放管的管耗大,其主要原因是静态工作点较高,无论有无信号输入,电源始终供给能量,当输入信号为零时,电源供给的功率全部变为功放管自身管耗(热量),因此静态损耗最大。只有当有信号输入时,放大器才将一部分电源功率转化成交流功率输出。因此静态工作点高是甲类功率放大电路效率低的根本原因。单管乙类、甲乙类工作状态的功率放大电路管耗低,效率高于甲类,输出功率大,但失真也大。目前多采用互补对称功率放大电路,这种电路由工作在甲乙类状态的两只不同类型的三极管组成,既能增大输出功率,提高效率,同时也减小了非线性失真。

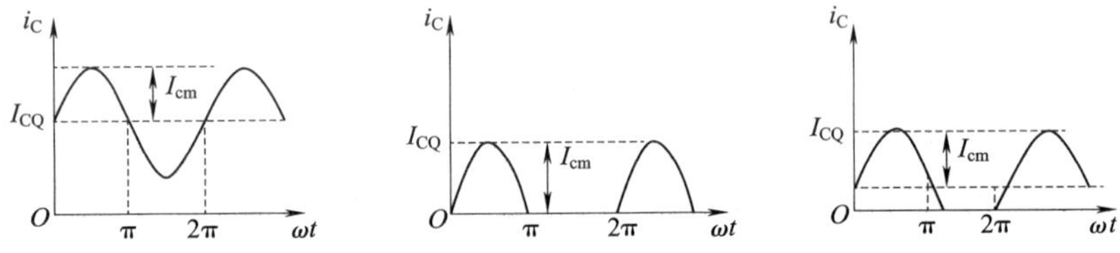

(a) 甲类 ($\theta=2\pi$)　(b) 乙类 ($\theta=\pi$)　(c) 甲乙类 ($\pi<\theta<2\pi$)

图6-1 功率放大电路工作波形

6.2 互补对称功率放大电路的组成及分析

在电源电压确定后,输出尽可能大的功率和提高转换效率始终是功率放大电路要研究的主要问题。因而围绕这两个性能指标的改善,可组成不同电路形式的功放。此外,还常围绕功率放大电路频率响应的改善和消除非线性失真来改进电路。应用最广泛的功率放大电路包括无输出电容(OCL)的互补对称功率放大电路和无输出变压器(OTL)的互补对称功率放大电路。

所谓"互补"是指不同类型的两只三极管交替工作,且均组成射极输出形式的电路,称为"互补"电路;两只三极管的这种交替工作方式称为"互补"工作方式。

6.2.1　无输出电容(OCL)的互补对称功率放大电路

1. 电路组成

无输出电容(output capacitorless,OCL)的互补对称功率放大电路的原理电路如图 6-2 所示,T_1为 NPN 型三极管,T_2为 PNP 型三极管,两个三极管的参数要求一致,并且发射极连在一起接负载R_L,两基极连在一起接输入信号。OCL 电路有两个直流电源,NPN 型三极管集电极接正的直流电源,PNP 型三极管集电极接负的直流电源,两三极管均为射极输出器接法。

对于图 6-2 所示的电路,若考虑三极管发射结的开启电压 U_{ON},则当输入电压 $u_I < U_{ON}$,T_1和T_2管均处于截止状态,基极电流近似等于 0,输出电压波形失真;只有当 $u_I > U_{ON}$时,T_1和 T_2管才能导通,它们的波形如图 6-3 所示,这种因三极管同时截止产生的输出电压波形失真产生交越失真。为了消除交越失真,应当设置合适的静态工作点,使两管均工作在临界导通或微导通状态。消除交越失真的 OCL 电路如图 6-4 所示。

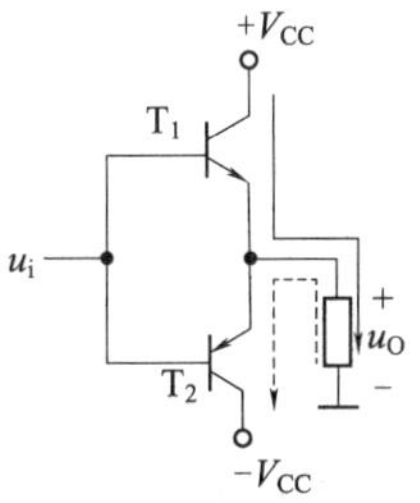

图 6-2　OCL 电路

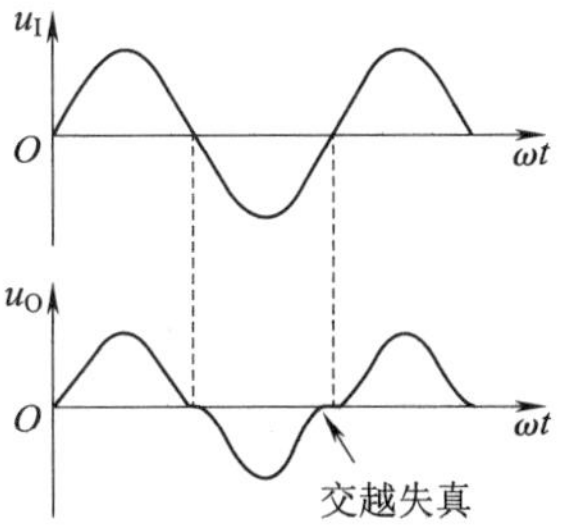

图 6-3　交越失真

2. 工作原理

在图 6-4 所示电路中,功放管 T_1、T_2的基极之间接有两个二极管 D_1、D_2和一个阻值很小的电阻R_2。静态时,从电源的 $+V_{CC}$经过 R_1、D_1、D_2、R_2、R_3到 $-V_{CC}$有一个电流流过,静态工作电流在 D_1、D_2上产生正向压降,给 T_1、T_2提供大于死区电压的基极偏置电压,其值约为两管开启电压之和。

静态时($u_I=0$)有静态工作电流 I_{B1}、I_{B2}产生,这时虽然发射极工作电流 $I_{E1} = -I_{E2}$,其大小相等、方向相反,而负载 R_L没有静态电流流过,发射极电位为 0,即 $U_E=0$,此时输出电压 $u_O=0$。

当有正弦输入信号电压 u_i作用时,由于二极管的动态电阻和电阻 R_2的阻值均较小,可以认为 $U_{B1} = U_{B2} = u_I$。当输入信号电压 u_I为正半周时,T_1导通,T_2截止,电源 $+V_{CC}$通过 T_1和 R_L到地,产生电流 $i_{C1} = i_O$,电流i_o通过负载电阻 R_L,产生正半周输出电压 u_O;当输入信号电压 u_I为负半周时,T_2导通,T_1截止,电源 $-V_{CC}$通过 T_2和 R_L到地,产生电流 $i_{C2} = i_O$,电流 i_O通过负载电阻 R_L,产生负半周输出电压 u_O。

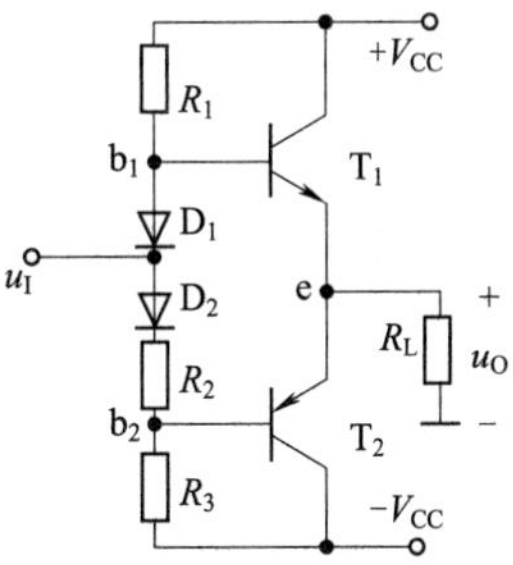

图 6-4　消除交越失真的 OCL 电路

可见,在一个变化周期内,T_1、T_2轮流工作,负载 R_L上输出一个完整的不失真的正弦电压 u_O 或电流 i_O,OCL 电路工作于乙类工作状态。应该注意,静态工作点 Q 不宜设置得过高,应尽可能接近乙类状态;否则,静态电流较大,会使功耗增大,功率降低,导致功放管过热而损坏。

3. OCL 电路输出功率及效率

功率放大电路中最重要的技术指标是电路的最大输出功率 P_{om}和效率η。为了求 P_{om},需要首先求出负载上能够得到的最大输出电压幅值 U_{om}。当输入电压足够大,又不产生饱和失真时,电路的图解分析如图 6-5 所示，它表示乙类互补对称功率放大电路两管工作时电流 i_{C1}、i_{C2} 的波形以及合成后的 u_{CE} 波形的图解分析。

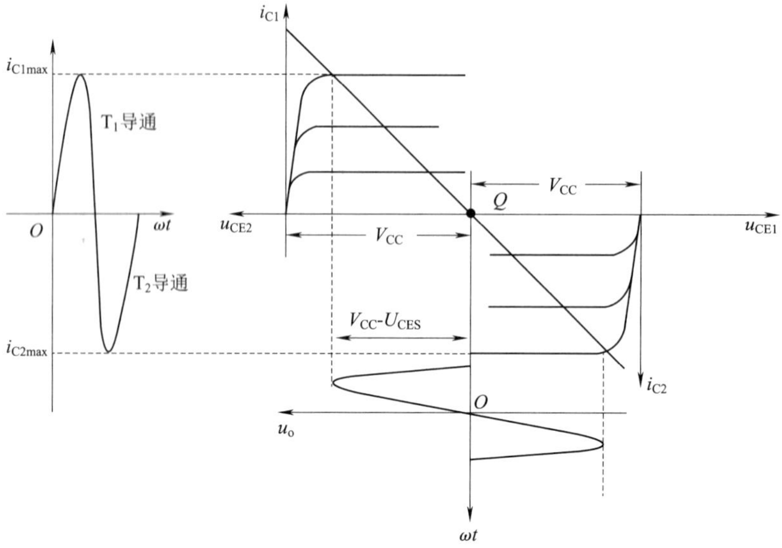

图 6-5　OCL 电路图解分析

为了分析方便，将 T_2 的特性曲线倒置在 T_1 的右下方。两管的特性曲线在 Q 点（$U_{CE}=V_{CC}$）处重合，这时负载线通过 V_{CC} 为一条斜线。由图 6-5 可知，在输入信号足够大的情况下，电流的最大变化幅值为 $2i_{C\max}$，电压 u_{CE} 的最大变化幅值为 $2(V_{CC}-U_{CES})$，当输入电压 u_i 变化时，其最大输出电压 U_{om} 有效值为

$$U_{om}=\frac{V_{CC}-U_{CES}}{\sqrt{2}} \tag{6-1}$$

所以，最大输出功率

$$P_{om}=I_{om}U_{om}=\frac{U_{om}^2}{R_L}=\frac{(V_{CC}-U_{CES})^2}{2R_L} \tag{6-2}$$

电源 V_{CC} 提供的电流为

$$i_C=\frac{V_{CC}-U_{CES}}{R_L}\sin\omega t$$

电源在负载获得最大交流功率时所消耗的平均功率等于其平均电流与电源电压之积，即

$$\begin{aligned}P_V&=\frac{1}{\pi}\int_0^{\pi}\frac{V_{CC}-U_{CES}}{R_L}\sin\omega t V_{CC}\mathrm{d}\omega t\\&=\frac{2}{\pi}\frac{V_{CC}(V_{CC}-U_{CES})}{R_L}\end{aligned} \tag{6-3}$$

效率

$$\eta=\frac{P_{om}}{P_V}=\frac{\pi}{4}\frac{(V_{CC}-U_{CES})}{V_{CC}} \tag{6-4}$$

当 $U_{CES}=0$ V 时，$\eta=\frac{\pi}{4}=78.5\%$，所以乙类功率放大电路最大效率为 78.5%。

理想情况下，U_{CES} 可忽略，则有

$$\begin{cases} U_{om} = \dfrac{V_{CC}}{\sqrt{2}} \\ P_{om} = \dfrac{V_{CC}^2}{2R_L} \\ \eta = \dfrac{\pi}{4} \approx 78.5\% \end{cases} \tag{6-5}$$

应当指出，大功率管的饱和管压降通常为 2 ~ 3 V，因而一般情况下都不能忽略饱和管压降 U_{CES}。

4. OCL 电路中三极管的选择

在功率放大电路中，应根据所承受的最大管压降、集电极最大电流和集电极最大功耗来选择三极管。

(1)最大管压降

从 OCL 电路工作原理分析可知，两只功放管中处于截止状态的三极管将承受较大的管压降。设输入电压为正半周，T_1 导通，T_2 截止，当 u_i 从零逐渐增加到峰值时，两只三极管的发射极电位从零逐渐增大到 $V_{CC}-U_{CES1}$，此时 T_2 承受最大管压降为

$$U_{BC2max} = V_{CC} - U_{CRS1} + V_{CC} = 2V_{CC} - U_{CES1}$$

同样，当输入 u_i 减小到负峰值时，T_1 承受最大管压降为

$$U_{CE1max} = 2V_{CC} - (-U_{CES2}) = 2V_{CC} + U_{CES2}$$

考虑留有一定的余量，三极管承受的最大管压降极限为

$$|U_{CEmax}| = 2V_{CC} \tag{6-6}$$

(2)集电极最大电流

由电路的最大输出功率分析可知，三极管的发射极电流等于负载电流，负载电阻上的最大电压为 $V_{CC}-U_{CES1}$，所以集电极电流的最大值为

$$I_{Cmax} \approx I_{Emax} = \frac{V_{CC} - U_{CES}}{R_L}$$

若考虑留有一定的余量

$$I_{Cmax} \approx I_{Emax} = \frac{V_{CC}}{R_L} \tag{6-7}$$

(3)集电极最大功耗

在功率放大电路中，电源提供的功率，除了转换成输出功率外，其余部分主要消耗在三极管上，可以认为三极管所损耗的功率 $P_T = P_V - P$。当输入电压为零，即输出功率最小时，由于集电极电流很小，使三极管的损耗很小；当输入电压最大，即输出功率最大时，由于管压降很小，三极管的损耗也很小。可见，管耗最大既不会发生在输入电压最小时，也不会发生在输入电压最大时。下面列出三极管集电极功耗 P_T与输出电压峰值 U_{om}的关系式，然后对 U_{om}求导，令导数为零，得出的结果就是 P_T最大的条件。

管压降和集电极电流瞬时值的表达式分别为

$$u_{CE} = V_{CC} - U_{om}\sin\omega t$$

$$i_C = \frac{U_{om}\sin\omega t}{R_L}$$

功耗 P_T为三极管所损耗的平均功率，所以每只三极管的集电极功耗表达式为

$$P_T = \frac{1}{2\pi}\int_0^{\pi} u_{CE} i_C \mathrm{d}\omega t = \frac{1}{2\pi}\int_0^{\pi}(V_{CC} - U_{om}\sin\omega t)\frac{U_{om}}{R_L}\sin\omega t\mathrm{d}\omega t$$
$$= \frac{1}{R_L}\left(\frac{V_{CC}U_{om}}{\pi} - \frac{U_{om}^2}{4}\right)$$

令 $\frac{\mathrm{d}P_T}{\mathrm{d}U_{om}} = 0$，可以得到，$U_{om} = \frac{2}{\pi}V_{CC} \approx 0.6V_{CC}$。

以上分析表明，当 $U_{om} \approx 0.6V_{CC}$ 时，$P_T = P_{Tmax}$。将 U_{om}代入 P_T 的表达式，求出集电极最大功耗

$$P_{Tmax} = \frac{V_{CC}^2}{\pi^2 R_L} \tag{6-8}$$

当 $U_{CES} = 0$ 时，由于 $P_{om} = \frac{V_{CC}^2}{2R_L}$，代入上式，得到

$$P_{Tmax} = \frac{2}{\pi^2}P_{om} \approx 0.2P_{om}\big|_{U_{CES}=0} \tag{6-9}$$

可见，三极管集电极最大功耗仅为理想（饱和管压降等于零）时最大输出功率的 20%。

在查阅手册选择三极管时，应使三极管极限参数满足：

$$\begin{cases} U_{CEO} > 2V_{CC} \\ I_{CM} > \frac{V_{CC}}{R_L} \\ P_{CM} > 0.2P_{om}\big|_{U_{CES}=0} \end{cases} \tag{6-10}$$

例 6-1 在图 6-4 所示电路中已知 $V_{CC} = 15$ V，输入电压为正弦波，三极管的饱和管压降 $|U_{CES}| = 3$ V，负载电阻 $R_L = 4\ \Omega$，求：

①负载上可能获得的最大功率和效率；

②若输入电压最大有效值为 8 V，则负载上实际获得的最大功率为多少？

解 ①由式（6-2）和式（6-4）可知

$$P_{om} = \frac{(V_{CC} - U_{CES})^2}{2R_L} = \frac{(15-3)^2}{2\times 4}\text{W} = 18\ \text{W}$$

$$\eta = \frac{\pi}{4}\frac{(V_{CC} - U_{CES})}{V_{CC}} \times 100\% = \frac{\pi}{4}\frac{(15-3)}{12} \times 100\% = 62.8\%$$

②由于功率放大电路中，两个三极管接成射极输出器，有 $u_O \approx u_I$成立，所以 $U_{om} \approx 8$ V。最大输出功率

$$P_{om} = \frac{U_{om}^2}{R_L} = \frac{8^2}{4}\text{W} = 16\ \text{W}$$

例 6-2 在图 6-4 所示电路中，负载所需最大功率为 16 W，负载电阻为 8 Ω。设三极管饱和管压降为 2 V，试问：

①电源电压至少应取多少伏？

②若电源电压取 20 V，则三极管的最大集电极电流、最大管压降和集电极最大功耗各为多少？

解 ①根据

$$P_{om} = \frac{(V_{CC} - U_{CES})^2}{2R_L} = \frac{(V_{CC} - 2)^2}{2\times 8} = 16\ \text{W}$$

可求出电源电压

$$V_{CC} \geqslant 18\ \mathrm{V}$$

②最大不失真电压峰值

$$U_{om} = V_{CC} - U_{CES} = (20 - 2)\mathrm{V} = 18\ \mathrm{V}$$

所以,三极管的最大集电极电流

$$I_{Cmax} = \frac{U_{om}}{R_L} = \frac{18}{8}\mathrm{A} = 2.25\ \mathrm{A}$$

最大管压降

$$U_{CEmax} = 2V_{CC} - U_{CES1} = (2 \times 20 - 2)\mathrm{V} = 38\ \mathrm{V}$$

集电极最大功耗

$$P_{Tmax} = \frac{V_{CC}^2}{\pi^2 R_L} = \frac{20^2}{\pi^2 \times 8}\mathrm{W} \approx 5.07\ \mathrm{W}$$

6.2.2　无输出变压器(OTL)的互补对称功率放大电路

无输出变压器(output transformerless,OTL)的互补对称功率放大电路如图 6-6 所示。它只有一个电源 V_{CC},在两功放管发射极与负载间串入大容量电容 C。

静态时,前级电路应使基极电位为 $V_{CC}/2$,双管射极对地电位为 $V_{CC}/2$,电容两端电压为 $V_{CC}/2$,极性如图 6-6 所示。电容 C 在电路中起着负电源的作用,作为 T_2 的工作电源。

当输入信号为正半周时,忽略三极管 b－e 极间的开启电压,T_1 的基极电位高于 $V_{CC}/2$,T_1 导通,T_2 截止,输出信号的正半周传给负载 R_L,此时 V_{CC} 对电容 C 充电,如图 6-6中线①所标注。

当输入信号为负半周时,忽略三极管 b－e 极间的开启电压,T_1 与 T_2 的基极电位低于 $V_{CC}/2$,T_1 截止,T_2 导通,T_2 以射极输出的形式将信号传给负载,此时电容放电,电容 C 相当于电源,如图 6-6 中线②所标注。

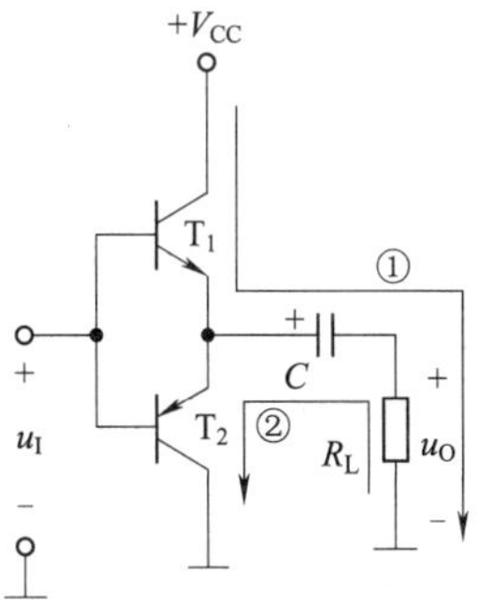

图 6-6　OTL 电路

T_1、T_2 轮流工作,负载 R 上得到一个完整的波形,OTL 电路工作于乙类工作状态。电容 C 的容量应选得足够大,使电容的充放电时间远大于信号周期,使电容在 T_2 导通时,充分体现其承担电源的重任。由于电容容量大且时间常数大,可以认为电容两端电压在信号的变化过程中基本不变。由于电容的阻抗与信号频率相关,一般电容的容量应大于300 μF,容量太小,低频响应不好。

注意:

分析 OTL 电路的功率以及转换效率时,与 OCL 电路分析方法完全相同,可以完全应用 OCL 电路有关公式,但此时要用 $V_{CC}/2$ 取代 V_{CC}。

例 6-3　OTL 电路如图 6-7 所示。

①为了使得最大不失真输出电压幅值最大,静态时 T_2 和 T_4 管的发射极电位应为多少? 若不合适,则一般应调节哪个元件参数?

②若 T_2 和 T_4 管的饱和管压降 $|U_{CES}| = 3\ \mathrm{V}$,输入电

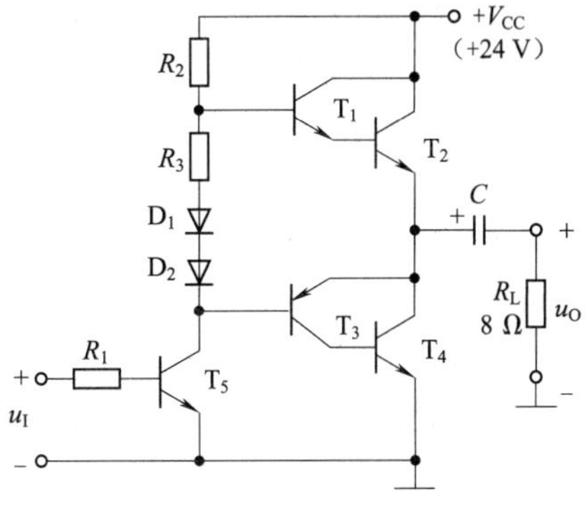

图 6-7　例 6-3 图

压足够大,则电路的最大输出功率 P_{om} 和效率 η 各为多少?

③T_2 和 T_4 管的 I_{CM}、$U_{(BR)CEO}$ 和 P_{CM} 应如何选择?

解 ①射极电位 $U_E = V_{CC}/2 = 12\ V$;若不合适,则应调节 R_2。

②最大输出功率和效率分别为

$$P_{om} = \frac{\left(\frac{1}{2}\cdot V_{CC} - |U_{CES}|\right)^2}{2R_L} \approx 5.06\ W$$

$$\eta = \frac{\pi}{4}\cdot\frac{\frac{1}{2}\cdot V_{CC} - |U_{CES}|}{\frac{1}{2}\cdot V_{CC}} \approx 58.9\%$$

③T_2 和 T_4 管 I_{CM}、$U_{(BR)CEO}$ 和 P_{CM} 的选择原则分别为

$$I_{CM} > \frac{V_{CC}/2}{R_L} = 1.5\ A$$

$$U_{(BR)CEO} > V_{CC} = 24\ V$$

$$P_{CM} > \frac{(V_{CC}/2)^2}{\pi^2 R_L} \approx 1.82\ W$$

6.2.3 集成功率放大电路

OCL 和 OTL 电路均有各种不同输出功率和不同电压增益的集成电路。应当注意,在使用 OTL 电路时,需外接输出电容。为了改善频率特性,减小非线性失真,很多电路内部还引入了深度负反馈。

集成功率放大电路的种类和型号繁多,现以 LM386 为例进行简单介绍。LM386 是一种音频集成功放,具有自身功耗低、电压增益可调、电源电压范围大、外接元件少和总谐波失真小等优点,广泛应用于录音机和收音机之中。它的输入级是双端输入、单端输出差分放大电路;中间级是共射极放大电路,其电压放大倍数较高;输出级是 OTL 互补对称放大电路,故为单电源供电。输出耦合电容外接。

图 6-8 所示是由 LM386 组成的一种应用电路。图中 R_2、C_4 是电源去耦电路,滤掉电源中的高频交流分量;R_3、C_3 是相位补偿电路,以消除自激振荡,并改善高频时的负载特性;C_2 也是防止电路产生自激振荡用的。

图 6-9 所示电路是用两片 LM386 构成的 OCL 集成功率放大电路。图中 C_1 起到电源滤波及去耦作用,C_3 为输入耦合电容,R 和 C_2 起到防止电路自激的作用,R_P 为静态平衡调节电位器。两片集成功放电路 LM386,具有功耗低、电压适应范围宽、频响范围宽和外围元件少等特点。其工作电压为 4 ~ 16 V,如图 6-9 中工作电压为 6 V 时,额定输出功率可以达到 3 W,适宜推动小音箱或作为设备的语音提示及报警功放。电阻 R 选用(1/2)W 金属膜电阻。电容 C_1 选用耐压为 16 V 的铝电解电容,C_2 选用聚丙烯电容,C_3 选用钽电解电容,R_P 选用有机实芯电位器,调整 R_P,使两片 LM386 的 5 引脚输出直流电压相等即可。扬声器 BL 根据实际需要选用 8 Ω、额定功率在 10 W 以下的扬声器或音箱。

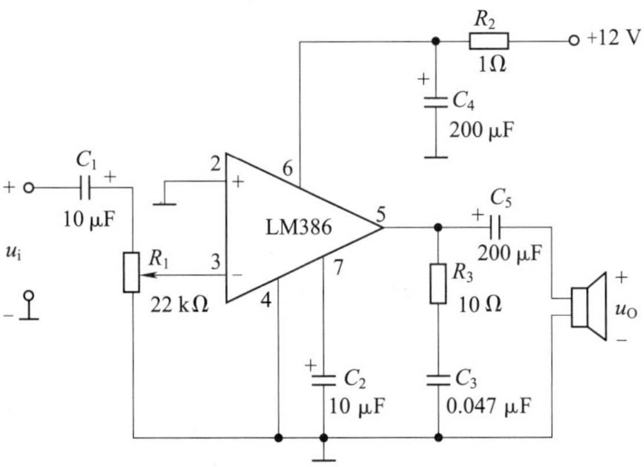

图 6-8　OTL 集成功率放大电路的应用(1)

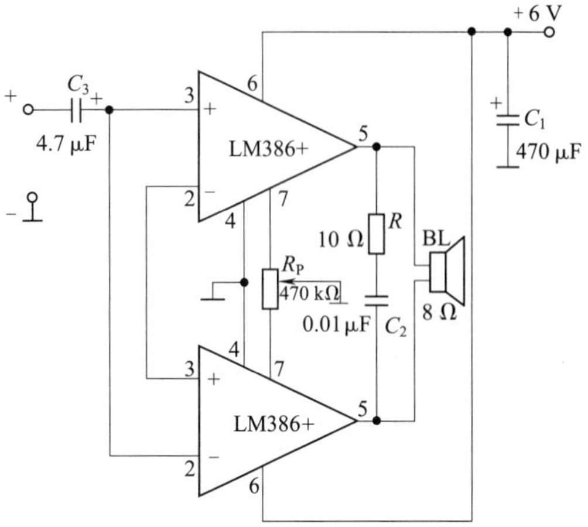

图 6-9　OTL 集成功率放大电路的应用(2)

6.3　功率放大电路的安全运行

在功率放大电路中,功放管既要流过大电流,又要承受高电压。只有功放管不超过其极限值,电路才能正常工作。因此,功率放大电路的安全运行实际上就是要保证功放管的安全工作。在实用电路中,需要增加保护措施,以防止功放管过电压、过电流和过功耗。

6.3.1　功放管的二次击穿

1. 二次击穿现象

在实际工作中,经常发现功放管的功耗并未超过允许的 P_{CM} 值,管体也并不烫,但功放管却突然失效或者性能显著下降。这种损坏的原因,不少是由于二次击穿造成的。那么什么是二次击穿呢? 它产生的原因又是什么呢? 应当如何防止呢? 这些问题很值得研究和讨论。

从三极管的输出特性可知,对于某一条输出特性曲线,当 c-e 极之间电压增大到一定数值时,三极管将产生击穿现象;而且 I_B 越大,击穿电压越低,称这种击穿为一次击穿。

三极管在一次击穿后,集电极电流会骤然增大,若不加以限制,则三极管的工作点变化到临界点 A 时,工作点将以毫秒甚至微秒级的高速度从 A 点到 B 点,此时电流猛增,而管压降却减小,如图 6-10 所示,这种现象称为二次击穿。三极管经过二次击穿后,性能将明显下降,甚至造成永久性损坏。

I_B 不同时,二次击穿的临界点不同,将它们连接起来,便得到二次击穿临界曲线,简称 S/B 曲线,如图 6-11 所示。

2. 二次击穿产生的原因

产生二次击穿的原因至今尚不清楚。一般说来,二次击穿是一种与电流、电压、功率和结温都有关系的效应。它的物理过程多数人认为是由于流过三极管结面的电流不均匀,造成结面局部高温(称为热斑),因而产生热击穿所致。这与三极管的制造工艺有关。

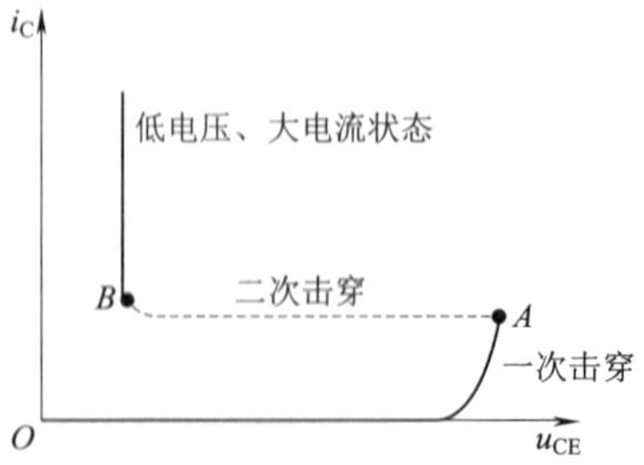

图 6-10　功放管的二次击穿

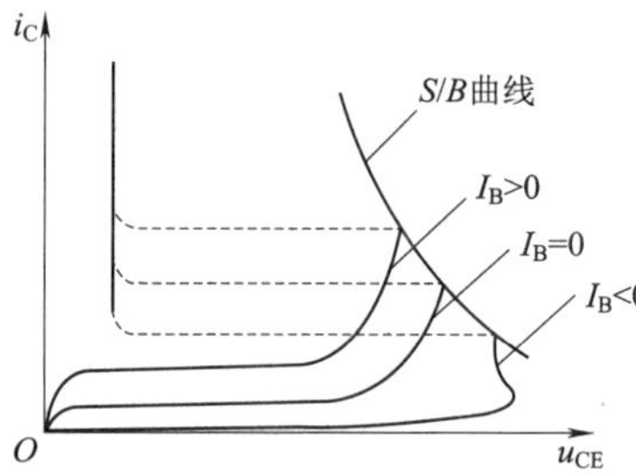

图 6-11　*S/B* 曲线

3. 防止二次击穿的方法

三极管的二次击穿特性对功放管,特别是外延型功放管,在运用性能的恶化和损坏方面起着重要影响。为了保证功放管安全工作,必须考虑二次击穿的因素。因此,功放管的安全工作区,不仅受集电极允许的最大电流 I_{CM}、集电极允许的最大电压 $U_{(BR)CEO}$ 和集电极允许的最大功耗 P_{CM} 所限制,而且还受二次击穿临界曲线所限制,其安全工作区如图 6-12 虚线内所示。显然,考虑了二次击穿以后,功放管的安全工作范围变小了。

从二次击穿产生的过程可知,防止功放管的二次击穿并限制其集电极电流,可有效避免二次击穿。

6.3.2　功放管的散热问题

功放管损坏的重要原因是其实际耗散功率超过额定数值 P_{CM}。而功放管的耗散功率取决于功放管内部的 PN 结(主要是集电结)温度 T_j,当 T_j 超过允许值后,集电极电流将急剧增大而烧坏功放管。

硅管的结温允许值为 120 ~ 180 ℃,锗管的结温允许值为 85 ℃左右。耗散功率等于结温在允许值时集电极电流与管压降之积。

功放管的功耗越大,结温越高。因而改善功放管的散热条件,可以在同样的结温下提高集电极最大耗散功率 P_{CM},也就可以提高输出功率。

功放管的散热器主要由以下两种形式,如图 6-13 所示。

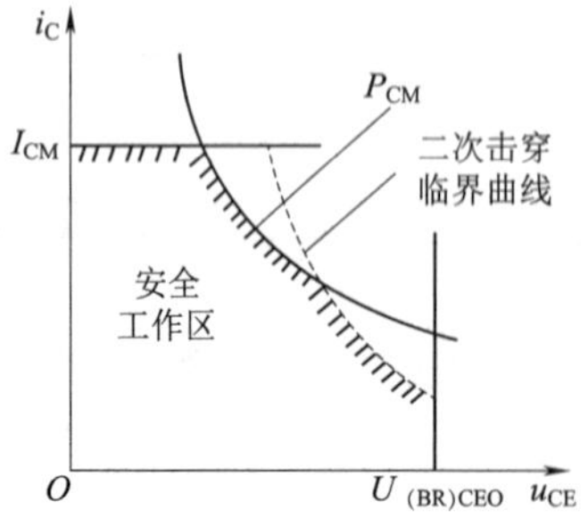

图 6-12　功放管安全工作区

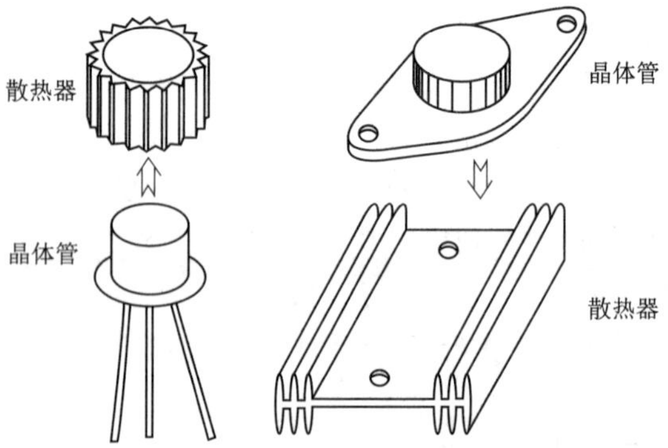

图 6-13　功放管的散热器

经验表明,当散热器垂直或水平放置时,有利于通风,故散热效果较好。

散热器表面钝化涂黑,有利于热辐射,从而可以减小热阻。

在产品手册中给出的最大集电极耗散功率是在指定散热器(材料、尺寸等)及一定环境温度下的允许值;若改善散热条件,如加大散热器、用电风扇强制风冷,则可获得更大一些的耗散功率。

小 结

1. 功率放大电路的主要技术指标

互补对称功率放大电路的主要技术指标:输出功率和输出效率。

2. 功放管的选取

在互补对称功率放大电路中,选取功放管必须考虑的指标:功放管的功耗、功放管的耐压、功放管允许的最大集电极电流。

3. 功率放大电路实际应用时需要考虑的问题

功放管的耐压、电流;过电流、过电压的保护;散热,电路中加去耦电容滤波,失真等。

①功放管应该严格配对。互补的两只三极管参数要求一致,且大电流下饱和压降尽可能小。

②功放管的散热问题。在大功率场合,必须给功放管装上一定尺寸的散热器,或进行风冷和水冷。

③功放管因在大电流、高电压下工作,应对其采取过电压和过电流保护措施。

④当电源质量不高或内阻较大时,电源内阻上的压降可能会引起功率放大电路的低频自激。消除低频自激的有效方法是在前置放大电路的供电回路中接去耦电容电路。

习 题

1. 选择合适的答案填入括号内。

(1)功率放大电路的最大输出功率是在输入电压为正弦波时,输出基本不失真情况下,负载上可能获得的最大(　　)。

A. 交流功率　　　B. 直流功率　　　C. 平均功率

(2)功率放大电路的转换效率是指(　　)。

A. 输出功率与功放管所消耗的功率之比

B. 最大输出功率与电源提供的平均功率之比

C. 功放管所消耗的功率与电源提供的平均功率之比

(3)在OCL乙类功率放大电路中,若最大输出功率为1 W,则电路中功放管的集电极最大功耗约为(　　)。

A. 1 W　　　B. 0.5 W　　　C. 0.2 W

(4)在选择功率放大电路中的三极管时,应当特别注意的参数有(　　)。

A. β　　　B. I_{CM}　　　C. I_{CBO}

D. $U_{(BR)CEO}$　　　E. P_{CM}　　　F. f_T

(5)如图 6-14 所示电路中,三极管饱和管压降的数值为 $|U_{CES}|$,则最大输出功率 P_{OM} =(　　)。

A. $\dfrac{(V_{CC}-U_{CES})^2}{2R_L}$

B. $\dfrac{\left(\frac{1}{2}V_{CC}-U_{CES}\right)^2}{R_L}$

C. $\dfrac{\left(\frac{1}{2}V_{CC}-U_{CES}\right)^2}{2R_L}$

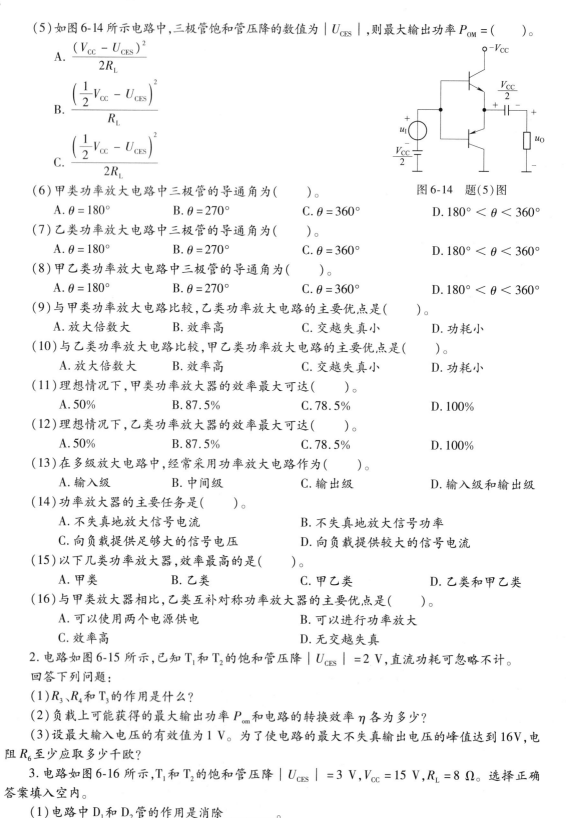

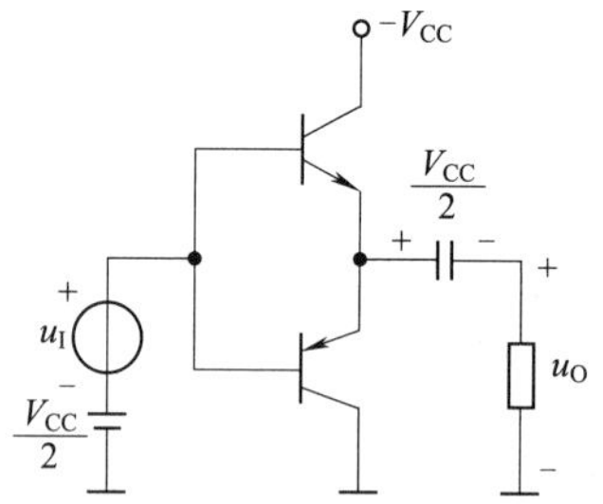

图 6-14　题(5)图

(6)甲类功率放大电路中三极管的导通角为(　　)。

A. $\theta=180°$　　B. $\theta=270°$　　C. $\theta=360°$　　D. $180°<\theta<360°$

(7)乙类功率放大电路中三极管的导通角为(　　)。

A. $\theta=180°$　　B. $\theta=270°$　　C. $\theta=360°$　　D. $180°<\theta<360°$

(8)甲乙类功率放大电路中三极管的导通角为(　　)。

A. $\theta=180°$　　B. $\theta=270°$　　C. $\theta=360°$　　D. $180°<\theta<360°$

(9)与甲类功率放大电路比较,乙类功率放大电路的主要优点是(　　)。

A. 放大倍数大　　B. 效率高　　C. 交越失真小　　D. 功耗小

(10)与乙类功率放大电路比较,甲乙类功率放大电路的主要优点是(　　)。

A. 放大倍数大　　B. 效率高　　C. 交越失真小　　D. 功耗小

(11)理想情况下,甲类功率放大器的效率最大可达(　　)。

A. 50%　　B. 87.5%　　C. 78.5%　　D. 100%

(12)理想情况下,乙类功率放大器的效率最大可达(　　)。

A. 50%　　B. 87.5%　　C. 78.5%　　D. 100%

(13)在多级放大电路中,经常采用功率放大电路作为(　　)。

A. 输入级　　B. 中间级　　C. 输出级　　D. 输入级和输出级

(14)功率放大器的主要任务是(　　)。

A. 不失真地放大信号电流　　B. 不失真地放大信号功率

C. 向负载提供足够大的信号电压　　D. 向负载提供较大的信号电流

(15)以下几类功率放大器,效率最高的是(　　)。

A. 甲类　　B. 乙类　　C. 甲乙类　　D. 乙类和甲乙类

(16)与甲类放大器相比,乙类互补对称功率放大器的主要优点是(　　)。

A. 可以使用两个电源供电　　B. 可以进行功率放大

C. 效率高　　D. 无交越失真

2. 电路如图 6-15 所示,已知 T_1 和 T_2 的饱和管压降 $|U_{CES}|=2$ V,直流功耗可忽略不计。回答下列问题:

(1)R_3、R_4 和 T_3 的作用是什么?

(2)负载上可能获得的最大输出功率 P_{om} 和电路的转换效率 η 各为多少?

(3)设最大输入电压的有效值为 1 V。为了使电路的最大不失真输出电压的峰值达到 16V,电阻 R_6 至少应取多少千欧?

3. 电路如图 6-16 所示,T_1 和 T_2 的饱和管压降 $|U_{CES}|=3$ V,$V_{CC}=15$ V,$R_L=8$ Ω。选择正确答案填入空内。

(1)电路中 D_1 和 D_2 管的作用是消除________。

A. 饱和失真　　B. 截止失真　　C. 交越失真

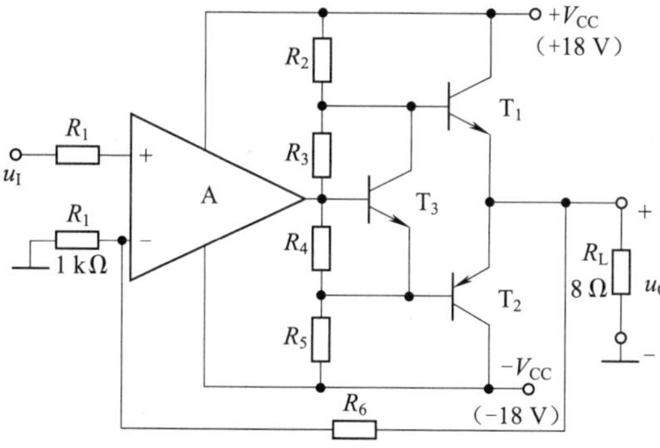

图6-15　题2图

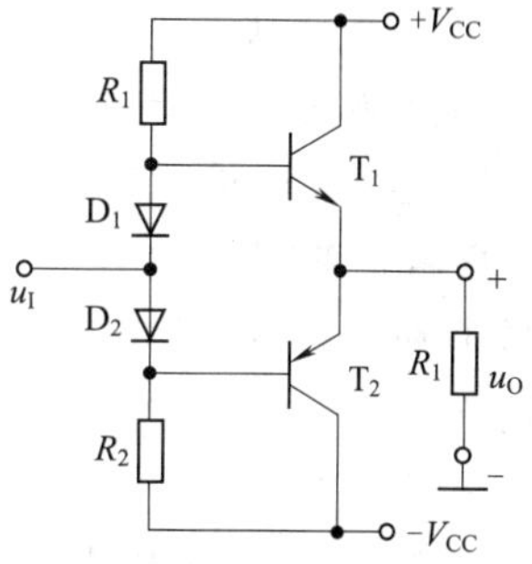

图6-16　题3图

(2)静态时,三极管发射极电位 U_{EQ}_________。

A. >0 V　　B. =0 V　　C. <0 V

(3)最大输出功率 P_{om}_________。

A. ≈28 W　　B. =18 W　　C. =9 W

(4)当输入为正弦波时,若 R_1 虚焊,即开路,则输出电压_________。

A. 为正弦波　　B. 仅有正半波　　C. 仅有负半波

(5)若 D_1 虚焊,则 T_1_________。

A. 可能因功耗过大烧坏　　B. 始终饱和　　C. 始终截止

4. 在图6-17所示电路中,T_1、T_2 为对称管,其饱和管压降 U_{CES} 均为1 V。试回答下列问题:

(1)设最大输出功率 P_{om} =4 W,求电源电压 $|V_{CC}|$。

(2) R_{w1}、R_{w2} 为两个可调节的电位器,当输出波形出现交越失真时,应调节_________,是增加还是减少_________;定性地画出具有交越失真的输出波形_________;产生交越失真的原因是_________;静态下,欲使A点的电位 U_A =0 V,应调节_________元件。

5. 在图6-16所示电路中,已知 V_{CC} =16 V,R_L =4 Ω,T_1 和 T_2 的饱和管压降 $|U_{CES}|$ =2 V,输入电压足够大。试问:

(1)最大输出功率 P_{om} 和效率 η 各为多少?

(2)三极管的最大功耗 P_{Tmax} 为多少?

(3)为了使输出功率达到 P_{om},输入电压的有效值约为多少?

6. 在图6-18所示电路中,已知 T_2 和 T_4 的饱和管压降 $|U_{CES}|$ =2 V,静态时电源电流可忽略不计。

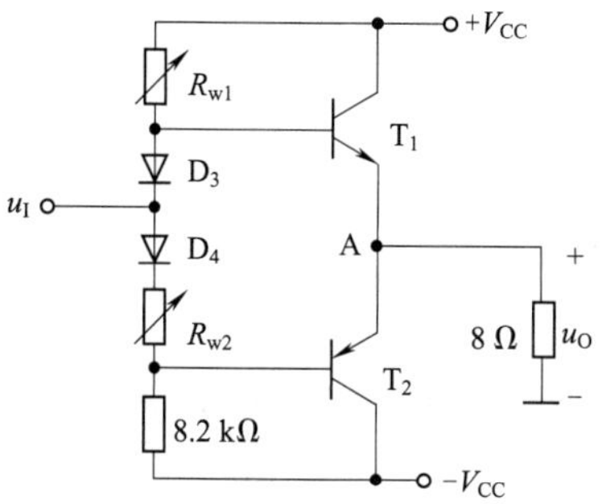

图6-17　题4图

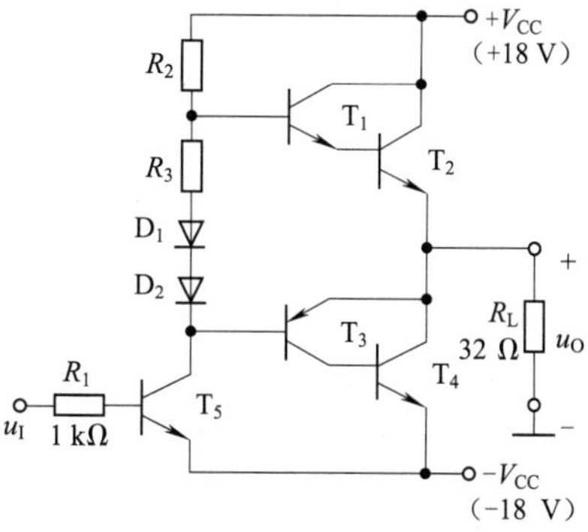

图6-18　题6图

(1)试问负载上可能获得的最大输出功率 P_{om} 和效率 η 各为多少？

(2)T_2 和 T_4 的最大集电极电流、最大管压降和集电极最大功耗各约为多少？

7. OCL电路如图6-19所示，$V_{CC}=12$ V。

(1)为了使得最大不失真输出电压幅值最大，静态时 T_2 和 T_4 的发射极电位应为多少？若不合适，则一般应调节哪个元件参数？

(2)若 T_2 和 T_4 的饱和管压降 $|U_{CES}|=3$ V，输入电压足够大，则电路的最大输出功率 P_{om} 和效率 η 各为多少？

(3)T_2 和 T_4 的 I_{CM}、$U_{(BR)CEO}$ 和 P_{CM} 应如何选择？

8. 在图6-20所示电路中，T_1 和 T_2 的饱和管压降 $|U_{CES}|=2$ V，导通时的 $|U_{BE}|=0.7$ V，输入电压足够大。

(1)A、B、C、D点的静态电位各为多少？

(2)为了保证 T_2 和 T_4 工作在放大状态，管压降 $|U_{CE}|\geq 3$ V，电路的最大输出功率 P_{om} 和效率 η 各为多少？

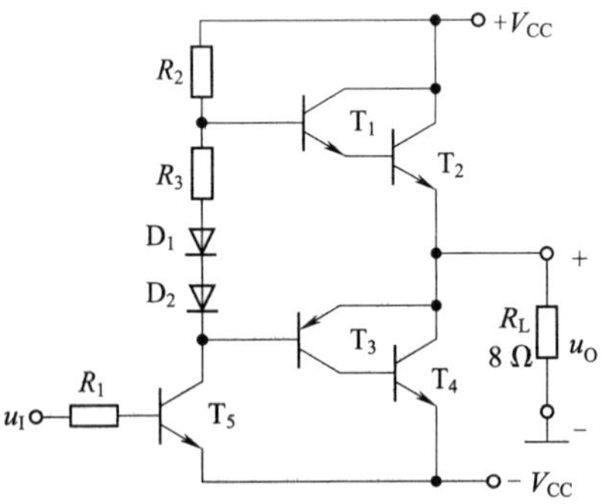

图6-19　题7图

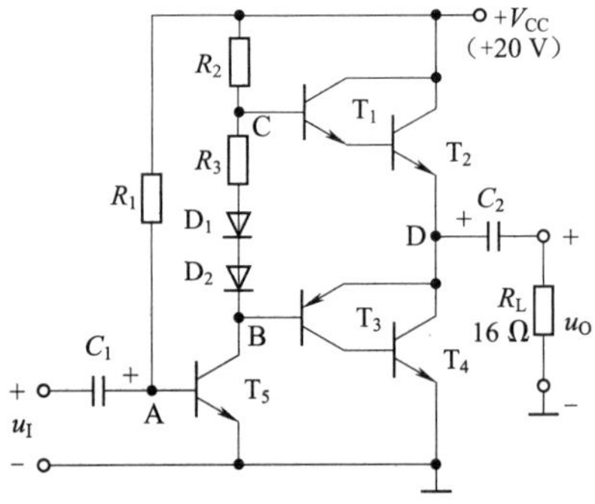

图6-20　题8图

9. 在图6-21所示电路中，已知 $V_{CC}=15$ V，T_1 和 T_2 的饱和管压降 $|U_{CES}|=1$ V，集成运放的最大输出电压幅值为 ±13 V，二极管的导通电压为0.7 V。

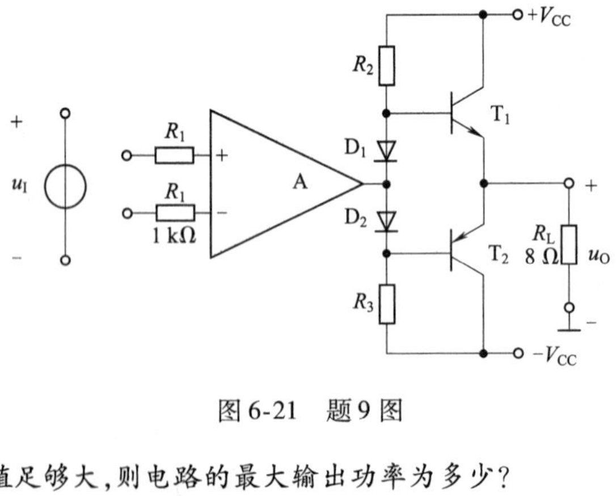

图6-21　题9图

(1)若输入电压幅值足够大，则电路的最大输出功率为多少？

(2)为了提高输入电阻，稳定输出电压，且减小非线性失真，应引入哪种组态的交流负反馈？画出电路图。

(3)若 $U_i=0.1$ V 时，$U_o=5$ V，则反馈网络中电阻的取值约为多少？

第7章 模拟电子技术应用实例

引 言

学习模拟电子技术的最终目的是根据教学或工程实际的具体指标要求，进行电路设计、安装和调试。在这一过程中，不仅要巩固深化基础理论和基本概念并付诸实践，更要培养理论联系实际的作风，严谨求实的科学态度和基本工程素质，其中应特别注意动手能力的培养，以适应将来实际工作的需要。本着循序渐进的学习原则，应首先学会分析实际电子电路，作为将来设计的基础。

内容结构

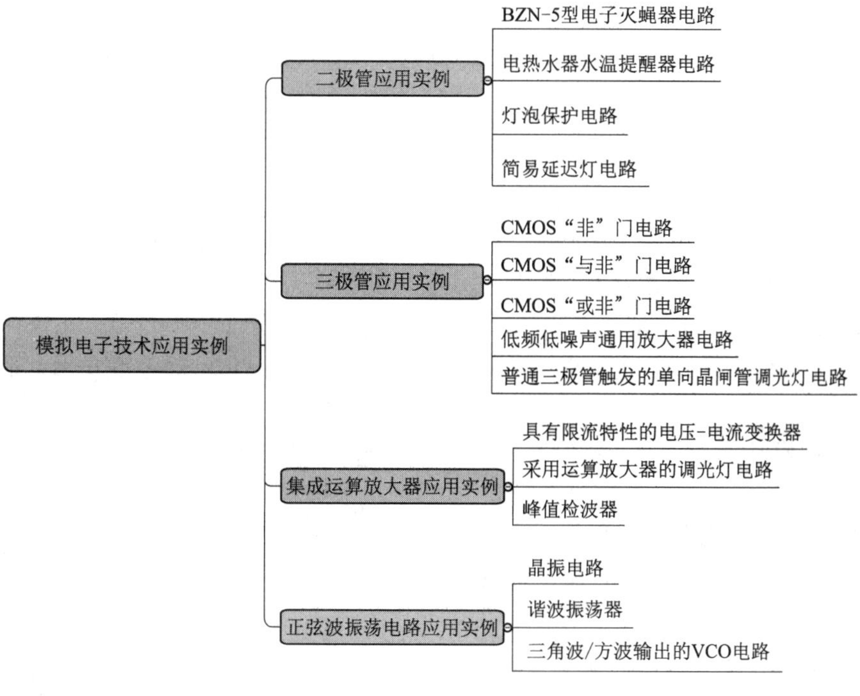

学习目标

①根据已学的基本理论和电路分析方法分析实际电路。

②掌握一些常用电路模块的组成与设计方法。

③从实际电路的分析中积累设计电路的经验，熟悉各类元件的应用。

7.1 二极管应用实例

例 7-1 BZN-5 型电子灭蝇器电路。

图 7-1 所示是 BZN-5 型电子灭蝇器电路。220 V 的交流电经电容和二极管组成的 5 倍压整流电路升压，输出约 1 294 V 的高压，接至电网上进行灭蝇。

工作原理：当输入电源电压为正半周时，电容 C_1 经二极管 D_1 充左正右负的电压至 $\sqrt{2}\times 220$ V；当输入电源电压为负半周时，电容 C_1 上的电压与电源电压叠加后给电容 C_2 充电，经过几个周期后，C_2 充左正右负的电至 $2\sqrt{2}\times 220$ V，以此类推，计算其他电容充电电压 $2\sqrt{2}\times 220$ V。n 倍压整流电路理论输出电压为 $n\sqrt{2}\times 220$ V，加上负载后的实际输出电压为 $n\times 220$ V/0.85 。图 7-1 是 5 倍压整流电路，所以理论输出电压为 $5\sqrt{2}\times 220$ V，实际输出电压为 $5\times 220/0.85$ V = 1 294 V。

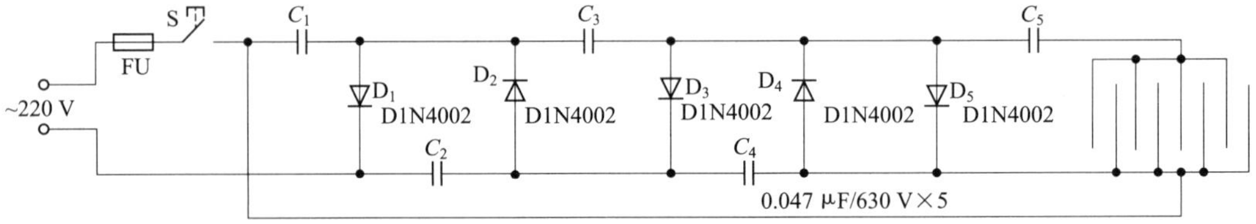

图 7-1 BZN-5 型电子灭蝇器电路

例 7-2 电热水器水温提醒器电路。

电热水器的原理是通过电阻式加热器对水箱里的水加热，当水温达到预先设置的温度时，温度开关动作而切断加热器电源（停止加热），这时加热指示灯灭。一般电热水器都装在卫生间，使用者要洗澡时需要去卫生间查看水温是否已到，很不方便。如果给电热水器装上水温提醒器，就会省去查看水温的麻烦。效果令人非常满意。

电路如图 7-2 所示。X_3、X_4 接热水器插头，KA 为电流继电器，B 为蜂鸣器。当插头 X_1、X_2 接通电源时，电阻式加热器工作，电流继电器 KA 得电，其动断触点打开，蜂鸣器 B 无电不发声。水温已到时，电热水器停止工作，KA 失电，其动断触点闭合，蜂鸣器 B 发声，告知热水温度已到。

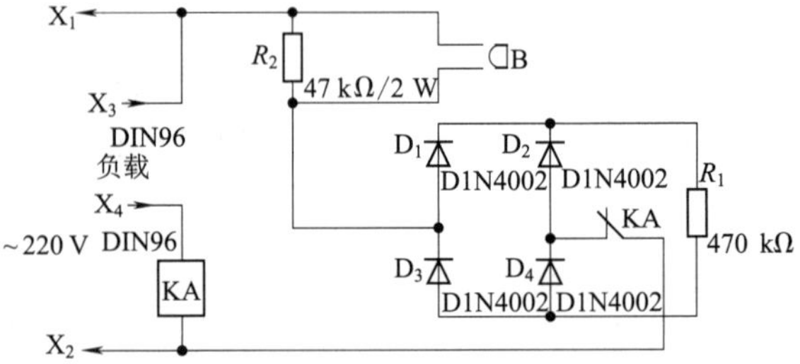

图 7-2 电热水器水温提醒器电路

例 7-3 灯泡保护电路。

灯泡在接入电源的瞬间，由于流过的电流较大，影响到灯泡的使用寿命。下面介绍一个被称为“永久性灯泡”的电子控制电路，此电路能使灯泡接入瞬间减小流过灯泡的冲击电流，延长灯泡的使用寿命。

如图 7-3 所示，当电源开关 S 闭合时，只有在电源电压的负半周才有电流经二极管 D_2 流过灯泡 EL，所以 S 闭合瞬间 EL 是半明半暗的。在电源电压的正半周，经 D_1、R_1，电容 C 充电，只有 C 两端电压达到稳压管稳压值时，稳压管 VS 击穿，触发晶闸管 T 导通，灯泡才完全点亮。从半明半暗到完全点亮所经历的时间，与 R_1、C 和选用的稳压管 VS 有关。一般预热时间不短于 2 s。

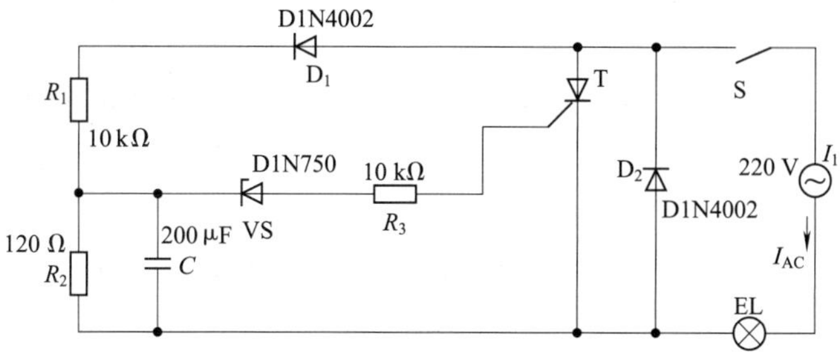

图 7-3　灯泡保护电路

例 7-4　简易延迟灯电路。

图 7-4 所示是一个简易延迟灯电路，电源与电灯、晶闸管直接相连，通过晶闸管通断控制灯的亮灭，因此在安装时，可以直接取代普通壁式开关，而不必更改室内原有布线。当按下按键开关 SB 时，220 V 交流电经 D 半波整流，再经 R_1、R_2 直接加到晶闸管 T 的门极，使 T 触发导通，灯 E 点亮发光。同时，电容 C_1 存储的电荷通过 SB 向 R_2 泄放，松开 SB 后，电源经 D、R_1 向 C_1 充电，其充电电流可维持 T 继续导通，所以灯 E 不会熄灭。当 C 充满电荷后，T 关断，灯 E 自行熄灭。

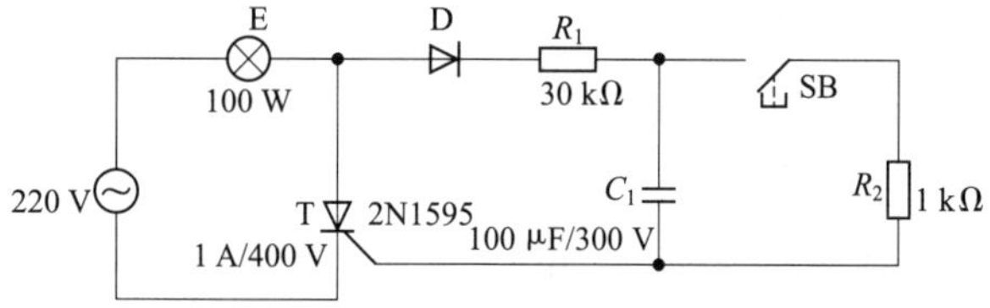

图 7-4　简易延迟灯电路

C_1 应采用耐压为 300 V 的耐高压电解电容，且漏电流要小。如果漏电流较大，可能会造成 T 不会关断。此时，可在 T 的门极与阴极之间并联一个 1 kΩ 的电阻来解决，或者选用触发电流稍大一些的晶闸管，但会使延迟时间缩短。本电路灯泡 E 点亮时，流过灯泡的电流为半波交流电，所以光线较暗，但灯泡使用寿命较长。

7.2　三极管应用实例

MOS 场效应管集成电路虽然出现较晚，但由于具有制造工艺简单、集成度高、功耗低、抗干扰能力强和便于向大规模集成电路发展等优点，所以发展很快。

前面已经介绍过，MOS 场效应管有 N 沟道和 P 沟道两类，采用 N 沟道 MOS 管组成的门电路称为 NMOS 门电路；采用 P 沟道 MOS 管组成的门电路称为 PMOS 门电路。CMOS 门电路是在 NMOS 和 PMOS 门电路基础上发展起来的一种互补对称场效应管集成门电路。CMOS 门电路与 NMOS 门电路和 PMOS 门电路相比有很多优点，如功耗低、电源电压范围宽、输出逻辑摆幅大以及利于与 TTL 或其他电路连接等。因此，CMOS 门电路在各种电子电路中得到了广泛的应用。下面讨论 CMOS 逻辑门电路。

例 7-5　CMOS“非”门电路。

图 7-5 是 CMOS“非”门电路，常称为 CMOS 反相器，其中 T_1 采用 P 沟道增强型 MOS 管

(PMOS)，T_2 采用 N 沟道增强型 P(NMOS)，它们共同制作在一块硅片上。两管的栅极相连，作为电路输入端 A；两个漏极连在一起，作为电路的输出端 F。两者连成互补对称的结构，衬底均与各自的源极相连。

当输入端 A 为"1"(约为 V_{DD})时，驱动管 T_1 的 $U_{GS}=V_{DD}$，大于开启电压，T_1 导通；而负载管 T_2 的 $|U_{GS}|\approx 0$，小于开启电压的绝对值，T_2 截止。所以，输出端 F 为"0"(约为 0 V)，与输入互为反相。

当输入端 A 为"0"(约为 0 V)时，显然有 T_1 截止、T_2 导通，故输出端 F 为"1"，与输入也是互为反相。

由此可见，该电路实现了"非"逻辑关系，是 CMOS"非"门电路。

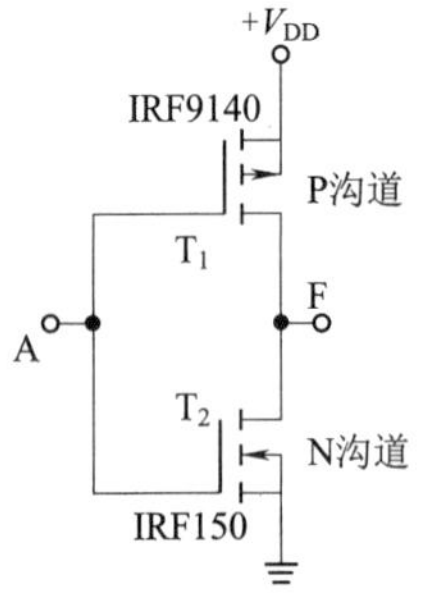

图 7-5 CMOS"非"门电路

例 7-6 CMOS"与非"门电路。

如图 7-6 所示，T_1 和 T_2 为 N 沟道增强型 MOS 管，两者串联；T_3 和 T_4 为 P 沟道增强型 MOS 管，两者并联。

当 A 和 B 两个输入端全为"1"时，T_1 和 T_2 均导通，而 T_3 和 T_4 均截止，故输出端 F 为"0"。

当 A 和 B 两个输入端至少有一个为"0"时，则 T_1 和 T_2 中至少有一个截止，而 T_3 和 T_4 中至少有一个导通，故输出端 F 为"1"。由此可见，该电路实现了"与非"逻辑关系，是 CMOS"与非"门电路。

例 7-7 CMOS"或非"门电路。

如图 7-7 所示，T_1 和 T_2 为 N 沟道增强型 MOS 管，两者并联；T_3 和 T_4 为 P 沟道增强型 MOS 管，两者串联。

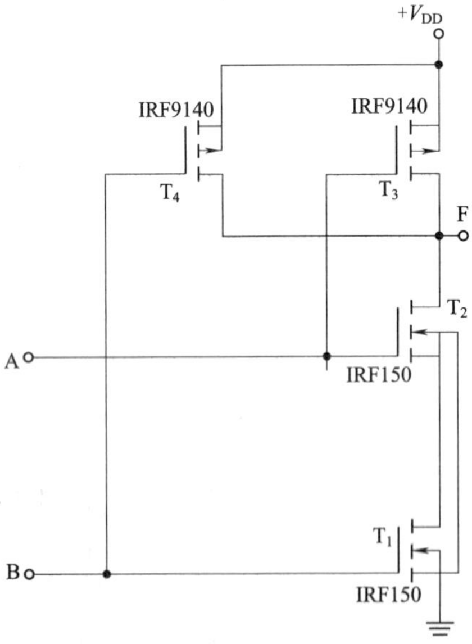

图 7-6 CMOS"与非"门电路

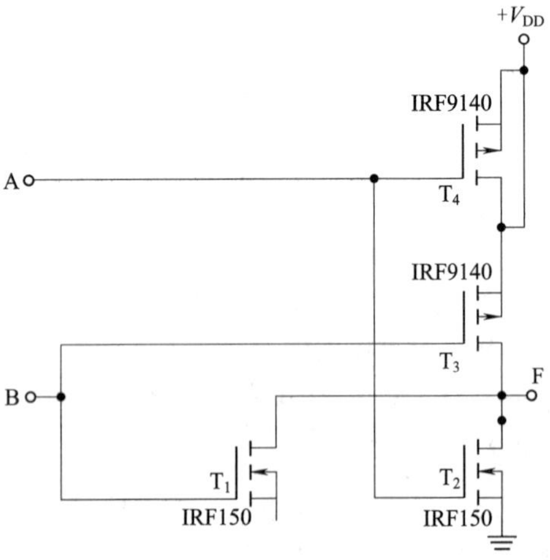

图 7-7 CMOS"或非"门电路

当 A 和 B 两个输入端全为"0"时，T_1 和 T_2 均截止，而 T_3 和 T_4 均导通，故输出端 F 为"1"。

当 A 和 B 两个输入端至少有一个为"1"时，则 T_1 和 T_2 中至少有一个导通，故输出端 F 为"0"。由此可见，该电路实现了"或非"逻辑功能，是 CMOS"或非"门电路。

例 7-8　低频低噪声通用放大器电路。

放大微弱电平信号时常遇到的是信噪比(S/N)问题。图 7-8 是标准的二级直接耦合低频放大器电路,若精心设计就可得到较高的 S/N。三极管的放大倍数由小信号放大系数和集电极负载电阻决定,第一级 T_1 电路尽量设计成较大的放大倍数。为此,R_{c1} 选用较大阻值,T_1 选用较高小信号放大系数三极管。

为获得较高 S/N,需要调整三极管的集电极电流,输入端最佳信号源内阻由 I_{c1} 进行调整,因此,根据需要设定 I_{c1},一般设为 10～100 μA。

若测出输入噪声电流为 I_n、噪声电压为 E_n,则可计算出信号源最佳内阻 R_{OPT}:

$$R_{OPT} = E_n/I_n$$

然而,实际测量输入噪声电流 I_n 与噪声电压 E_n 比较麻烦,因此,可调整集电极电流 I_{c1},使输出噪声电压最小。

另外,为获得较高 S/N,要使信号源阻抗(传感器阻抗)与放大器的信号源最佳内阻 R_{OPT} 相等,首先需要调整传感器的形式。还应注意的是,S/N 与反馈量无关。若负反馈量大,S/N 虽得到改善,噪声降低,但放大倍数也降低。因此,降低反馈回路的阻抗也很重要。

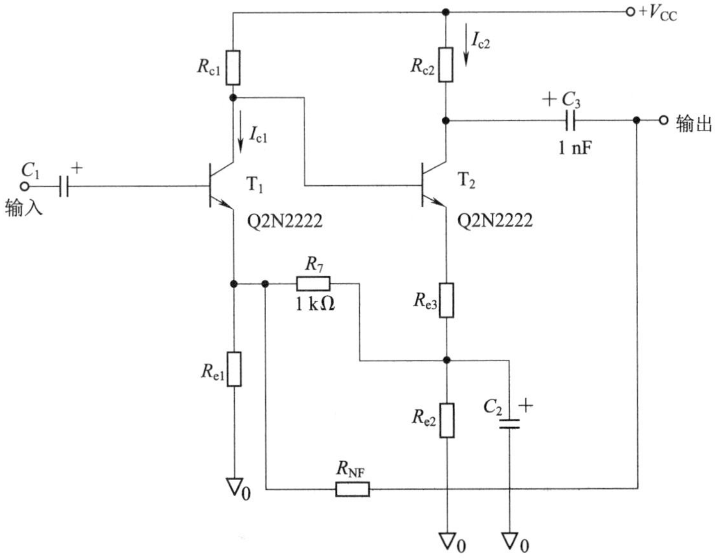

图 7-8　标准的二级直接耦合低频放大器电路

例 7-9　普通三极管触发的单向晶闸管调光灯电路。

图 7-9 是用普通三极管触发的单向晶闸管调光灯电路,T_2、T_3 组成互补型放大器以构成晶闸管 T_1 的触发电路。220 V 交流电通过灯泡 E 经 D_1～D_4 桥式整流,输出全波脉动电压,此电压经 R_1、R_5、R_{10} 向电容 C 充电,使 T_3 发射极电位不断升高。当高于其基极 0.65 V 时,T_3、T_2 即导通,晶闸管 T_1 门极即获得触发脉冲,T_1 导通。此时,C 通过 T_3、T_2 及 R_3 放电,正电源又重新通过 R_1、R_5 与 R_{10} 向其充电……所以调节电位器 R_{10} 的阻值可改变 T_2 发射极输出脉冲时间的前移或滞后,即改变晶闸管 T_1 的导通角,亦即可调节灯 E 的亮度。

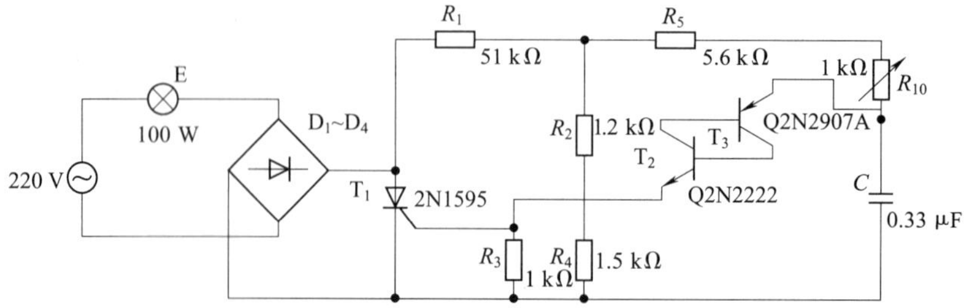

图 7-9　用普通三极管触发的单向晶闸管调光灯电路

7.3 集成运算放大器应用实例

例 7-10　具有限流特性的电压-电流变换器。

图 7-10 所示电路是一种较实用的电压-电流变换器，可以不串联电阻而把输出电流限制在24～40 mA范围内。为了驱动 0～1.3 kΩ 负载，电路将 0～1 V 的输入信号电压变成 4～20 mA 输出电流。

在正常工作条件下，稳压二极管是不导通的，运算放大器和三极管 T_1、T_2 构成电压增益为 1 的反相放大器，从 T_2 的发射极输出。零点由电位器 R_1 调节。由电位器 R_4 调节增益。

运算放大器 LM101 的最大输出电流为 25 mA。当运算放大器的输出电压达到稳压管的稳定电压时，稳压二极管导通，这时，运算放大器的输出电压被钳制在 -3 V 左右。电路的输出电压被限制在 -1.5～-2.5 V，因此输出电流被限制在 24～40 mA。

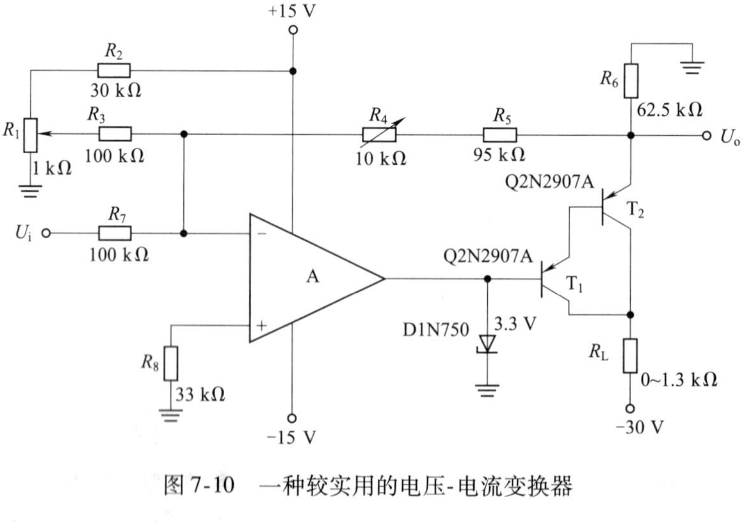

图 7-10　一种较实用的电压-电流变换器

例 7.11　采用运算放大器的调光灯电路。

采用运算放大器的调光灯电路如图 7-11 所示，它采用两只按键控制，当按动其中一个按键时，灯光由暗逐渐变亮；而按动另一个按键时，灯光则由亮逐渐变暗，直至熄灭。

运算放大器 F081 在这里作比较放大器，在其反相输入端接一只大电容 C_3，作为基准比较电压，通过两个按键开关 SB_1、SB_2 进行充放电，从而改变 C_3 两端电压。从变压器 T 二次侧 10 V 绕组引入的交流电压经 D_5～D_8 桥式整流、VS 削波后，对 R_3、C_2 组成的充电电路进行充电。当脉动直流电压为零时，C_2 通过 D_9 及 R_2 放电，在 C_2 上便组成锯齿波电压，该电压加到运算放大器的同相输入端。D_9 又是一只泄放二极管，以使晶闸管 VTH 的每个周期均有相等的导通延迟角 α。当运算放大器的同相输入端电压 U_+ 大于反向输入端电压 U_- 时，输出为零，VTH 关断，设此时基准比较电压 $U_- = U_{-a}$，U_o 为运算放大器的输出电压即触发 VTH 的电压。在此情况下，VTH 的导通延迟角为 α_1。当运算放大器的基准比较电压变为 U_{-b} 时，VTH 的延迟触发角变为 α_2。U_{-a} 与 U_{-b} 都是图 7-11 中电压比较器反相输入端电压（即 C_3 两端的电压），该电压可以通过按压 SB_1、SB_2 来改变。由此可见，控制 SB_1 和 SB_2 可以使运算放大器的基准比较电压在 $0 \leqslant U_- \leqslant U_Z$ 间变化（U_Z 为 VS 的稳压值），晶闸管 VTH 的导通角便可在 0～180°变化，从而控制负载灯泡 E 的亮度。

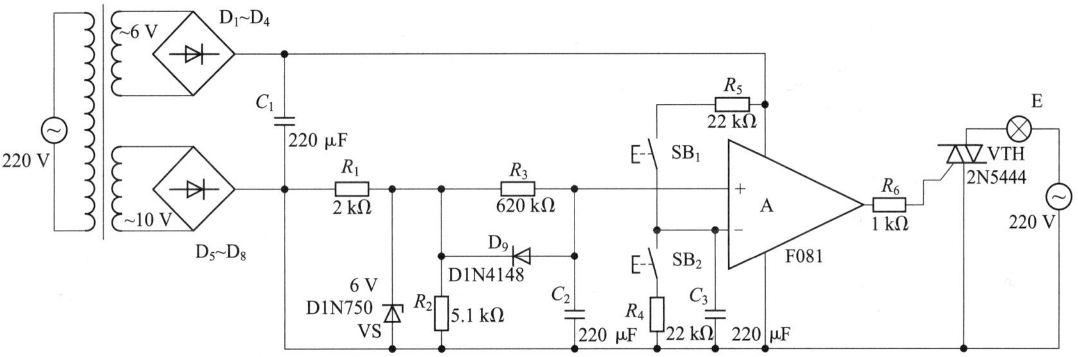

图 7-11 采用运算放大器的调光灯电路

运算放大器可选用高输入阻抗的集成运放，如 F081、F3130 型等。VTH 可用 TLC221B 型等 1 A/400 V双向晶闸管。D_9 应采用 1N60、2AP9 型等锗检波二极管。C_3 要求用漏电流尽可能小的电解电容，最好能采用钽电容。其他元器件无特殊要求。

例 7-12 峰值检波器。

在一般的二极管-电容峰值检波中，由于二极管的正向压降是随充电电流和温度而变化的，因此电容 C 所保持的电压值也是不稳定的。而用一个运算放大器和一个场效应管构成的峰值检波电路，则可以提高输出峰值的准确度，如图 7-12 所示。

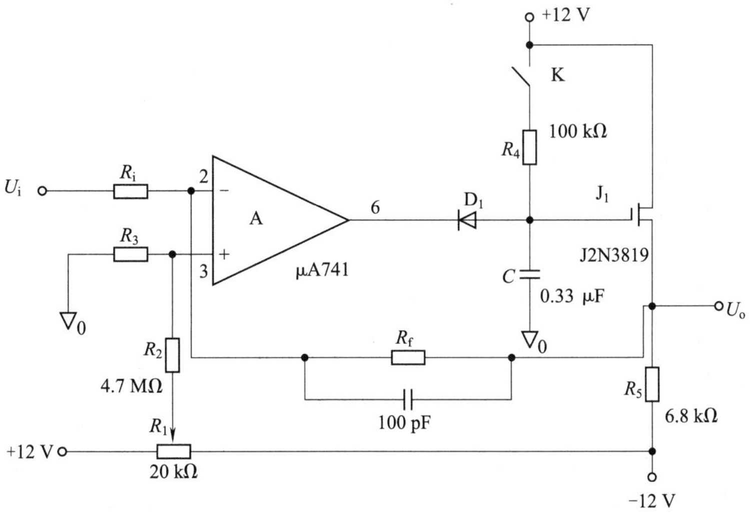

图 7-12 峰值检波器电路

对于输入信号的上升部分，电路是一个反相放大器（二极管正向压降可忽略），输出和输入的关系为

$$U_o = -(R_f/R_i)U_i$$

当输入信号达到最大以后，二极管将被反向偏置。由于二极管反向电流及场效应管栅极电流都很小，所以输出信号峰值得以较长时间保存在电容 C 上。

为了缩短上升时间，可以在运算放大器的输出和二极管之间加一射极输出器，电容的充电电流增大到几百毫安。R_1 是调零电位器，在调零时，必须把开关 K 接通。

7.4 正弦波振荡电路应用实例

例 7-13 晶振电路。

为得到方波时钟信号，采用市售的晶振模块非常方便，但要获得失真小的正弦波信号宜采用皮尔斯（Pierce）振荡电路。图 7-13 所示为三极管与 LC 回路构成的这类晶振电路，三极管 T 的基极及集电极与地之间不采用电容而接入晶振。T 要选用 5 倍以上振荡频率的三极管。电路中不接电容 C_B 也能振荡，但为使电路稳定工作，接入 20 ~ 30 pF 的电容。振荡输出超过 100 mW 时，R_3 要选用 100 Ω 电阻，并要改变偏置电阻 R_1 和 R_2。

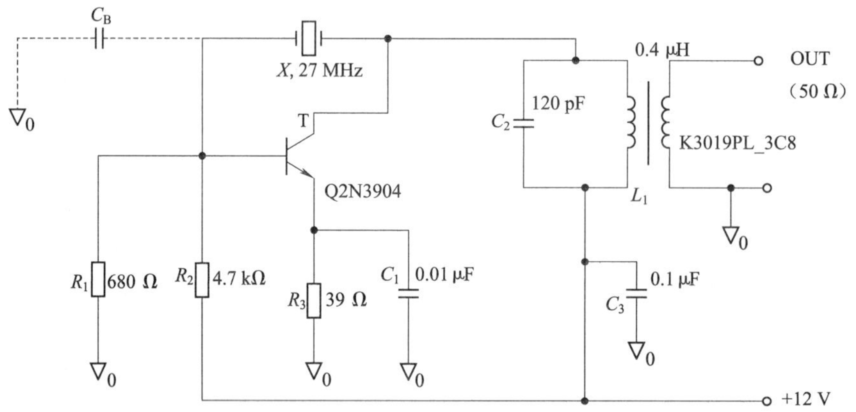

图 7-13 三极管与 LC 回路构成的晶振电路

例 7-14 谐波振荡器。

通常而言，频率到 20 MHz 的晶振采用基波方式实现，要产生其三次、五次、七次谐波振荡时，一般采用 LC 回路构成谐波振荡器，但进行参数设定时容易跑到其他频率振荡，也就是调整较困难。这时可采用图 7-14 所示电路，它是方波输出谐波振荡器，仅由 NJM6374 集成芯片以及外接晶振和电源旁路电容构成。NJM6374 内有晶振需要的负载电容。NJM6374 的频率有多种，A 类的频率范围为 20 ~ 35 MHz，H 类为 30 ~ 50 MHz，Q 类为 45 ~ 75 MHz，可根据需要选用不同类型。

例 7-15 三角波/方波输出的 VCO 电路。

图 7-15 是三角波/方波输出的 VCO 电路。它由极性切换电路、反相积分器和滞后比较器等组成。极性切换电路的作用是使集成运放同相与反相交替工作，采用 FET 开关，当然也可采用 CMOS 模拟开关方式，T_1 导通时，A_1 成为反相放大器。积分器以 C_0 和 R_0 确定的斜率对极性切换

电路获得的 $\pm U_c$ 进行积分，积分电压达到滞后比较器的基准电压 $\pm U_{REF}$ 时，积分方向反转，这种动作反复进行。

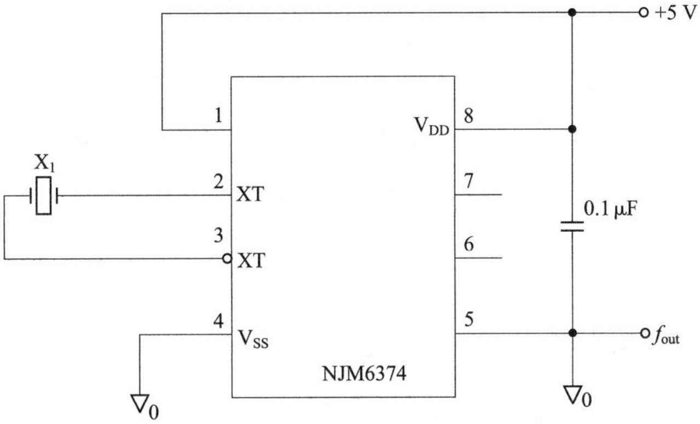

图 7-14　谐波振荡器

A_3 输出摆到约 10 V，T_1 为零偏置，工作于饱和状态。这样就变成低阻状态，A_1 变成增益等于 1 的反相放大器，控制电压 U_c 改变极性，就产生 $-U_c$ 电压。积分器 A_2 以 $U_c(R_0C_0)$ 的斜率对 $-U_c$ 进行积分，若达到 5 V，A_3 工作反相。这时 T_1 被夹断反偏置而截止，A_1 成为同相缓冲器。用 U_c 控制积分时间，若 C_0 和 R_0 固定，周期是横穿 $\pm U_{REF}$ 时间的 2 倍，则振荡频率 f_{osc} 为

$$f_{osc} = U_c \cdot \frac{1}{2U_{REF}} \cdot \frac{1}{R_0 C_0}$$

由此式可知，f_{osc} 与控制电压 U_c 成正比例。

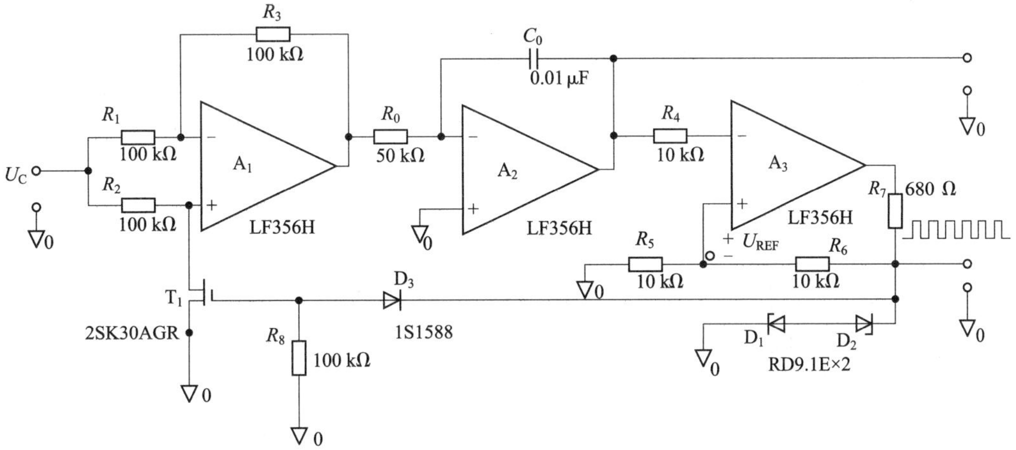

图 7-15　三角波/方波输出的 VCO 电路

小　　结

本章针对学过的模拟电子技术基础理论介绍了一些综合性的实用电路。学生不仅要学会理论，还应该根据已经掌握的理论分析复杂的模拟电路，可以借助一些实用电路进行理论分析和仿真。通过这些实用电路来提升工程实践能力，加深对所学理论的综合应用。

习　　题

1. 图 7-16 是一个信号发生器电路，请根据学过的知识分析电路中的信号 u_{O1} 和 u_O 分别输出什么波形，如果改变滑动电阻器的位置，输出波形如何变化？

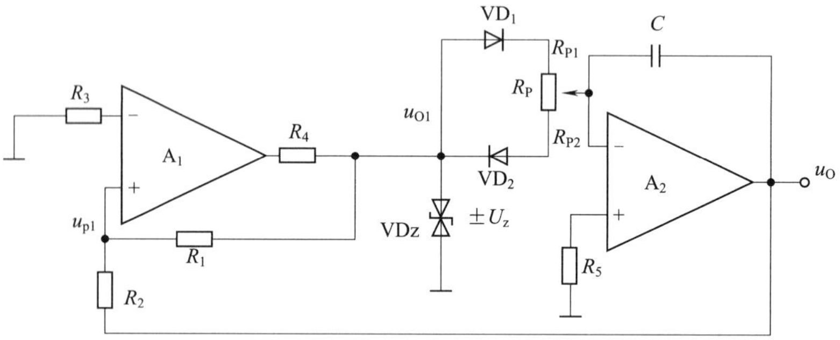

图 7-16　题 1 图

2. 图 7-17 为带有极性显示的交、直流两用电子电压表，请说明电路中各元件的作用；并说明电路测量电压的工作原理。

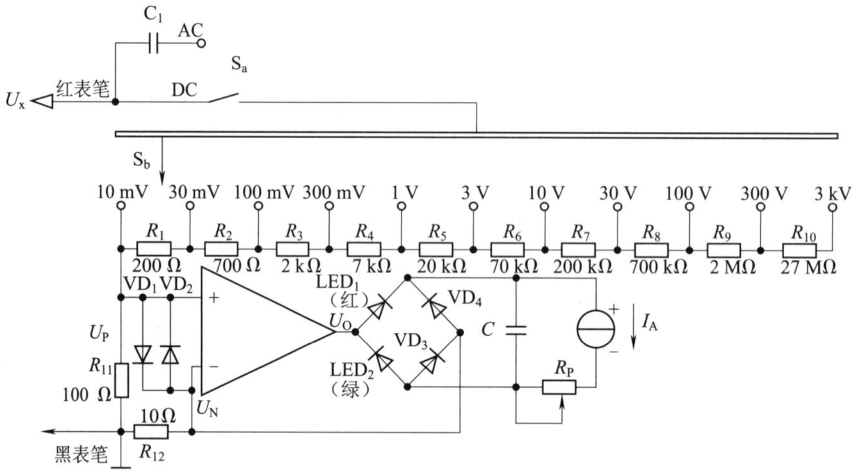

图 7-17　题 2 图

3. 模拟电子电路应用比较广泛，请找一找日常生活中哪些电子产品使用了什么功能的模拟电路？

第8章 模拟电子电路及系统设计

引　言

在完成模拟电子技术基础理论知识和基本设计性实验的基础上，综合运用有关知识，设计、安装、调试与工程实际接轨的，具有一定实用价值的电子线路装置。要求学生能够根据技术指标的要求，设计构成具有各种功能的单元电路，并用实验方法进行分析、修正，使之达到所规定的技术指标并通过仿真验证，既要验证电路基本原理，又要检测器件或电路的性能（即功能）指标，学会基本电量的测量方法。

内容结构

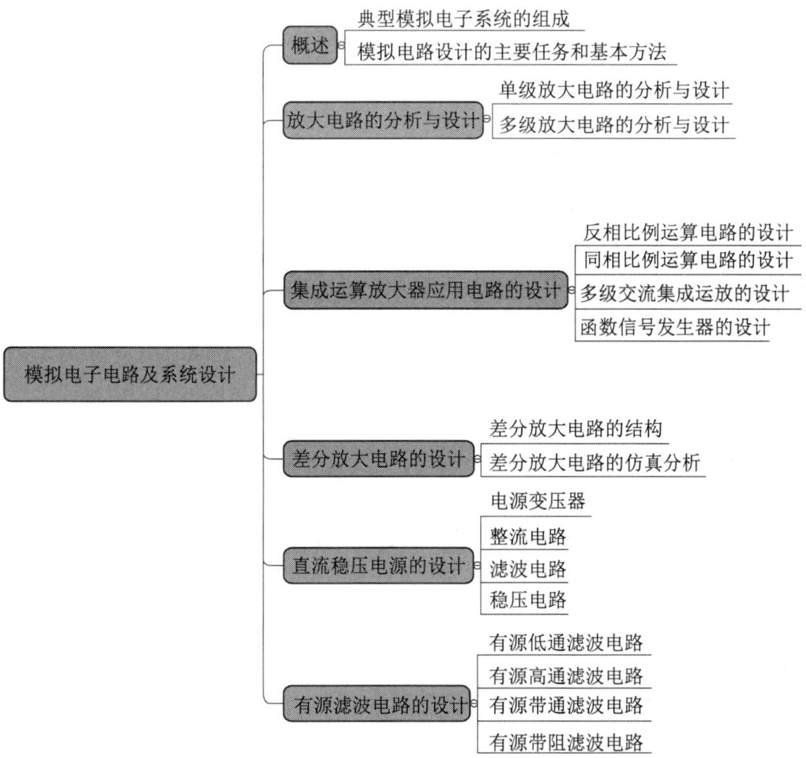

学习目标

①掌握电子电路的分析方法和设计方法。

②学会检查设计电路中遇到的问题并解决问题。

③积累各种电子电路的设计方法,并仿真验证设计。

8.1 概 述

8.1.1 典型模拟电子系统的组成

模拟电子系统又称模拟电子装置,它是由一些具有基本功能的模拟电路单元组合而成的。通常人们所用到的扩音机、收录机、温度控制器、电子交流毫伏表、电子示波器等,都是一些典型的模拟电子装置。尽管它们各有不同的结构原理和应用功能,但就其结构部分而言,都是由一些具有基本功能的模拟电路单元有机组成的一个整体。

一般情况下,一个典型的模拟电子电路系统,都是由图 8-1 所示的几个功能框图构成的。

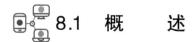

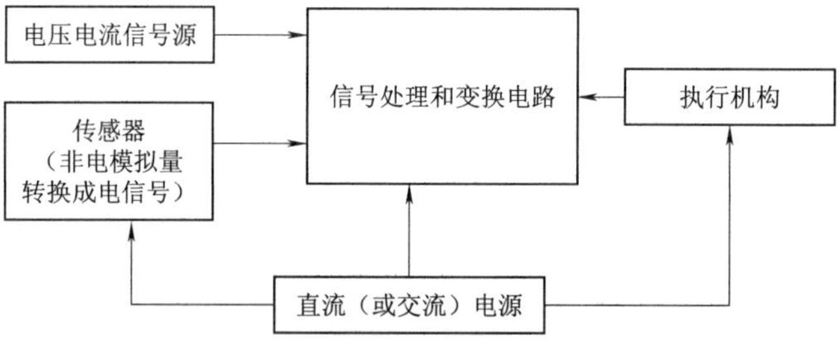

图 8-1 典型模拟电子系统组成框图

系统的输入部分一般有两种情况:一是非电模拟物理量(如温度、压力、位移、固体形变、流量等)通过传感器和检测电路变换成模拟电信号作为输入信号;二是直接由信号源(直流信号源或波形产生器作为交变电源)输入模拟电压或电流信号。

系统的中间部分大多是信号的放大、处理、传送和变换等模拟单元电路,使其输出满足驱动负载的要求。

系统的输出部分为执行机构(执行元件),称为负载。它的主要功能是把符合要求的输入信号变换成其他形式的能量,以实现人们所期望的结果。比如扬声器发声、继电器或电动机动作、示波器显示等。

系统的供电部分主要是为各种电子单元电路提供直流电源或者为信号变换处理有一定频率、一定幅值的交流电源(信号源)。

由于系统的输入部分和输出部分涉及其他的学科内容,这部分的理论知识只要求“会用”即可,不作重点研究。重点放在信号的放大、传送、变换、处理等中间部分的设计,另外为保证系统中间部分正常工作,供电电源的设计也是要讨论的内容。

综上所述,模拟电子系统的设计,所包含的主要内容如下:

①模拟信号的检测、变换及放大电路。

②波形的产生、变换及驱动电路系统。

③模拟信号的运算及组合模拟运算系统。

④直流稳压电源系统。

⑤不同功率的可控整流和逆变系统。

8.1.2　模拟电路设计的主要任务和基本方法

任何复杂的电路系统都是由简单的电路组合而成的;电信号的放大和变换也是由一些基本功能电路来完成的,所以要设计一个复杂的模拟电路可以分解成若干具有基本功能的电路,如放大器、振荡器、整流滤波稳压器,及各种波形变换器电路等,然后分别对这些单元电路进行设计,使一个复杂任务变成简单任务。

在各种基本功能电路中,放大器的应用最普遍,也是最基本的电路形式,所以掌握放大器的设计方法是模拟电路设计的基础。另外,由于单级放大器性能往往不能满足实际需要,因此在许多模拟系统中,采用多级放大电路。显然,多级放大电路是模拟电路中的关键部分,且具有典型性,是模拟电路设计经常要研究的内容。

随着生产工艺水平的提高,线性集成电路和各种具有专用功能的新型元器件迅速发展起来,它给电路设计工作带来了很大的变革,许多电路系统已渐渐由线性集成块直接组装而成,因此,必须十分熟悉各种集成电路的性能和指标,注意新型器件的开发和利用,根据基本的公式和理论,以及工程实践经验,适当选取集成元件,经过联机调试,即可完成系统设计。

由于分立元件的电路目前还在大量使用,而且分立元件的设计方法比较容易为初学设计者所掌握,有助于学生熟悉各种电子器件,以及电子电路设计的基本程序和方法,学会布线、焊接、组装、调试电路等基本技能。

为此,本章首先选择分立元件模拟电路的设计,帮助学生逐步掌握电路的设计方法,然后重点介绍集成运算放大器应用电路和集成稳压电源的设计。

8.2　放大电路的分析与设计

8.2.1　单级放大电路的分析与设计

从已学过的模拟电子技术知识可知,单级放大电路的基本要求是:放大倍数要足够大,通频带要足够宽,波形失真要足够小,电路温度稳定性要好,所以设计电路时,主要以上述指标为依据。

例如,设计一个单管共射电压放大电路,要求如下:

(1)信号源频率为 5 kHz(峰值为 10 mV),输入电阻大于 2 kΩ,输出电阻小于 3 kΩ,电压增益大于 20,上限截止频率 f_H 大于 500 kHz,下限截止频率 f_L 小于 30 Hz,电路稳定性好。

(2)调节电路静态工作点(调节偏置电阻),使电路输出信号幅度最大且不失真,在此状态下测试:

①电路静态工作点值;

②电路的输入电阻、输出电阻和电压增益;

③电路的频率响应曲线和 f_L、f_H 值。

(3)调节电路静态工作点(调节偏置电阻),观察电路出现饱和失真和截止失真的输出信号波形。

1. 电路设计与参数计算

考虑到电压增益要求，并可获得稳定的静态工作点，所以采用共射极分压式偏置放大电路，如图 8-2 所示。基极偏置电路由滑动变阻器 R_P 和 R_{b1}、R_{b2} 组成分压电路，发射极接有电阻 R_e，由于在直流通路中，具有直流电流负反馈作用，所以能够稳定放大器的静态工作点。为了不影响电压放大倍数，在 R_e 两端加一个旁路电容 C_3。集电极接电阻 R，可以将变化的电流转换为变化的电压，经耦合电容 C_2 输出到负载端。当在放大器的输入端加入输入信号后，经过输入端的耦合电容 C_1，信号进入放大电路的输入端，最终在放大电路的输出端便可得到一个与输入信号相位相反，幅值被放大了的输出信号，从而实现电压放大。输出信号是否满足设计要求，关键在于电路参数的计算。

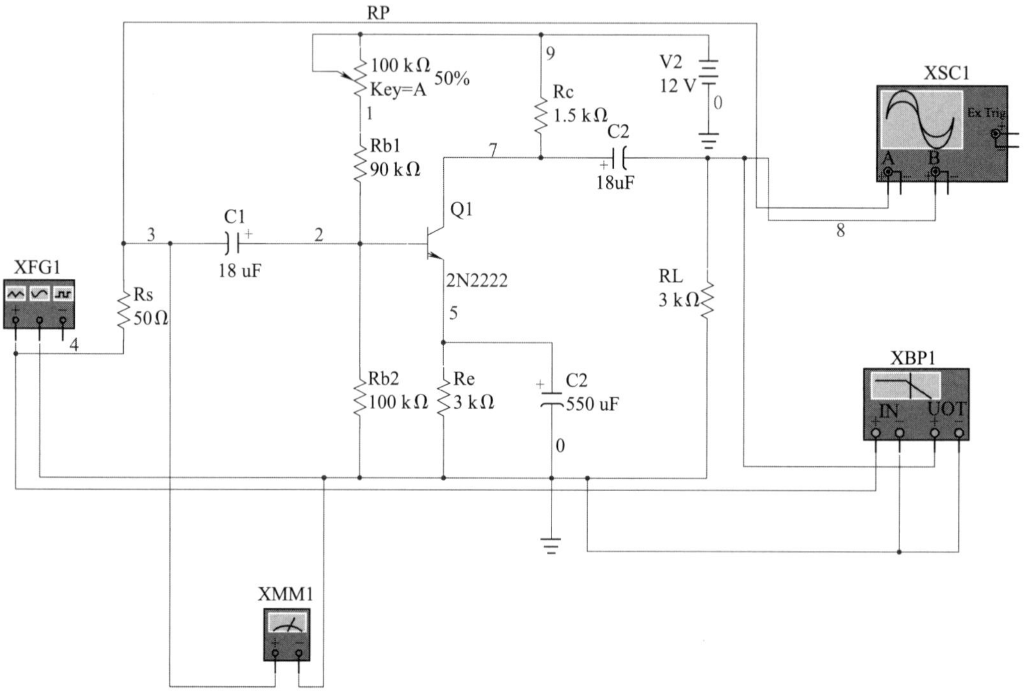

图 8-2　共射极分压式偏置放大电路①

分压式偏置放大电路之所以能够稳定静态工作点，是由于发射极电阻 R_e 的直流负反馈作用。由于基极电流 I_{BQ} 非常小，基极的电位完全由基极偏置电阻决定，当温度变化时，基极电位 U_{BQ} 基本保持不变，其余电极的电位做相应变化，即反馈控制如下：

T(℃)↑ → I_C↑ (I_E↑)→ U_E ↑(因为 U_{BQ} 基本不变)→ U_{BE} ↓→ I_B ↓

I_C ↓←

图 8-2 中 XFG1 为信号发生器；XMM1 用来测量输入电压；XBP1 用来测量电路波特图；XSC1 为示波器，用来观察放大电路输出波形的情况。图 8-2 中滑动变阻器用来调试电路最佳静态工作点。本电路采用三极管为理想 NPN 管，其输入电阻 $r_{bb'}\approx 300\ \Omega$，将其 β 参数设为约 100。该放大电路的直流通路如图 8-3 所示，图中其他参数的确定如下：

$$R_e = \frac{U_{BQ} - U_{BE}}{I_{CQ}} \approx \frac{U_{EQ}}{I_{CQ}}$$

①类似图稿为仿真软件制图，其图形符号与国家标准符号不符，二者对照关系参见附录 A。

$$R_{b2} = \frac{U_{BQ}}{I_{R_{b2}}} = \frac{U_{BQ}}{(5 \sim 10)I_{CQ}}\beta$$

$$R_{b1} = \frac{V_{CC} - U_{BQ}}{U_{BQ}}R_{b2}$$

$$R_c = R_o$$

要求 $R_i > 2\ \text{k}\Omega$,而 $R_i \approx r_{be} \approx 300\ \Omega + (1+\beta)\dfrac{26(\text{mV})}{I_{CQ}(\text{mA})} > 2\ 000$

所以,$(1+\beta)\dfrac{26}{I_{CQ}} > 1\ 700$。

由于 β 值一般大于 A_u 值,故选 $\beta = 100$。所以,$\dfrac{26}{I_{CQ}} > \dfrac{1\ 700}{101}$

$I_{CQ} < 1.529\ \text{mA}$

为了计算方便,取 $I_{CQ} = 1\ \text{mA}$。

R_e越大,直流电流负反馈越强,电路的稳定性越好,所以若取

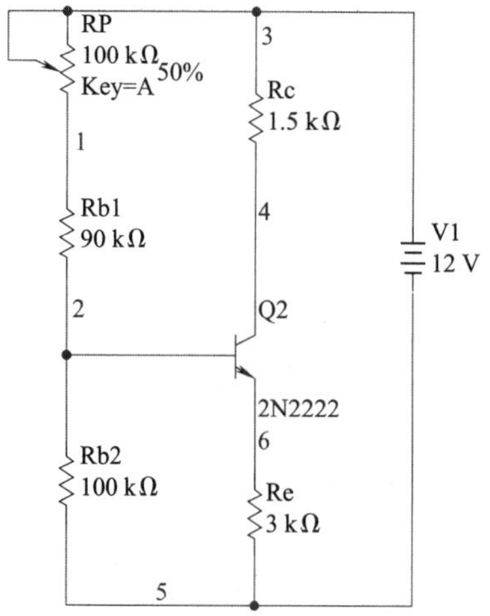

图 8-3 直流通路

$$U_{BQ} = 5\ \text{V}, U_{BEQ} = 0.7\ \text{V}$$

即有 $R_e \approx \dfrac{U_{BQ} - U_{BEQ}}{I_{CQ}} = \dfrac{3-0.7}{0.7}\text{k}\Omega = 3.286\ \text{k}\Omega$

所以,取标称值 $R_e = 3\ \text{k}\Omega$。

静态工作点稳定的必要条件是 $I_{B2} >> I_{BQ}$,$U_{BQ} >> U_{BE}$,一般取 $I_{B2} = kI_{BQ}$,$k = 2 \sim 10$(硅管,这里取 5)。

因为 $I_{BQ} = \dfrac{I_{CQ}}{\beta}$,$\text{I}_{R_{b2}} = \text{kI}_{BQ}$,令 $R'_{b1} = R_{b1} + R_P$

所以,$R_{b2} = \dfrac{U_{BQ}}{I_{R_{b2}}} = \dfrac{U_{BQ}}{5I_{CQ}}\beta = \dfrac{5}{5 \times 1 \times 10^{-3}} \times 100\ \Omega = 100\ \text{k}\Omega$(这里 $k = 5$)

由于 I_{BQ}很小,可近似认为断路,所以

$$R'_{b1} = \frac{V_{CC} - U_{BQ}}{U_{BQ}}R_{b2} = \frac{12-5}{5} \times 100\ \text{k}\Omega = 140\ \text{k}\Omega$$

令此时 $R_{b1} = 90\ \text{k}\Omega$,$R_P = 50\ \text{k}\Omega$

因为 $I_{CQ} = 1\ \text{mA}$ 所以 $r_{be} = 300 + (1+\beta)\dfrac{26}{I_{CQ}} = \left(300 + 101 \times \dfrac{26}{1}\right)\Omega = 2\ 926\ \Omega$

要求 $A_u > 20$,$R'_L = R_c /\!/ R_L$。

$A_u = \dfrac{\beta R'_L}{r_{be}} > 20 \Rightarrow \dfrac{100R'_L}{2\ 926} > 20 \Rightarrow R'_L > 585.2\ \Omega = 0.585\ \text{k}\Omega, R_L = 2\ \text{k}\Omega$

$\Rightarrow R_c > \dfrac{R'_L R_L}{R_L - R'_L} = \dfrac{0.585 \times 2}{2 - 0.585} = 0.827\ \text{k}\Omega$

又由于 $R_o = R_c$,要求 R_o 小于 3 kΩ,所以取标称值 $R_c = 1.5\ \text{k}\Omega$。

上限频率 f_H 主要受三极管结电容及电路分布电容的影响,下限频率 f_L 主要受耦合电容 C_1、C_2 及射极旁路电容 C_3 的影响。如果放大器下限频率 f_L 已知,可按下列表达式估算电路电容 C_1、C_2 和 C_3。

$$C_1 \geqslant (3 \sim 10)\frac{1}{2\pi f_L(R_s + r_{be})}$$

$$C_2 \geqslant (3 \sim 10)\frac{1}{2\pi f_L(R_c + R_L)}$$

$$C_3 \geqslant (1 \sim 3)\frac{1}{2\pi f_L\left(R_e /\!/ \dfrac{R_s + r_{be}}{1+\beta}\right)}$$

通常取 $C_1 = C_2$,R_s 为信号源内阻,一般为 50 Ω。

$$C_1 \geqslant (3 \sim 10)\frac{1}{2\pi f_L(R_s + r_{be})} \geqslant 10 \times \frac{1}{2\pi \times 30(50 + 2\,926)}\text{F} = 17.836\ \mu\text{F}$$

$$C_3 \geqslant (1 \sim 3)\frac{1}{2\pi f_L\left(R_e \,//\, \dfrac{R_s + r_{be}}{1+\beta}\right)} \geqslant 3 \times \frac{1}{2\pi \times 30\left(3\,000 \,//\, \dfrac{50 + 2\,926}{101}\right)}\text{F} = 549.85\ \mu\text{F}$$

取 $C_1 = C_2 = 18\ \mu\text{F}$,$C_3 = 55\ \mu\text{F}$。

2. 电路仿真及其特性分析

(1)设置函数信号发生器

双击函数信号发生器图标,出现图 8-4 所示面板图,改动面板上的相关设置,可改变输出电压信号的波形类型、频率、占空比或偏移电压等。

波形:选择输出信号的波形类型,有正弦波、三角波和方波等 3 种周期信号供选择。这里选择正弦波。

频率:设置所要产生信号的频率,按照设计要求选择 5 kHz。

占空比:设置所要产生信号的占空比。设定范围为 1% ~99% 。

振幅:设置所要产生信号的最大值(电压),这里选择 10 mV。

(2)设置电位器,即滑动变阻器

双击电位器 R_P,出现如图 8-5 所示参数设置框。

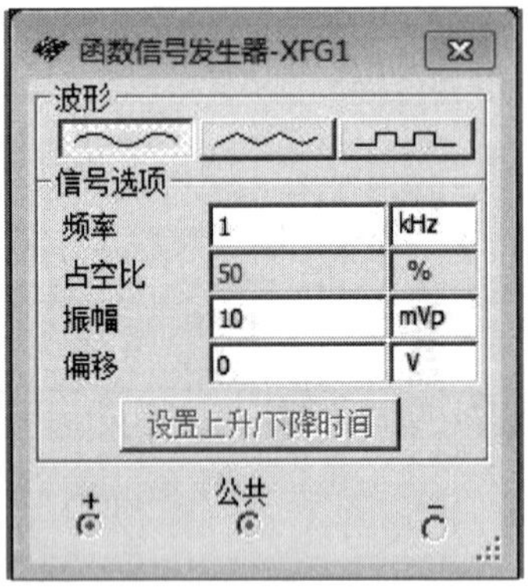

图 8-4 函数信号发生器设置

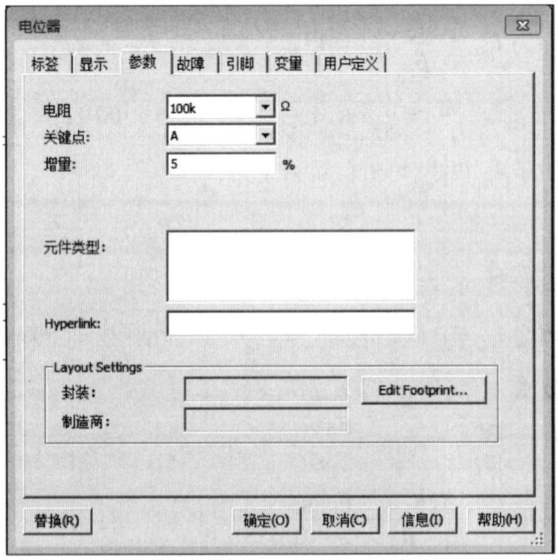

图 8-5 电位器参数设置

关键点:调整电位器大小所按键盘。

增量:设置电位器按百分比增加或减少。

调节图 8-3 中的电位器来确定静态工作点。电位器旁标注的文字“Key = A”表明按动键盘上 A 键,电位器的阻值按 5% 的速度增加;若要减少,按【Shift + A】键,阻值将以 5% 的速度减少。电位器变动的数值大小直接以百分比的形式显示在一旁。

(3) 直流静态工作点分析

调节图 8-3 所示电路中的滑动变阻器,改变滑动变阻器接入电路中的有效值,边调节边观察电路中电压表的读数。当接入值为总值大小的 35% 时，电压表读数最大，即这时电路的放大倍数最大，经过示波器观察也可发现此时电路并未出现失真。这时电路的静态工作点可由软件分析得出，结果如图 8-6 所示。

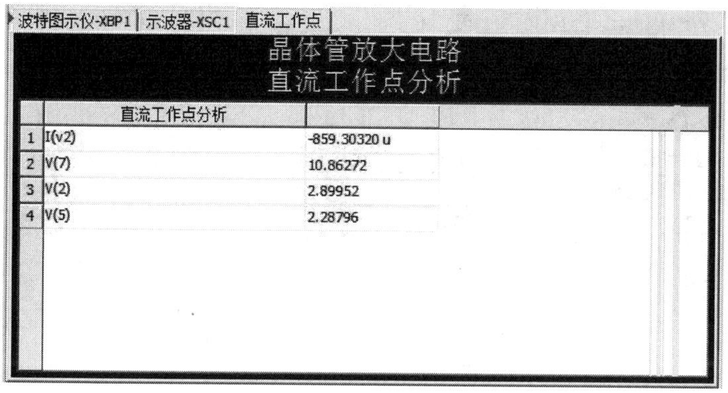

图 8-6　电路的静态工作点分析

通过软件分析记录三极管各电极电位、电压及 R_P 阻值如表 8-1 所示。

表 8-1　静态工作点分析

仿真数据(单位:V)			计算数据(单位:V)		
基 极	集电极	发射极	U_{BE}	U_{CE}	R_P
8.299 52	10.862 72	8.287 96	0.611 56	8.574 76	50

(4)输入波形和输出波形

输入波形和输出波形如图 8-7 所示，输入波形为 10 mV 时，输出波形被放大。

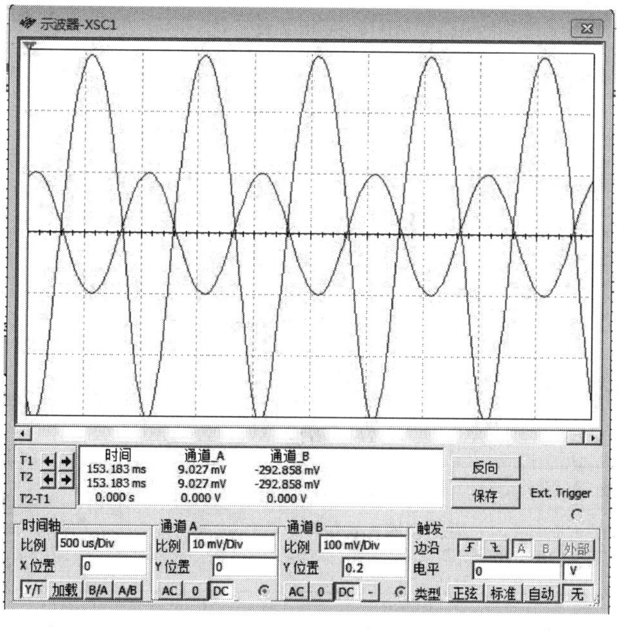

图 8-7　输入输出波形

(5)频率特性曲线

在设置频率参数时,出现如图 8-8 所示对话框,设置完成后,单击“仿真”按钮,出现频率特性曲线图,如图 8-9 所示。

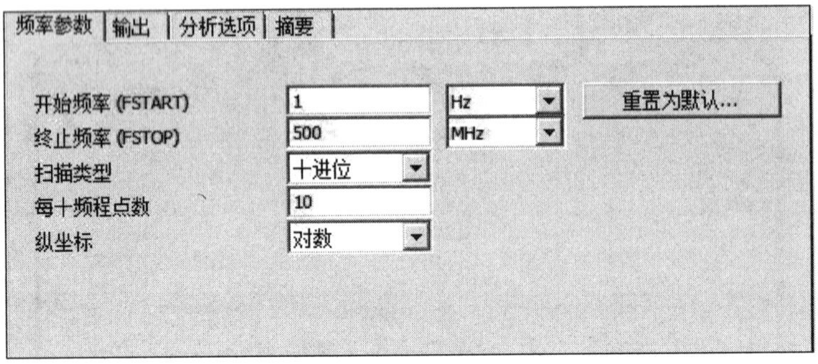

图 8-8　设置频率参数

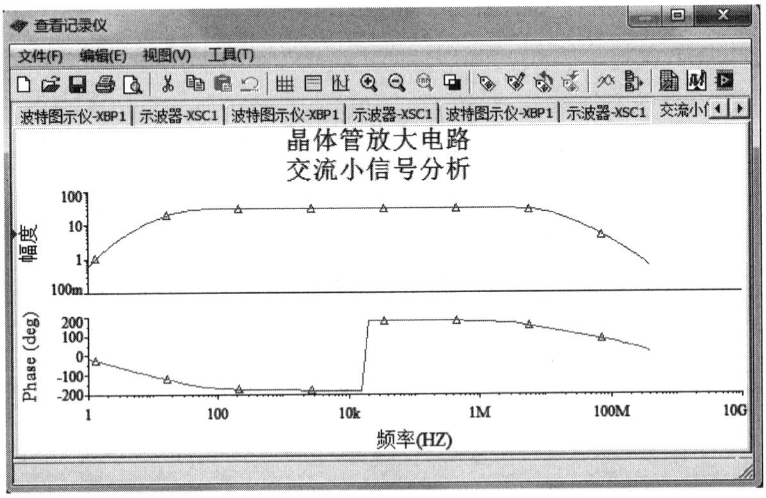

图 8-9　交流小信号分析频率特性

由软件可以分析得出电路的最大增益 $A_{umax}=45.3$ dB,拖动游标使增益比最大增益小 3 dB,则对应的频率分别为 f_L 和 f_H。

经过计算可知 $f_L=1.87$ kHz, $f_H=14.06$ MHz。

(6)输入电阻和输出电阻

测量输入电阻 R_i:利用虚拟万用表测量,启动仿真,记录数据,如图 8-10所示。测量数据见表 8-2。

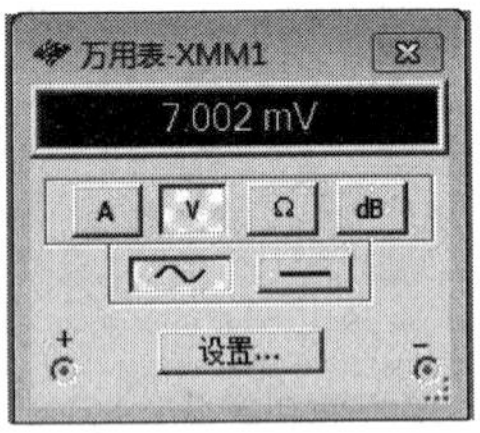

图 8-10　万用表显示值

表 8-2　输入电阻 R_i 测量数据

仿真数据(注意填写单位)		计算
信号源的有效电压值	万用表的有效数据	$R_i=U_sR_s/(U_i-U_s)$
7.07 mV	7.002 mV	4 952 Ω

测量输出电阻 R_o:先接上负载电阻,再利用虚拟万用表测量输出电压 U_{oL},如图 8-11 所示,再断开负载,测量开路输出电压 U_o,如图 8-12 所示。测量数据见表 8-3。

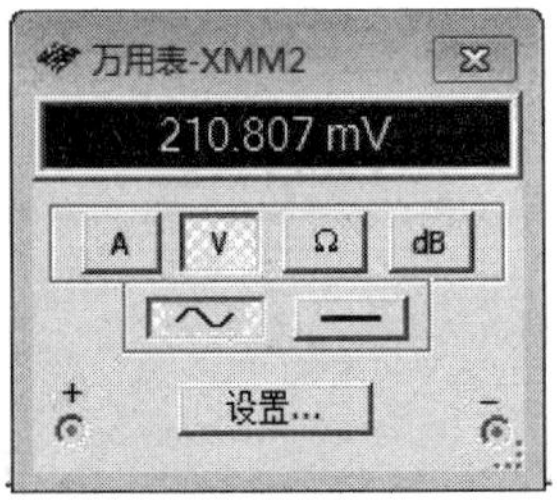

图 8-11　带负载输出电压 U_{oL}

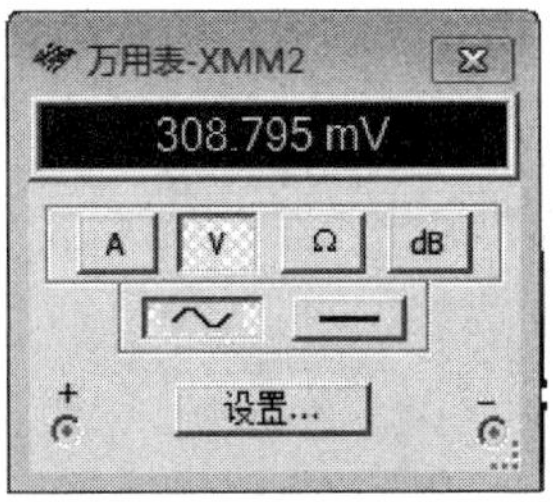

图 8-12　无负载输出电压 U_o

表 8-3　输出电阻 R_o 测量数据

仿真数据		计算
U_{oL}	U_o	$R_o=(U_o-U_{oL})R_L/U_{oL}$
210.8 mV	308.8 mV	1.423 kΩ

(7)饱和失真和截止失真时输出电压波形

①饱和失真。调节图 8-3 所示电路中的滑动变阻器,改变滑动变阻器接入电路中的有效值,当接入值为总值大小的 55% 时,电路出现饱和失真,输出波形如图 8-13 所示。

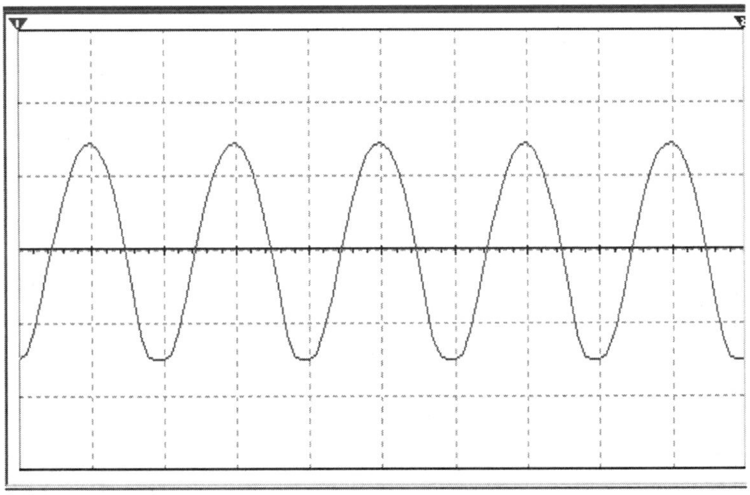

图 8-13　输出波形饱和失真

这时电路出现饱和失真,从微观上看这是由于 U_{ce}过小导致集电极收集电子能力不是很强,使部分由发射极发射的电子未能到达集电极,从而使三极管进入饱和区,出现饱和失真。从宏观上看这是由于 U_{ce}过小,静态工作点在三极管输入特性曲线上过于偏左使得三极管在放大的时候,部分进入饱和区工作从而出现饱和失真。具体的表现是出现削底现象。

②截止失真。调节图 8-3 所示电路中的滑动变阻器,改变滑动变阻器接入电路中的有效值,当接入值为总值大小的 5% 时,电路出现截止失真,输出波形如图 8-14 所示。

这时电路出现截止失真,从输出看电路的输出值已经小于放大电路的输入信号值的大小,也就是说这时电路已经失去了放大作用,这主要是因为这时电路的 U_{ce}的值过高使得电路的静态工作点过于偏左,使得三极管在工作的时候进入截止区,从而出现截止失真,具体的表现是出现削顶现象。在图 8-14 中,由于输入信号有效值过小难以观察,若加大输入信号则可明显观察出削顶现象。图 8-15 所示就是当输入信号有效值变为 20 mV 时的情况,这时可明显看出削顶现象。

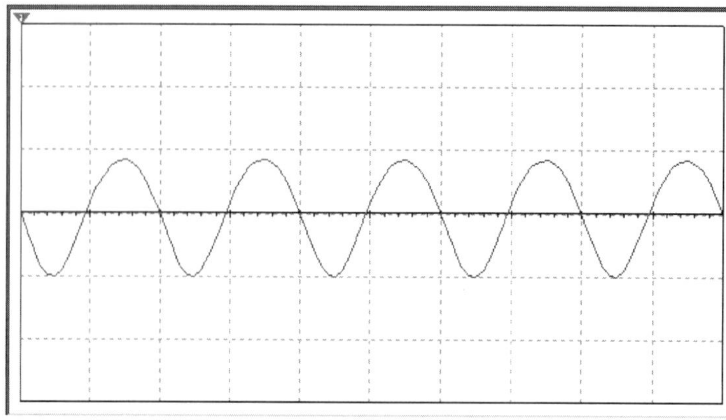

图 8-14　输出波形截止失真

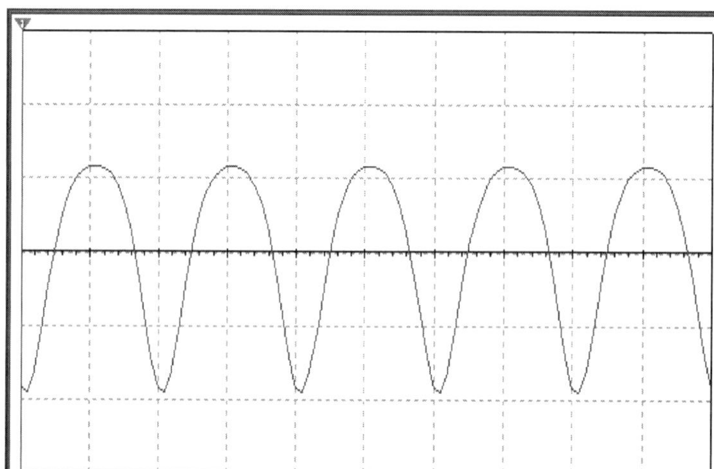

图 8-15　明显的截止失真波形

3. 设计总结

本设计采用带有分压式偏置放大电路的共射极放大电路,使用滑动变阻器,目的是便于调节电路使之出现饱和失真和截止失真。

当调大滑动变阻器接入电路的电阻值时,会使 U_{ce} 明显降低,使 Q 点接近截止区,基极电流将产生底部失真。因而集电极电流和集电极电阻上电压的波形必然随着基极电流产生同样的失真,而集电极电阻上电压的变化相位相反,从而导致输出波形产生顶部失真,即截止失真。要消除截止失真可以适当调低滑动变阻器接入值,使 U_{ce} 增大,即可消除截止失真。当调小滑动变阻器接入电路的值时,可以看出会使 U_{ce} 明显增大,使 Q 点接近饱和区,集电极电流产生顶部失真,集电极电阻上的电压波形随之产生同样的失真。由于输出电压与集电极电阻上电压的变化相位相反,从而导致输出波形产生底部失真,即饱和失真。要消除饱和失真,可以增大滑动变阻器阻值。

对电路的频响特性分析可知,放大电路的耦合电容是引起低频响应的主要原因,下限截止频率主要由低频时间常数中较小的一个决定;三极管的结电容和分布电容是引起高频响应的主要原因,上限截止频率主要由高频时间常数中较大的一个决定。

8.2.2　多级放大电路的分析与设计

1. 多级放大电路的组成

多级放大电路组成框图如图 8-16 所示。其中输入放大级和中间放大级称为前置级,主要用来放大微小的电压信号;组成框图输出缓冲级又称功率级,由推动级和输出级构成,主要用来放大较大的信号以获得负载要求的最大功率信号。

图 8-16　多级放大电路组成框图

由于放大电路中引入负反馈,可以改善放大器诸多方面的性能,故在多级放大器中几乎毫无例外地都引入了负反馈。

直流负反馈通常只起稳定静态工作点的作用,而交流负反馈则可以改善放大电路的放大性能,当然这是以牺牲一定的放大倍数作为代价的。交流负反馈放大电路按照反馈信号的采样方式分为电压负反馈和电流负反馈。电压负反馈可以稳定输出电压,电流负反馈可以稳定输出电流;按照反馈信号在输入端的比较求和方式可分为串联负反馈和并联负反馈。串联负反馈可以提高放大电路的输入电阻,进而可以减小放大电路对信号源的索取电流。而并联负反馈则可以降低放大电路的输入电阻,从而增大信号电流源流入放大器的信号电流。因而交流负反馈可分为电压串联负反馈、电压并联负反馈、电流串联负反馈和电流并联负反馈 4 种基本组态。交流负反馈对放大电路性能的改善主要表现在:稳定放大倍数、改变输入电阻和输出电阻、扩展频带、改善放大电路的频率特性、减小非线性失真等。

注意:

负反馈引入后使放大器的放大倍数下降,因此在设计多级放大电路时总是事先将其开环放大倍数设计得足够大,然后有选择地引入本级或级间负反馈后,使其放大倍数降低至系统指标要求的水平上,在具体设计时应合理配置。

2. 多级放大电路的技术指标要求

设计一个多级放大电路,一般需要考虑下列一些技术指标:

①放大器的总电压放大倍数 A_u(有时给出灵敏度、输出信号最大幅值 U_{om}、I_{om}或输出信号功率 P_o和 P_{omax}等)。

②放大器的频率响应(或称为通频带)$\Delta f = f_H - f_L$。

③输入、输出电阻 $R_i = R_{i1}$,$R_o = R_{on}$。

④失真度:

$$\gamma = \frac{U_\Sigma}{U_1}$$

式中,$U_\Sigma = \sqrt{U_2^2 + U_3^2 + \cdots}$ 信号电压各次谐波分量的均方根值;U_1为信号电压基波分量。

⑤噪声系数:

$$N_F = \frac{\mathrm{d}U_N}{U_i} \times 100\%$$

式中，U_N为噪声电压。

⑥稳定性$\frac{dA_u}{A_u}\times 100\%$。

3. 多级放大电路设计的主要任务

根据给出的技术指标要求，按步骤进行下述设计工作。

1）确定多级放大电路的级数和各级的增益分配

若给定的总放大倍数（增益）为 A_u，需 n 级放大电路串联起来实现。设每级增益为 A_{ui}。根据多级放大电路的总增益一般式

$$A_u = A_{u1}\cdot A_{u2}\cdot\cdots\cdot A_{un} = \prod_{i=1}^{n} A_{ui}$$

①如果每个放大电路的增益是平均分配的，则放大电路的级数为

$$n = \frac{\log A_u}{\log A_{ui}} \text{或} n = \frac{A_u(\mathrm{dB})}{A_{ui}(\mathrm{dB})}$$

②实际放大系统中的增益并不是平均分配的，一般是输入级增益要求小一些；中间级增益要求尽可能大；最后一级放大电路电压增益小，但要求功率增益尽量大。

考虑本级负反馈引入，应将其增益比规定分配的增益再增大$\frac{1}{3}$左右。对于低频放大器引入负反馈的主要目的是减小非线性失真，通常取反馈深度$|1+AF|=10$就可以了；对检测仪表用的高增益、宽频带放大器来说，引入负反馈的目的主要是提高增益稳定性和展宽通频带，反馈深度$|1+AF|$可取几十至几百（即较深的深度反馈有$A_{uf}\approx\frac{1}{F}$），且各单级采用电流串联和电压并联交替反馈方式，以避免级间反馈而引入的“自激”。

根据经验，多级放大电路级数还可以这样确定。

将规定的总增益变换成闭环增益后：

①若增益$|A_u|$为几十倍时，采用一级或至多两级；

②若增益$|A_u|$为几百倍时，采用二级或三级；

③若增益$|A_u|$为几千或上万倍时，采用三级或四级。

这里特别指出的是，多级放大电路在进行级联时，往往在两级之间串联一级电压跟随器，尽管它本身电压增益$|A_u|\approx 1$，但它具有缓冲和阻抗匹配作用，对多级放大电路的稳定工作和提高总增益是有利的。

2）电路形式的确定

电路形式包括各级电路的基本形式、偏置电路形式、级间耦合方式、反馈方式及各级是采用分立元件电路还是集成运放电路等。

（1）电路的基本形式

分立元件电路的基本形式：共射极（共源极）电路、共集极（共漏极）电路、共基极（共栅极）电路和差分（比较）放大电路。

至于选择哪一种基本形式电路，按各级所处的位置、任务和要求来确定。

①输入级：主要根据被放大的信号源（X_S）来确定。比如信号源为电压源 U_S，则应选择高输入阻抗的放大级；信号源为电流源 i_S，则应选择低输入阻抗的放大级。

又由于输入级工作的信号电平很低，噪声影响很大，因此应尽可能采用低噪声系数的半导体

器件（如 N_F 小的场效应管或集成运放）和热噪声小的金属膜电阻元件，并尽可能减小该级的静态工作电源。

②中间级：主要得到尽可能高的放大倍数。大多采用共射（共源）电路形式，或采用具有恒流负载的共射（共源）电路形式。

③输出级：主要是向负载提供足够大的功率。电路的选择主要视负载阻抗而定，负载阻抗高可采用共射（共源）或共基电路；负载阻抗低则采用电压跟随器（共集、共漏或集成运放的电压跟随器）或互补对称 OCL、OTL 电路及变压器耦合输出的最佳阻抗匹配型功率放大电路。

（2）偏置电路形式

①半导体三极管放大电路的偏置方式：常用的有固定偏置电路、静态工作点稳定的分压式偏置电路及集基并联电阻偏置电路三种。

②场效应三极管放大电路的偏置方式：常用的有独立偏压方式、自给偏压方式和分压式偏置方式三种。

（3）级间耦合方式

耦合电路的选择原则是让频率信号尽量能不损失、不失真地顺利传递，并且使前、后级静态工作点尽可能独立设置。一般常用的有阻容耦合、直接耦合、变压器耦合等方式。

4. 放大三极管的选择及电路元件参数的计算

（1）放大三极管的选择

①半导体三极管属于双极型的电流控制器件，它具有适用性强、频率范围广、输出功率适应范围大的特点，故在分立元件放大电路中最为常用。

选择半导体三极管作为放大元件时，应依据下述原则：

$U_{(BR)CEO} \geqslant$ 半导体三极管工作时承受的最大反向电压。

$I_{CM} \geqslant$ 半导体三极管工作时流过的最大允许电流。

$P_{CM} \geqslant$ 半导体三极管工作时的最大管耗。

半导体三极管特征频率 $f_T \geqslant (5 \sim 10) f_H$，$f_H$ 为组成放大电路的上限频率。

β 取 40 ~ 150 为宜。若选用的 β 值不满足 A_u 要求，则可用提高静态集电极电流 I_C 来适应 A_u 的要求。

$$\text{因为}\ |A_u| = \beta \frac{R'_L}{r_{be}} \qquad r_{be} = 300 + (1+\beta)\frac{26(\text{mV})}{I_E(\text{mA})} \approx \beta \frac{26(\text{mV})}{I_C(\text{mA})}$$

所以，$|A_u| \approx \dfrac{\beta R'_L}{\beta \dfrac{26}{I_C}} = \dfrac{I_C R'_L}{26(\text{mV})}$，可见 $|A_u| \propto I_C$。

②场效应三极管是单极型的电压控制器件，它具有输入阻抗高、噪声系数小、受温度和电磁场干扰小、功耗小，但频率范围低、输出功率不大。

选择场效应三极管作为放大元件时，应按其特性参数：I_{DSS}，$U_{GS(off)}$，$U_{GS(th)}$，g_m，$U_{(BR)DSO}$，P_{DM} 及 f_M（最高振荡频率）来选择型号，以满足电路需要。

（2）直流供电电源电压等级的确定

在多级放大电路中直流供电电源电压标准系列有多个等级，如 1.5 V、3 V、6 V、9 V、12 V、15 V、18 V、24 V 等。

分立元件放大电路，供电电源电压的选择是依据该放大电路输出信号电压的幅值 U_{om} 和三极管的耐压 $U_{(BR)CEO}$、$U_{(BR)DSO}$ 来确定的。

$$U_{(BR)CEO} > E_C \geqslant (1.2 \sim 1.5) \times 2(U_{om} + U_{cemin}) + U_E$$

式中，最小集电极-射极压降 $U_{cemin} \geq U_{CES}$。

但是一个由几级放大单元构成的多级放大电路，既可以用同一大小的电压供电，也可以由输出至输入级逐级减小供电电压，以减小静态功耗。一般采用降压去耦电路来实现，如图 8-17 所示。

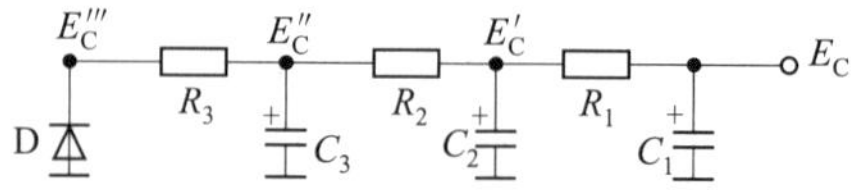

图 8-17　降压去耦电路

(3)各级静态工作点的选择和确定

静态工作点设置的如何，直接影响放大电路的性能。一般是依据各放大级所处的位置和放大性能不同要求来合理选定。又因为一个多级放大电路各个单级的供电电源不是一个电压等级，所以不同级的静态工作点要设置在不同基准上。

①前置级。为保证最小失真和足够大的增益，静态工作点一般设置在特性曲线线性部分的下半部。为了减小噪声和静态功耗，静态电流不宜过大。

②输入级。若供电电压 $E_C = 3 \sim 6$ V，则静态电流值范围为

$$I_C = \begin{cases} 0.1 \sim 1\ \text{mA} & (\text{锗三极管}) \\ 0.2 \sim 2\ \text{mA} & (\text{硅三极管}) \end{cases}$$

$$U_{CE} = 1 \sim 3\ \text{V}$$

即

$$U_{CE} \approx \left(\frac{1}{3} \sim \frac{1}{2}\right) E_C$$

③中间级。若供电电压 $E_C = 6$ V，则静态值范围为

$$I_C = 1 \sim 3\ \text{mA}\ (\text{锗三极管稍小一些})$$

$$U_{CE} = 2 \sim 3\ \text{V}$$

④输出级。为获得最大的动态范围和最小的静态功耗。静态工作点选择按下述原则进行：甲类放大电路的静态工作点设置在交流负载线的中点附近，供电电源为单电源；推挽或互补对称电路工作时，供电电源选用 ±6 V、±12 V、±15 V 或 ±24 V，在消除交越失真的前提下，尽量选取小的静态电流。其中大功率管静态电流取 $I_C = 20 \sim 30$ mA。

(4)计算电路元件(R、C)的参数

要选取标准型号和系列标称值，并尽量选用同型号、同规格化的元件，以减少元件种类。这里可以根据单级放大电路的分析来计算。

下面通过实例详细说明多级负反馈放大电路的分析和设计。

例如，设计一个阻容耦合的电压串联负反馈二级放大电路，要求信号源频率为 10 kHz，峰值为 1 mV，负载电阻为 1 kΩ，电压增益大于 100。要求进行下列特性的分析：

①测试负反馈接入前后电路放大倍数，输入、输出电阻和频率特性。

②改变输入信号的幅度，观察负反馈对电路非线性失真的影响。

5. 详细设计和分析方法

设计所用电路图如图 8-18 所示。第一级和第二级采用阻容耦合方式，当开关合上后，级间引入电压串联负反馈。通过反馈通路中的开关闭合，可以分析负反馈对放大电路性能的影响。

(1)负反馈接入前电路的放大倍数、输入电阻、输出电阻

求电路的放大倍数所用的电路和图 8-2 一样，示波器输出的波形如图 8-19 所示。

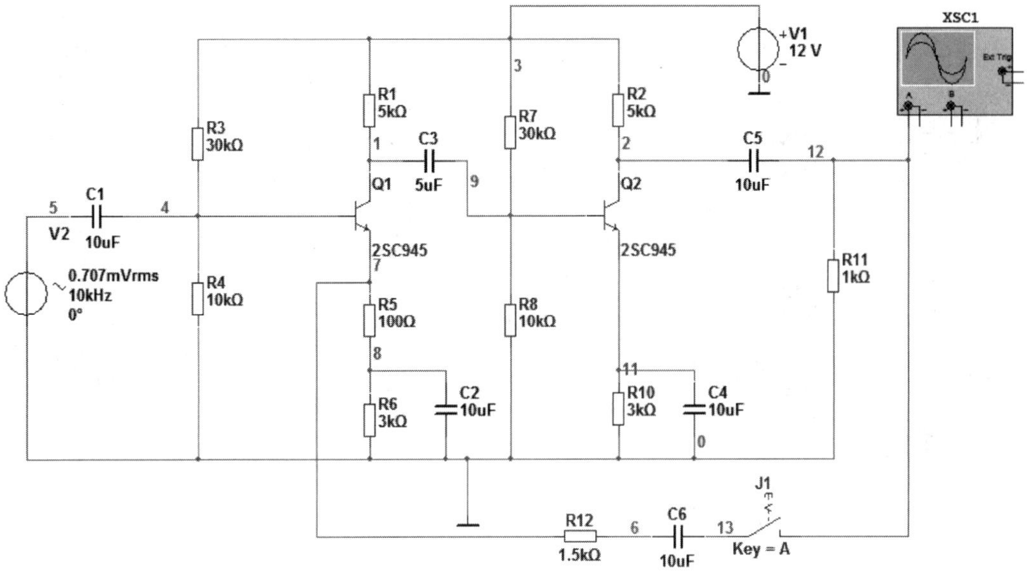

图 8-18　多级放大电路原理图

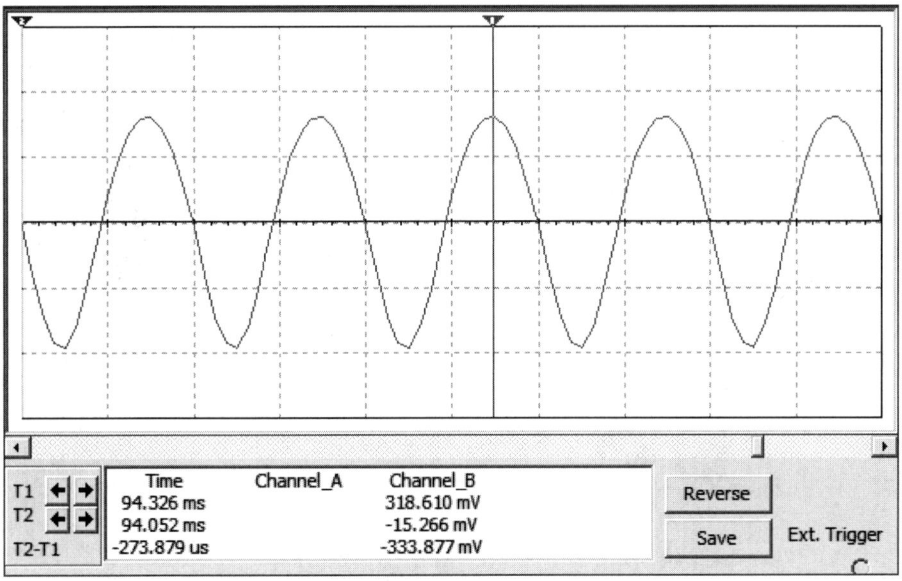

图 8-19　多级放大电路(无负反馈)输出波形

经过计算可知放大倍数 $A_u=\dfrac{u_o}{u_i}=\dfrac{318.61/\sqrt{2}\,\text{mV}}{0.707\ \text{mV}}=319$;符合未接入负反馈时电压增益大于 100 的要求。

求输入电阻所用的电路如图 8-20 所示,用虚拟万用表分别测出输入端口的电压和电流。

经过计算可知 $R_i=\dfrac{u_i}{i_i}=\dfrac{0.707\ \text{mV}}{0.119\ \mu\text{A}}=5.94\ \text{k}\Omega$。

求输出电阻所用的电路如图 8-21 所示。用虚拟万用表分别测出输出端口的电压和电流。

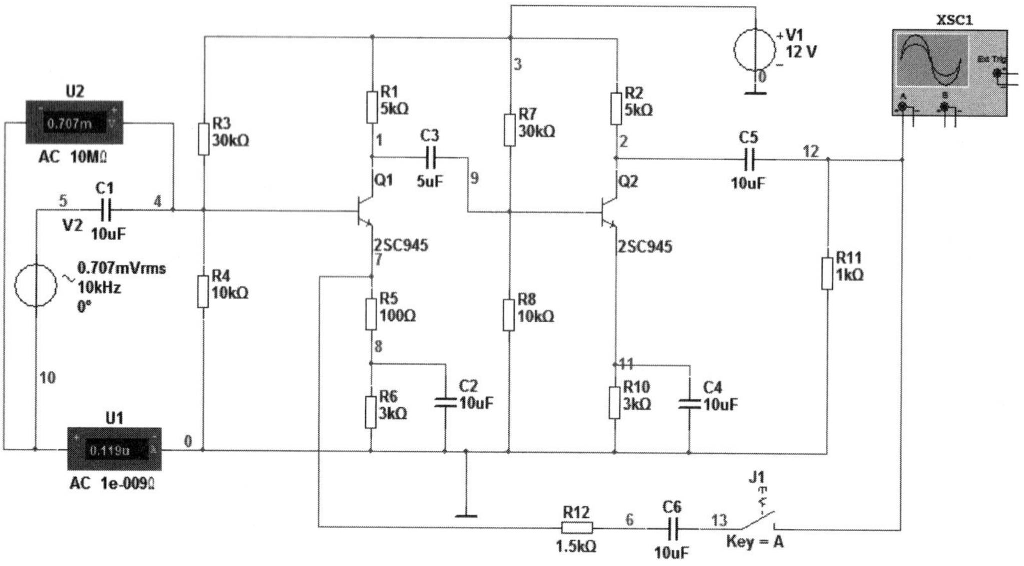

图 8-20 测量多级放大电路(无负反馈)输入电阻

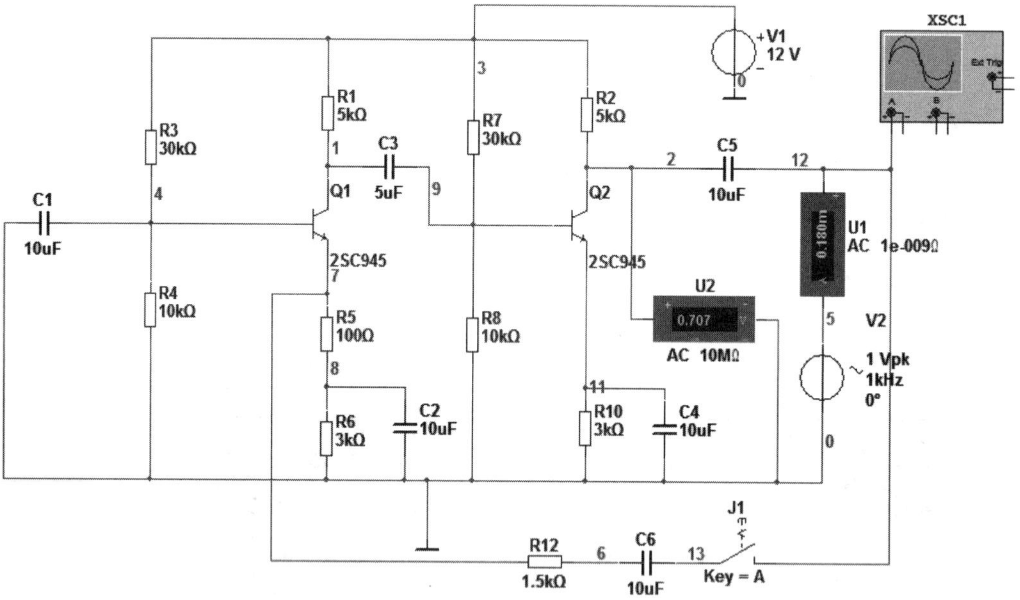

图 8-21 测量多级放大电路(无负反馈)输出电阻

经过计算可知 $R_o = \dfrac{u_o}{i_o} = \dfrac{0.707\ \text{V}}{0.180\ \text{mA}} = 3.93\ \text{k}\Omega$。

(2)负反馈接入后电路的放大倍数、输入电阻、输出电阻

求电路的放大倍数所用的电路和图 8-2 一样,示波器输出的波形如图 8-22 所示。

计算可知 $A_F = \dfrac{u_o}{u_i} = \dfrac{14.845\ \text{mV}}{\sqrt{2} \times 0.707\ \text{mV}} = 14.8$。

求输入电阻所用电路的原理图如图 8-23 所示。

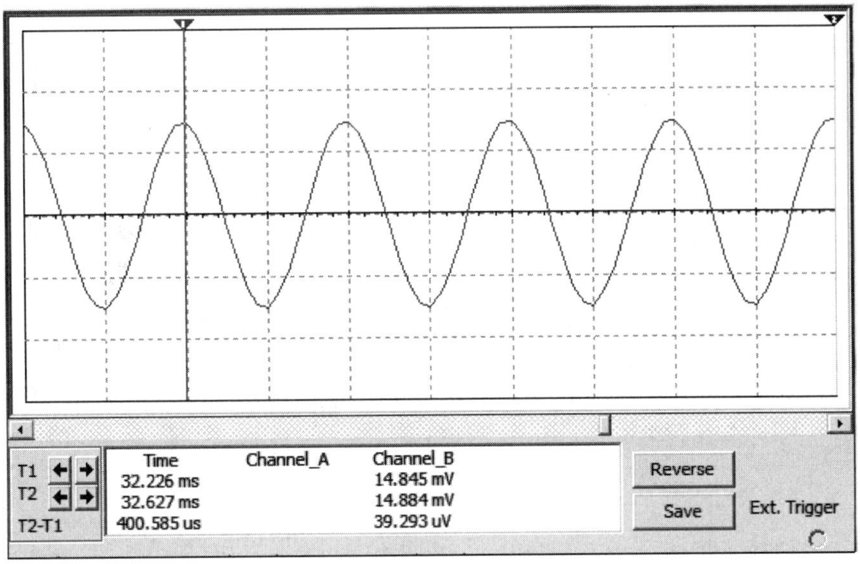

图 8-22　多级放大电路(有负反馈)输出波形

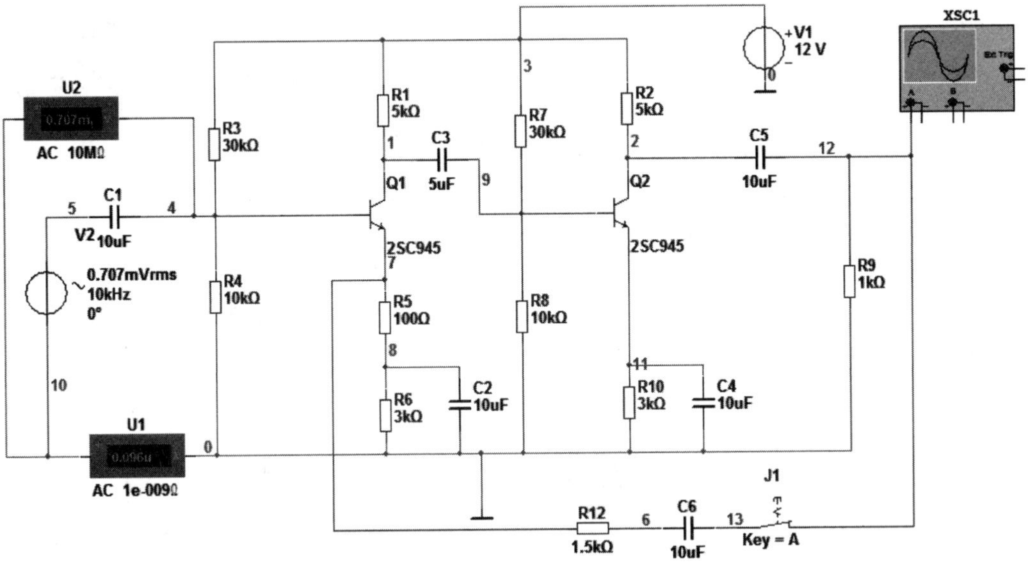

图 8-23　测量多级放大电路(有负反馈)输入电阻

经过计算可知 $R_{if}=\frac{u_o}{i_i}=\frac{0.707\ \text{mV}}{0.096\ \mu\text{A}}=7.36\ \text{k}\Omega$。

求输出电阻所用电路的原理图如图 8-24 所示。

经过计算可知 $R_{of}=\frac{u_o}{i_o}=\frac{0.706\ \text{V}}{3.008\ \text{mA}}=235\ \Omega$。

求反馈系数 F 所用的电路图如图 8-25 所示。

经过计算可知 $F=\frac{u_f}{u_o}=\frac{0.694\ \text{mV}}{0.011\ \text{V}}=0.063$。对比可发现 $\frac{1}{F}=15.8\approx A_{uF}$。

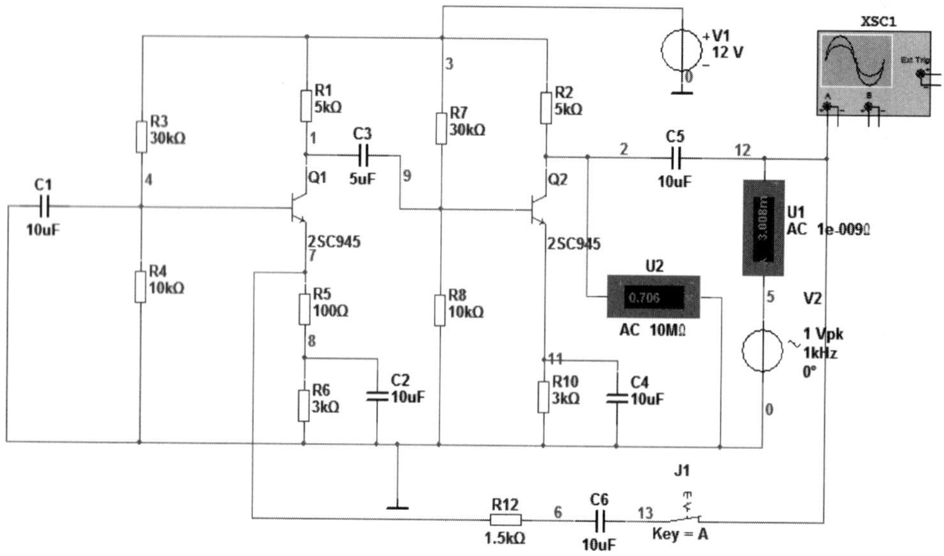

图 8-24 测量多级放大电路(有负反馈)输出电阻

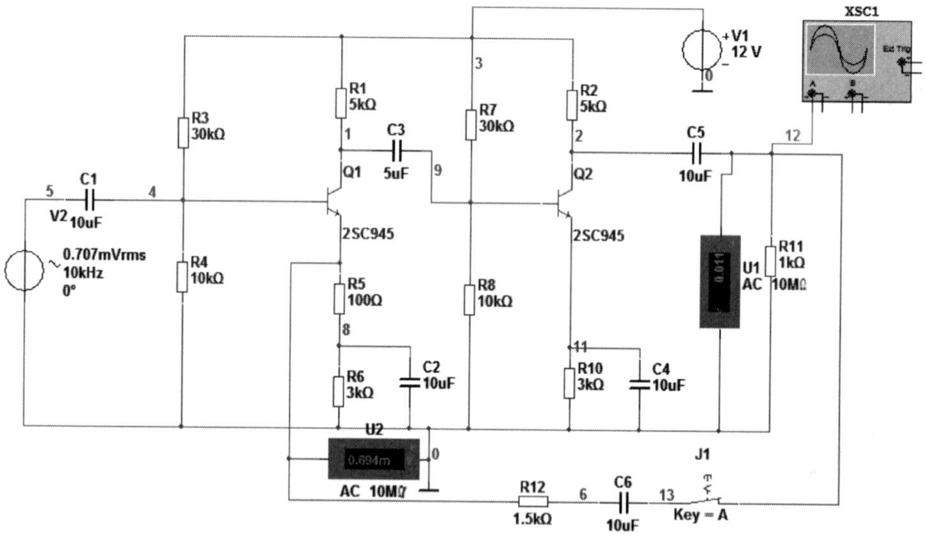

图 8-25 测量多级放大电路反馈系数所用的电路图

(3)负反馈接入前电路的频率特性和f_L、f_H,以及输出开始失真时输入信号幅度

将电路中的开关打开,则此时电路为未引入电压串联负反馈的情况,对电路进行频率仿真,得到如图 8-26 所示电路频率特性图。

根据上限频率和下限频率的定义,当放大倍数下降到中频的 0.707 倍对应的频率时,即将读数指针移到幅度为中频的0.707 倍处,如图 8-26 所示,读出指针的示数,即下限频率f_L =761.681 5 Hz,上限频率f_H =348.234 6 kHz, 因此通频带为($348.234\ 6\times10^3-761.681\ 5$) Hz。

调节信号源的幅度,当信号源幅度为 1 mV 时,输出波形不失真,如图 8-27 所示。

继续调节信号源的幅度,当信号源幅度为 2 mV 时,输出波形出现了较为明显的失真,如图 8-28所示。

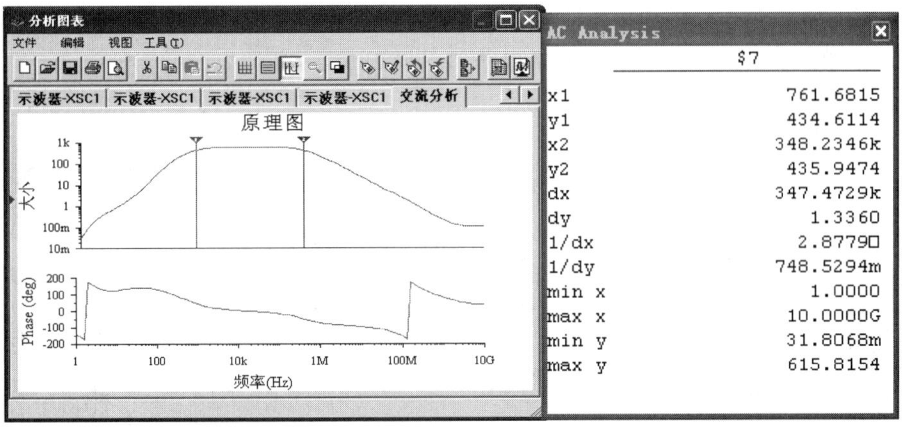

图 8-26　未引入负反馈的频率特性曲线和通频带读数

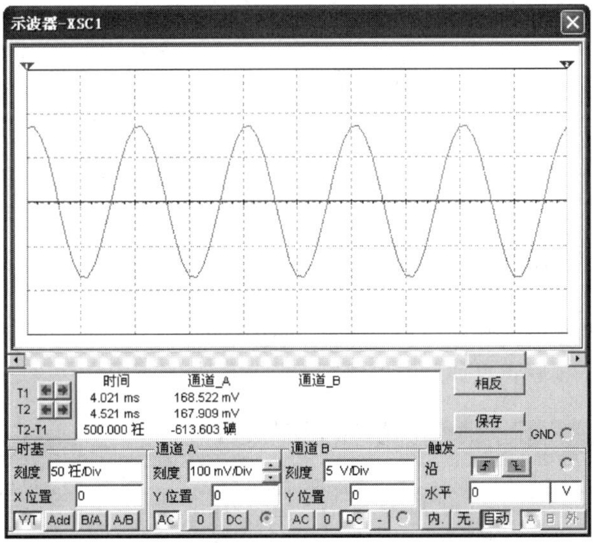

图 8-27　信号源幅度为 1 mV 时的不失真输出波形

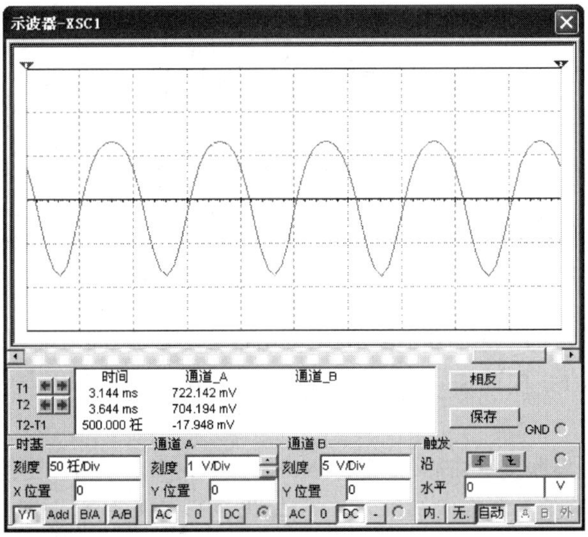

图 8-28　信号源幅度为 2 mV 时出现截止失真的输出波形

(4)负反馈接入后电路的频率特性和 f_L、f_H，以及输出开始失真时输入信号幅度

分析电路的频率响应特性曲线所用的电路如图 8-29 所示。

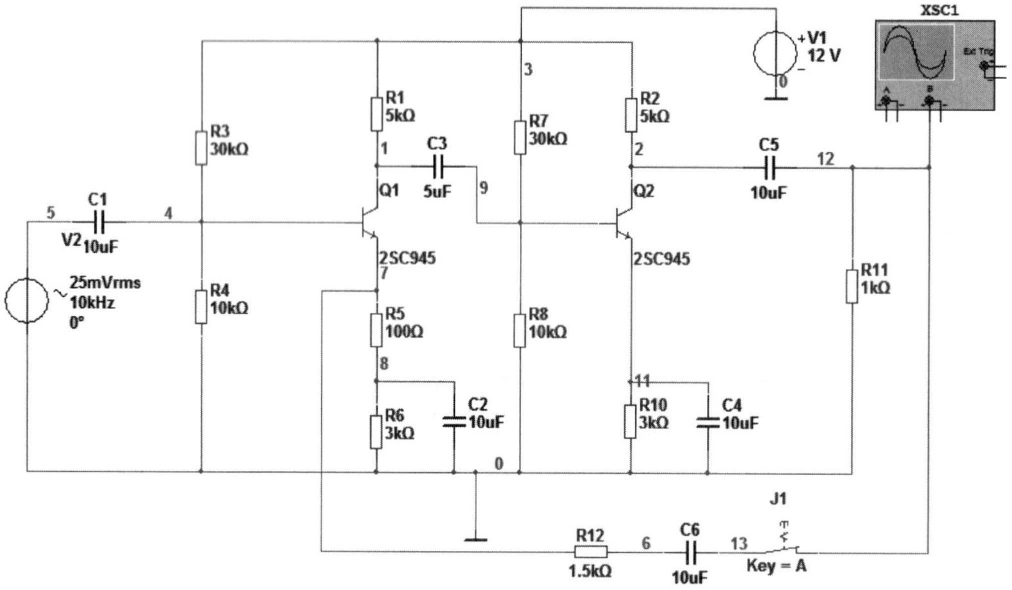

图 8-29　分析电路的频率响应特性曲线所用的电路

将电路中的开关 J1 闭合，则此时电路引入电压串联负反馈，对电路进行频率仿真，得到如图 8-30所示的引入电压串联负反馈后的电路频率特性图。

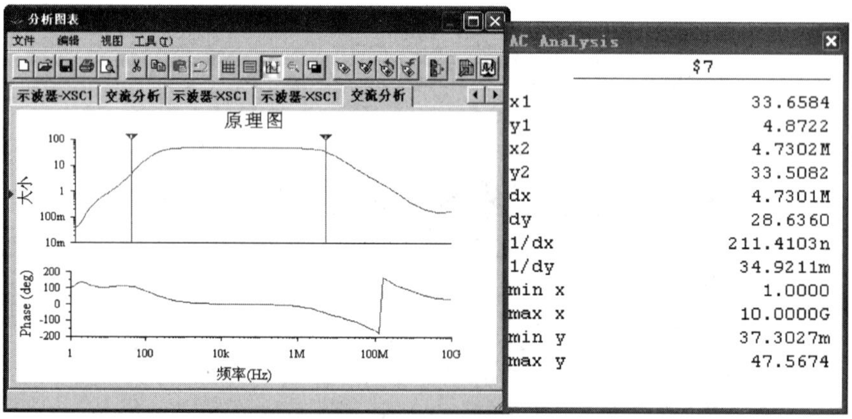

图 8-30　引入负反馈后的频率特性和通频带读数

将读数指针移到幅度为中频的 0.707 倍处，读出指针的示数，即下限频率 $f_L = 33.658\ 4$ Hz，上限频率 $f_H = 4.730\ 2$ MHz，因此通频带为 $4.730\ 2\times10^6 \sim 33.658\ 4$ Hz，明显比未引入负反馈前放宽。

再来观察引入电压串联负反馈后，整个电路的最大不失真电压值。当信号源幅度为 1 mV 时，可以被不失真放大，调节信号源幅度至 24 mV 时，输出波形仍未失真，如图 8-31 所示。

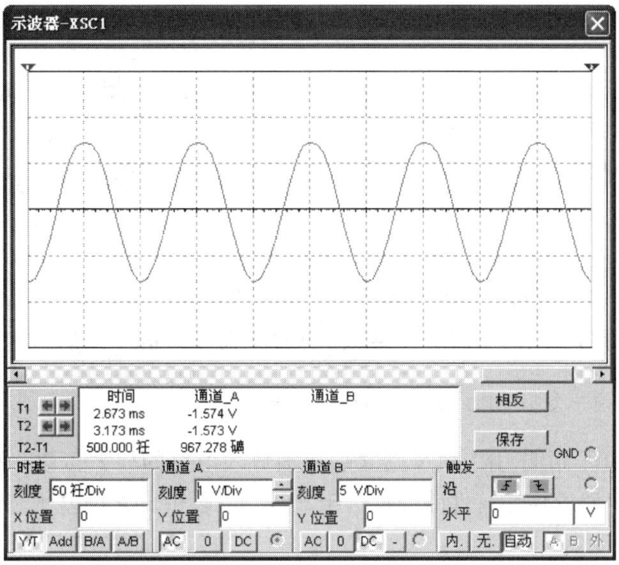

图 8-31　信号源幅度为 24 mV 时的临界不失真输出波形

继续增大至 25 mV 时，输出波形开始出现了饱和失真，如图 8-32 所示。

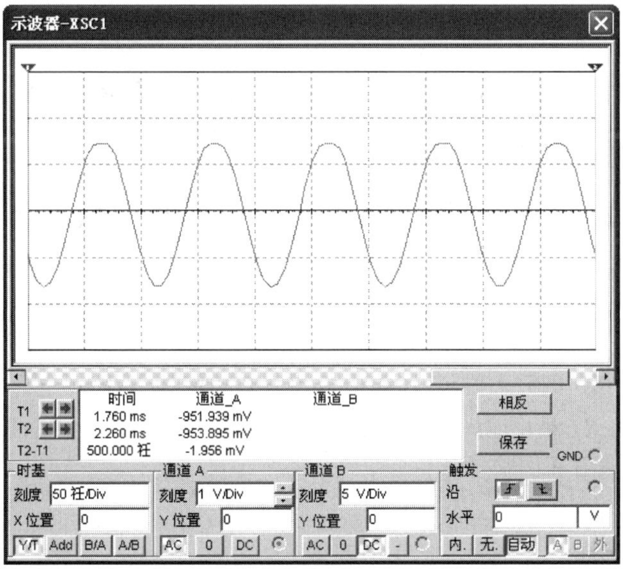

图 8-32　信号源幅度为 25 mV 时饱和失真的输出波形

可见，加入负反馈后，电路的动态范围增大，即电路可不失真放大的最大信号幅度增大。

(5) 设计结果分析

经过对上述这些实验测量数据进行分析可知，引入电压串联负反馈后，电路的输入电阻变大，输出电阻变小，f_L 变小，f_H 变大，带宽变宽但是电路的增益变小，电路开始出现失真时的信号有效值变大。对于本实验引入了深度负反馈，经过验证可知 $A_F \approx 1/F$。

(6) 实验小结

放大电路引入电压串联负反馈后，放大的性能得到多方面的改善，具体说来有以下几个方面：

①稳定放大电路的放大倍数。当引入深度负反馈时，即 $|1+AF|\gg 1$ 时，$A_{uF}\approx\frac{1}{F}$，这时电路的放大倍数基本取决于反馈网络而与基本的放大倍数无关，从而使电路的放大倍数稳定，但是这种增加稳定性是以损害放大倍数为代价的。

②改变输入电阻和输出电阻。对于输入电阻，串联反馈增大输入电阻；对于输出电阻，电压反馈减小输出电阻。

③展宽频带。引入负反馈之后，由于放大电路的波特图出现拐点，可以证明引入负反馈后电路的上限频率 $f_{HF}=f_H(1+A_M f)$，式中 f_{HF} 为负反馈引入电路的上限频率，A_M 为反馈引入之前的中频电压增益，由此可以看出电路的上限频率变大，增加的程度与负反馈的深度有关，同理可知 $f_{LF}=\frac{f_L}{1+A_M f}$，电路的下限频率变低，电路的带宽增大。

④减小非线性失真。由于引入负反馈之后反馈放大电路的放大倍数几乎与基本放大电路的放大倍数无关，这时电路的传输特性曲线接近于直线，使 u_o 和 u_i 之间基本呈现线性亦即减小了非线性失真。

8.3 集成运算放大器应用电路的设计

集成运放的电路构成和电压传输特性等内容已在第 3 章中介绍过。此处不再赘述。

8.3.1 反相比例运算电路的设计

反相比例运算电路属于电压并联负反馈放大电路，是应用最广泛的一种基本电路。反相比例运算电路的设计，就是根据给定的性能指标，计算并确定集成运放的各项参数以及外部电路的元件参数。

设计要求：

设计一个基本反相比例放大器，其性能指标和已知条件如下：闭环电压放大倍数 A_{uf}，闭环带宽 BW_f，闭环输入电阻 R_{if}，最小输入信号电压 U_{imin}，最大输出电压 U_{omax}，负载电阻 R_L，工作温度范围。电路可参考前文图 3-3。

设计方法：

(1)集成运放的选择

选用集成运放时，应先查阅有关产品手册，了解下列主要参数：开环电压放大倍数 A_{ud}，开环带宽 BW，输入失调电压 U_{io} 及输入失调电压温漂 $\frac{\partial U_{io}}{\partial T}$，输入失调电流 I_{io} 及输入失调电流温漂 $\frac{\partial U_{io}}{\partial T}$，输入偏置电流 I_{iB}，差模输入电阻 R_i 和输出电阻 R_o 等，使之满足以下要求。

为了减小比例放大电路的闭环电压放大倍数的误差，提高放大电路的工作稳定性，应尽量选用失调温漂小、开环电压放大倍数大、输入电阻高和输出电阻低的集成运算放大器，当给出闭环电压放大倍数相对误差 $\frac{\Delta A_{uf}}{A_{uf}}$ 的要求时，则集成运算放大器的开环电压放大倍数 A_{ud} 必须满足下列关系：

$$\frac{\Delta A_{uf}}{A_{uf}} > \frac{1}{1 + A_{ud}F}$$

$$A_{ud} > \frac{1 - \frac{\Delta A_{uf}}{A_{uf}}}{\frac{\Delta A_{uf}}{A_{uf}}} \cdot \frac{1}{F} = \frac{1 - \frac{\Delta A_{uf}}{A_{uf}}}{\frac{\Delta A_{uf}}{A_{uf}}} A_{uf}$$

此外，为了减小放大电路的动态误差（主要是频率失真和相位失真），集成运放的放大器的带宽积 $G \cdot B$ 和转换速率 SR 还必须满足下列关系：

$$G \cdot B > |A_{uf}| \cdot BW_{f}$$

$$SR > 2\pi f_{max} U_{omax}$$

式中：f_{max}——输入信号的最高工作频率。

(2)计算最佳反馈电阻

可按下式计算

$$R_{f} = \sqrt{\frac{R_{i}R_{o}(1 - A_{uf})}{2}}$$

由于 R_f 也是集成运放的一个负载，为了保证放大电路工作时，不超过其允许的最大输出电流 I_{omax}，R_f 值的选择还必须满足

$$R_{f} /\!/ R_{L} > \frac{U_{omax}}{I_{omax}}$$

如果最佳反馈电阻较小，不满足这个要求时，就应另选一个最大输出电流 I_{omax} 较大的集成运放，或者牺牲闭环放大倍数精度，选用比最佳反馈电阻大的 R_f 值。

(3)计算输入端电阻 R_1

$$R_{1} = \frac{R_{f}}{|A_{uf}|}$$

计算结果必须满足闭环输入电阻的要求，即 $R_1 \geqslant R_{if}$。否则应改变 R_f，甚至另选差模输入电阻高的集成运放。

(4)计算平衡电阻 R_2

$$R_{2} = R_{1} /\!/ R_{f}$$

(5)计算输入失调温漂

$$\Delta U_{i} = \left[\left(1 + \frac{R_{f}}{R_{1}}\right)\frac{U_{io}}{T} + 0.01 I_{io} R_{1}\right]\Delta T$$

计算结果必须比最小输入信号 U_{imin} 小得多，即 $\Delta U_{i} \ll U_{imin}$，否则应重选 U_{io}、I_{io} 及其温漂较小的集成运放。

调试方法：

①消除自激振荡。为了消除集成运放应用时的自激振荡，必须采用适当的相位补偿措施，其补偿电路及元件参数，除与所用集成运放有关外，还与应用时的闭环电压放大倍数大小有关，因此在进行相位补偿时，应根据所设计电路的实际闭环电压放大倍数，从集成运放的使用手册中，查出相应的补偿电路及其元件参数。

当比例放大器接上相位补偿电路后，即可接通电源。在放大器输入端接地的情况下，用示波器观察输出端是否有振荡波形，如有振荡波形，则应适当调整补偿电容，直至完全消除自激振荡为止。

②将输入端接地,接通电源,用直流电压表测输出电压,细心调节集成运放的调零电位器,使输出电位为零。这样做,可以在调试时的环境温度下消除因输入失调参量所引起的静态输出误差电压。

8.3.2 同相比例运算电路的设计

同相比例运算电路是一个电压串联负反馈放大电路,它具有高输入电阻,输出电压与输入电压同相等特点,是应用较广泛的基本电路组态之一,电路可参考前文图 3-4。

设计要求:

设计一个同相比例运算电路,其性能指标和已知条件如下:闭环电压放大倍数 A_{uf},闭环带宽 BW_f,闭环输入电阻 R_{if},最大输出电压 U_{omax},最小输入信号电压 U_{imin},负载电阻 R_L,工作温度范围。

设计方法:

(1)集成运放的选择

在设计同相比例运算电路时,对集成运放的选择原则除考虑反相比例运算电路设计中提出的各项要求外,还应特别注意此时存在共模输入信号的问题,除要求集成运放的共模输入电压范围必须大于实际的共模输入信号幅值外,还要求有很高的共模抑制比。例如,当要求共模误差电压小于 ΔU_{oc}时,则集成运放的共模抑制比 K_{CMR}必须为 $K_{CMR} > \frac{U_{ic}}{\Delta U_{oc}}A_{uf}$。式中,$U_{ic}$为集成运放输入端的实际共模输入信号。

(2)反馈网络元件的参数计算

最佳反馈电阻 R_f为

$$R_f = \sqrt{\frac{R_i R_o A_{uf}}{2}}$$

R_1为

$$R_1 = \frac{R_u}{A_{uf} - 1}$$

由于反馈网络也是集成运放的一个负载,为了保证电路工作时,不超过集成运放的最大输出电流 I_{oM},反馈网络的元件参数还应满足下面关系:

$$R_L /\!/ (R_f + R_1) > \frac{U_{omax}}{I_{omax}}$$

(3)计算平衡电阻 R_2

$$R_2 = R_1 /\!/ R_f$$

(4)计算输入失调温漂

$$\begin{cases} \Delta U_i = \left(\frac{\partial U_{io}}{\partial T} + R_2 \frac{\partial I_{io}}{\partial T}\right)\Delta T \\ \Delta U_i \approx \left(\frac{U_{io}}{T} + 0.01 R_2 I_{io}\right)\Delta T \end{cases} \quad \text{(适用于双极型集成运放)}$$

计算同相比例运算电路的输入失调温漂 ΔU_i,要求 $\Delta U_i \ll \Delta U_{imin}$。例如,当要求漂移误差小于百分之一时,则 $\Delta U_i \geqslant \frac{U_{imin}}{100}$。否则无法满足精度要求。

同相比例运算电路的调试方法请参阅反相比例运算电路的调试方法。

8.3.3　多级交流集成运放的设计

当需要放大低频范围内的交流信号时,可以利用集成运放构成具有深度负反馈的交流放大器。由于交流放大器可以采用电容耦合方式,所以集成运放失调参量及其漂移的影响就不必考虑,这样用集成运放组成的交流放大器便具有组装简单、调整方便和稳定性高等优点。

下面以设计两级交流集成运放举例说明详细的设计方法。例如,要求设计一个两级交流放大器,其性能指标和已知条件如下:中频电压放大倍数为 1 000,输入电阻力 20 kΩ,通频带 20 ~ 50 Hz,最大不失真输出电压为 5 V,负载电阻为 20 kΩ。

设计方法:

(1)电路确定和电压放大倍数分配

本设计无特殊要求,电路组态的确定不受限制,此处由一同相交流放大器与一级反相交流放大器级联组成,并采用电容耦合方式,如图 8-33 所示。为了降低放大器的信噪比,第一级电压放大倍数不宜太大,对于高电压放大倍数的电路尤其要注意这一点。在本设计中,选用 $A_{uf1}=10$,$A_{uf2}=100$。

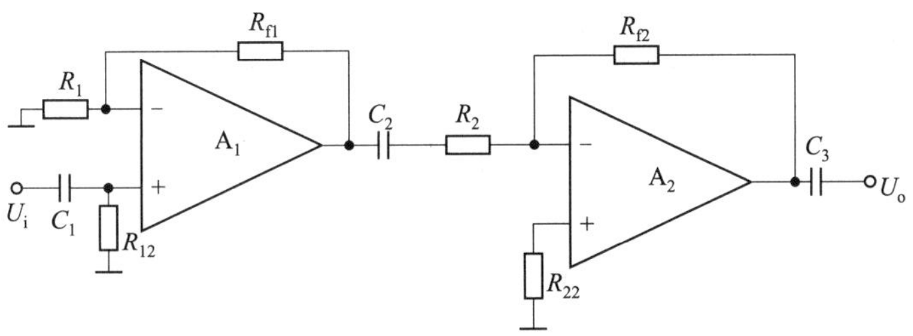

图 8-33　两级交流放大器

(2)集成运放的选择

在交流放大器的设计中,集成运放的选择应以满足交流放大器的上限频率 f_H 为主要依据,为此集成运放的放大倍数带宽积应满足下列关系:

$$GB \geqslant A_{uf} f_H$$

式中:GB——加相位补偿后集成运放的单位放大倍数(又称零分贝放大倍数)带宽;

A_{uf}——各交流放大器的闭环电压放大倍数。

在本设计中,可选 XFC77 通用型集成运算放大器。从手册查得,XFC77 的单位放大倍数带宽 $GB=6\ \text{MHz} > A_{uf}f_H = 100\times 50\ \text{kHz}$,满足要求。

(3)各级外电路元件参数的选择和计算

由于交流放大器采用电容耦合,集成运放失调参量的影响可以不考虑。因此,同相交流放大电路的平衡电阻 R_{12} 和反相交流放大电路的输入端电阻 R_{22},可尽量选得大一些,一般为 10 kΩ 以上。这样有利于提高各级放大电路的输入电阻,且使耦合电容取值较小。

对于第一级,R_{12} 既是静态平衡电阻,也是整个放大器的输入电阻。按此交流放大器输入电阻的要求,选 $R_{12}=20\ \text{k}\Omega$。

按 $A_{uf1}=1+\dfrac{R_{f1}}{R_1}$ 及 $R_{12}=R_1 /\!/ R_{f1}$ 和本级闭环电压放大倍数 $A_{uf1}=10$,即可求得 $R_1=22\ \text{k}\Omega$、$R_{f1}=200\ \text{k}\Omega$。

对于第二级,可选 $R_{22}=10\ \text{k}\Omega$,按本级闭环电压放大倍数 $A_{uf2}=100$,即可求得 $R_{f2}=1\ \text{M}\Omega$。则平衡电阻 $R_{22}\approx 10\ \text{k}\Omega$。

8.3.4 函数信号发生器的设计

函数信号发生器一般指能自动产生正弦波、方波、三角波的电压波形的电路或者仪器。电路形式可以由集成运放及分离元件构成；也可以采用单片集成函数发生器。根据用途不同，有产生一种或多种波形的函数信号发生器。函数信号发生器在电路实验和设备检测中具有十分广泛的用途。本节采用集成运放设计一个能产生正弦波、方波、三角波的简易函数信号发生器。

产生正弦波、方波、三角波的方案有多种，如首先产生正弦波，然后通过整形电路将正弦波变换成方波，再由积分电路将方波变成三角波；也可以首先产生方波-三角波，再将三角波变成正弦波或将方波变成正弦波等。这里采用先产生方波-三角波，再将三角波变换成正弦波的设计方法。

由比较器和积分器组成方波-三角波产生电路。比较器输出的方波经积分器得到三角波，三角波到正弦波的变换电路主要由差分放大器来完成。差分放大器具有工作点稳定，输入阻抗高，抗干扰能力较强等优点。特别是作为直流放大器时，可以有效地抑制零点漂移，因此可将频率很低的三角波变换成正弦波。波形变换的原理是利用差分放大器传输特性曲线的非线性。

用集成运放构成的正弦波振荡电路，有 *RC* 桥式振荡电路、正交式正弦波振荡电路、*RC* 移相式振荡电路和 *RC* 双 T 振荡电路等多种形式。最常用的 *RC* 桥式振荡电路又称 *RC* 串并联正弦波振荡电路，它适用于低频（即 $f_o<1$ MHz）且频率便于调节。下面以 *RC* 桥式振荡电路为例，介绍其设计方法和调节步骤。

（1）电路的组成和振荡条件

正弦波振荡电路由 *RC* 串并联选频网络和同相放大器组成，电路如图 8-34 所示。电路的振荡频率 f_o 为

$$f_o=\frac{1}{2\pi RC}$$

起振的幅值条件为

$$\frac{R_f}{R_1}\geqslant 2$$

（2）电路的设计方法

一般说来，振荡电路的设计，就是要选择电路的结构形式，计算和确定电路元件参数，使其在所要求的频率范围内满足产生振荡的条件，从而达到使电路产生所要求的振荡波形。所以振荡条件是设计振荡电路的主要依据。

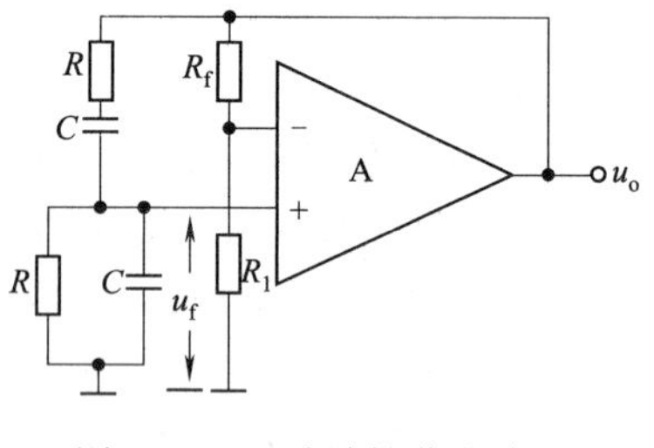

图 8-34 正弦波振荡电路

例如，设计的函数信号发生器指标要求如下：

①在给定的 ±12 V 直流电源电压条件下，使用运算放大器设计一个函数信号发生器。

②信号频率为 1 ~ 10 kHz。

③输出电压：方波为 $V_{p-p}\leqslant 24$ V；

三角波为 $V_{p-p}\leqslant 8$ V；

正弦波为 $V_{p-p}>1$ V。

设计方案论证过程

（1）信号产生电路

信号产生电路框图如图 8-35 所示。由积分器和比较器同时产生三角波和方波。利用电压比

较器与积分电路形成正反馈网络，从比较器输出端输出方波，从积分电路输出端输出三角波，并通过积分参数的 *RC* 值来达到频率的控制，接着再将三角波进行低通滤波滤除其高次谐波，第一级低通滤波滤掉三次到五次谐波，第二级低通滤波滤掉七次谐波，从而产生正弦波。然后级联一放大电路从而达到幅值的控制。

该电路的优点是十分明显的：

①线性良好、稳定性好；

②频率易调，在几个数量级的频带范围内，可以方便地连续改变频率，而且频率改变时，幅度恒定不变；

③不存在过渡过程，接通电源后会立即产生稳定的波形；

④三角波和方波在半周期内是时间的线性函数，易于变换其他波形。

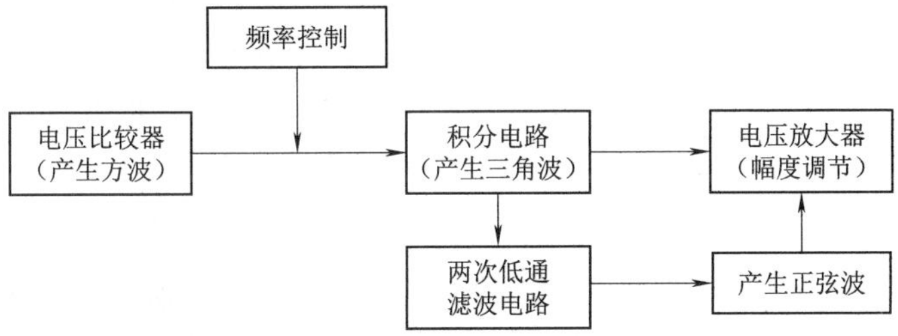

图 8-35　信号产生电路框图

下面分析讨论对生成的方波变换为三角波和正弦波的方法。

(2)各组成部分的工作原理

①正弦波发生器的工作原理，如图 8-36 所示。输出正弦波如图 8-37 所示。

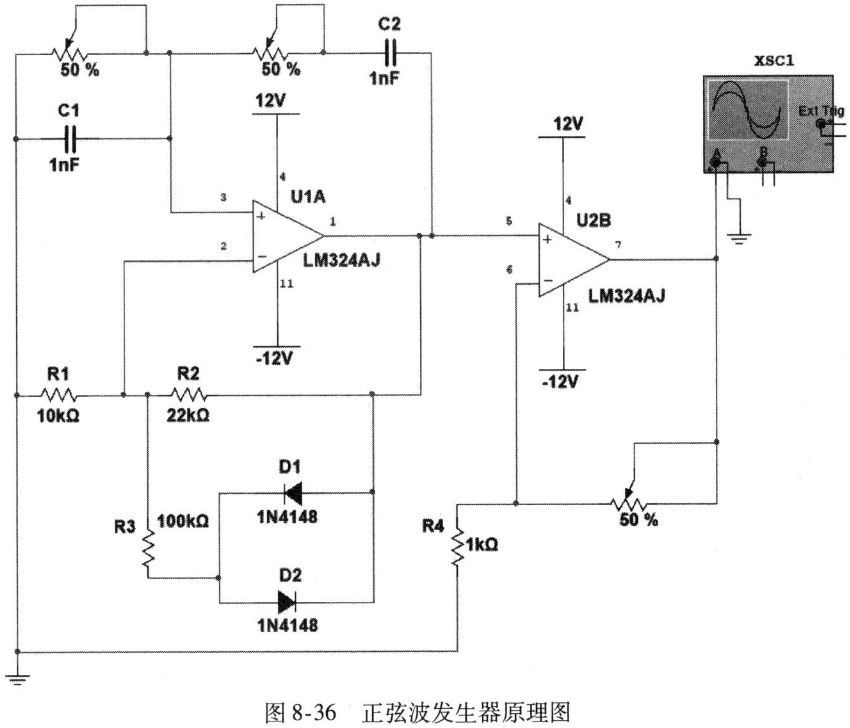

图 8-36　正弦波发生器原理图

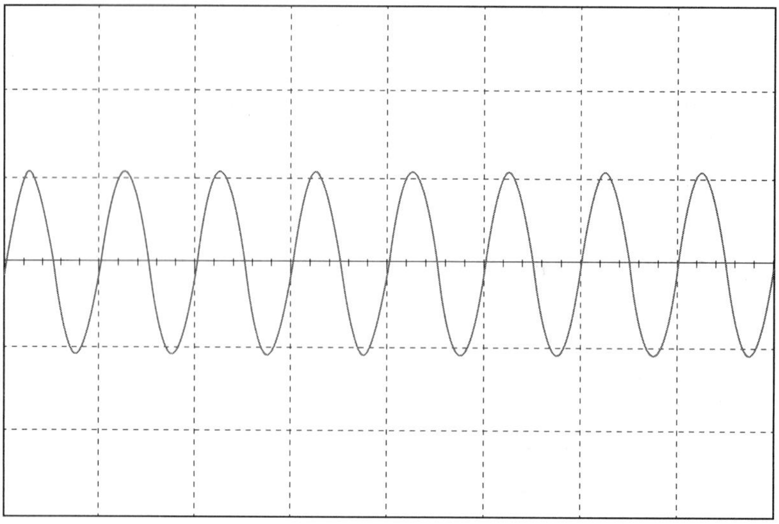

图 8-37　正弦波发生器输出正弦波

该电路由运算放大器与反馈网络、选频网络、稳幅环节组成。运算放大器施加负反馈就为放大电路的工作方式，施加正反馈就为振荡电路的工作方式。图 8-36 所示电路既应用了经由 R_3 和 R_4 的负反馈，也应用了经由串并联 RC 网络的正反馈。电路特性取决于是正反馈还是负反馈占优势。

a. 选频网络的选频特性。当 $\omega = \omega_0 = \frac{1}{RC}$ 时（在实际应用中，为了选择和调节参数方便，取 $C_1 = C_2 = C, R_1 = R_8 = R$），输出电压的幅值最大，并且输出电压是输入电压的 1/3，同时输出电压与输入电压同相位。

b. 振荡的建立与稳定。所谓建立振荡，就是要电路自激，从而产生持续的振荡，由直流电变为交流电。对于 RC 振荡电路来说，直流电压就是能源。由于电路中存在噪声，它的频谱分布很广，其中包括有 $\omega = \omega_0 = \frac{1}{RC}$ 这样的频率成分。这种微弱的信号经放大，通过正反馈的选频网络，使输出幅值越来越大，最后通过稳幅电路达到稳定。开始时，二极管未导通，$A_u = 1 + R_2/R_1$ 略大于 3，当二极管导通后，并联网络使反馈电阻减小，从而达到稳定平衡状态时 $A_u = 3, F_u = 1/3$。

c. 器件选择。包括集成运算放大器（LM324AJ）、二极管（BREAK）、示波器（XSC3）、固定电容（1nF）及各种型号电阻。

d. 参数计算：

· 和频率有关参数的设计。

根据稳定振荡条件：$f_0 = \frac{1}{2\pi RC}$，在选频网络中，选择 $C = 1$ nF，根据频率的变化范围 100 ~ 1 000 Hz计算可调电阻值如下：

$$f_{100} = \frac{1}{2\pi C R_{max}} = 100\ \text{Hz}$$

$$R_{max} = \frac{1}{2\pi \times 100 \times 1 \times 10^{9}}\ \Omega = 1.59\ \text{M}\Omega$$

同理

$$f_{1\,000}=\frac{1}{2\pi CR_{\min}}=10\ \text{kHz}$$

$$R_{\min}=\frac{1}{2\pi\times10\times1\,000\times10^{9}}\Omega=15.9\ \text{k}\Omega$$

所以选择滑动变阻器的范围在 15.9 kΩ ~ 1.59 MΩ 之间变化，与 1nF 电容并联，而且保持两个滑动变阻器同时变化。

· 负反馈回路参数设计。

根据振荡条件：

$$\frac{R_2}{R_1}=2$$

由于实际运算放大器的特性并不理想，开环增益有限，故要适当削弱负反馈，才能真正满足振荡的幅值条件便于起振。因此，实际选用的 R_2 的阻值应比理论计算值略大一些，或者使 R_1 的理论计算值略小一些，这里取 $R_1=10\ \text{k}\Omega$。根据标准电阻选择 $R_2=22\ \text{k}\Omega$。

稳幅电路的设计及参数计算：为了采取稳幅措施，加入二极管进行稳幅。这是一个自动振幅控制电路，当信号较小时，二极管截止，因此 R_5 电阻不起作用，从而 $R_2/R_1=2.2$，也就是此时振荡在积累，当振荡不断地增长，这两个二极管以交替半周导通的方式逐渐进入导通的状态，在二极管充分导通的限制下，R_2 的值会变为并联以后的电阻，使得比值减小，然而，在此极限到达之前，振幅会自动地稳定在二极管导通的某个中间电平上，这里正好满足 $R_2/R_1=2$。

②正弦波-方波转换电路的工作原理。正弦波转换为方波电路图如图 8-38 所示，工作波形如图 8-39 所示。电路采用了电压比较器，通过与反相输入端输入的参考电压比较，输出方波波形。调节参考电压可以改变方波占空比；方波幅值要达到 ±10 V 可调，则在比较器输出端串联滑动变阻器来调节方波幅值。

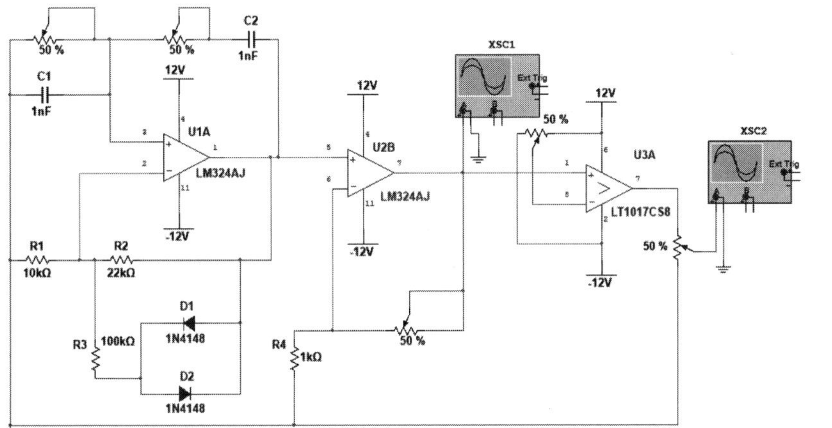

图 8-38 正弦波转换为方波电路图

③方波-三角波转换电路的工作原理。方波转换为三角波电路图如图 8-40 所示，工作波形如图 8-41 所示。采用积分电路，并通过正向放大器使其幅值可调。

(3) 总电路图

总电路图如图 8-42 所示。波形发生器电路由一块集成芯片 LM324 和外围电路组成，LM324 内部集成四个独立的高增益运算放大器，使用电源范围为 5 ~ 30 V。详细的分析前面已做过分析，这里不再叙述。

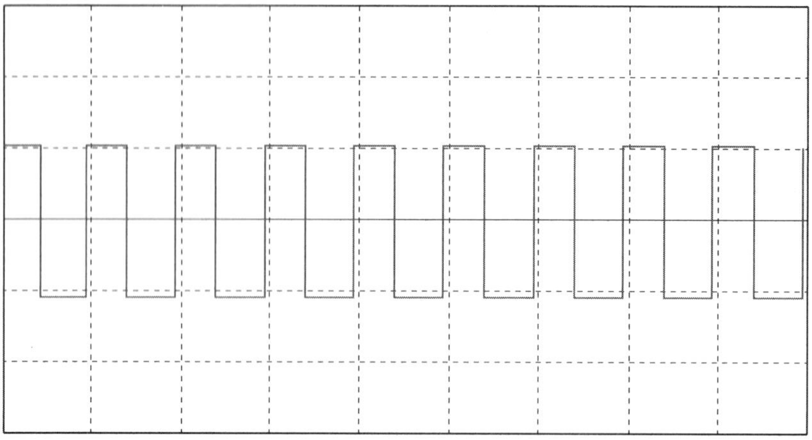

图 8-39　方波发生器工作波形

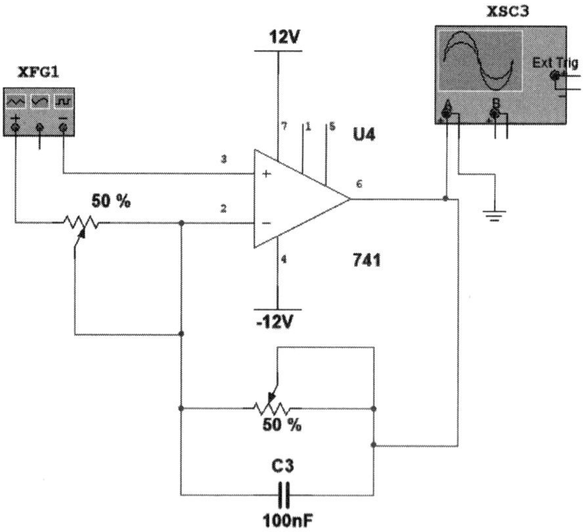

图 8-40　方波转换为三角波电路图

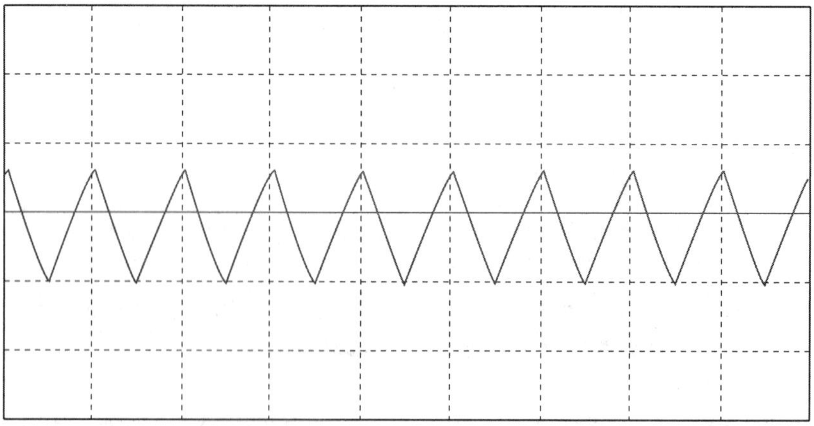

图 8-41　三角波发生器工作波形

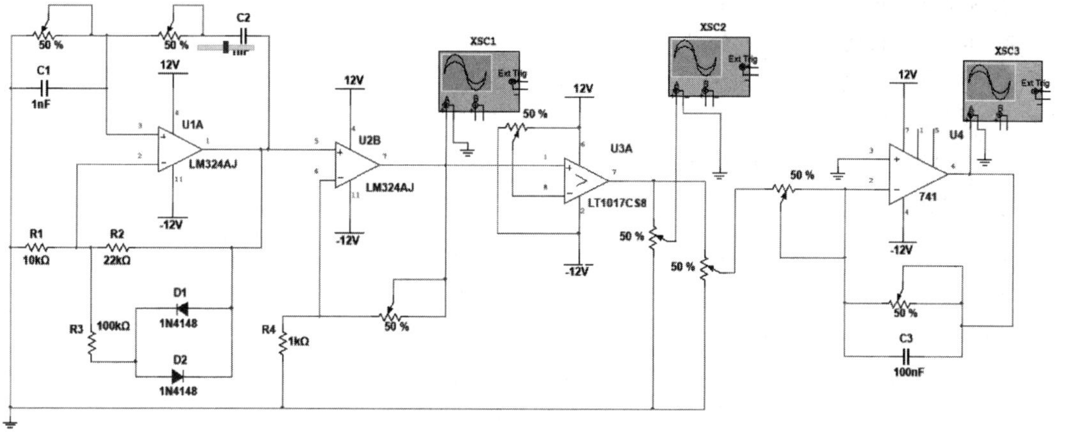

图 8-42　函数发生器总电路图

提示:在制成实物后,首先要调试电路。首先打开双路直流稳压电源,将双路直流稳压电源电压都调至 12 V,然后将一路电源作为 +12 V,另外一路电源作为 -12 V。将 +12 V 电源的负极连接至 -12 V 电源的正极,而将其负极作为 -12 V 的输出,然后关闭电源开关。将 ±12 V 的 3 根电源线连接至电路板,并将示波器连接至电路板的输出。检查无误后,打开直流稳压电源。

观察此时波形是否有失真,幅值是否符合要求,如果有失真或者幅值不满足技术指标,则调节元件参数。

8.4　差分放大电路的设计

直接耦合是多级放大电路中级间连接方式中最简单、应用最广泛的方式,即将后级的输入与前级输出直接连接在一起,这种直接连接的耦合方式称为直接耦合。另外,直接耦合放大电路既能对交流信号进行放大,也可以放大变化缓慢的信号;并且由于电路中没有大容量电容,所以易于将全部电路集成在一片硅片上,构成集成放大电路。

由于电子工业的飞速发展,使集成放大电路的性能越来越好,种类越来越多,价格也越来越便宜,所以直接耦合放大电路的使用越来越广泛。除此之外,很多物理量如压力、液面、流量、温度、长度等经过传感器处理后转变为微弱的、变化缓慢的非周期电信号。这类信号还不足以驱动负载,必须经过放大。因这类信号不能通过耦合电容逐级传递,所以,要放大这类信号,采用阻容耦合放大电路显然是不行的,必须采用直接耦合放大电路。但是各级之间采用了直接耦合的连接方式后却出现前后级之间静态工作点相互影响及零点漂移的问题。零点漂移是直接耦合放大电路存在的一个特殊问题。所谓零点漂移指的是放大电路在输入端短路(即没有输入信号输入时)用灵敏的直流表测量输出端,也会有变化缓慢的输出电压产生,称为零点漂移现象。零点漂移的信号会在各级放大电路间传递,经过多级放大后,在输出端成为较大的信号。如果有效信号电压较弱,存在零点漂移现象的直接耦合放大电路中,漂移电压和有效信号电压混杂在一起被逐级放大。当漂移电压大小可以和有效信号电压相比时,很难在输出端分辨出有效信号的电压;在漂移现象严重的情况下,往往会使有效信号“淹没”,使放大电路不能正常工作。因此,必须找出产生零点漂移的原因和抑制零点漂移的方法。

抑制零点漂移的方法具体有以下几种：

①选用高质量的硅管。硅管的 I_{CBO} 要比锗管小好几个数量级，因此目前高质量的直流放大电路几乎都采用硅管。

②在电路中引入直流负反馈，稳定静态工作点。

③采用温度补偿的方法，利用热敏元件来抵消放大管的变化。补偿是指用另外一个元器件的漂移来抵消放大电路的漂移。如果参数配合得当，就能把漂移抑制在较低的限度之内。在分立元件组成的电路中常用二极管补偿方式来稳定静态工作点。此方法简单实用，但效果不尽理想，适用于对温漂要求不高的电路。

④采用调制手段。调制是指将直流变化量转换为其他形式的变化量（如正弦波幅度的变化），并通过漂移很小的阻容耦合电路放大，再设法将放大了的信号还原为直流成分的变化。这种方法的电路结构复杂、成本高、频率特性差。

⑤受温度补偿法的启发，人们利用两只型号和特性都相同的三极管来进行补偿，得到了较好的抑制零点漂移的效果，这就是差分放大电路。在集成电路内部应用最广的单元电路就是基于参数补偿原理构成的差分放大电路。在直接耦合放大电路中，抑制零点漂移最有效的方法是采用差分放大电路。

8.4.1 差分放大电路的结构

差分放大器既能实现信号的放大作用，又能抑制直接耦合电路中的零点漂移现象。由两个互为发射极耦合的共射极放大电路组成，电路参数完全对称。它有两个输入端、两个输出端。当输出信号从任一集电极取出，称为单端输出；当输出信号从两个集电极之间取出，称为双端输出或浮动输出。图 8-43 所示为双端输入单端输出的差分放大电路。

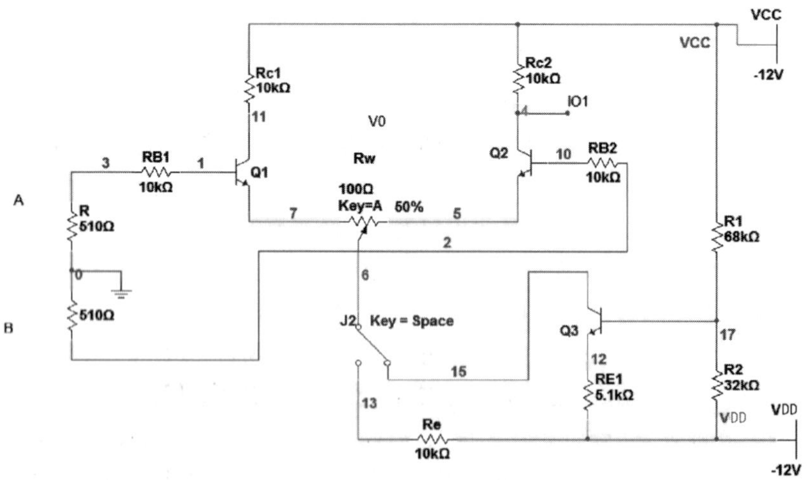

图 8-43 双端输入单端输出的差分放大电路

其输入端为两个型号完全对称的三极管，其静态工作点由直流电压源提供。电阻 R_{c1}、R_{c2}、R_{b1}、R_{b2} 为限流电阻，防止基极、集电极因电流过大而烧坏三极管，提供合适的静态工作点。信号由三极管基极输入，由集电极输出。滑动变阻器 R_w 为调零电阻。滑动变阻器与电阻 R_e 为公共的发射极电阻,对共模输入信号有较强的负反馈作用。由于发射极电阻接负电源,拖一个尾巴,又称长尾式差分放大电路。

当输入信号为大小相等、极性相同的信号即共模信号时,两三极管参数完全对称,两三极管的公共射极电阻的负反馈作用使得共模输出信号被抑制,输出电压基本为零。输出电阻中间相当于接地,为虚地。当输入信号为大小相等、极性相反的差模信号时,由于三极管的参数完全对称,使得射极电阻电流为零相当于接地,为虚地。

直流放大电路的零点漂移是由三极管的电路参数随环境温度的变化引起的,而在差分放大电路中两三极管参数基本一致,并且工作环境基本相同,漂移情况也基本相同,所以在两管集电极的输出中表现出的变化量基本可以相互抵消,从而在双端输出时有效地消除零点漂移。对输出电压而言,尽管在单端输入时,零点漂移不可能相互抵消,但由于共模反馈电阻 R_e 对零点漂移有很强的负反馈作用,因此零点漂移比无 R_e 时小得多。

图 8-43 所示电路为差分放大电路,它采用直接耦合方式,当开关 J_2 打向左边时是长尾式差分放大电路;开关 J_2 打向右边时是恒流源式差分放大电路。在长尾式差分放大电路中抑制零漂的效果与共模反馈电阻 R_e 的数值有密切关系,R_e 越大,效果越好。但 R_e 越大,维持同样工作电流所需要的负电压 V_{CC} 也越高,这在一般的情况下是不合适的,恒流源的引出解决了上述矛盾。在三极管的输出特性曲线上,有相当一段具有恒流源的性质,即当 U_{ce} 变化时,I_c 电流不变。图 8-43 中 Q_3 管的电路为产生恒流源的电路,用它来代替长尾电阻 R_e,从而更好地抑制共模信号的变化,提高共模抑制比。

8.4.2 差分放大电路的仿真分析

1. 调节放大器零点

在测量差分放大电路各性能参量之前,一定要先调零。输入端口 AB 之间不接入信号源,如图 8-44所示。将放大电路输入端 A、B 与地短接,接通 ±12 V 的直流电源,用万用表的直流电压挡测量输出电压 U_{c1}、U_{c2},调节三极管射极电位器 R_w,使万用表的指示数相同,即调整电路使左右完全对称,此时 $U_o=0$,调零工作完毕。

电路中各点电位和各级电流参数如表 8-4 所示。

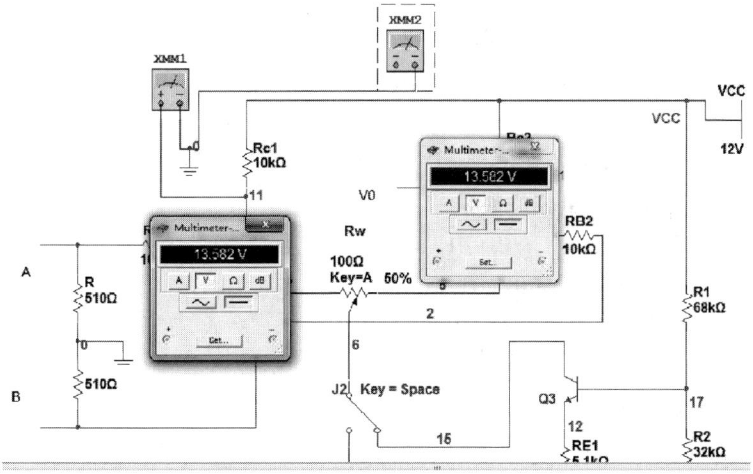

图 8-44 调节放大器零点

表 8-4　电路中各点电位和各级电流参数

符号	名称	符号	名称
V_0	接地(参考电位值)	V_{10}	Q_3 发射极电位
V_1	输入信号电位	V_{12}	Q_3 集电极电位
V_3	Q_1 基极电位	V_{13}	R_3 的电位
V_4	Q_1 集电极电位	V_{14}	Q_2 发射极电位
V_5	Q_1 发射极电位	V_{CC}	放大器工作电压 +12 V
V_6	Q_2 集电极电位	V_{DD}	放大器工作电压 −12 V
V_7	开关接入电位	I_{V1}	Q_1 的基极电流
V_8	Q_2 基极电位	I_{ccvcc}	Q_3 集电极电流
V_9	Q_3 基极电位	I_{ddvdd}	−12 V 提供的电流

(1)对于长尾式差分放大电路

①当可调电阻 R_w 为 60% 时,$V_4=6.661$ V,$V_{14}=6.221$ V;

②当可调电阻 R_w 为 40% 时,$V_4=6.221$ V,$V_{14}=6.661$ V;

③当可调电阻 R_w 为 50% 时,$V_4=V_{14}=6.441$ V;

由以上数据可知:当 R_w 为 50% 时,$U_{c1}=V_4=U_{c2}=V_{14}=6.441$ V,此时调零完毕。

(2)对于恒流源式差分放大电路

①当可调电阻 R_w 为 60% 时,$V_4=5.424$ V,$V_{14}=4.867$ V;

②当可调电阻 R_w 为 40% 时,$V_4=4.867$ V,$V_{14}=5.424$ V;

③当可调电阻 R_w 为 50% 时,$V_4=V_{14}=5.146$ V;

由以上数据可知:当 R_w 为 50% 时,$U_{c1}=V_4=U_{c2}=V_{14}=5.146$ V,此时调零完毕。

2. 直流工作点分析

理论值:$(R_1+R_3)I_{V1}+0.7+(0.25R_w+R_{11})\times2(1+\beta)I_{V1}=12$

$$U_{ce}+\beta I_{V1}R_4+(0.25R_w+R_{11})\times2(1+\beta)I_{V1}=V_{CC}-V_{DD}$$

在上述方程中代入数据得:$I_{V1}\approx0.006\,9$ mA

$$U_{ce}\approx7.24\text{ V}$$

$$U_{be}\approx0.63\text{ V}$$

(1)(长尾式)用万用表测量相关数据

$$I_b=0.008\,3\text{ mA},\ U_{ce}=V_4-V_5=7.127\text{ V},U_{be}=V_3-V_5=599.124\text{ mV}$$

(2)(恒流源式)用万用表测量相关数据

$$I_b=10.277\ \mu\text{A},\ U_{ce}=V_4-V_5=5.859\text{ V},U_{be}=V_3-V_5=605.155\text{ mV}$$

由以上数据和图 8-45、图 8-46,将万用表测得数据和仿真数据与理论值相比较,近似相等,存在一定误差,误差可能是由于数据是利用近似值代入,而没有严格按照公式来计算。例如:基极电流往往近似认为为 0,或是由于测量仪器(电流表和电压表)自身所带阻值影响。

	直流工作点分析	
1	V(5)	-687.39654 m
2	V(4)	6.44094
3	I(v1)	0.00000
4	V(3)	-87.40004 m
5	V(3)-V(5)	599.99650 m
6	V(4)-V(5)	7.12834

图 8-45　长尾式差分放大电路直流工作点电位

	直流工作点分析	
1	V(5)	-713.56880 m
2	V(4)	5.14570
3	I(v1)	0.00000
4	V(3)	-107.81309 m
5	V(3)-V(5)	605.75571 m
6	V(4)-V(5)	5.85927

图 8-46　恒流源式差分放大电路直流工作点电位

3. 交流分析（V_{14}点的频率特性分析）

将开关拨至左侧，电路为长尾式差分放大电路。在仿真中，选择仿真/分析/交流分析命令，在输出中设置变量 V_{14}，其余项不变。仿真结果如图 8-47 所示。

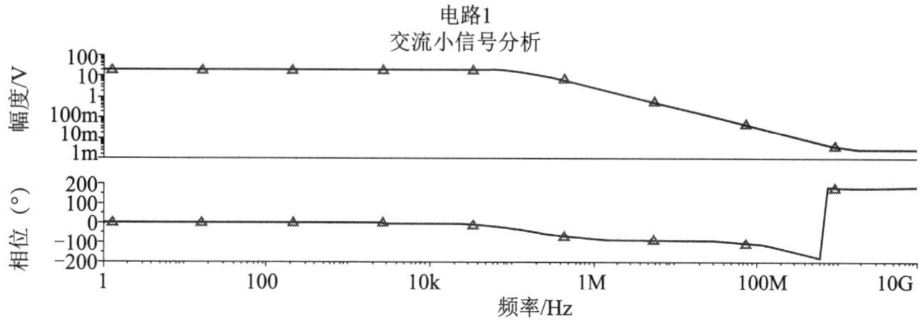

图 8-47　长尾式差分放大电路频率特性

将开关拨至右侧，得到恒流源式差分放大电路。在仿真中，如长尾式差分放大电路一样设置仿真参数，仿真结果如图 8-48 所示。

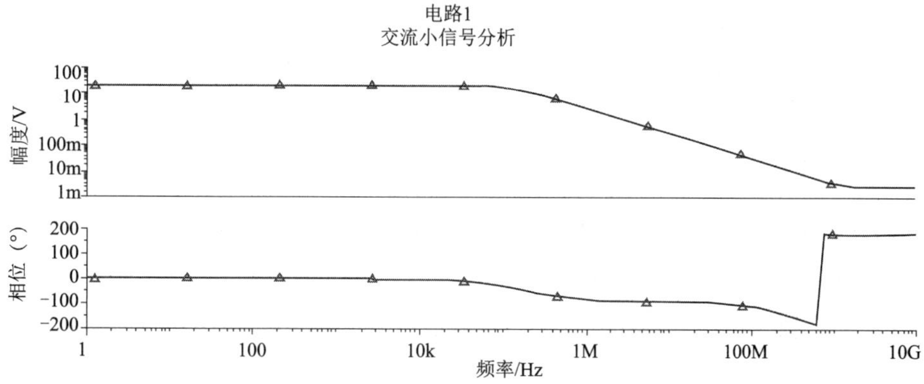

图 8-48　恒流源式差分放大电路频率特性

由图 8-47 和图 8-48 可知：当频率大于 10 kHz 后，幅度开始下降，在 100 MHz 以后达到最小值。并且长尾式和恒流源式差分放大电路的交流分析完全一致。

4. 瞬态分析（测量差模电压放大倍数）

在图 8-43 所示电路中，将开关拨至左侧，得到长尾式差分放大电路。输入信号频率 $f=1$ kHz，输入信号幅度为 V1：峰-峰值为 100 mV。选择仿真/分析/瞬变分析命令，在出现的 Transient Analysis 对话框中选取输出变量节点 V_4 和 V_{14}，单击 add expression 按钮，添加表达式（V_4-V_{14}），将结束时间改为 0.002 s，将最小时间点数设为 1 000，其余项不变，仿真结果如图 8-49 所示。

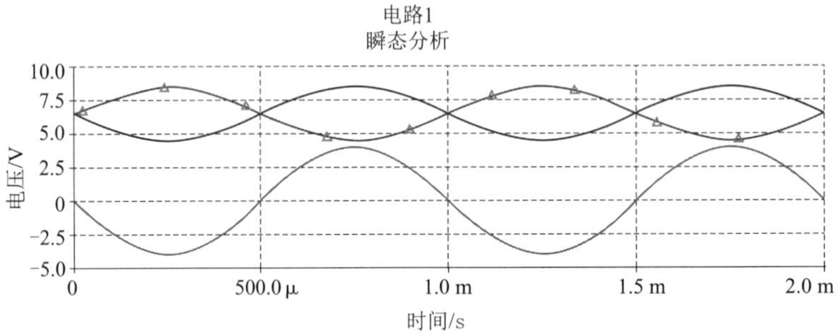

图 8-49　长尾式差分放大电路瞬态分析仿真结果

将开关拨至右侧，得到恒流源式差分放大电路，在仿真中。如长尾式差分放大电路一样设置仿真参数，仿真结果如图 8-50 所示。

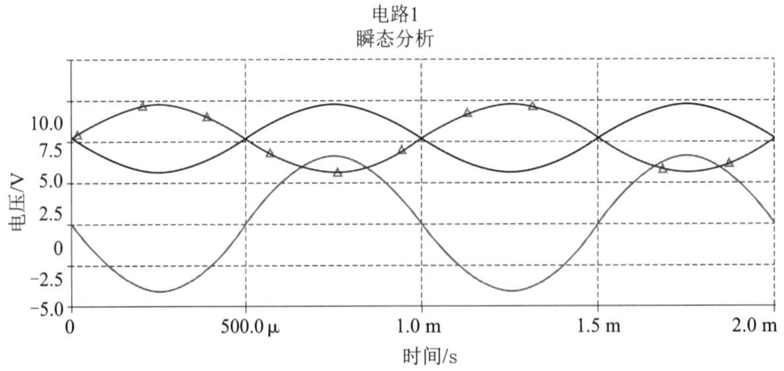

图 8-50　恒流源式差动放大电路瞬态分析仿真结果

①如图 8-49 和图 8-50 所示，交织的是双端输入单端输出电压波形，其中下方曲线为 V_{14} 的电压输出曲线，上方曲线为 V_4 的电压输出曲线。下方曲线为双端输入、双端输出的电压波形。

②从图 8-49 中可以看出，两个输出端 V_4、V_{14} 输出电压大小相等、方向相反，但叠有直流分量，约为 6.48 V，其电压峰-峰值之差约为 3.97 V。由此求得双端输入、单端输出时的差模电压放大倍数 $A_{u1}=\dfrac{3.97}{0.1}=39.7$。从图 8-50 中可以看出，叠有直流分量约为 5 V，其电压峰-峰值约为 4.0 V。由此可以求得双端输入、双端输出时的差模电压放大倍数 $A'_{u1}=\dfrac{4.0}{0.1}\approx40$。

③从图 8-49 中的双端输入、双端输出的电压波形可知：输出叠有直流电压为 0 V，其电压峰－峰值约为 7.9 V。由此求得双端输入、双端输出时差模电压放大倍数 $A_{u2}=\dfrac{7.9}{0.1}\approx79$。从图 8-50 中可知：其电压峰-峰值约为 8.1 V。由此求得双端输入、双端输出时差模电压放大倍数 $A'_{u2}=\dfrac{8.1}{0.1}\approx81$。

单端输入时的差模电压放大倍数、共模电压放大倍数仿真分析重复上述操作即可。

通过仿真可知：共模抑制比 K_{cmr} 越大，电路的性能越好。故恒流源式差分放大电路共模抑制能力比长尾式强。

5. 傅里叶分析

将开关拨至左侧，接入长尾式差分放大电路。选择仿真/分析/傅里叶分析命令，在输出中设置变量 V_{14}，其余项不变。仿真结果如图 8-51 所示。

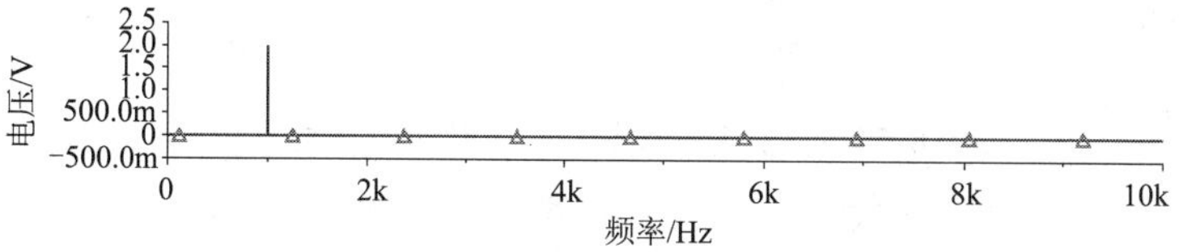

图 8-51　长尾式差分放大电路傅里叶分析仿真结果

将开关拨至右侧，得到恒流源式差分放大电路。选择仿真/分析/傅里叶分析命令，在输出中设置变量 V_{14}，其余项不变。仿真结果如图 8-52 所示。

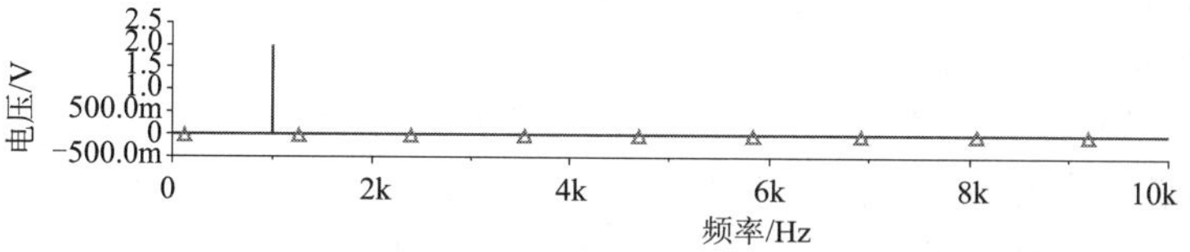

图 8-52　恒流源式差分放大电路傅里叶分析仿真结果

①由图 8-51、图 8-52 可知：长尾式和恒流源式差分放大电路的傅里叶分析完全一样，则两者的频域相同，具有的频域特性相同。

②由傅里叶分析可知：当 $f=1$ kHz 时，其幅度最大为 8.0 V，且其他谐波分量近似等于零，即该电路的频域只有在 $f=1$ kHz 的谐波分量，其他谐波分量可忽略不计。

6. 温度扫描分析

选择仿真/分析/温度扫描分析命令，在弹出的对话框中，设置温度为 27 ℃、37 ℃、47 ℃、57 ℃、67 ℃、77 ℃，设置 V_4、V_{14} 节点为输出变量，由瞬态分析的结果得到 V_4、V_{14} 点的输出波形，如图 8-53 所示。

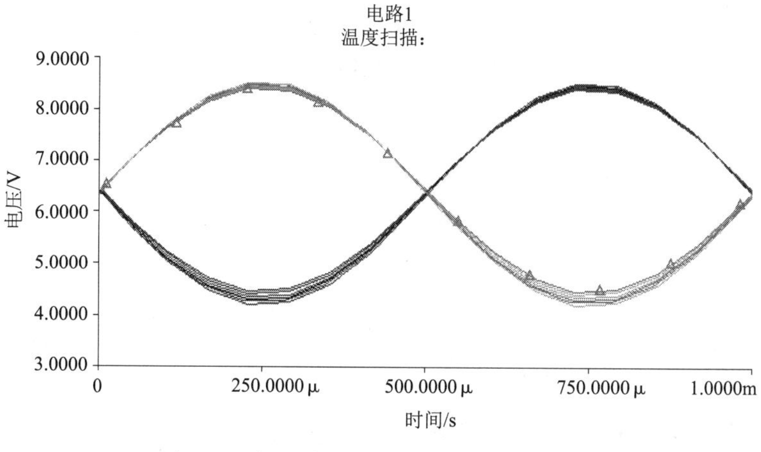

图 8-53　长尾式差分放大电路温度扫描分析

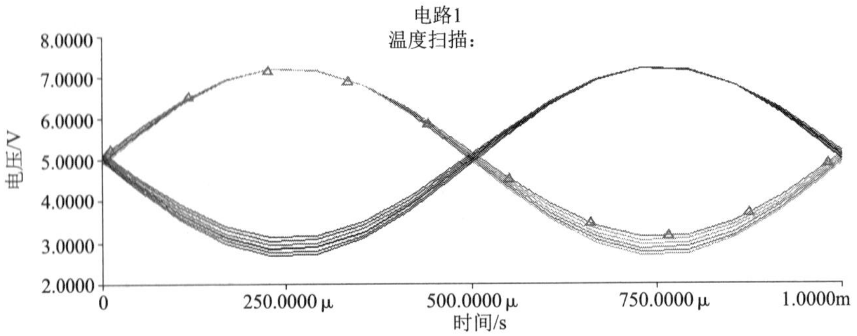

图 8-54　恒流源式差分放大电路温度扫描分析

①由图 8-53 和图 8-54 可知：温度的变化对恒流源式差分放大电路的影响要略大于长尾式差分放大电路。

②由图 8-53 和图 8-54 可知：温度变化对波形的产生有一定影响。对于 V_{14}是先使波形幅值单调增加后单调减少。对于 V_4是先使波形幅值单调减少后单调增加。由图中的几个温度下的扫描曲线可以看出，温度变化对于输出波形的影响不是很大。因此，差分放大电路有利于抑制电路的温度特性，即电路在不同的温度下工作，电路性能不会有太大的改变。

7. 直流扫描分析

将开关拨至左侧，接入长尾式差分放大电路，选择仿真/分析/DC sweep 扫描分析命令，在分析参数中设置信号源为输入电压 V_1，在起始数值中设置起始电压为 0 V，在终止数值中设置终止电压为 1 V。在输出中，添加变量 V_4，其余项不变。仿真结果如图 8-55 所示。

将开关拨至右侧，接入恒流源式差分放大电路。执行长尾式差分放大电路中直流仿真的操作。仿真结果如图 8-56 所示。

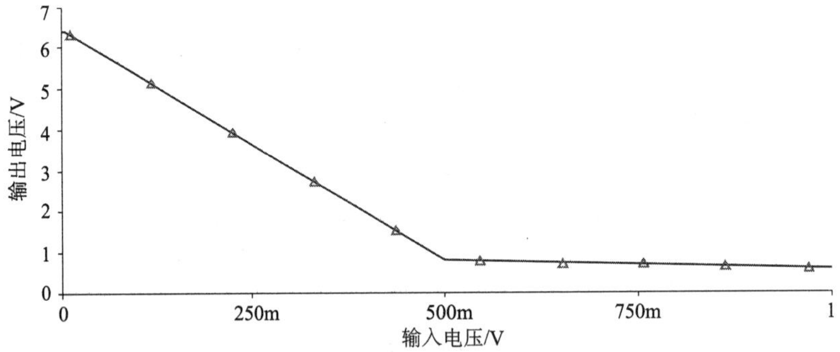

图 8-55　长尾式差分放大电路直流特性扫描分析仿真结果

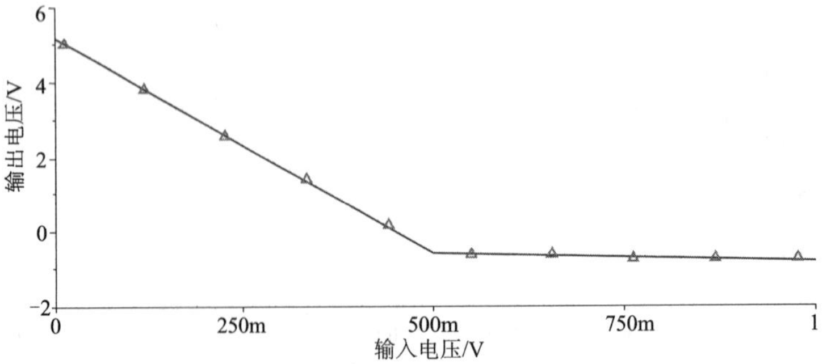

图 8-56　恒流源式差分放大电路直流特性扫描分析仿真结果

由图 8-55 和图 8-56 可知：长尾式差分放大电路直流下降比恒流源式差分放大电路要陡一些（即下降迅速），长尾式差分放大电路最后的稳态值在 0～1 之间，而恒流源式差分放大电路最后的稳态值在 -1 左右，并且只有当输入差分信号的绝对值小于 0.5 V 时，放大电路才工作在线性区。当输入差分信号的最大幅值大于 0.5 V 后，放大电路工作在饱和区。

8. 电路传递函数分析

将开关拨至左侧，接入长尾式差分放大电路。选择仿真/分析/传递函数命令，在分析参数中设置输入源为输入信号 V_1，在输出中选择电压，输出节点设置为 V_4，参考节点设置为 V_0，其余项保持不变。分析结果如图 8-57 所示。

	传递函数分析	
1	Transfer function	-20.61094
2	vv1#Input impedance	988.53689
3	Output impedance at V(V(11),V(0))	9.75262 k

图 8-57　长尾式差分放大电路传递函数分析结果

在传递函数分析结果中第一行表示传递函数，第二行表示输入电阻的值，第三行表示输出电阻的阻值。通过传递函数分析结果可以直接得出输入电阻和输出电阻的阻值。

由图 8-57 可知：在电路中，输入电阻和输出电阻的阻值实际值为

输入电阻 $R_i = 989.8\ \Omega$。

输出电阻 $R_o = 9.80\ \text{k}\Omega$。

理论值：

输入电阻 $R_i = 2 \times (R_3 + r_{be}) /\!/ R_1 = 994.6\ \Omega$。

输出电阻 $R_o = 2R_c = 10\ \text{k}\Omega$。

分析：

$$\text{相对误差}\begin{cases}(\text{输入电阻})\delta = \dfrac{(989.8 - 994.6)}{994.6} \times 100\% = 0.49\% \\ (\text{输出电阻})\delta_o = \dfrac{|9.8 - 10|}{10} \times 100\% = 2\%\end{cases}$$

由于相对误差 δ、$\delta_o < 5\%$，在误差允许范围内，则输入电阻、输出电阻符合仿真，故有效。

将开关拨至左侧，接入恒流源式差分放大电路。执行如长尾式差分放大电路中仿真传递函数的操作，分析结果如图 8-58 所示。

	传递函数分析	
1	Transfer function	0.00000
2	vv1#Input impedance	988.53689
3	Output impedance at V(V(11),V(0))	10.00000 k

图 8-58　恒流源式差分放大电路传递函数分析结果

由图 8-58 可得：

输入电阻 $R_i = 989.8\ \Omega$。

输出电阻 $R_o = 10\ \text{k}\Omega$。

理论值：

输入电阻 $R_i = 2 \times (R_3 + r_{be}) /\!/ R_1 = 994.6\ \Omega$。

输出电阻 $R_o=2R_c=10.2\ \text{k}\Omega$。

分析：

$$
\text{相对误差：}\begin{cases}(\text{输入电阻})\delta=\dfrac{(989.8-994.6)}{994.6}\times100\%\ =0.49\% \\ (\text{输出电阻})\delta_o=\dfrac{|10-10.2|}{10.2}\times100\%\ =1.96\%\end{cases}
$$

由于相对误差 δ、$\delta_o<5\%$，在误差允许范围以内，则输入电阻、输出电阻符合仿真，故有效。

由以上分析可知：长尾式和恒流源式差分放大电路的输入电阻相同，输出电阻不同，但是相对误差近似相等。恒流源式差分放大电路的传递函数为0。

以上讨论的是三极管构成的差分放大电路的小信号工作特性。通过在三极管 Q_1 的基极输入100 mV 的小电压源作为差分输入电压信号。通过开关控制接入长尾式差分放大电路和恒流源式差分放大电路，从而比较分析两者的相同特性和不同特性。

①零点所在位置，两者相同，但是集电极电压不同，长尾式的要大于恒流源式的。

②交流分析、傅里叶分析、传递函数分析两者一致。

③在进行瞬变分析时，分析了两者的共模抑制比，其中恒流源式的要大于长尾式的。共模抑制比越大，电路性能越好，恒流源式的在这方面要好。

④在温度扫描分析中，温度变化对恒流源式的影响要大于对长尾式的影响。但总体来说，温度变化对电路的影响很小。

⑤在直流分析中，利用 Multisim 所提供的直流扫描分析工具得到差分放大电路的传输特性。从传输特性曲线上可以看出，只有当输入差分信号的绝对值小于 0.5 V 时，差分放大电路才工作在线性区。但是长尾式的传输曲线要比恒流源式的要陡。

8.5 直流稳压电源的设计

直流稳压电源包括整流滤波电路、稳压电路以及保护电路等。随着集成技术的提高，电子设备整机向集成化发展，集成稳压器也得到迅速发展，故在设计稳压电路时，应首选集成稳压器。

集成直流稳压电源由4部分组成，如图8-59所示。主要模块包括：电源变压器、整流电路、滤波电路、稳压电路。

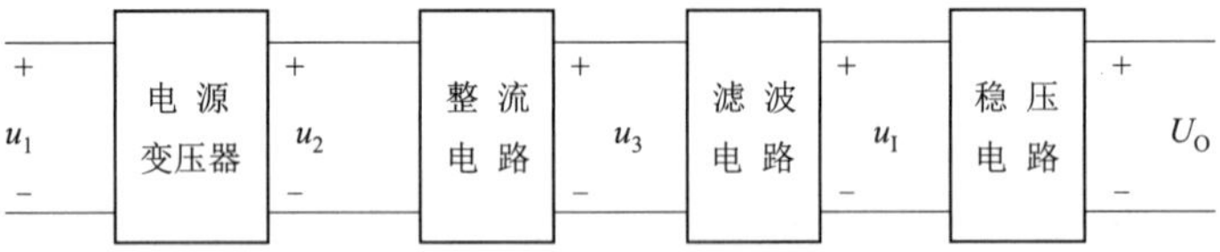

(a) 稳压电源的组成框图

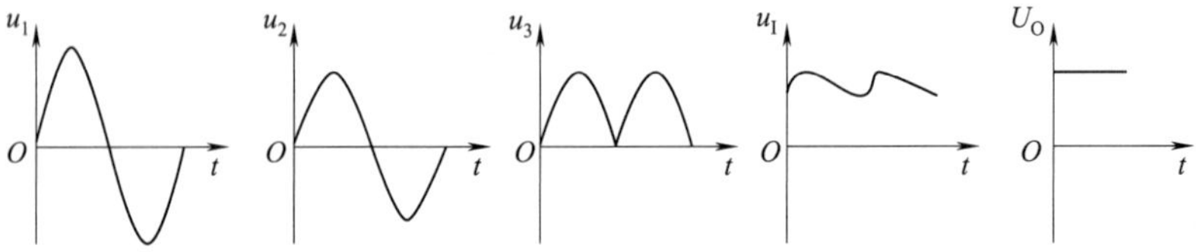

(b) 整流与稳压过程

图8-59 集成直流稳压电源组成框图及波形图

8.5.1　电源变压器

电源变压器的功能是功率传送、电压变换和绝缘隔离,作为一种主要的软磁电磁元件,在电源技术中和电力电子技术中得到广泛的应用。根据传送功率的大小,电源变压器可以分为几挡:10 kV · A以上为大功率,10 kV · A ~ 0.5 kV · A 为中功率,0.5 kV · A ~ 25 V · A 为小功率,25 V · A以下为微功率。

变压器的功能主要有:电压变换;阻抗变换;隔离;稳压(磁饱和变压器)等,变压器常用的铁芯形状一般有 E 型和 C 型。

变压器最基本的结构,包括两组绕有导线的线圈,并且彼此以电感方式耦合在一起。当一交流电流(具有某一已知频率)流于其中的一组线圈时,另一组线圈中将感应出具有相同频率的交流电压,而感应的电压大小取决于两线圈耦合及磁交链的程度。

一般连接交流电源的线圈称为一次线圈,而跨于此线圈的电压称为一次电压。在二次线圈的感应电压可能大于或小于一次电压,是由一次线圈与二次线圈间的匝数比所决定的。因此,变压器分为升压变压器与降压变压器两种。

在额定功率时,变压器的输出功率和输入功率的比值,称为变压器的效率,即 $\eta = (P_2 \div P_1) \times 100\%$ 。式中,η 为变压器的效率;P_1 为输入功率,P_2 为输出功率。变压器的效率与变压器的功率等级有密切关系,通常功率越大,损耗与输出功率就越小,效率也就越高。反之,功率越小,效率也就越低。一般小型变压器的效率如表 8-5 所示。

表 8-5　小型变压器的效率

二次侧功率 P_2	< 10 V · A	10 ~ 30 V · A	30 ~ 80 V · A	80 ~ 200 V · A
效率 η	0.6	0.7	0.8	0.85

因此,在设计电路时,如果给定输出功率 P_2 后,就可以根据表 8-5 计算出输入功率 P_1 。

8.5.2　整流电路

利用二极管的单向导电性组成整流电路,可将交流电压变为单向脉动电压。为便于分析整流电路,把整流二极管当作理想元件,即认为它的正向导通电阻为零,而反向电阻为无穷大。但在实际应用中,应考虑到二极管有内阻,整流后所得波形,其输出幅度会减少 0.6 ~ 1 V,当整流电路输入电压大时,这部分压降可以忽略。但输入电压小时,例如输入为 3 V,则输出只有 2 V 多,需要考虑二极管正向压降的影响。

在小功率直流电源中,常见的几种整流电路有单相整流电路和三相整流电路等。单相整流电路可分为半波、全波、桥式和倍压整流等,其中纯电阻负载的半波整流电路虽然电路简单,所用元件少,但输出纹波大,在电源电路中用得不多;全波整流电路则由于需用中心抽头的变压器,且变压器的利用率低,在半导体整流电路中也较少用;应用较广的是单相桥式整流电路,它由四个整流二极管构成桥形。桥式整流电路要求所用的四个二极管的性能参数要尽可能一致,但市场上已有集成的整流桥供应,它把四个整流二极管做在一个集成块里,性能参数比较好。目前最常用且效率最高的是桥式整流电路。

整流(和滤波)电路中既有交流量,又有直流量。对这些量经常采用不同的表示方法:输入(交流)——用有效值或最大值表示;输出(直流)——用平均值表示。

与全波整流电路相比，单相全波桥式整流电路中的电源变压器只用一个二次绕组，即可实现全波整流的目的。桥式整流电路如图8-60所示。

单相全波桥式整流电路的工作原理由图可以看出，电路中采用四个二极管，互相接成桥式结构。利用二极管的电流导向作用，在交流输入电压U_2的正半周内，二极管D_1、D_3导通，D_2、D_4截止，在负载R_L上得到上正下负的输出电压；在负半周内，情况正好相反，D_1、D_3截止，D_2、D_4导通，流过负载R_L的电流方向与正半周一致。因此，利用变压器的一个二次绕组和四个二极管，使得在交流电源的正、负半周内，整流电路的负载上都有方向不变的脉动直流电压和电流，如图8-61所示。

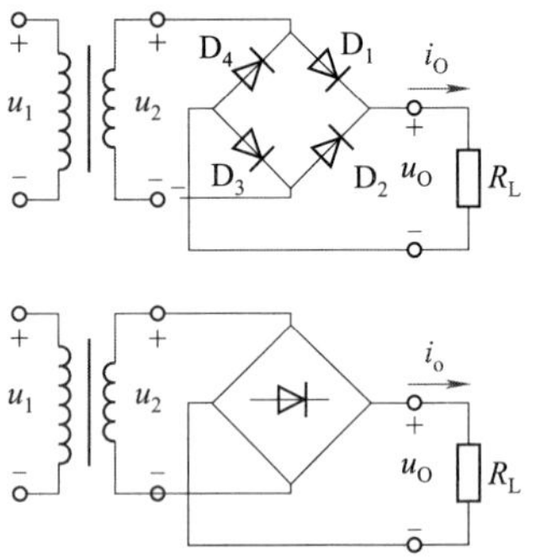

图8-60 桥式整流电路

桥式整流电路的输出电压波形与全波整流电路一样，所以其输出电压平均值（即直流分量）为

$$U_O = \frac{1}{\pi}\int_0^{\pi} u_2 \mathrm{d}(\omega t)$$

$$= \frac{1}{\pi}\int_0^{\pi} \sqrt{2}U_2 \sin \omega t \mathrm{d}(\omega t) = \frac{2\sqrt{2}}{\pi}U_2$$

$$U_O = 0.9U_2$$

式中，U_O为负载得到的直流电压；U_2为变压器二次电压有效值。

通过负载的电流平均值

$$I_O = \frac{U_O}{R_L} = \frac{0.9U_2}{R_L} = 0.9I_2$$

式中，I_2为变压器二次电流有效值。

由于每个二极管只有半个周期导通，所以通过各个二极管的电流的平均值为负载电流的一半，即$I_D = \frac{1}{2}I_O = 0.45I_2$。

当二极管截止时，它所承受的最高反向电压$U_{DRM} = \sqrt{2}U_2$。

最高反向电压就是变压器二次电压的最大值，二极管若要正常工作，其最高反向工作电压应大于这个电压。

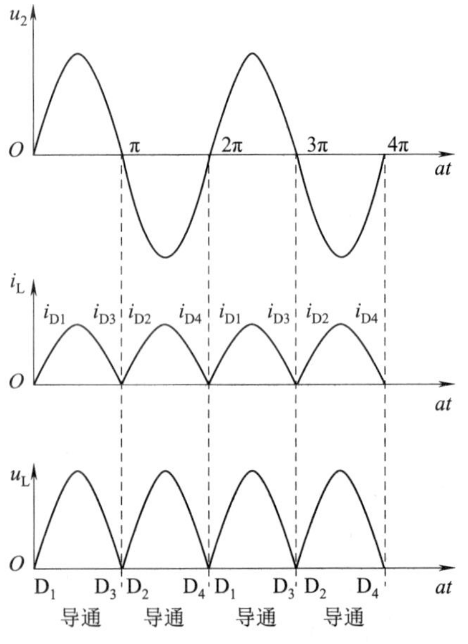

图8-61 桥式整流波形图

桥式整流电路与单相半波整流电路和单相全波整流电路相比，其明显的优点是输出电压较高，纹波电压较小，整流二极管所承受的最大反向电压较低，并且因为电源变压器在正、负半周内都有电流流过，所以变压器绕组中流过的是交流，变压器的利用率高。在同样输出直流功率的条件下，桥式整流电路可以使用小的变压器，因此，这种电路在整流电路中得到广泛应用。

8.5.3 滤波电路

整流电路的输出电压不是纯粹的直流，从示波器观察整流电路的输出，与直流相差很大，波形中含有较大的脉动成分，称为纹波。为获得比较理想的直流电压，需要利用具有储能作用的电抗性元件（如电容、电感）组成的滤波电路来滤除整流电路输出电压中的脉动成分以获得直流电压。

根据电抗性元件对交、直流阻抗的不同，由电容 C 及电感 L 所组成的滤波电路的基本形式如图 8-62 所示。因为电容 C 对直流开路，对交流阻抗小，所以 C 并联在负载两端。电感 L 对直流阻抗小，对交流阻抗大，因此 L 应与负载串联。

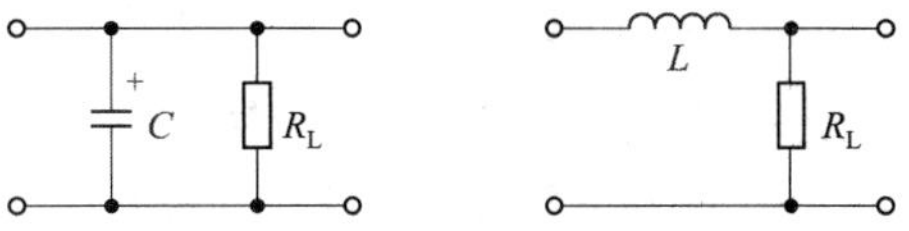

图 8-62　滤波电路的基本形式

并联的电容 C 在输入电压升高时，给电容充电，可把部分能量存储在电容中。而当输入电压降低时，电容两端以指数规律放电，就可以把存储的能量释放出来。经过滤波电路向负载放电，负载上得到的输出电压就比较平滑，起到了平波作用。若采用电感滤波，当输入电压升高时，与负载串联的电感 L 中的电流增加，因此电感 L 将存储部分磁场能量；当电流减小时，又将能量释放出来，使负载电流变得平滑，因此，电感 L 也有平波作用。下面先介绍单相桥式整流电容滤波电路。

图 8-63 给出了电容滤波电路在带电阻负载后的工作情况。接通交流电源后，二极管导通，整流电源一方面给负载 R_L 供电，一方面对电容 C 充电（显然这时通过二极管的电流要比没有电容时大一些）。在忽略二极管正向压降后，充电时，充电时间常数 $\tau_{充电}=2R_DC$，其中 R_D 为二极管的正向导通电阻，其值非常小，充电电压 u_C 与上升的正弦电压 u_2 一致，$u_O=u_C\approx u_2$，当 u_C 充电到 u_2 的最大值 $\sqrt{2}U_2$，u_2 开始下降，且下降速率逐渐加快。当 $u_C<u_2$ 时，四个二极管均截止，电容 C 经负载 R_L 放电，放电时间常数 $\tau_{放电}=R_LC$，故放电较慢，直到负半周。在负半周，当 $|u_2|>u_C$ 时，另外 2 个二极管（D_2、D_4）导通，再次给电容 C 充电，当 u_C 充电到 u_2 的最大值 $\sqrt{2}U_2$，u_2 开始下降，且下降速率逐渐加快。当 $u_C<|u_2|$ 时，四个二极管再次截止，电容 C 经负载 R_L 放电，重复上述过程。有电容滤波后，负载两端输出电压 u_O 如图 8-63(b) 所示。

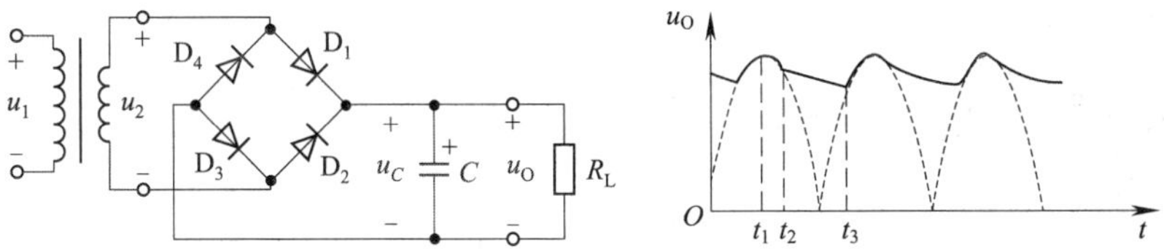

（a）电路图　　（b）波形图

图 8-63　单相桥式整流电容滤波电路

如图 8-63(b) 中的 t_2 时刻，二极管开始承受反向电压，二极管关断。此后只有电容 C 向负载以指数规律放电的形式提供电流，直至下一个半周的正弦波到来时，u_2 再次超过 u_C；在 t_3 时刻，二极管又恢复导通。

以上过程电容的放电时间常数 $\tau_{放电}=R_LC$。

电容滤波一般负载电流较小，可以满足 $\tau_{放电}$ 较大的条件，所以输出电压波形的放电段比较平缓，纹波较小，输出脉动系数 S 小，输出平均电压 $U_{O(AV)}$ 大，具有较好的滤波特性。

根据以上分析可以得出结论：电容滤波输出电压的平均值 $U_{O(AV)}$ 与放电时间常数 R_LC 有关。R_LC 越大，电容放电速度越慢，则输出电压所包含的纹波成分越小，$U_{O(AV)}$ 越大。为获得平滑的输出电压，一般取放电时间常数为

$$\tau_{放电}=R_LC\geqslant(3\sim5)T/2$$

式中，T 为交流电的周期。

在整流电路放电时间常数满足上式的关系时，在工程上一般采用下式对输出电压的平均值进行估算：

$$U_{O(AV)}=1.2U_2$$

在负载 R_L的一定的情况下，电容 C 常选用容量为几十微法以上的电解电容。电解电容有极性，接入电路时不能接反。电容耐压应大于 $\sqrt{2}U_2$ 。

加入电容滤波后，对整流二极管的整流电流选择要放宽，最好是原来的 2 倍，即 I_D大于或等于输出电流 I_O。

电容滤波电路简单，输出电压较高，脉动也较小，但是电路的带负载能力不强，故一般用于要求输出电压较高，输出电流较小的场合。

除电容滤波外，还有电感滤波。它的特点是：带负载能力强，即输出电压比较稳定，适用于输出电压较低、负载电流变化较大的场合，但电感含铁芯线圈，体积大且笨重，价格高，常在工业上用于大电流整流。

下面介绍电感滤波电路。

电感滤波电路是利用储能元件电感 L 的电流不能突变的特点，在整流电路的负载回路中串联一个电感，使输出电流波形较为平滑。因为电感对直流的阻抗小，对交流的阻抗大，因此能够得到较好的滤波效果，直流损失小。

桥式整流电感滤波电路如图 8-64 所示。电感滤波的波形图如图 8-65 所示。根据电感的特点，当输出电流发生变化时，L 中将感应出一个反电动势，使整流管的导电角增大，其方向将阻止电流发生变化。

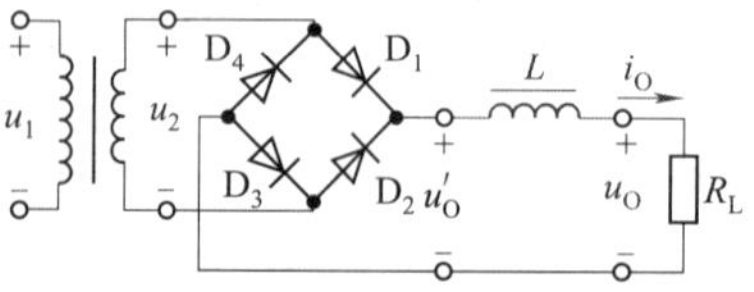

图 8-64　桥式整流电感滤波电路

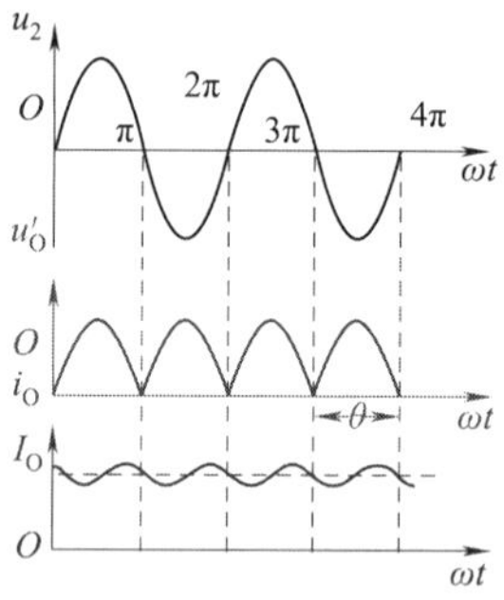

图 8-65　电感滤波电路波形图

在桥式整流电路中，当 u_2正半周时，D_1、D_3导通，电感中的电流将滞后 u_2不到 90°。当 u_2超过 90°后开始下降，电感上的反电动势有助于 D_1、D_3继续导通。当 u_2处于负半周时，D_2、D_4导通，变压器二次电压全部加到 D_1、D_3 两端，致使 D_1、D_3反偏截止，此时，电感中的电流将经由 D_2、D_4提供。由于桥式整流电路的对称性和电感中电流的连续性，4 个二极管 D_1、D_3；D_2、D_4的导通角 θ 都是 180°，这一点与电容滤波电路不同。

已知桥式整流电路二极管的导通角是 180°，整流输出电压是半个半个正弦波，其平均值约为 $0.9U_2$。电感滤波电路，二极管的导通角也是 180°，当忽略电感 L 的电阻时，负载上输出的电压平均值 $U_{O(AV)}=0.9U_2$。如果考虑滤波电感的直流电阻 R，则电感滤波电路输出的电压平均值为

$$U_{O(AV)} = \frac{R_L}{R+R_L} \times 0.9U_2$$

要注意电感滤波电路的电流必须要足够大，即 R_L不能太大，应满足 $\omega L \gg R_L$，此时 $U_{O(AV)}$可用下式计算：

$$U_{O(AV)} = \frac{0.9U_2}{R_L}$$

由于电感的直流电阻小，交流阻抗很大，因此直流分量经过电感后的损失很小，但是对于交流分量，在 ωL 和 R_L 上分压后，很大一部分交流分量降落在电感上，因而降低了输出电压中的脉动成分。电感 L 越大，R_L 越小，则滤波效果越好，所以电感滤波适用于负载电流比较大且变化比较大的场合。采用电感滤波以后，延长了整流管的导通角，从而避免了过大的冲击电流。

8.5.4　稳压电路

单相桥式整流电路将电网的交流电经过变压和整流环节变换成所需大小的单向脉动电压，再由滤波电路减小脉动电压的脉动程度，有些对直流电源稳定性要求不高的场合，滤波后的电源就可以满足要求了。但大部分电子装置要求整流电路的输出电压十分稳定，而电压的不稳定有时会产生测量和计算的误差，引起控制装置的工作不稳定，因此许多电子设备都需要由稳定的直流电流源供电，所以必须加有稳压电路。

稳压电路的作用是当外界因素（电网电压、负载、环境温度）等发生变化时，使输出直流电压不受影响，而维持稳定的输出。稳压电路一般采用集成稳压器和一些外围元件组成。采用集成稳压器设计的电源具有性能稳定、结构简单等优点。

最简单的直流稳压电源是硅稳压管稳压电路。图 8-66 是一种稳压管稳压电路，经过桥式整流电路整流和电容滤波器波得到直流电压 U_I，再经过限流电阻 R 和稳压管 D_Z 构成的稳压电路接到负载 R_L 上，负载 R_L 两端得到一个比较稳定的电压 U_O。

$$U_O = U_Z$$

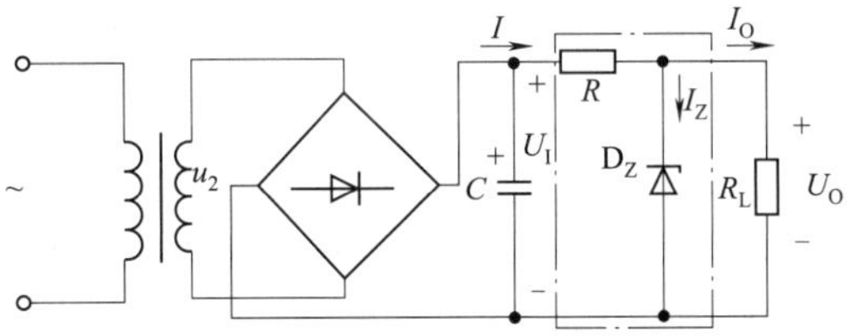

图 8-66　稳压管稳压电路

1. 稳压电路的工作原理

引起输出电压不稳的主要原因有交流电源电压的波动和负载电流的变化。下面来分析在这两种情况下稳压电路的作用。

若负载 R_L 不变，当交流电源电压增加，即造成变压器二次电压 u_2 增加而使整流滤波后的输出电压 U_I 增加时，输出电压 U_O 也有增加的趋势，但输出电压 U_O 就是稳压管两端的反向电压（又称稳定电压）U_Z，当负载电压 U_O 稍有增加时（即 U_Z 稍有增加），稳压管中的电流 I_Z 大大增加，使限流电阻 R 两端的电压降 U_R 增加。以抵偿 U_I 的增加，从而使负载电压 U_O 保持近似不变。这一稳压过程可表示成

电源电压 $\uparrow \rightarrow u_2 \uparrow \rightarrow U_I \uparrow \rightarrow U_O \uparrow \rightarrow I_Z \uparrow\uparrow \rightarrow I \uparrow\uparrow \rightarrow U_R \uparrow\uparrow \rightarrow U_O \downarrow \rightarrow$ 稳定

若电源电压不变，使整流滤波后的输出电压 U_I 不变，此时若负载 R_L 减小时，则引起负载电流 I_O 增加，电阻 R 上的电流 I 和两端的电压降 U_R 均增加，负载电压 U_O 因而减小，U_O 稍有减少将使 I_Z 下降较多，从而补偿了 I_O 的增加，保持 $I = I_O + I_Z$ 基本不变，也保持 U_O 基本恒定。这个过程可归纳为

$$R_L \downarrow \rightarrow I_O \uparrow \rightarrow I \uparrow \rightarrow U_R \uparrow \rightarrow U_O \downarrow \rightarrow I_Z \downarrow\downarrow \rightarrow I \downarrow \rightarrow U_R \downarrow \rightarrow U_O \text{ 稳定}$$

2. 稳压元件的选择

从上述讨论中可见：首先，稳压管的稳压值 U_Z 就是硅稳压电路的输出电压值 U_O，另外，考虑到

当负载开路时输出电流可能全部流过稳压管，故选择稳压管的最大稳定电流时要留有余地，一般取稳压管的最大稳定电流是输出电流的2～3倍。另外，整流滤波后得到直流电压 U_I 应为输出电压的2～3倍。

$$U_Z = U_O$$
$$I_{Zmax} = (2 \sim 3) I_O$$
$$U_I = (2 \sim 3) U_O$$

其次，在稳压调整过程中，限流电阻 R 是实现稳压的关键，限流电阻的选取就十分重要，必须满足两个条件：

①当输入直流电压最小(为 U_{Imin})而负载电流最大(为 I_{Omax})时，流过稳压管的电流最小，这个电流应大于稳压管稳压范围内的最小工作电流 I_{Zmin}(一般取1 mA)，即

$$\frac{U_{Imin} - U_O}{R_Z} - I_{Omax} \geqslant I_{Zmin}$$

②当输入直流电压最高(为 U_{Imax})而负载电流最小(为 I_{Omin})时，流过稳压管的直流电流最大，这个最大电流不应超过稳压管允许的最大稳定电流(I_{Zmax})，即

$$\frac{U_{Imax} - U_O}{R_Z} - I_{Omin} \leqslant I_{Zmax}$$

可在下列范围内进行选择：

$$\frac{U_{Imin} - U_O}{I_{Zmin} + I_{Omax}} \geqslant R_Z \geqslant \frac{U_{Imax} - U_O}{I_{Zmax} + I_{Omin}}$$

稳压管稳压电路结构简单，调试方便，使用元件少，但输出电流较小，输出电压不能调节，且稳压管的电流调整范围较小。

例如，设计一直流稳压电源，要求输入交流电源的电压为220 V，直流电压输出为6 V，负载电阻 $R_L = 300\ \Omega$，采用桥式整流、电容滤波、硅稳压管稳压，试选择各元件参数。

直流稳压电源电路如图8-66所示，设计过程如下：

①由 $U_O = 6$ V及稳压电路输入电压 $U_I = (2 \sim 3) U_O$，取 $U_I = 3U_O = 18$ V。

U_I 是电源的桥式整流、电容滤波后的输出，它与变压器二次电压的关系是 $U_I = 1.2U_2$，所以变压器二次电压的有效值 $U_2 = 15$ V。

②选择整流、滤波元件。先不考虑稳压电路，则有：

输入电压 $$U_I = 18\ \text{V}$$

输出电流 $$I_O = \frac{U_O}{R_L} = \frac{18}{300}\ \text{A} = 0.06\ \text{A} = 60\ \text{mA}$$

整流二极管(有电容滤波，考虑冲击电流)整流电流 $I_D = I_O = 60$ mA；反向工作电压为 $\sqrt{2}U_2 = 22$ V。选择2CP11二极管4个(整流电流 $I_D = 100$ mA，最高反向工作电压为50 V)。

电容 $C = (3 \sim 5)\dfrac{T}{2R_L}$，系数取为3，则 $C = \dfrac{3}{2} \times \dfrac{0.02}{300}\ \text{F} = 100 \times 10^{-6}\ \text{F} = 100\ \mu\text{F}$。

选取耐压为50 V、电容量为100 μF的电解电容。

③选择稳压元件：

根据要求，取 $U_Z = U_O = 6$ V；

这时输出电流 $I_O = \dfrac{U_O}{R_L} = \dfrac{6}{300}\text{A} = 20\ \text{mA}$；

选稳压管 2CW13（$U_Z=6\ \mathrm{V}$，$I_Z=10\ \mathrm{mA}$，$I_{\mathrm{Zmax}}=38\ \mathrm{mA}$）；

限流电阻 R_Z，由

$$\frac{U_{\mathrm{Imin}}-U_O}{I_{\mathrm{Zmin}}+I_{\mathrm{Omax}}}\geqslant R_Z\geqslant\frac{U_{\mathrm{Imax}}-U_O}{I_{\mathrm{Zmax}}+I_{\mathrm{Omin}}}$$

得 $R\leqslant\frac{18-6}{1+20}\mathrm{k\Omega}=0.57\ \mathrm{k\Omega}=570\ \Omega$；$R\geqslant\frac{18-6}{38}=0.316\ \mathrm{k\Omega}=316\ \Omega$，这里未计电源电压变化。

取 $R=360\ \Omega$。

8.6　有源滤波电路的设计

有源滤波器是让一定频率范围内的信号通过，抑制或急剧衰减此频率范围以外的信号。可用在信息处理、数据传输、抑制干扰等方面，但因受运算放大器频带限制，这类滤波器主要用于低频范围。由于具有理想幅频特性的滤波器很难实现，只能用实际的幅频特性逼近。一般来说，滤波器的幅频特性越好，其相频特性越差，反之亦然。滤波器的阶数越高，幅频特性衰减的速率越快，但 *RC* 网络的阶数越高，元件参数计算越烦琐，电路调试越困难。任何高阶滤波器均可以用二阶 *RC* 有源滤波器级联实现。

8.6.1　有源低通滤波电路

在前文 3.3.1 节介绍了一阶低通滤波器，其特点是电路简单，但阻带衰减太慢，选择性较差。为了使输出电压在高频段以更快的速率下降，以改善滤波效果，再加一节 *RC* 低通滤波环节，称为二阶有源滤波电路，如图 8-67 所示。它比一阶低通滤波器的滤波效果更好。

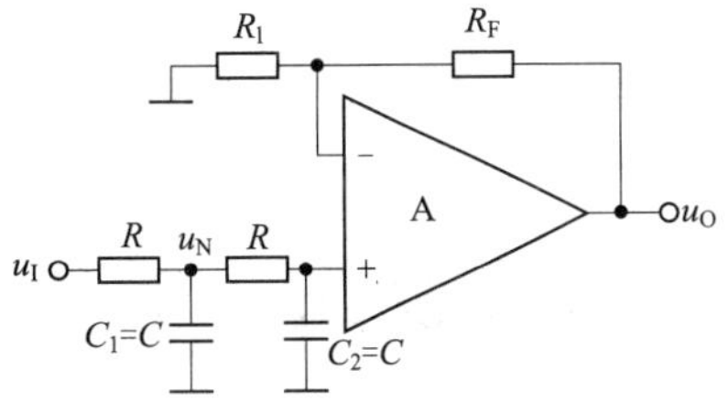

图 8-67　二阶有源低通滤波器

因为 $C_1=C_2=C$，则此电路的传递函数为 $A_u(s)=\frac{A_f}{1+(3-A_f)sRC+(sRC)^2}$。

令 $s=\mathrm{j}\omega$ 代入式中可得

$$A(\mathrm{j}\omega)=\frac{A_{up}}{1-\left(\frac{\omega}{\omega_0}\right)^2+\mathrm{j}\frac{1}{Q}\frac{\omega}{\omega_0}}$$

式中，通带增益 $A_{up}=1+\frac{R_F}{R_1}$；选择性 $Q=\frac{1}{3-A_{up}}$；截止频率 $\omega_0=\frac{1}{RC}$。

8.6.2　有源高通滤波电路

与低通滤波电路相反，高通滤波电路（HPF）用来通过高频信号，衰减或抑制低频信号。只要将低通滤波电路中起滤波作用的电阻、电容位置互换，即可变成有源高通滤波电路。图 8-68(a)所示为二阶有源高通滤波电路。高通滤波电路性能与低通滤波电路相反，其频率响应和低通滤波电路是“镜像”关系，仿照低通滤波电路分析方法，不难求得高通滤波电路的幅频特性，如图 8-68(b)所示。

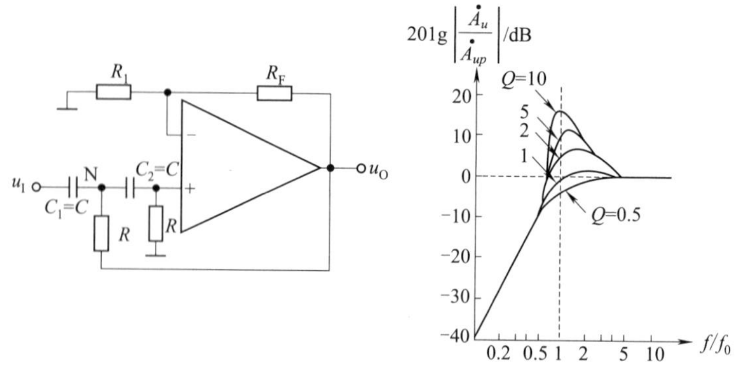

（a）电路图　　　（b）幅频特性曲线

图 8-68　二阶有源高通滤波电路及幅频特性曲线

其频率特性为

$$H(\mathrm{j}\omega)=\frac{A_{\mathrm{f}}}{1-\left(\frac{\omega_0}{\omega}\right)^2+\mathrm{j}\frac{1}{Q}\frac{\omega_0}{\omega}}$$

$$A_{\mathrm{f}}=1+\frac{R_{\mathrm{F}}}{R_1}$$

$$Q=\frac{1}{3-A_{\mathrm{f}}}$$

$$\omega_0=\frac{1}{RC}$$

8.6.3　有源带通滤波电路

带通滤波电路可由低通滤波电路和高通滤波电路构成，也可以直接由集成运放外加 RC 网络构成。不同的构成方法，其滤波特性也不同。带通滤波电路的功能是让指定频段内的信号通过，而比通频带下限频率低和比上限频率高的信号均加以衰减或抑制。典型的二阶带通滤波电路可以从二阶低通滤波电路中将其中一阶改成高通而成，如图 8-69（a）所示。

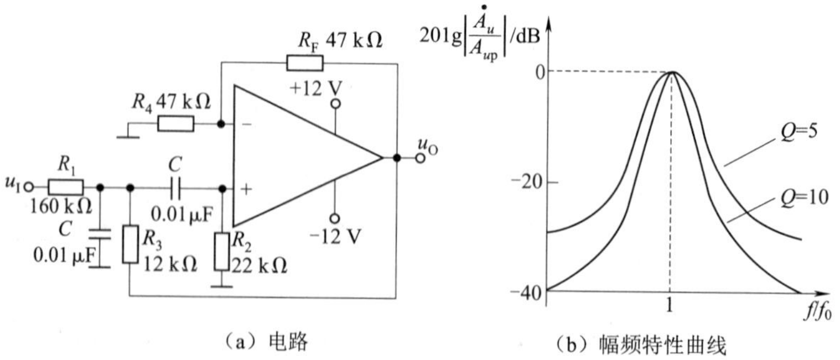

（a）电路　　　（b）幅频特性曲线

图 8-69　二阶带通滤波电路及幅频特性曲线

电路性能参数如下：

通带增益：

$$A_{up} = \frac{R_4 + R_F}{R_4 R_1 C}$$

中心频率：

$$f_0 = \frac{1}{2\pi}\sqrt{\frac{1}{R_3 C^2}\left(\frac{1}{R_1} + \frac{1}{R_2}\right)}$$

通带宽度：

$$B = \frac{1}{C}\left(\frac{1}{R_1} + \frac{1}{R_2} - \frac{R_F}{R_3 R_4}\right)$$

选择性：

$$Q = \frac{\omega_0}{B}$$

此电路的优点是改变 R_f和 R_4的比例就可改变频宽而不影响中心频率。

8.6.4　有源带阻滤波电路

带阻滤波电路又称陷波器，它的性能和带通滤波电路相反，即在规定的频带内，信号不能通过（或受到很大衰减或抑制），而在其余频率范围，信号则能顺利通过。带阻滤波电路可由低通滤波电路和高通滤波电路构成，也可由集成运放外加 *RC* 网络构成。如图 8-70（a）所示，在双 T 网络后加一级同相比例运算电路就构成了基本的二阶有源带阻滤波电路。

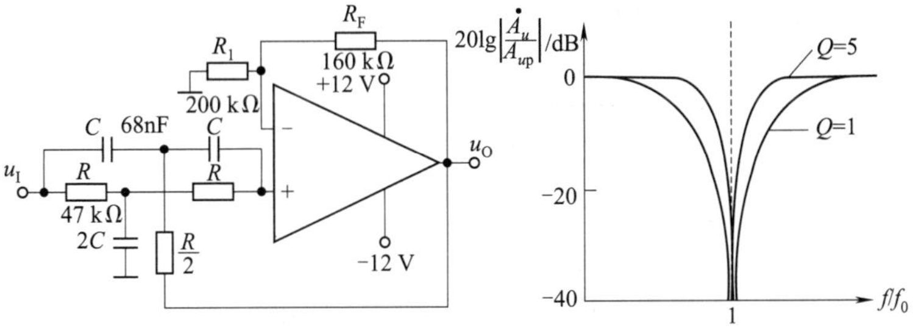

（a）电路图　　（b）幅频特性曲线

图 8-70　二阶带阻滤波电路及幅频特性曲线

电路性能参数如下：

通带增益：

$$A_{up} = 1 + \frac{R_F}{R_1}$$

中心频率：

$$f_0 = \frac{1}{2\pi RC}$$

阻带宽度：

$$B = 2(2 - A_{up})f_0$$

选择性：

$$Q = \frac{1}{2(2 - A_{up})}$$

小结

本章首先介绍了模拟电子系统设计的主要任务和基本方法；然后主要针对放大电路、集成运算放大器的应用、差分放大电路、直流稳压电源与有源滤波电路的设计进行分析。既有常规的电子系统的设计，又包含一些综合性的设计和创新提高。这些电路设计涉及本书中的大部分章节知识点，通过这些实例可提升学生的工程实践能力，加深对所学理论知识的综合应用。

习题

1. 电冰箱保护器的设计

电冰箱保护器由电源电路及采样电路，过电压、欠电压比较电路，延迟电路，检测和控制电路等几部分构成。其原理框图如图 8-71 所示。

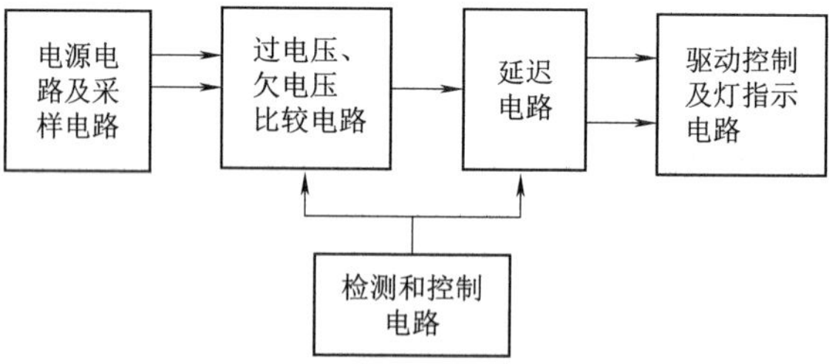

图 8-71 电冰箱保护器原理框图

设计要求如下：

(1) 电压在 180 ~ 250 V 范围内正常供电，绿灯指示，正常范围可根据需要进行调节。

(2) 过电压、欠电压保护：当电压低于设计允许最低电压或高于设定允许最高电压时，自动切断电源，且红灯指示。

(3) 加电，过电压、欠电压保护或瞬时断电时，延迟 3 ~ 5 min 才允许接通电源。

(4) 负载功率 > 200 W。

2. 音频前置放大器的设计

利用合适的集成运算放大器，设计一个音频前置放大器，可以将话筒语音和录音机音乐进行混合，并放大到要求的幅度。其原理框图如图 8-72 所示。

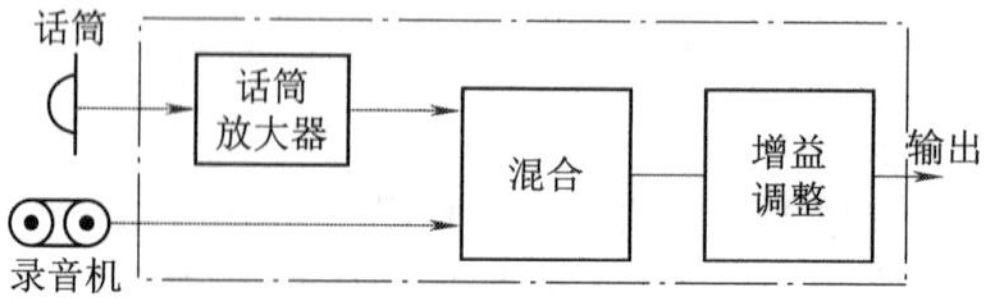

图 8-72 音频放大器原理框图

设计要求如下：

(1)话筒输出：≤10 mV,20 kΩ；录音机输出：≤100 mV,50 Ω。

(2)带宽:100 Hz ~ 15 kHz。

(3)相对于话筒放大器增益：≥30 dB；负载电阻:20 kΩ。

(4)放大器没有明显的非线性失真。

此外,还可以根据自己的能力,进行自由发挥,提高指标,扩展功能等。如增加自动增益控制电路等。

3. 音调控制器的设计

音调与信号的频率有关。选用合适的集成运算放大器,设计一个音调控制器,可以将低音、中音和高音进行增益控制。其原理框图如图 8-73 所示。

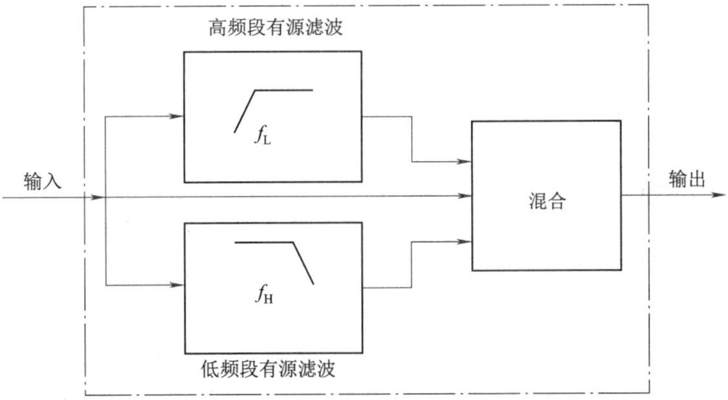

图 8-73　音调控制器原理框图

设计要求如下：

(1)输入：≤100 mV,50 Ω。

(2)带宽:20 Hz ~ 15 kHz。

(3)f = 1 kHz 时,保持 0 dB。

(4)f≤100 Hz 或者 f ≥10 kHz 时,0 ~ 12 dB 可调。

此外,还可以根据自己的能力,进行自由发挥,提高指标,扩展功能。如增加音调控制的频段等。

4. 移相信号发生器的设计

利用正弦振荡的原理,实现一个正弦信号发生器,并利用积分微分电路进行移相。其原理框图如图 8-74 所示。

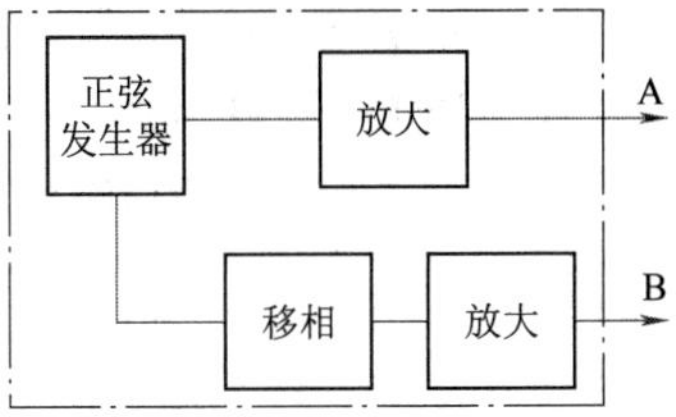

图 8-74　移相信号发生器原理框图

设计要求如下：

(1)输出 A、B 两路正弦信号,幅度≥100 mV。

(2)频率:1 kHz。

(3)相对于 A 路,B 路的相位：−45° ~ +45°可调。

(4)频率稳定度：≤10^{-4}。

(5)没有明显的非线性失真。

(扩展功能：如幅度可调、频率可调等。)

第 9 章 基于 Proteus 的模拟电子技术仿真实验

引　言

随着电子技术的迅速发展，新器件、新电路不断涌现，要认识和应用门类繁多的新器件和新电路，最有效的方法就是实验。可见，掌握模拟电路实验技能对从事电子技术的人员是至关重要的。学生先利用计算机软件仿真法对所设计的电路进行仿真，然后直接采用电路实验装置连接并调试电路，并对电路进行观察、测试、分析，反复更换元器件进行调试，最终达到实验指标的要求。

内容结构

- 基于Proteus的模拟电子技术仿真实验
  - 单级交流放大电路实验
  - 带负反馈的两级交流放大电路实验
  - 集成运算放大电路实验（Ⅰ）
  - 集成运算放大电路实验（Ⅱ）
  - 集成运算放大电路实验（Ⅲ）
  - 电压比较器实验
  - 波形发生电路实验
  - 集成功率放大电路实验

学习目标

①学会各种电子仪器设备的使用。
②通过验证性实验加深对所学理论知识的理解和应用。
③分析测量数据，并根据数据发现可能存在的问题最终解决问题。
④培养撰写实验报告的能力。

9.1　单级交流放大电路实验

【实验目的】

①进一步熟悉常用电子元器件、实验设备的使用方法。

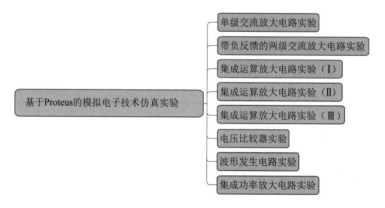

②学习晶体管放大电路静态工作点的测试方法,掌握共射极电路的特性。

③理解电路元件参数对静态工作点的影响,以及调整静态工作点的方法。

④学习放大电路性能指标:电压增益 A_u、输入电阻 R_i、输出电阻 R_o 的测量方法。

【实验设备】

数模电实验箱、信号发生器、数字万用表、示波器。

【预习要求】

①熟悉单管放大电路,掌握不失真放大的条件。

②熟悉共射极放大电路静态和动态的测量方法。

③了解负载变化对共射极放大电路放大倍数的影响。

【实验内容及步骤】

1. 硬件电路

小信号放大电路如图 9-1 所示。

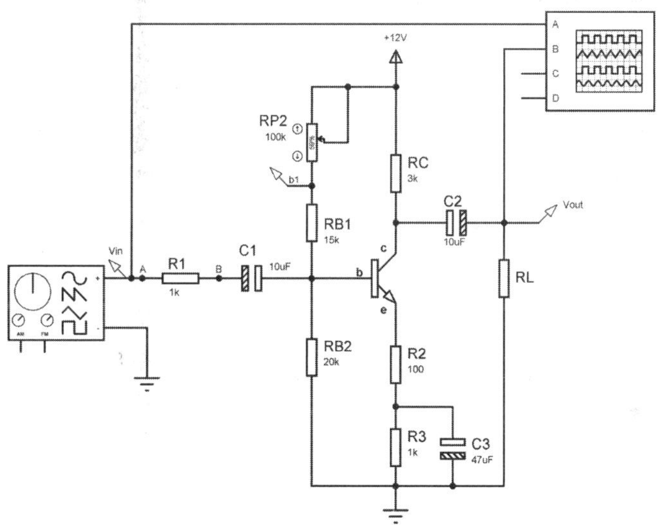

图 9-1　小信号放大电路

2. 实验步骤

①用万用表判断实验箱上晶体管的极性和好坏,判断电解电容的极性和好坏。

②按图 9-1 所示连接电路,即 V_{in} 接信号源,V_{out} 接示波器(注意接线前先测量 ±12 V 电源,关断电源后再接线),将电位器调到电阻最大位置。

③接线后仔细检查,确认无误后接通电源。

④双击打开工程文件夹下 EX2_单级交流放大电路. DSN,启动仿真,调节滑动变阻器,观察、分析、比较仿真输出波形与实验实际输出的波形。

⑤Proteus 仿真输出波形如图 9-2 所示。

3. 测量并计算静态工作点

将输入端对地短路,调节电位器,使 $V_c = V_{CC}/2$(取 $V_c = 6 \sim 7$ V,$V_{CC} = +12$ V),测静态工作点 V_c、V_e、V_b 及 V_{b1} 的数值,记入表 9-1 中。按下式计算 I_b、I_c,即 $I_b = (V_{b1} - V_b)/R_{b1} - V_b/R_{b2}$,$I_e = (V_b - V_{BE})/R_e$,$I_c = I_e$。

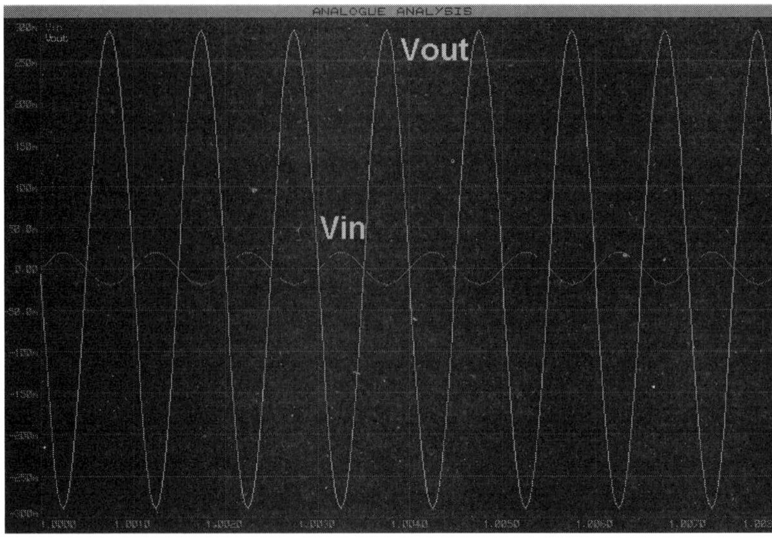

图 9-2 小信号放大电路仿真输出波形

表 9-1 静态工作点测量

调整电位器	测量			计算	
V_c/V	V_e/V	V_b/V	V_{b1}/V	I_c/mA	I_b/μA

4. 动态研究

①将信号发生器调到$f=1$ kHz，幅值为50 mV，接到放大器输入端 V_{in}，观察 V_{in} 和 V_{out} 的波形，并比较相位。

②信号源频率不变，逐渐加大幅度，观察 V_{out} 不失真时的最大值并填入表 9-2 中($R_L=\infty$ 时)。

表 9-2 放大倍数测量(1)

实测		实测计算	估算
V_{in}/mV	V_{out}/V	A_u	A_v

③保持 V_i 不变，放大器接入负载 R_L，在改变 R_c 数值情况下测量，并将计算结果填入表 9-3 中。

表 9-3 放大倍数测量(2)

给定参数		实测		实测计算	估算
R_c/kΩ	R_L/kΩ	V_{in}/mV	V_{out}/V	A_u	A_u
2	5.1				
2	2.2				

续表

给定参数		实测		实测计算	估算
R_c/kΩ	R_L/kΩ	V_{in}/mV	V_{out}/V	A_u	A_u
5.1	5.1				
5.1	2.2				

④保持 V_{in} 不变，增大和减小电位器 R_{P2}，观察 V_{out} 波形变化，测量并填表 9-4。

表 9-4　电极电位测量

R_{P2} 值	V_b	V_c	V_e	输出波形情况
最大				
合适				
最小				

注意：

若失真观察不明显可增大或减小 V_{in} 幅值重测。

5. 测量放大器输入、输出电阻

(1)测量输入电阻 R_i(采用换算法)

输入 1 kHz 的正弦信号，用示波器观察输出信号波形，用毫伏表分别测量 A、B 点对地的电位 V_s、V_i。其中 R_i 的计算公式如下：($R_s = R_1 = 1$ kΩ)

$$R_i = \frac{V_i}{V_s - V_i} R_s$$

(2)测量输出电阻 R_o

输入 1 kHz 的正弦信号，V_i 为 100 mV 左右，用示波器观察输出波形，测量空载时输出电压 V_∞ ($R_L = \infty$)，加负载时的输出电压 V_o($R_L = 5.1$ kΩ 或其他)，将测量结果填入表 9-5 中。其中，R_o 的计算公式如下：

$$R_o = \frac{(V_\infty - V_o) \times R_L}{V_o}$$

表 9-5　输出电阻测量

V_s/mV	V_i/mV	R_i/kΩ	V_∞/V	V_o/V	R_o/kΩ

【实验报告】

①整理实验数据，填入相应表中，并按要求进行计算。

②总结电路参数变化对静态工作点和电压放大倍数的影响。

③分析输入电阻和输出电阻的测试方法。

④选择在实验中感受最深的一个实验内容，写出较详细的报告。

⑤思考题:

a. 如何测量晶体管的发射极电流?

b. 输出电阻的理论值与实测值有误差的原因是什么?

9.2 带负反馈的两级交流放大电路实验

【实验目的】

①学习两级阻容耦合放大电路静态工作点的调整方法。

②学习两级阻容耦合放大电路电压放大倍数的测量。

③熟悉负反馈放大电路性能指标的测试方法,通过实验加深理解负反馈对放大电路性能的影响。

【实验设备】

数模电实验箱、信号发生器、数字万用表、示波器。

【预习要求】

①熟悉单管放大电路,掌握不失真放大电路的调整方法。

②熟悉两级阻容耦合放大电路静态工作点的调整方法。

③了解负反馈对放大电路性能的影响,熟悉放大电路开环和闭环电压放大倍数。

【实验内容及步骤】

1. 硬件电路

两级放大电路如图 9-3 所示。

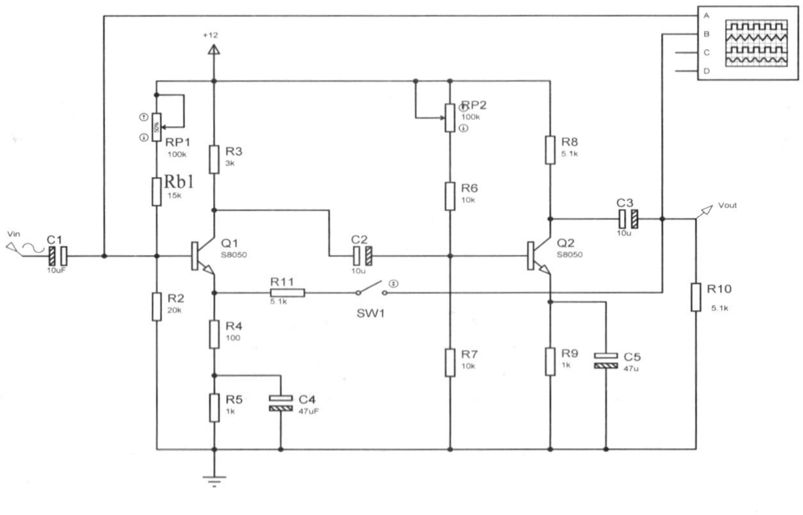

图 9-3 两级放大电路

2. 实验步骤

①按图 9-3 所示连接电路,V_{in} 接信号源,V_{out} 接示波器(注意接线前先测量 +12 V 电源,关断电源后再接线)。将电位器调到电阻最大位置。

②接线后仔细检查，确认无误后接通电源。

③双击打开工程文件夹下 EX4_带负反馈的两级交流放大电路.DSN，启动仿真，调节滑动变阻器 R_{P1}、R_{P2}，观察、分析、比较仿真输出波形与实验实际输出的波形。

④Proteus 仿真输出波形如图 9-4 所示。

注意：

实验中如发现寄生振荡，可采用以下措施消除。

a. 重新布线，尽可能走短线。

b. 避免将输出信号的地引回到放大器的输入级。

c. 分别使用测量仪器，避免互相干扰。

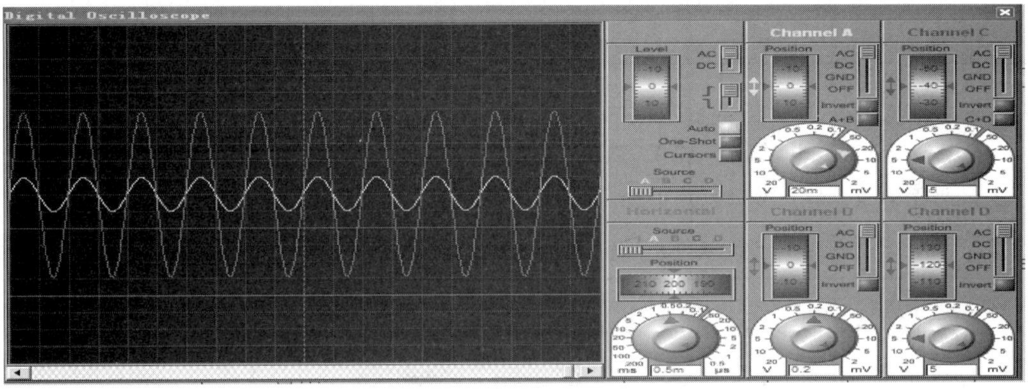

图 9-4 两级放大电路仿真输出波形

3. 调整静态工作点

静态工作点设置：第一级增加信噪比，要求工作点尽可能低；第二级为主要放大级，要求在输出波形不失真的前提下输出幅值尽可能大。按图 9-3 连接，使放大器处于开环工作状态。经检查无误后接通电源。调整 R_{P1}、R_{P2}（记录当前有效值），使 $V_{c1}=6\sim7$ V、$V_{c2}=6\sim7$ V，测量各级静态工作点，填入表 9-6 中。

表 9-6 静态工作点测量

项目	静态工作点						输入电压和输出电压/mV			电压放大倍数		
	第一级			第二级						第一级	第二级	整体
	V_{c1}/V	V_{b1}/V	V_{e1}/V	V_{c2}/V	V_{b2}/V	V_{e2}/V	V_i	V_{o1}	V_{o2}	A_{u1}	A_{u2}	A_u
空载												
负载												

4.（开环工作下）两级放大电路的频率特性

①负载断开，将输入信号调到 1 kHz，调节信号源幅度使输出波形最大不失真。

②保持输入信号幅度不变，改变信号源频率，观察输出波形的变化情况。

③接上负载，重复上述实验，自拟表格记录数据。

5.（闭环工作下）**观察负反馈对放大倍数的影响**

①信号源输出频率为 1 kHz、幅度 5 mV 左右的正弦波（以保证二级放大器的输出波形不失真为准）。

②输出端不接负载，分别测量电路在无反馈（SW1 断开）与有反馈（SW1 连接）工作时空载下的输出电压 V_o，同时用示波器观察输出波形。注意波形是否失真，若失真，减少 V_i 并计算电路在无反馈与有反馈工作时的电压放大倍数 A_u，记入表 9-7 中。

表 9-7　电压放大倍数测量

工作方式		待测参数		
		V_i/mV	V_o/V	A_u
无反馈	$R_L=\infty$			
有反馈	$R_L=\infty$			

6. 观察负反馈对放大倍数稳定性的影响

$R_L=5.1\ \text{k}\Omega$，改变电源电压，将 V_{CC} 从 12 V 变到 10 V。分别测量电路在无反馈与有反馈工作状态时的输出电压。注意波形是否失真，并计算电压放大倍数和稳定度，记入表 9-8 中。

表 9-8　负反馈对放大倍数稳定性测量

工作方式	待测参数						$\mathrm{d}A_u/A_u$
	$V_{CC}=12$ V			$V_{CC}=10$ V			
	V_i/mV	V_o/V	A_u	V_i/mV	V_o/V	A_u	
无反馈							
有反馈							

7. 观察负反馈对波形失真的影响（选作）

①电路无反馈，$V_{CC}=12$ V，$R_L=5.1\ \text{k}\Omega$，逐渐加大信号源的幅度，用示波器观察输出波形，出现临界失真，用毫伏表测量 V_i、V_o 值，记入表 9-9 中。

②电路接入反馈（SW1 连接），其他参数不变，逐渐加大信号源的幅度，用示波器观察输出波形，出现临界失真时，用毫伏表测量 V_i、V_o 值，记入表 9-9 中。

表 9-9　负反馈对波形失真的影响测量

工作方式	待测参数	
	V_i/mV	V_o/V
无反馈		
有反馈		

8. 幅频特性测量（对带宽的影响）（选作）

①电路无反馈，选择适当幅度，频率为 1 kHz 的信号源接入电路，使输出信号在示波器上有满幅信号输出。

②保持输入信号幅度不变，逐渐增加输入信号的频率，直到波形减小为原来（幅度最大）的70%（$0.707V_{omax}$），此时信号的频率为放大电路上限截止频率f_H。

③保持输入信号幅度不变，逐渐减少输入信号的频率，直到波形减小为原来（幅度最大）的70%，此时信号的频率为放大电路下限截止频率f_L。

④电路接入反馈（SW1 连接），重复上述实验。将测量数据记入表 9-10 中。

表 9-10　幅频特性测量

项目	f_H/Hz	f_L/Hz
无反馈		
有反馈		

【实验报告】

①整理实验数据，填入相应表中，并按要求进行计算。

②将实验值与理论值比较，分析误差原因。

③根据实验内容总结负反馈对放大电路的影响。

④思考题：

a. 放大器加负反馈对性能有哪些改善？

b. 反馈系数的理论计算值与实测值差别的原因在哪里？

c. 验算带宽的增加是否符合理论值的$(1+AF)$倍？

9.3　集成运算放大电路实验（Ⅰ）

【实验目的】

①掌握集成运算放大电路的测试及分析方法。

②掌握用集成运算放大电路组成比例、求和运算放大电路。

【实验设备】

数模电实验箱、信号发生器、数字万用表、示波器。

【预习要求】

①理解运算电路中集成运放必须工作在线性区的原因。

②理解理想运放工作在线性区时“虚短”“虚断”的含义。

【实验内容及步骤】

1. 电压跟随器电路

(1) 硬件电路

电压跟随器电路如图 9-5 所示。

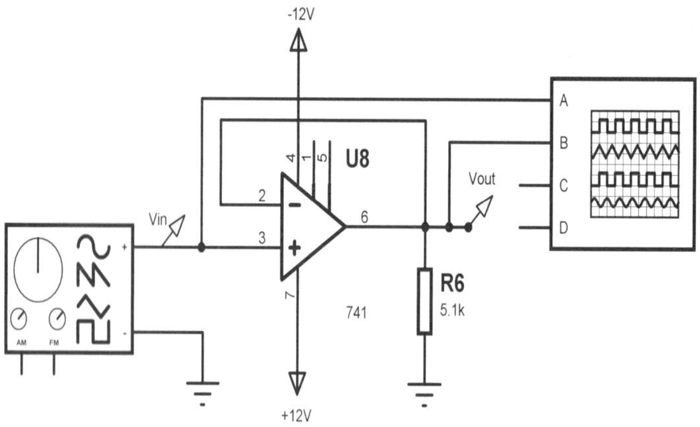

图 9-5　电压跟随器电路

(2)实验步骤

①按图 9-5 所示连接电路,V_{in}接信号源,V_{out}接示波器(注意接线前先测量 +12 V、-12 V 电源,关断电源后再接线)。

②接线后仔细检查,确认无误后接通电源。

③双击打开工程文件夹下 EX7_电压跟随器电路. DSN,启动仿真,观察、分析、比较、仿真与实验实际输出的波形。

④Proteus 仿真输出波形如图 9-6 所示。

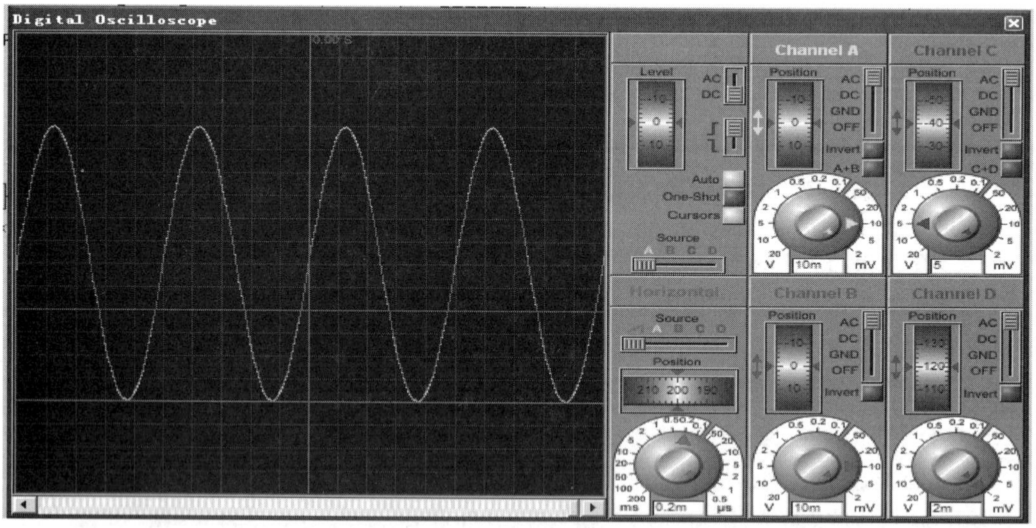

图 9-6　Proteus 仿真输出波形(电压跟随器)

(3)实验内容

①输入端接入频率为 1 kHz,有效值为 2 V 的正弦信号,用示波器观察输出波形 V_o。

②按表 9-11 所示的内容测量并记录(负载都为空载,即 $R_L=\infty$ 和 $R_L=5.1\ k\Omega$ 两种情况)。

表 9-11　电压跟随器测量

V_i/V		-1	-0.5	0	+0.5	1
V_o/V	$R_L=\infty$					
	$R_L=5.1\ k\Omega$					
放大倍数	A_{uf}					

2. 反相比例放大器电路

(1)硬件电路

反相比例放大器电路如图 9-7 所示。

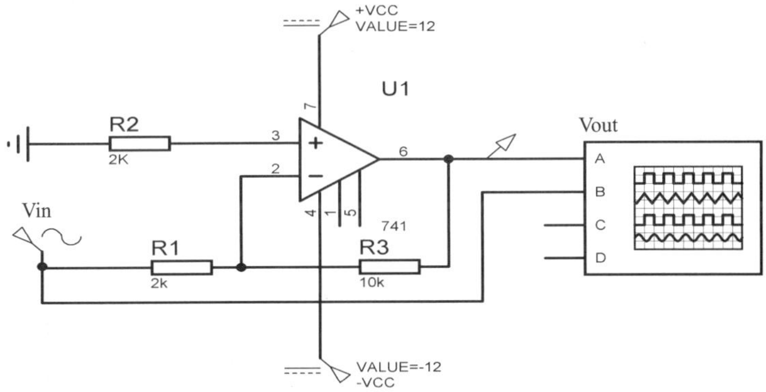

图 9-7　反相比例放大器电路

(2)实验步骤

①按图 9-7 所示连接电路,V_{in} 接信号源,V_{out} 接示波器(注意接线前先测量 +12 V、-12 V 电源,关断电源后再接线)。

②接线后仔细检查,确认无误后接通电源。

③双击打开工程文件夹下 EX8_反相比例放大器电路.DSN,启动仿真,观察、分析、比较、仿真与实验实际输出的波形。

④Proteus 仿真输出波形如图 9-8 所示。

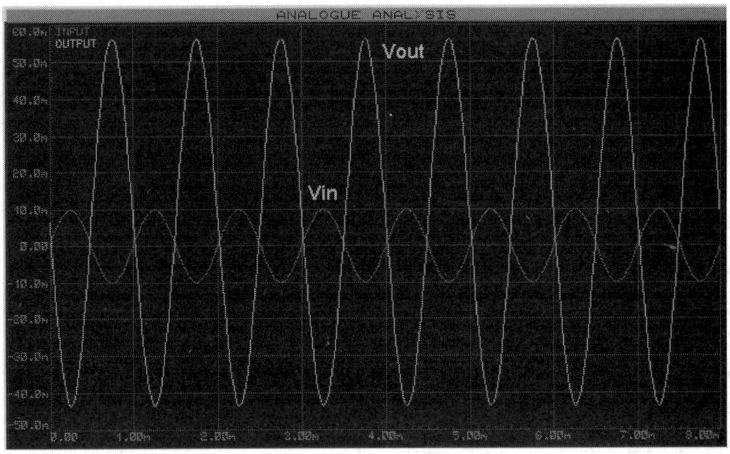

图 9-8　Proteus 仿真输出波形(反相比例放大器)

(3)实验内容

①输入端接入频率为 1 kHz,有效值为 0.5 V 的正弦信号,用示波器观察输出波形 V_o。

②按表 9-12 所示的内容测量并记录。

表 9-12　反相比例放大器电路测量

输入电压 V_i/mV		30	100	300	1 000	3 000
输出电压 V_o	理论估算/mV					
	实测值/mV					
	放大倍数 A_u					
	误　差					

3. 同相比例放大器电路

(1)硬件电路

同相比例放大器电路如图 9-9 所示。

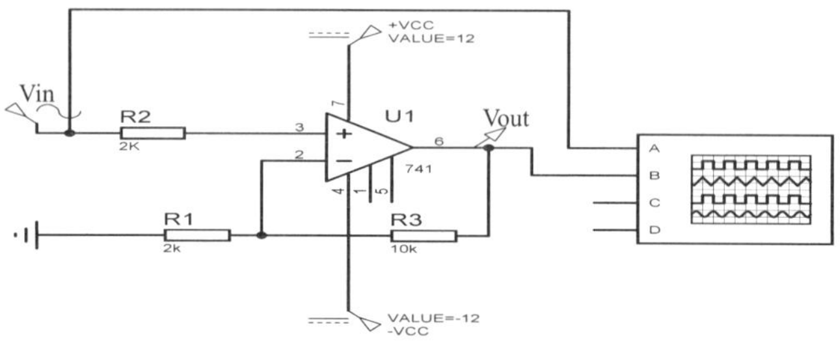

图 9-9　同相比例放大器电路

(2)实验步骤

①按图 9-9 所示连接电路,V_{in} 接信号源,V_{out} 接示波器(注意接线前先测量 +12 V、-12 V 电源,关断电源后再接线)。

②接线后仔细检查,确认无误后接通电源。

③双击打开工程文件夹下 EX9_同相比例放大器电路.DSN,启动仿真,观察、分析、比较、仿真与实验实际输出的波形。

④Proteus 仿真输出波形如图 9-10 所示。

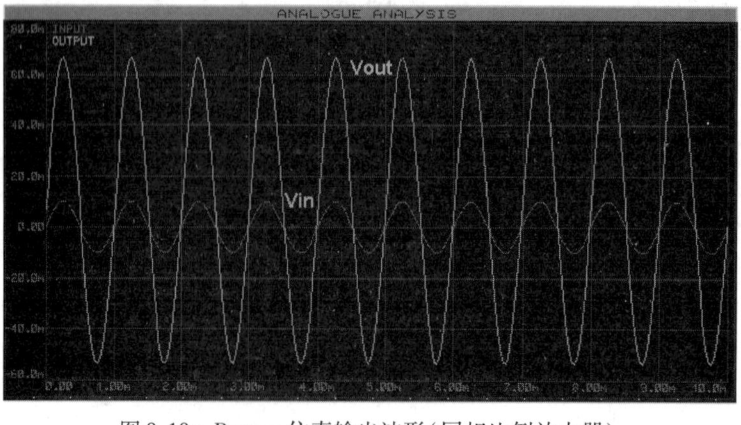

图 9-10　Proteus 仿真输出波形(同相比例放大器)

(3)实验内容

①输入端接入频率为 1 kHz,有效值为 0.5 V 的正弦信号,用示波器观察输出波形 V_o。

②按表 9-13 所示的内容测量并记录。

表 9-13　同相比例放大器电路测量

输入电压 V_i/mV		30	100	300	1 000	3 000
输出电压 V_o	理论估算/mV					
	实测值/mV					
	放大倍数 A_u					
	误　差					

4. 双端输入求和放大电路

(1)硬件电路

双端输入求和放大电路如图 9-11 所示。

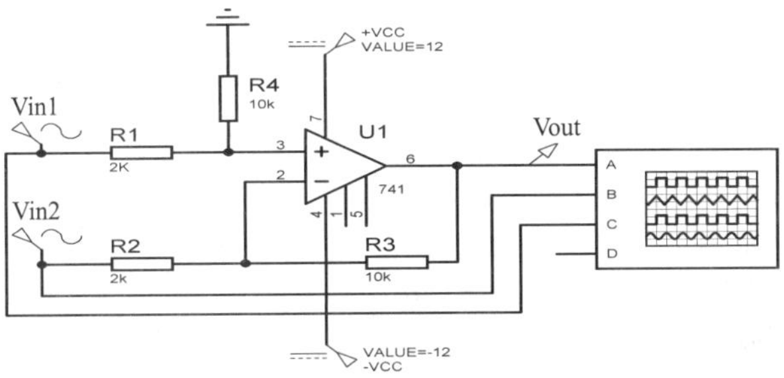

图 9-11　双端输入求和放大电路

(2)实验步骤

①按图 9-11 所示连接电路,V_{in} 接信号源,V_{out} 接示波器(注意接线前先测量 +12 V、-12 V 电源,关断电源后再接线)。

②接线后仔细检查,确认无误后接通电源。

③双击打开工程文件夹下 EX10_双端输入求和放大电路.DSN,启动仿真,观察、分析、比较、仿真与实验实际输出的波形。

④Proteus 仿真输出波形如图 9-12 所示。

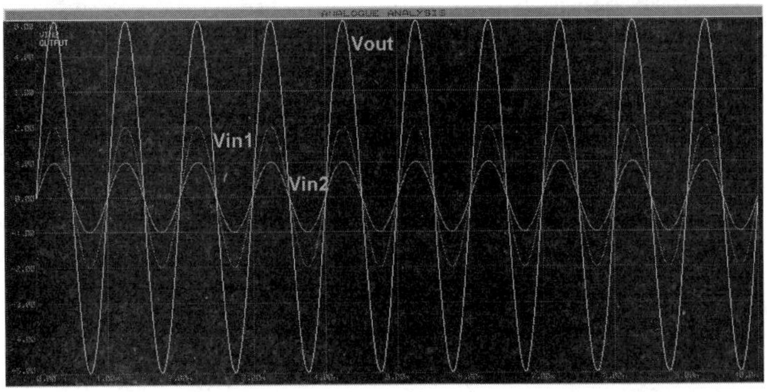

图 9-12　Proteus 仿真输出波形(求和放大电路)

(3)实验内容

①输入端接入频率为 1 kHz,有效值分别为 1 V、2 V 的正弦信号,用示波器观察输出波形 V_o。

②按表 9-14 所示的内容测量并记录。

表 9-14　双端输入求和放大电路测量

V_{in1}/V	1	2	3
V_{in2}/V	0.5	1	3
V_o/V			
A_u			

【实验报告】

①总结本实验中各种运算电路的特点及性能。

②分析理论计算与实验结果误差的原因。

9.4　集成运算放大电路实验(Ⅱ)

【实验目的】

①掌握集成运算放大电路的测试及分析方法。

②掌握用集成运算放大电路组成加法、减法运算放大电路。

【实验设备】

数模电实验箱、信号发生器、数字万用表、示波器。

【预习要求】

①理解运算电路中集成运放必须工作在线性区的原因;

②理解理想运放工作在线性区时“虚短”和“虚断”的含义。

【实验内容及步骤】

1. 加法运算放大电路

(1)硬件电路

加法运算放大电路如图 9-13 所示。

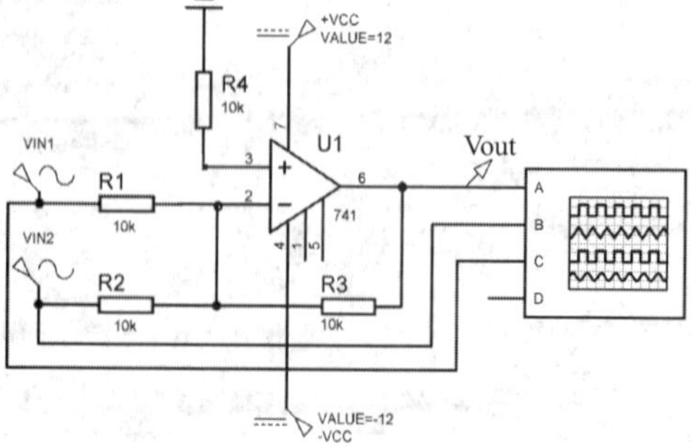

图 9-13　加法运算放大电路

(2)实验步骤

①按图 9-13 所示连接电路,V_{in}接信号源,V_{out}接示波器(注意接线前先测量 +12 V、-12 V 电源,关断电源后再接线)。

②接线后仔细检查,确认无误后接通电源。

③双击打开工程文件夹下 EX11_加法运算放大电路.DSN,启动仿真,观察、分析、比较、仿真与实验实际输出的波形。

④Proteus 仿真输出波形如图 9-14 所示。

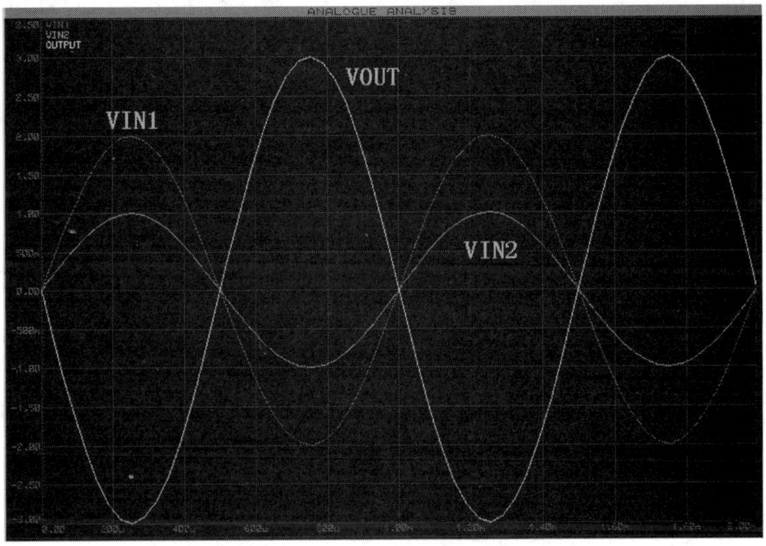

图 9-14　Proteus 仿真输出波形(加法运算放大电路)

(3)实验内容

(1)输入端接入频率为 1 kHz,有效值分别为 1 V、2 V 的正弦信号,用示波器观察输出波形 V_o。

(2)按表 9-15 所示的内容测量并记录。

表 9-15　加法运算放大电路测量

V_{in1}/V	1	2	0.2
V_{in2}/V	0.5	1.8	-0.2
V_o/V			
A_u			

2. 减法运算放大电路

(1)硬件电路

减法运算放大电路如图 9-15 所示。

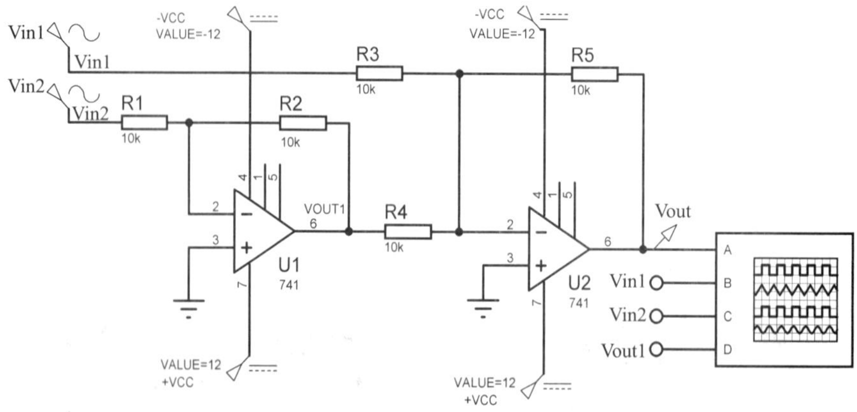

图 9-15　减法运算放大电路

(2)实验步骤

①按图 9-15 所示连接电路,V_{in}接信号源,V_{out}接示波器(注意接线前先测量 +12 V、-12 V 电源,关断电源后再接线)。

②接线后仔细检查,确认无误后接通电源。

③双击打开工程文件夹下 EX11_减法运算放大电路. DSN,启动仿真,观察、分析、比较、仿真与实验实际输出的波形。

④Proteus 仿真输出波形如图 9-16 所示。

(3)实验内容

①输入端接入频率 1 kHz,有效值分别为 0. 5 V、1. 5 V 的正弦信号,用示波器观察输出波形 V_o。

②按表 9-16 所示的内容测量并记录。

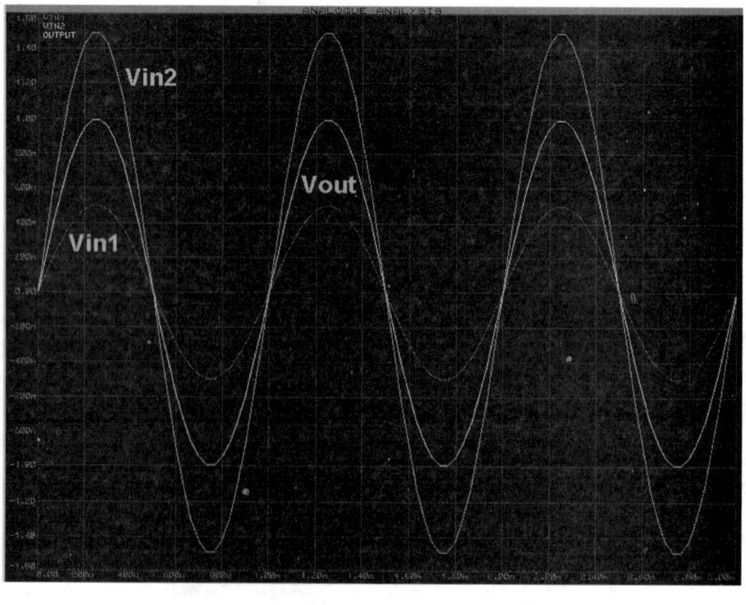

图 9-16　Proteus 仿真输出波形(减法运算放大电路)

表 9-16　减法运算放大电路测量

V_{in1}/V	1	2	0.2
V_{in2}/V	0.5	1.8	-0.2
V_o/V			
A_u			

【实验报告】

①总结本实验中各种运算电路的特点及性能。

②分析理论计算与实验结果误差的原因。

9.5　集成运算放大电路实验(Ⅲ)

【实验目的】

①掌握用集成运放组成积分电路和微分电路。

②掌握积分电路和微分电路的特点及性能分析。

【实验设备】

数模电实验箱、信号发生器、数字万用表、示波器。

【预习要求】

①用 μA741 组成积分电路和微分电路。

②掌握积分电路与微分电路测试过程。

③设计并画出实验电路图,标明各元器件数值和型号。

④事先计算好实验内容中的有关理论值,以便和实验测量值比较。

⑤自拟实验步骤和实验数据表格。

【实验内容及步骤】

1. 积分电路

(1)硬件电路

积分电路如图 9-17 所示。

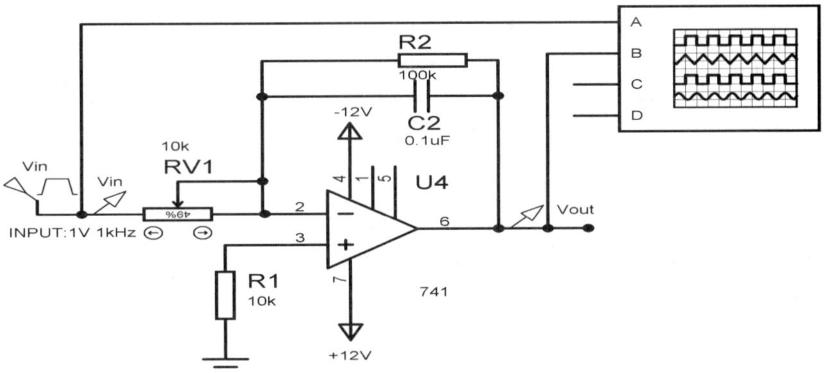

图 9-17　积分电路

(2)实验步骤

①按图 9-17 所示连接电路,电阻 R_2 暂时不接入电路中,V_{in} 接信号源,V_{out} 接示波器(注意接线前先测量 +12 V、-12 V 电源,关断电源后再接线)。

②接线后仔细检查,确认无误后接通电源。

③双击打开工程文件夹下 EX13_积分运算电路. DSN,启动仿真,观察、分析、比较、仿真与实验实际输出的波形。

④Proteus 仿真输出波形如图 9-18 所示。

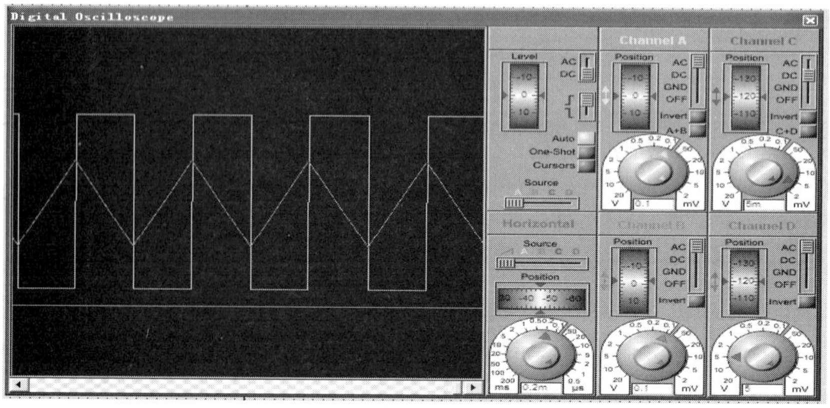

图 9-18 Proteus 仿真输出波形(积分电路)

(3)实验内容

①输入正弦波信号,$f=1$ kHz,有效值为 1 V,用示波器观察输入、输出波形并测量输出电压。

②改变正弦波频率,观察输入、输出的相位和幅值变化情况并记录。

③输入方波信号,$f=1$ kHz,用示波器观察输入、输出波形并测量输出电压。

④改变方波频率,观察输入、输出的相位和幅值变化情况并记录。

⑤在电容 C_2 的两端加入一个电阻 R_2,如图 9-17 所示,重复上述实验,观察输入、输出波形。

2. 微分电路

(1)硬件电路

微分电路如图 9-19 所示。

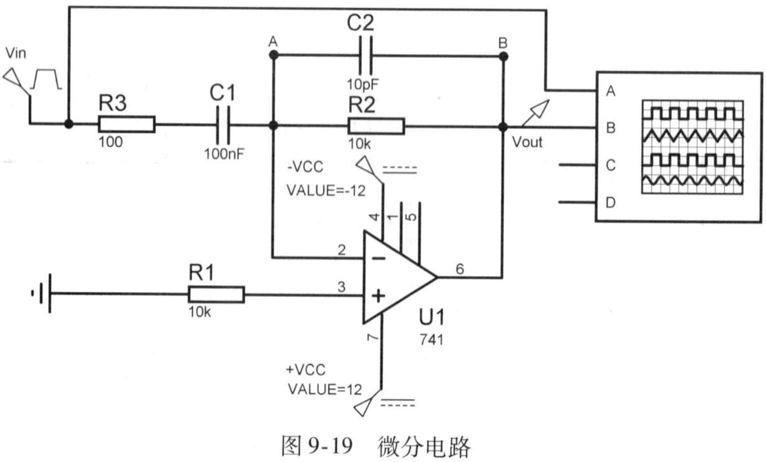

图 9-19 微分电路

(2)实验步骤

①按图 9-19 所示连接电路,电阻 R_3,电容 C_2 暂不接入电路中,即 V_{in} 接信号源,V_{out} 接示波器(注意接线前先测量 +12 V、-12 V 电源,关断电源后再接线)。

②接线后仔细检查,确认无误后接通电源。

③双击打开工程文件夹下 EX14_微分运算电路. DSN,启动仿真,观察、分析、比较、仿真与实验实际输出的波形。

④Proteus 仿真输出波形如图 9-20 所示。

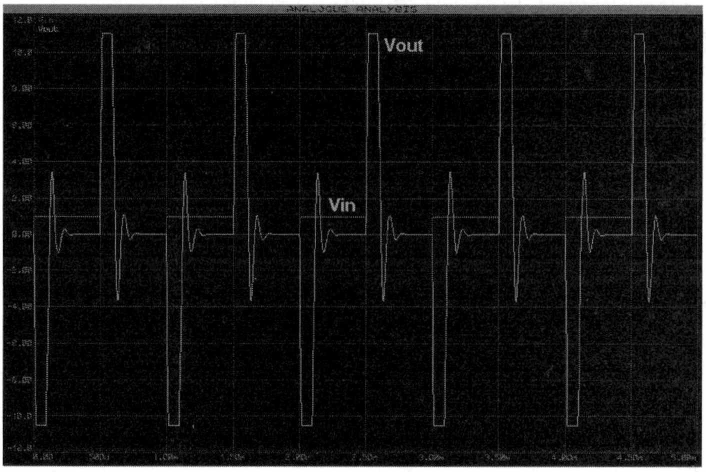

图 9-20　Proteus 仿真输出波形(微分电路)

(3)实验内容

①输入正弦波信号,$f=1$ kHz,有效值为 1 V,用示波器观察输入、输出波形并测量输出电压。

②改变正弦波频率,观察输入、输出的相位和幅值变化情况并记录。

③输入方波信号,$f=1$ kHz,用示波器观察输入、输出波形并测量输出电压。

④改变方波频率,观察输入、输出的相位和幅值变化情况并记录。

⑤在电阻 R_2 的两端加入一个电容 C_2,如图 9-19 所示,重复上述实验,观察输入、输出波形。

⑥在输入端串联一个电阻 R_3,如图 9-19 所示,重复上述实验,观察输入、输出波形。

【实验报告】

①列出各实验电路的设计步骤及元件计算值。

②列表整理实验数据,并与理论值进行比较、分析和讨论。

③在同一坐标轴中,描绘观察到的各个信号波形图。

④整理实验中的数据及波形,总结积分、微分电路的特点。

⑤分析实验结果与理论计算误差的原因。

⑥思考题:

a. 实用积分电路中,跨接在电容两端的电阻起什么作用?如果不接会产生什么影响?电阻的阻值有什么要求?

b. 微分电路中,常看到在输入端串联一个电阻;在微分电阻 R_2 的两端跨接一个电容,它们各有什么作用?对数值有什么要求?

9.6 电压比较器实验

【实验目的】

①通过实验学习电压比较器的工作原理及电路形式。

②研究参考电压和正反馈对电压比较器传输特性的影响。

【实验设备】

数模电实验箱、信号发生器、数字万用表、示波器。

【预习要求】

①复习有关电压比较器的理论知识。

②设计并画出实验电路,标明元器件的参数或型号。

③自拟实验步骤和数据表格。

【实验内容及步骤】

1. 过零比较器

(1)硬件电路

过零比较器电路如图 9-21 所示。

(2)实验步骤

①按图 9-21 所示连接电路,V_{in} 接信号源,V_{out} 接示波器(注意接线前先测量 +12 V、-12 V 电源,关断电源后再接线)。

②接线后仔细检查,确认无误后接通电源。

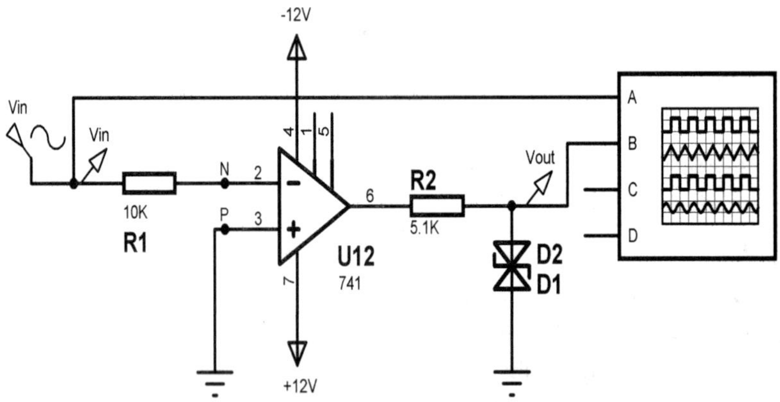

图 9-21　过零比较器电路

③双击打开工程文件夹下 EX15_过零比较器电路. DSN,启动仿真,观察、分析、比较、仿真与实验实际输出的波形。

④Proteus 仿真输出波形如图 9-22 所示。

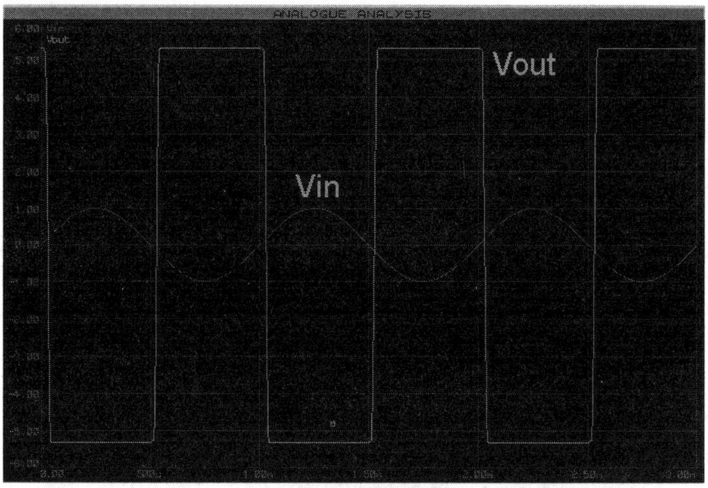

图 9-22 Proteus 仿真输出波形(过零比较器)

(3)实验内容

(1)输入端没有接入信号源时,测量输出端 V_o 的电压。

(2)输入端接入频率为 1 kHz,有效值为 1 V 的正弦信号,观察输入、输出波形变化情况并记录。

(3)改变输入正弦信号的幅值,观察输入、输出波形变化情况并记录。

2. 反相滞回比较器

(1)硬件电路

反相滞回比较器电路如图 9-23 所示。

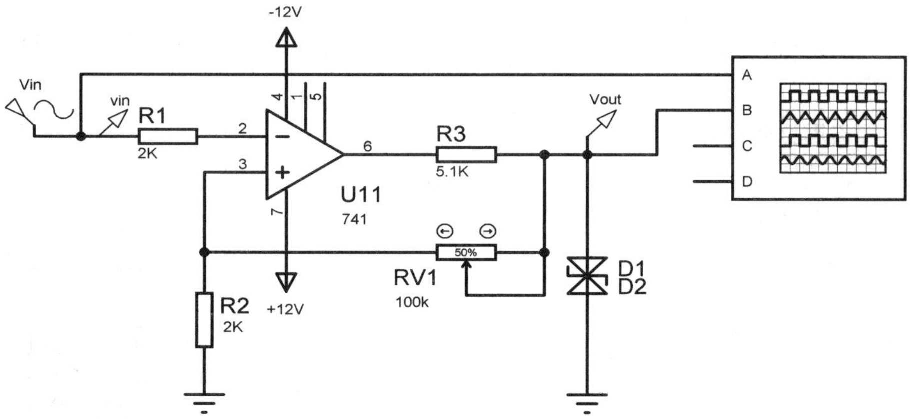

图 9-23 反相滞回比较器电路

(2)实验步骤

①按图 9-23 所示连接电路,V_{in} 接信号源,V_{out} 接示波器(注意接线前先测量 +12 V、-12 V 电源,关断电源后再接线)。

②接线后仔细检查,确认无误后接通电源。

③双击打开工程文件夹下 EX16_反相滞回比较器电路.DSN,启动仿真,观察、分析、比较、仿真与实验实际输出的波形。

④Proteus 仿真输出波形如图 9-24 所示。

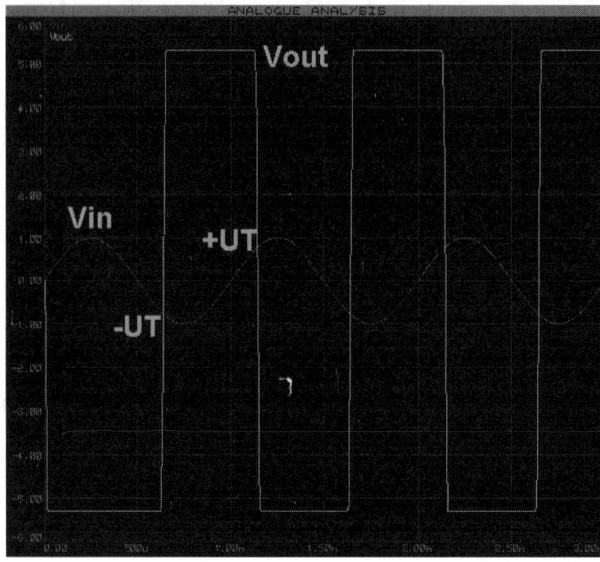

图 9-24　Proteus 仿真输出波形（反相滞回比较器）

（3）实验内容

①将电位器调节到 50 kΩ，输入端 V_{in} 接可以调节的 DC 电压源，测量并记录输出端输出电压 V_o 由 $+V_{om}$ 变化到 $-V_{om}$ 时输入电压 V_{in} 的临界值 $+U_T$。

②同样，测量并记录输出端输出电压 V_o 由 $-V_{om}$ 变化到 $+V_{om}$ 时输入电压 V_{in} 的临界值 $-U_T$。

③输入端 V_{in} 接入 1 kHz，有效值为 2 V 的正弦信号，观察并记录 Vi-Vo 的波形。注意观察波形跳变时对应的电压值。

④将电路中电位器的阻值分别调节到 10 kΩ，80 kΩ 时，重复上述实验，观察并记录 V_i-V_o 的波形。

3. 同相滞回比较器

（1）硬件电路

同相滞回比较器电路如图 9-25 所示。

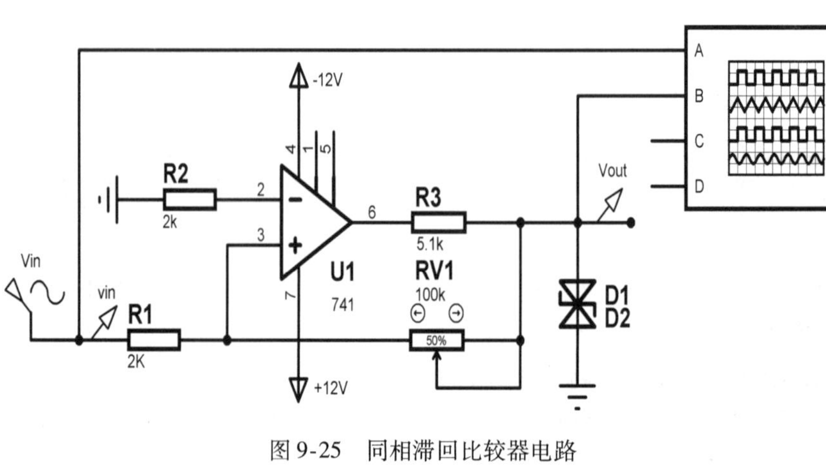

图 9-25　同相滞回比较器电路

(2)实验步骤

①按图9-25所示连接电路,即 V_{in}接信号源,V_{out}接示波器(注意接线前先测量+12 V、-12 V电源,关断电源后再接线)。

②接线后仔细检查,确认无误后接通电源。

③双击打开工程文件夹下 EX17_同相滞回比较器电路.DSN,启动仿真,观察、分析、比较、仿真与实验实际输出的波形。

④Proteus 仿真输出波形如图9-26所示。

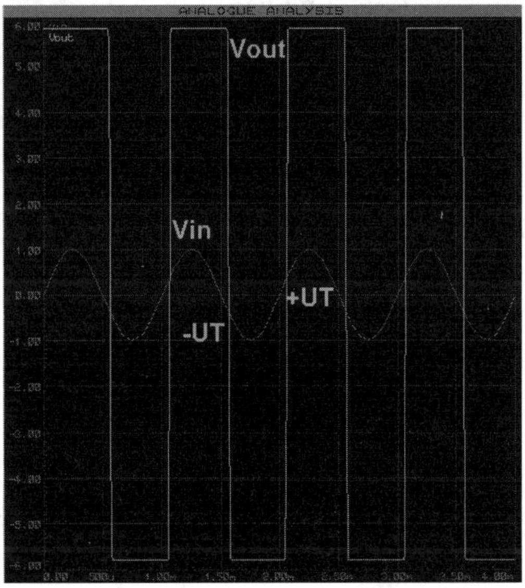

图9-26　Proteus 仿真输出波形(同相滞回比较器)

(3)实验内容

①将电位器调节到50 kΩ,输入端 V_{in}接可以调节的 DC 电压源,测量并记录输出端输出电压 V_o 由 $+V_{om}$变化到 $-V_{om}$时输入电压 V_{in}的临界值 $-U_T$。

②同样,测量并记录输出端输出电压 V_o 由 $-V_{om}$变化到 $+V_{om}$时输入电压 V_{in}的临界值 $+U_T$。

③输入端 V_{in}接入1 kHz,有效值为2 V的正弦信号,观察并记录 V_i-V_o 的波形。注意观察波形跳变时对应的电压值。

④试比较与反相滞回比较器的异同。

⑤将电路中电位器的阻值分别调节到10 kΩ、80 kΩ时,重复上述实验,观察并记录 V_i-V_o 的波形。

【实验报告】

①列出各实验电路设计步骤及元件的计算值。

②用坐标纸描绘观测到的各个信号的波形。

③将各个实验结果进行分析、讨论。

④思考题:

a. 比较电路是否需要调零?什么原因?

b. 比较电路输入端电阻是否要求对称?

c. 集成运放输入端电位差如何估算?

9.7 波形发生电路实验

【实验目的】

①掌握波形发生电路的工作原理及特点。

②掌握波形发生电路参数选择和分析、调试方法。

【实验设备】

数模电实验箱、信号发生器、数字万用表、示波器。

【预习要求】

①试画出矩形波、锯齿波、三角波的电路，分析其电路原理。

②分析各波形发生电路的工作原理，定性画出 V_o 和 V_c 的波形。

【实验内容及步骤】

1. 方波发生电路

(1)硬件电路

方波发生电路如图 9-27 所示。

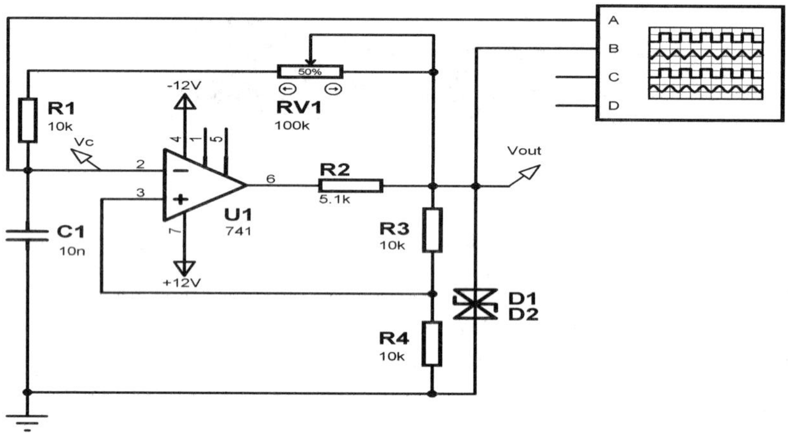

图 9-27 方波发生电路

(2)实验步骤

①按图 9-27 所示连接电路，V_c，V_{out} 接示波器（注意接线前先测量 +12 V、-12 V 电源，关断电源后再接线）。

②接线后仔细检查，确认无误后接通电源。

③双击打开工程文件夹下 EX19_方波发生电路. DSN，启动仿真，观察、分析、比较、仿真与实验板实际输出的波形。

④Proteus 仿真输出波形如图 9-28 所示。

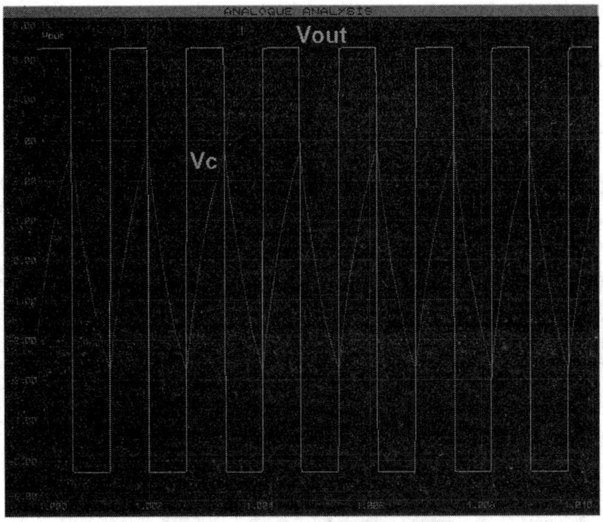

图 9-28　Proteus 仿真输出波形（方波发生电路）

（3）实验内容

①电位器 R_{V1} 调节到最右端，即阻值最大，用示波器观察并记录此时 V_c、V_o 的波形和输出频率，并与仿真的结果进行比较。

②逐渐调节电位器，观察并记录 V_c、V_o 的波形和输出频率的变化情况。

③若想获得更低（或更高）频率的输出波形，应该如何选择电路参数？用实验箱上提供的器件，自选器件参数，完成实验，观察并记录 V_c、V_o 的波形和输出频率。

2. 占空比可调的矩形波发生电路

（1）硬件电路

占空比可调的矩形波发生电路如图 9-29 所示。

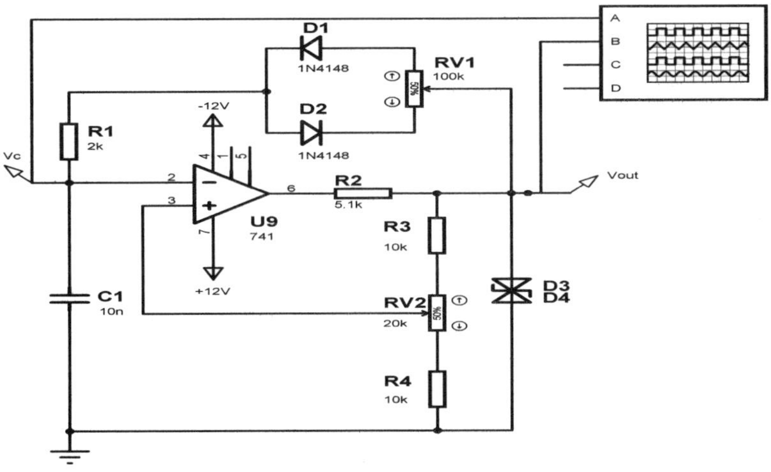

图 9-29　占空比可调的矩形波发生电路

（2）实验步骤

①按图 9-29 所示连接电路，V_c，V_{out} 接示波器（注意接线前先测量 +12 V、-12 V 电源，关断电源后再接线）。

②接线后仔细检查，确认无误后接通电源。

③双击打开工程文件夹下 EX20_占空比可调的矩形波发生电路. DSN，启动仿真，观察、分析、比较、仿真与实验实际输出的波形。

④Proteus 仿真输出波形如图 9-30 所示。

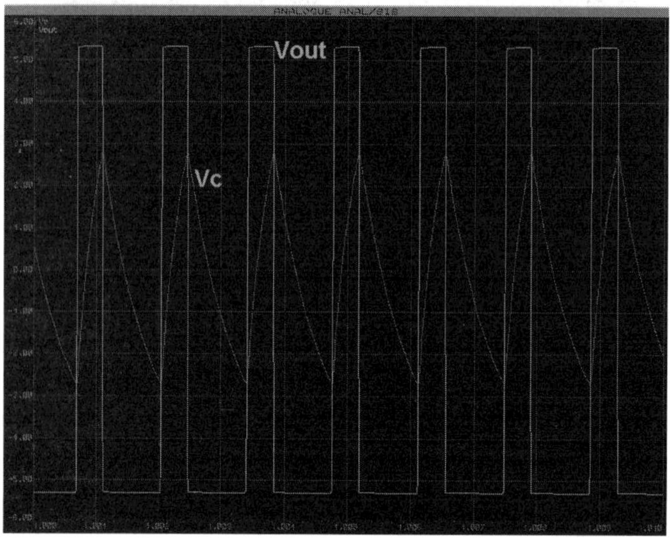

图 9-30 Proteus 仿真输出波形（占空比可调的矩形波发生电路）

（3）实验内容

①用示波器观察并记录此时 V_c、V_o 的波形和输出频率，并与仿真的结果进行比较。

②逐渐调节电位器 R_{V1}、R_{V2}，观察并记录 V_c、V_o 的波形和输出频率的变化情况。

③若想获得占空比更小（或更大）的输出波形，应该如何选择电路参数？用实验箱上提供的器件，自选器件参数，完成实验，观察并记录 V_c、V_o 的波形和输出频率。

3. 三角波发生电路

（1）硬件电路

三角波发生电路如图 9-31 所示。

（2）实验步骤

①按图 9-31 所示连接电路，V_{1out}，V_{2out} 接示波器（注意接线前先测量 +12 V、-12 V 电源，关断电源后再接线）。

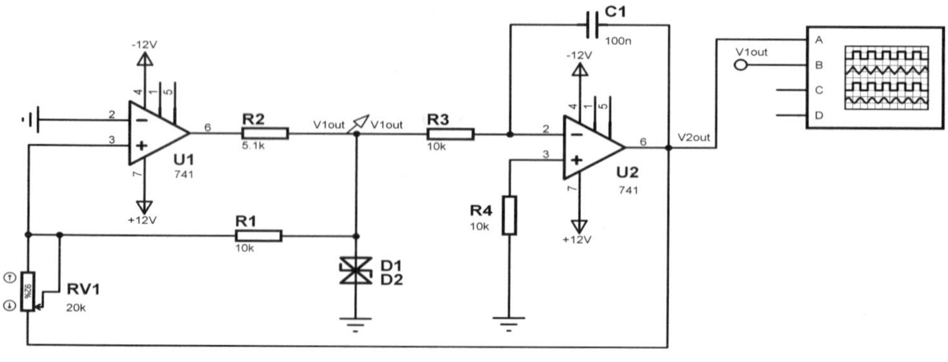

图 9-31 三角波发生电路

②接线后仔细检查，确认无误后接通电源。

③双击打开工程文件夹下 EX21_三角波发生电路.DSN，启动仿真，观察、分析、比较、仿真与实验实际输出的波形。

④Proteus 仿真输出波形如图 9-32 所示。

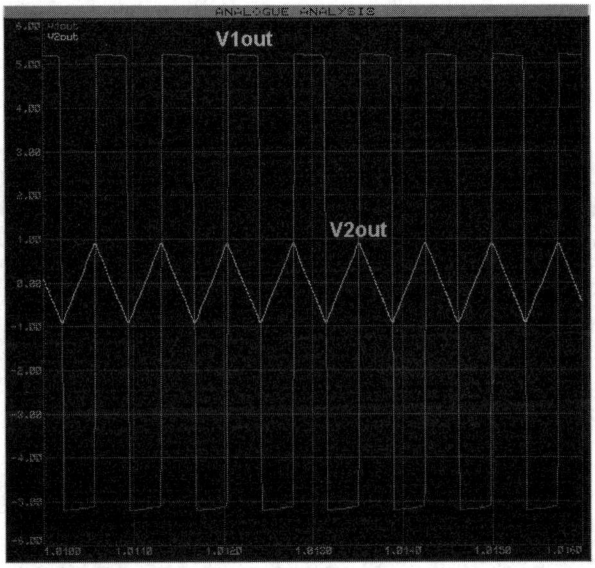

图 9-32　Proteus 仿真输出波形（三角波发生电路）

（3）实验内容

①用示波器观察并记录此时 V_{o1}、V_{o2} 的波形和输出频率，并与仿真的结果进行比较。

②逐渐调节电位器 R_{V1}，观察并记录 V_{o1}、V_{o2} 的波形和输出频率的变化情况。

③若想获得不同频率的输出波形，应该如何选择电路参数？用实验箱上提供的器件，自选器件参数，完成实验，观察并记录 V_{o1}、V_{o2} 的波形和输出频率。

4. 锯齿波发生电路

（1）硬件电路

锯齿波发生电路如图 9-33 所示。

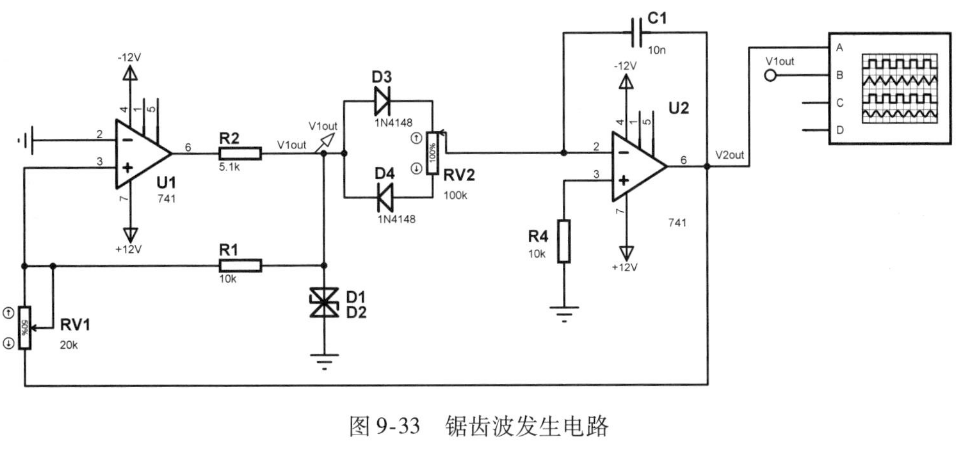

图 9-33　锯齿波发生电路

(2)实验步骤

①按图 9-33 所示连接电路,V_{1out},V_{2out}接示波器(注意接线前先测量 +12 V、-12 V 电源,关断电源后再接线)。

②接线后仔细检查,确认无误后接通电源。

③双击打开工程文件夹下 EX22_锯齿波发生电路. DSN,启动仿真,观察、分析、比较、仿真与实验实际输出的波形。

④Proteus 仿真输出波形如图 9-34 所示。

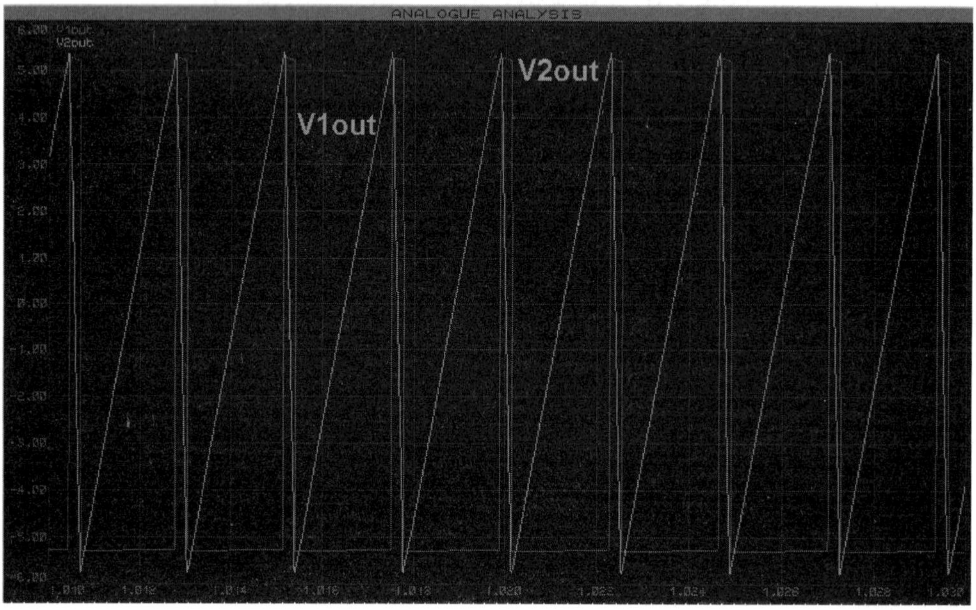

图 9-34 Proteus 仿真输出波形(锯齿波发生电路)

(3)实验内容

①用示波器观察并记录此时 V_{o1}、V_{o2}的波形和输出频率,并与仿真的结果进行比较。

②逐渐调节电位器 R_{V1}、R_{V2},观察并记录 V_{o1}、V_{o2}的波形和输出频率的变化情况。

③若想获得不同频率的输出波形,应该如何选择电路参数? 用实验箱上提供的器件,自选器件参数,完成实验,观察并记录 V_{o1}、V_{o2}的波形和输出频率。

【实验报告】

①画出各实验的波形图。

②画出各实验的设计方案、电路图,写出实验步骤及结果。

③总结波形发生电路的特点。

④思考题:

a. 波形发生电路需要调零吗? 有没有输入端?

b. 锯齿波发生电路是由哪两个单元组成的?

9.8 集成功率放大电路实验

【实验目的】

①熟悉集成功率放大电路的特点。

②掌握集成功率放大电路的主要性能指标及测量方法。

【实验设备】

数模电实验箱、信号发生器、数字万用表、示波器。

【预习要求】

①复习集成功率放大电路工作原理,对照图 9-35 分析电路的工作原理。

②在图 9-35 电路中,若 $V_{CC}=12$ V,$R_L=8$ Ω,估算该电路的 P_{cm}、P_V 值。

③阅读实验内容,准备记录表格。

【实验内容及步骤】

1. 硬件电路

集成功率放大电路如图 9-35 所示。

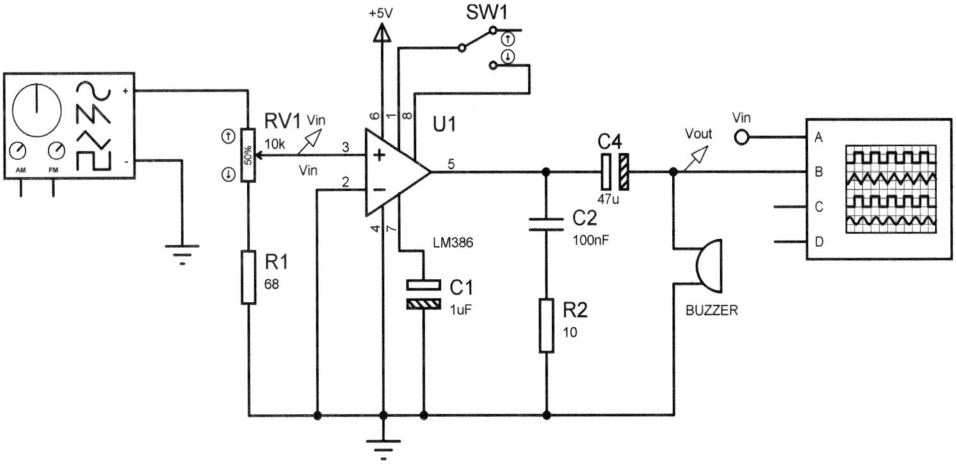

图 9-35 集成功率放大电路

2. 实验步骤

①按图 9-35 所示连接电路,V_{in} 接信号源,V_{out} 接示波器(注意接线前先测量 +12 V、-12 V 电源,关断电源后再接线)。

②接线后仔细检查,确认无误后接通电源。

③双击打开工程文件夹下 EX23_集成功率放大器. DSN,启动仿真,观察、分析、比较、仿真与实验实际输出的波形。

④Proteus 仿真输出波形如图 9-36 所示。

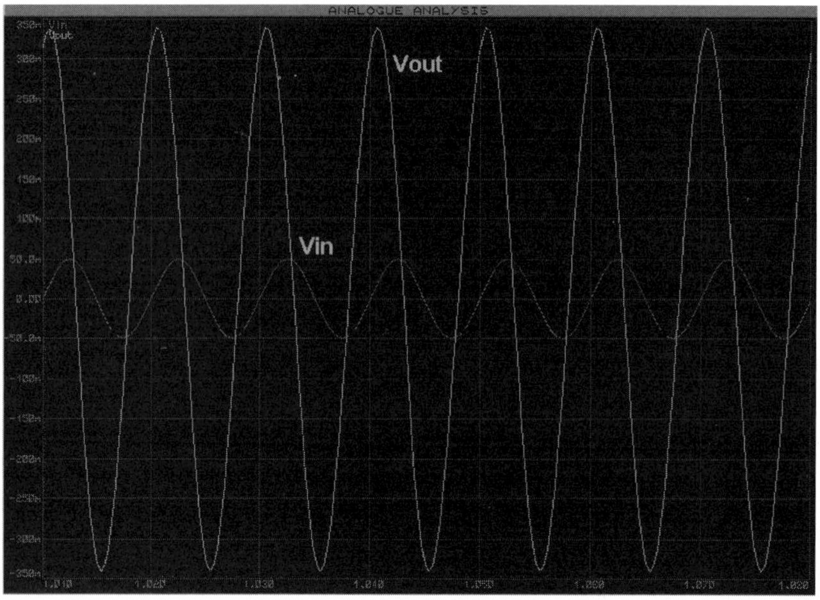

图 9-36　Proteus 仿真输出波形(集成功率放大电路)

(3)实验内容

①输入端接频率为 1 kHz 的信号,用示波器观察输出波形,逐渐增加输入电压幅度,直到出现失真为止,记录输出波形和输入电压、输出电压幅值。

②加入电容,重复上述实验。

③改变电源电压(选择 6 V、9 V)重复上述实验。

【实验报告】

①根据实验测量值,计算各种情况下 P_{om}、P_v 及 η。

②作出电源电压与输出电压、输出功率的关系曲线。

附录 A
图形符号对照表

图形符号对照表见表 A-1。

表 A-1　图形符号对照表

序号	名称	国家标准的画法	软件中的画法
1	电阻		
2	可调电阻	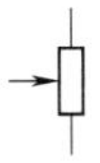	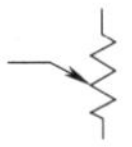
3	电解电容		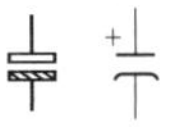
4	按钮开关		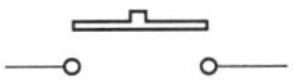
5	三极管	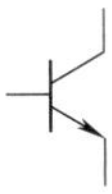	
6	二极管	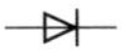	

参考文献

[1] 张莉萍,李洪芹. 电路电子技术及其应用 [M]. 北京:清华大学出版社,2010.

[2] 张莉萍,李洪芹. 电子技术课程设计[M]. 北京:清华大学出版社,2014.

[3] 童诗白,华成英. 模拟电子技术基础[M]. 4 版. 北京:高等教育出版社,2016.

[4] 朱清慧,张凤蕊,翟天嵩,等. Proteus 教程:电子线路设计、制版与仿真[M]. 北京:清华大学出版社,2008.

[5] 吴友宇. 模拟电子技术基础[M]. 北京:清华大学出版社,2009.

[6] 秦曾煌. 电工学:下册[M]. 7 版. 北京:高等教育出版社,2006.

[7] 佟为明,徐会明,杨士彦. 由单运放构成的精密全波整流电路[J]. 电测与仪表,1993,(5):40-43.

[8] 张毅刚,赵光权,张京超. 单片机原理及应用:C51 编程 + Proteus 仿真 [M]. 2 版. 北京:高等教育出版社,2016.

[9] 周润景,张丽娜. 基于 PROTEUS 的电路及单片机系统设计与仿真[M]. 北京:北京航空航天大学出版社,2006.